清华大学土木工程系组编

土木工程新技术丛书

主 编 崔京浩

地下工程与城市防灾

崔京浩 著

中国水利水电出版社

www.waterpub.com.cn

知识产权出版社

www.cnipr.com

内容提要

本书是由清华大学土木工程系组编的"土木工程新技术丛书"中的一本，全书分为地下工程和城市防灾两篇。

地下工程在房建、交通、储运、国防、人防等领域历来是土木工程的一个重要方面，随着城市化的发展和城市集约度的提高，开发利用地下空间逐渐成为一个城市建设的热点。联合国早就确认，地下空间与海洋、宇宙并列为人类的三大资源。

城市灾害所涉及的范畴很广，目前，有的领域已有相当深入的研究，且不乏专著，如地震灾害。本书只讨论燃气爆炸与火灾，它们是灾频最高，随机性最强与市民生活联系最紧密且具有相互的诱发性和伴生性的两个灾种。随着我国城市燃气的广泛普及，这两种灾害日益成为城市防灾的重点之一。

本书基本上是作者多年科研工作的总结，书末的参考文献均为作者或与别人合作的研究成果，部分引用的其他材料均在引用的当页作了注明。

本书可供高等院校相关专业的师生、设计施工单位的技术人员以及政府部门相关领域的工作人员参考。

选题策划： 阳　淼　张宝林　E-mail: yangsanshui@vip. sina. com；z_baolin@263. net

责任编辑： 阳　淼　张宝林

文字编辑： 董拯民　兰国钰

图书在版编目（CIP）数据

地下工程与城市防灾 /崔京浩著 . —北京：中国水利水
电出版社：知识产权出版社，2007
（土木工程新技术丛书 /崔京浩主编）
ISBN 978-7-5084-4723-0

Ⅰ. 地… Ⅱ. 崔… Ⅲ. ①地下工程②城市规划—防灾
Ⅳ. TU94 TU984. 11

中国版本图书馆 CIP 数据核字（2007）第 078613 号

土木工程新技术丛书	
地下工程与城市防灾	
崔京浩　著	

中国水利水电出版社　出版 发行 （北京市西城区三里河路 6 号；电话：010 - 68331835　68357319）
知 识 产 权 出 版 社　　　　　（北京市海淀区马甸南村 1 号；电话、传真：010 - 82000893）
北京科水图书销售中心（零售）　电话：(010) 88383994、63202643
全国各地新华书店和相关出版物销售网点经销
中国水利水电出版社微机排版中心排版
北京市兴怀印刷厂印刷
787mm×1092mm　16 开　21.75 印张　516 千字
2007 年 9 月第 1 版　2007 年 9 月第 1 次印刷
印数：0001—4000 册
定价：**40.00** 元
ISBN 978-7-5084-4723-0

清华大学土木工程系组编

土木工程新技术丛书

编　委　会

名誉主编　龙驭球

主　　编　崔京浩

副 主 编　石永久　　宋二祥

编　　委　（按姓氏拼音字母排序）

<table>
<tr><td>包世华</td><td>岑　松</td><td>陈志鹏</td><td>方东平</td><td>龚晓海</td></tr>
<tr><td>李德英</td><td>刘洪玉</td><td>龙志飞</td><td>卢　谦</td><td>卢有杰</td></tr>
<tr><td>陆化普</td><td>聂建国</td><td>佟一哲</td><td>王志浩</td><td>吴俊奇</td></tr>
<tr><td>辛克贵</td><td>杨　静</td><td>阳　淼</td><td>叶列平</td><td>叶书明</td></tr>
<tr><td>袁　驷</td><td>詹淑慧</td><td>张宝林</td><td>张铜生</td><td>张新天</td></tr>
</table>

编 辑 办 公 室

主　　任　阳　淼

成　　员　张宝林　董拯民　彭天敕　莫　莉　张　冰　邹艳芳

总　序

　　土木工程——一个古老而又年轻的学科。

　　国务院学位委员会在学科简介中为土木工程所下的定义是："土木工程（Civil Engineering）是建造各类工程设施的科学技术的统称。它既指工程建设的对象，即建造在地上、地下、水中的各种工程设施，也指所应用的材料、设备和所进行的勘测、设计、施工、保养、维修等专业技术。"

　　英语中"Civil"一词的意义是民间的和民用的。"Civil Engineering"一词最初是对应于军事工程（Military Engineering）而诞生的，它是指除了服务于战争设施以外的一切为了生活和生产所需要的民用工程设施的总称，后来这个界定就不那么明确了。按照学科划分，防护工程、发射塔架等设施也都属于土木工程的范畴。

　　相对于机械工程等传统学科而言，土木工程诞生的更早，其发展及演变历史更为古老。同时，它又是一个生命力极强的学科，它强大的生命力源于人类生活乃至生存对它的依赖，甚至可以毫不夸张地说，只要有人类存在，土木工程就有着强大的社会需求和广阔的发展空间。

　　随着技术的进步和时代的发展，土木工程不断注入新鲜血液，显示出勃勃生机。其中，工程材料的变革和力学理论的发展起着最为重要的推动作用。现代土木工程早已不是传统意义上的砖、瓦、灰、砂、石，而是由新理论、新材料、新技术、新方法武装起来的，为众多领域和行业不可缺少的一个大型综合性学科，一个古老而又年轻的学科。

　　《土木工程新技术丛书》由清华大学土木工程系组织编写，成立了编委会，由崔京浩教授任主编，聘请中国工程院院士龙驭球先生为名誉主编。

　　丛书的组织编写原则遵循一个"新"字。一方面，"新"体现在组织选编的书目上（见封底的书目）：当然首选那些与国家建设息息相关、内容新颖、时代感强的书。改革开放以来，特别是新世纪到来之际，国家建设部门对运行管理、安全保障、质量监控、交通分析等方面的需求日益迫切，在书目选择上我们有意识地侧重了这一方面，力求引进一些国外的理论和实践，为我国建设服务；另一方面，"新"体现在各分册的内容上，即使是一些分册书名比较传统，其内容的编写也都努力反映了新理论、新规范、新技术、新方法，读者可以从各分册内容提要和章节目录编排上看出这种特色。

这套丛书的读者对象是比较宽泛的，除土木工程技术人员以外，对建设部门管理人员也是一套很有指导意义的参考读物。特别需要指出的是，这套书的作者几乎全是高等学校的教师，职业决定了他们写书在逻辑性、条理性和可读性诸方面有其独特的优势。在组织编写时我们又强调了深入浅出、说理透彻、理论与实际并重的原则，以便大专院校作为教材选用。

崔京浩

目　录

总序

第一篇　地　下　工　程

第一章　开发地下空间是大势所趋 ……………………………………… 1

第一节　耕地减少和人口增加的矛盾日益尖锐 ………………… 1

第二节　人类对地球的认识和开发是滞后的 …………………… 3

第三节　现代战争的特点和人防的需要 ………………………… 6

第四节　地下工程具有较强的抗灾能力 ………………………… 8

第五节　最廉价的建筑节能措施 ………………………………… 11

第六节　城市地下工程的用途及近期可供开发的层次 ………… 12

第七节　城市化和我国城市地下空间的初步规划 ……………… 14

第八节　成本与造价问题 ………………………………………… 18

第二章　水封油气库 …………………………………………………… 20

第一节　水封油库 ………………………………………………… 20

第二节　水封气库 ………………………………………………… 23

第三节　工程地质与水文地质条件 ……………………………… 26

第四节　渗流量分析 ……………………………………………… 28

第五节　围岩应力分析 …………………………………………… 40

第六节　结构构造措施 …………………………………………… 46

第七节　油品储存质量及漏失问题 ……………………………… 49

第八节　软土水封油库 …………………………………………… 56

第三章　地下交通 ……………………………………………………… 64

第一节　地下交通概况 …………………………………………… 64

第二节　施工方法及明挖地铁车站评述 ………………………… 74

第三节　土钉支护 ………………………………………………… 85

第四节　盖挖逆作法及其受力分析 ……………………………… 94

第五节　青岛地铁车站三维应力分析 …………………………… 99

第六节　钢筋混凝土抗裂 ………………………………………… 103

第四章　地下工程几个特殊问题 ……………………………………… 114

第一节　地下工程设计计算上的特殊性和发展历程 …………… 114

第二节　新奥法与光面爆破 ……………………………………… 119

第三节　地下工程防水 …………………………………………… 125

第四节　地下结构抗浮 …………………………………………… 134

第五节　地下结构外水压力 ……………………………………… 143

第二篇　城　市　防　灾

第五章　燃爆日益成为一个严重的城市灾害 ……………………………………… 153
　第一节　全球灾害的严重性 …………………………………………………………… 153
　第二节　燃爆——一个不容忽视的城市灾害 ………………………………………… 163
　第三节　燃爆机理及其物理力学特性 ………………………………………………… 172
　第四节　燃爆灾害的特点及简单对策 ………………………………………………… 178

第六章　民用建筑防燃爆设计及灾后分析与加固 …………………………………… 180
　第一节　燃爆对建筑结构的影响 ……………………………………………………… 180
　第二节　防爆设计与建筑结构构造措施 ……………………………………………… 188
　第三节　燃爆灾害后的调查分析与加固 ……………………………………………… 196

第七章　燃爆危险性评价及管网安全性分析 ………………………………………… 205
　第一节　燃爆危险性模糊综合评价 …………………………………………………… 205
　第二节　镇江太平圩储配站危险性评价示范 ………………………………………… 215
　第三节　城市燃气管网系统的安全性分析 …………………………………………… 219
　第四节　鞍山市燃气管网安全性示范分析 …………………………………………… 226

第八章　火灾及其对建筑材料和结构构件的影响 …………………………………… 230
　第一节　概述 …………………………………………………………………………… 230
　第二节　建筑火灾的基本知识 ………………………………………………………… 240
　第三节　混凝土在高温下的物理力学性能 …………………………………………… 242
　第四节　钢材在高温下的物理力学性能 ……………………………………………… 252
　第五节　钢筋混凝土构件在高温下的物理力学性能 ………………………………… 256

第九章　火灾事故预防与防火设计 …………………………………………………… 261
　第一节　概述 …………………………………………………………………………… 261
　第二节　防火分隔与疏散 ……………………………………………………………… 265
　第三节　防雷设计 ……………………………………………………………………… 269
　第四节　高层建筑防火与建筑内装修问题 …………………………………………… 275
　第五节　地下建筑防火 ………………………………………………………………… 281
　第六节　钢结构防火 …………………………………………………………………… 285
　第七节　探测与报警 …………………………………………………………………… 293

第十章　火灾后建筑结构鉴定与加固 ………………………………………………… 298
　第一节　鉴定程序与内容 ……………………………………………………………… 298
　第二节　判定火灾温度的物理化学方法 ……………………………………………… 299
　第三节　判定火灾温度的计算方法 …………………………………………………… 303
　第四节　建筑结构火灾后可靠性评定 ………………………………………………… 309
　第五节　加固方法 ……………………………………………………………………… 313
　第六节　过火建筑鉴定与加固实例 …………………………………………………… 317

参考文献 ………………………………………………………………………………… 328

第一篇 地 下 工 程

早在 1981 年 5 月联合国自然资源委员会就把地下空间确定为与宇宙和海洋并列的"重要的自然资源"。随着城市化的发展、人口的过度膨胀以及耕地越来越少，人类在生存空间的利用上可以采取的有效措施之一就是开发和利用地下空间，作为土木工程的一个重要分支"地下工程"日益成为工程师和科学家关注的热点，有人甚至预言 21 世纪既是航天工程的世纪也是地下工程的世纪，后者所面临的困难丝毫不亚于前者，事实上，人类对地壳的认识远远滞后于对太空的认识。

第一章　开发地下空间是大势所趋[●]

第一节　耕地减少和人口增加的矛盾日益尖锐

地球表面的分配大致是海洋占 71％，陆地占 29％。其中陆地大部分是山陵、森林、草原、沙漠等各种不宜耕种的土地，适于耕种的仅占 6.3％，如果算上城市化发展所占的部分，真正用于生产粮食的可耕地恐怕还要小于这个比例。至于中国的情况则更不乐观，表 1-1 给出了主要自然资源人均值中国与世界的对比情况，可以看出无论是耕地、林地、水资源还是能源消耗量，中国的人均值都远小于世界的平均水平。表 1-2 则给出了几个大国的耕地状况，可以看出就是国土面积仅为中国的 1/3 而人口仅次于中国的印度，人均耕地也是我国的 2.5 倍。

表 1-1　　　　　　　　自然资源保有量人均值中国与世界的对比

项　　目	世界	中国	中国/世界	资料年份
人均耕地面积（hm²）	0.33	0.1	1/3.3	1982
人均林地面积（hm²）	0.43	0.11	1/4.3	1988
人均水资源保有量（m³）	10.5	2.7	1/4	1987
人均能源年消耗量（吨标准煤）	2.52	0.84	1/3	1988

一方面耕地日益减少，另一方面人口又急剧增加。据统计公元 1 年，即传说中耶稣诞生的那一年，全世界人口不足 1 亿，经过了漫长的 1850 年全世界人口增至 10 亿，从图 1-1 所示的曲线来看这一阶段人口的增长相对是平缓的，自此以后，人口的增长则呈现陡增的趋势。从 10 亿（1850 年）增至 20 亿（1930 年）用了 80 年；从 20 亿增至 30 亿

[●] 本章内容参见文献［12，22，29，33，35，46，47，50，87，104，117，155］。

表 1-2　　　　　　　　　　世界几个主要国家国土、人口及耕地简况

国　　家	国土面积 （万 km²）	耕地面积 （亿 hm²）	耕地占国土 （%）	人口 （亿）	人均耕地 （hm²）	相当于中国的 人均耕地倍数
中国	960	1.0	10	13.0	0.076	1
印度	297.4	1.73	53	8	0.19	2.5
美国	937.2	1.9	20	2.5	0.25	3.2
加拿大	997.6	0.68	6.8	0.26	0.58	7.6

（1960 年）用了 30 年；从 30 亿增至 40 亿（1976 年）用了 16 年；从 40 亿增至 50 亿（1987 年）则只用了 11 年。1999 年 10 月 12 日，世界人口达到 60 亿，这一天被命名为"世界人口 60 亿日"。有关国际机构认为，由于中国推行计划生育，在 1971～1998 年的 27 年内全球少生了 3.38 亿，使世界人口到达 60 亿的日期推迟了 4 年，这不能不说是中国对世界的一大贡献。为此，联合国授予时任我国计生委主任的彭佩云"世界人口奖"。

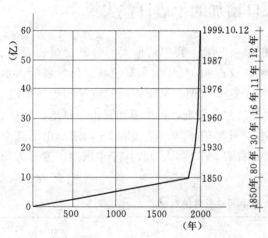

图 1-1　公元 1～2000 年世界人口增长曲线

就在世界人口到达 60 亿的 1999 年 10 月 12 日，联合国发出警告：人口危机对国际社会构成的潜在威胁比金融风暴和军事冲突等其他问题更严重。

有人按 20 世纪的生殖率推算，全世界每分钟要出生 259 人（中国占 38 人），每天出生 37 万（中国占 5 万），每年出生 8296 万（中国占 1184 万）。每年出生的人数相当于英国总人口的 1.5 倍，比第二次世界大战死亡的总人数还要多出 2000 万左右，这是一个多么可怕的数字。

中国是一个人口大国，早在夏、商、禹时代就有 1300 万人之多，1949 年新中国成立时为 5.4 亿人口，至 1995 年 2 月 15 日中国达到 12 亿人口，这一天被定为"中国 12 亿人口日"，截止到 2002 年底，中国人口已突破 13 亿大关。表 1-3 给出了中国主要历史时代的人口状况表，一个不容忽视的严峻事实为，越是近代人口的基数越大，而年均增加人口也越多。北宋后期到清乾隆初年大约间隔了 500 年，平均每年增加人口 60 万，而解放后 1987～1995 年 8 年之间每年增加 1500 万人。试想如果不开展计划生育，面对中国如此贫乏的资源，这么多人该怎么活下去。有人预测就是坚持目前的计划生育政策大约到 2030 年中国人口将达到峰值 16 亿，而中国只有 1 亿 hm² 的耕地（见表 1-2），按较高水平的产量每公顷每年产粮 1000kg，再按低水平的消耗每人每年消耗 600kg 计算，每公顷要养活 16 个人，已远远超过人口生态学家认为每公顷最多养活 10 个人的极限状态。

表 1-3　　　　　中国主要历史时代、人口状况及增长情况表

时　代	人口	间隔年限（年）	增加人口（万）	年均增人（万）
夏禹时代（公元前 2300 年左右）	1300 万			
		约 3000	1700	0.56
战国（公元前 700～前 400 年左右）	3000 万			
		600	4000	6.6
汉唐（公元前 1206～公元 900 年左右）	7000 万			
		300	3000	30
北宋后期（1200 年左右）	1.0 亿			
		500	3000	60
清乾隆初（1736 年）	4.0 亿			
		200	14000	70
1949 年	5.4 亿			
		40	54000	1350
1987 年	10.8 亿			
		8	12000	1500
1995 年 2 月 15 日（中国 12 亿人口日）	12.0 亿			

耕地越来越少，人口越来越多，除了开展计划生育遏制人口的过分膨胀以外，人类可以采取的有效措施之一就是开发地下空间，特别是近代为了解决城市交通拥挤兴起的地下轨道交通发展尤其迅速。1981 年 5 月，联合国自然资源委员会把地下空间确定为"重要的自然资源"。把地下空间视为与宇宙和海洋并列的人类三大自然资源。许多有识之士在不同的场合指出了开发城市地下空间的重要性，一些发达国家也都率先规划甚至大规模投资兴建地下工程，早在 1972 年莫斯科城市规划中就规定开发城市地下空间面积 7200hm²，占全市总面积的 30％；1974～1984 年 10 年间美国用于地下工程的投资为 7500 亿美元，占基建总投资的 30％。

第二节　人类对地球的认识和开发是滞后的

早在 300 多年以前牛顿根据自己发现的万有引力定律，就预言：当物体运动速度达到 7.9km/s 就可以环绕地球做匀速圆周运动，称第一宇宙速度；如果达 11.2km/s 就可以脱离地球飞向太阳系的其他星体，称第二宇宙速度；如果达到 16.7km/s 就可以摆脱太阳系而飞向银河系广阔的宇宙空间。

1961 年 4 月 12 日，前苏联的加加林开创了人类首次环绕地球的航天飞行，在 2000km 的高空环绕地球飞行一周，安全返回。8 年以后，1969 年 7 月 21 日，格林尼治时间 2 点 56 分，美国的阿姆斯特朗、奥尔德林、柯林斯三名宇航员驾驶飞船"阿波罗"号登上了月球，把人类的航天事业推进到一个新的高度，即冲破地球的引力圈进入太阳系航行，继而克服月球的引力实现了软着陆。当船长尼尔·阿姆斯特朗由船舱登上月球大陆时，他不无自豪地说："这是一个人迈出的很小的一步，但却是人类的一个巨大飞跃"。他们在月球上放了一块铜牌，镌刻着"地球上人类首次登上月球，我们是为了全人类和平而来，公元 1969 年 7 月。"飞船在月球上共停留了 2 小时 36 分。从那以后先后有 24 人尝试过登月飞行，其中半数登月成功。我国的杨利伟在 2003 年 10 月 15 日乘坐"神舟"五号飞上太空绕地球飞行两天后，于 10 月 17 日安全返回。圆了我国人民的航天梦，是我国改革开放以来科技兴国的具体体现，虽然晚了但是成功了，至少证明了别人能做到的我们也可以做到。我国航天部门已在媒体上向全国人民披露，"十一五"期间可望实现载人登月。

自从 1969 年登月成功开创了人类探测太空和宇宙的新纪元，相继而来的探测活动如下：

● 1970 年 8 月 17 日，苏联发射"金星"7 号，9 月 15 日在金星表面着陆并停留 23 分钟。

● 1975 年 8 月和 9 月，美国发射"海盗"1 号和"海盗"2 号探测车，它们分别于 1976 年 7 月和 9 月在火星（地球飞往火星要 269 天）上软着陆成功。

● 1977 年 8 月，1979 年 3 月和 7 月，"旅行者"1 号探测木星共带去 115 张照片，35 种自然音响，27 首著名乐曲以及美国总统签署的贺电，这些信息录制在 30.5cm 的铜盘上可保存 10 亿年，期望得到外星人的反馈。

● 1997 年 7 月 4 日，美国"火星探路者"号在火星着陆，并向地球发回信号。

● 1998 年 1 月，"月球探测者"号（美）费时 19 个月绕月球飞行，终于找到了氢原子，发现了藏在陨石坑下，百亿吨乃至上千亿吨的水，为今后人类在月球上短期居住提供了可能性。

● 2003 年 1 月 16 日，美国"哥伦比亚"号航天飞机在坎那维拉尔峡谷发射基地升空，机上有 7 名宇航员，其中 2 名是女性，安排了 80 多项的实验项目。5 天之后的 1 月 21 日，航天飞机突然爆炸，7 名宇航员殉难。

● 2003 年 6 月 7 日，美国先后发射了探测火星的"勇气"号和"机遇"号。2004 年 1 月 3 日，"勇气"号在火星上软着陆，1 月 24 日，"机遇"号也着陆。它们被认为是人类发送到其他星球的大型实验室，已先后发回许多火星上有价值的信息，并钻出了一个直径 45.5mm、深 2.65mm 的圆孔，这是人类第一次在地球以外的星球上实现钻探。

在地表以上开辟人类的生存空间可以追溯到多层特别是高层建筑的兴建，地面上同样一块地皮可以发挥几倍乃至上百倍的作用，可以说每增加一层就等于在地球表面增加了一块相应的面积，20 世纪高层建筑风起云涌，就是这种需求的表现。1973 年在美国芝加哥建成高达 443m 的西尔斯大厦，1996 年马来西亚建成高达 450m 的吉隆坡双塔楼，我国在上海兴建的环球金融中心高 460m，建成后将居世界之首。高层建筑的兴建不仅节省了土

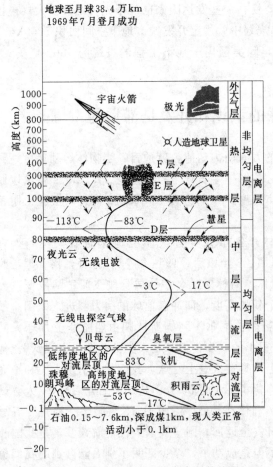

图 1-2　地表上下人类开发水平的差距

地，而且大大提高了城市的集约化程度。

图1-2给出了一幅自地表向上和向下的反差极大的图景，往上在1万m人们可以自由飞翔；再往上有一块极广阔的供通信使用的传播和反射空间，由于它的繁忙，以至于人们不得不做细致的划分并给予统一管理；一直往上就进入太空了，这是一幅多么诱人而又足以令人类自豪的蓝图。可是自地表往下呢？目前在1000m以下的矿井采煤已算比较深的，即便不下人的深井采油，目前也达不到1万m，相对于动辄按千米计（到达月球38万km）的太空实践则是小巫见大巫了。

这种认识和开发上的差距对土木工作者无疑是一个激励和促进，向地下进军，开发地下空间是大势所趋，既是人类生存的需要也是科学发展的必然趋势。

毋庸讳言，地表以下的开发有一定的难度。1936～1942年布伦根据当时求得的地球内部的 α、β 数据以及地球的转动惯量值，提出 A 型地球模型（见图1-3），A 型地球模型分层的编号如下：A 代表地壳，B、C 和 D 代表地幔，E、F 和 G 代表地核；B、C 层延伸至900km深度处，它们

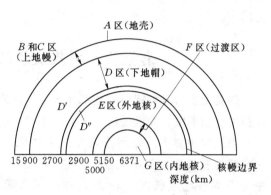

图1-3 地球剖面和内部主要分层

构成上地幔，D 层是下地幔，E 和 G 层是外地核和内地核，F 层是内地核和外地核之间的过渡层。

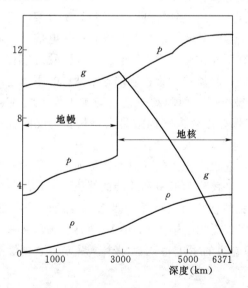

图1-4 地球内部的密度 ρ（g/cm³）、重力 g（100cm/s²）和压力 p（10^{12}dyn/cm²）随着深度变化的曲线，深度接近3000km，p 有一个竖直上升段，而 g 则陡然拐向下方

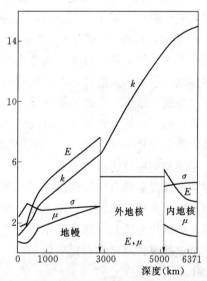

图1-5 地球内部的主要力学参数随深度的变化：体积压缩模量 k，刚度 μ，杨氏模量 E（三者单位均为 10^{12}dyn/cm²），深度接近3000km时 E 和 μ 均变为0值，超过5000km，E、μ 又开始上升

5

可供开发的地层，自然是指地壳（A 层），它是地球的最外层，其厚度差别很大，海洋特别是海沟处最薄仅为 3km 左右，块状山链之下可厚达 60km，一般平均厚度为 15km。如果说在这个层次内在可以预见的未来是人力可及的范围，再往深里去就很困难了。图 1-4 显示自地表往下越深压力越大，进入地幔以后每增加 1km 压力增加 470 个大气压，到达地核界面上（深 2900km 左右）压力陡增可达 137 万个大气压，而重力加速度则开始突然下降，人将逐渐处于一种失重的状态。图 1-5 给出了地球内部随深度变化力学参数的变化。这么严酷的条件显然不适宜于人类活动，但在地壳层即 A 区内则是大有用武之地的。

第三节　现代战争的特点和人防的需要

随着武器的发展特别是空军和导弹的出现和发展，近代战争中空袭成为了一种不可缺少的力量和手段，大量民用、工业设施被摧毁，平民的伤亡日益严重。

第二次世界大战期间德国飞机和"V2"飞弹的轰炸使英国多数城市被炸，伦敦有一半建筑被摧毁，英国人累计死伤 15 万。不久德国遭到报复，61 个 10 万人以上城市中 20% 的住宅被破坏，30 万人炸死，78 万人受伤，750 万人无家可归。在亚洲 1944 年美国对日本宣战以后，日本被美军轰炸，全国 98 个大中城市被破坏，其中东京、大阪和横滨等 6 大工业城市 41% 的建筑物被毁，总计死亡 55 万人，500 万人无家可归，工矿企业 67% 被毁。

1991 年 1 月 17 日，以美国为首的多国部队对伊拉克发动空中打击，持续 38 天，随后转入地面进攻，直至 2 月 28 日伊拉克宣布失败告终。多国部队动用飞机 2780 架，起飞 11.2 万架次，投弹 20 多万 t，空袭目标 12 类：①指挥设施；②发电设施；③电信；④战略防空系统；⑤空军及机场；⑥核生化武器研究所及储库；⑦"飞毛腿"导弹发射架和生产储存地；⑧海军及港口；⑨石油提炼输送设施；⑩铁路桥梁；⑪陆军部队；⑫军用仓库和生产基地。结果大量的地面军事和民用设施被摧毁，而隐藏于地下防护工程中的 80% 的飞机，70% 的坦克以及 65% 的装甲车都得以保存。令人吃惊的是人员伤亡情况的统计结果，伊军死亡 2000 人，而一般平民的伤亡高达 20 万人之多。

空袭和空中打击就算考虑了人道主义因素，它也有很大的随意性，更何况战争的发动者常常把摧毁后勤及民用设施乃至摧毁城市杀伤平民作为战争和政治的筹码。近代战争的一个重要特点就是军民伤亡比例的倒反差，平民的伤亡日益严重。表 1-4 给出了第一次世界大战以后几次典型战争的军民伤亡比例，可以看出上述 1991 年 1~3 月多国部队参与的伊拉克战争，军民伤亡比例竟是 1：100，即前线的军士每死亡一个，后方的老百姓要死亡 100 人。

表 1-4　　　　　　　　20 世纪几次主要战争的军民伤亡比例

战军名称	第一次世界大战	第二次世界大战	朝鲜战争	越南战争	伊拉克战争
军民伤亡比例	20：1	13：12	1：5	1：20	1：100

令人担忧的是前景并不看好，尽管从总体上来看世界范围内尚维持了一个和平的环境，但局部战争一天也没有中断。而且在第二次世界大战以后所形成的冷战局面中（1945～1980 年），美苏双方都以大量扩充核武库作为遏制和威胁敌方的资本，其他一些发达国家也不例外，竞相参与这场以发展空中袭击为主要手段的较量。表 1-5 给出了冷战期间美方拥有的核武器的情况，需要说明的是这个并不完备的统计数字已经是经过签署削减核武库条约并做了某些销毁以后敢于公布出来的数字，当年有人估计美苏双方拥有的核弹头当量足以把地球毁灭许多次，这可能有些夸张，但对人们加强防护特别是在城市大量兴建防护工程不失为一种提醒和敦促。20 世纪末前苏联解体，前苏联这个庞大的帝国从地球上消失了，在那片广袤的土地上代之而起的是 15 个各自独立的国家。作为前苏联主体的俄罗斯，从国名到国旗国歌都恢复了原样，整个世界持续多年的以两个超级大国为首的两个阵营的冷战时代结束了，华约解体，北约东扩，俄罗斯面对着一个比原来更为强大的北约军事集团。近年媒体透露（2004 年 4 月）俄罗斯还拥有 2000 枚核弹头，北约则更多，达 3000 枚，这充分说明战争的危险并没有过去。2003 年 3 月 20 日，美英联军出动 23 万大军和上千架战机，对伊拉克发动了先发制人的现代化战争，萨达姆被俘，政权倒台。2004 年 5 月 1 日，布什宣布主要战事结束。一年的战争美方士兵死亡 600 多人，而伊方的死亡至少 5 倍于此，至于一般平民尚未有明确的报道，恐怕也是一个惊人的数字。总之，对于以空袭和导弹袭击为主要特点的现代战争，人防工程是不能忽视的。

表 1-5　　　　　　冷战期间（1945 年～20 世纪 70 年代末）美方拥有的核武库

类　别	披露的拥有量	预计 2010 年削减后的拥有量
核弹头	9496 个	3500 个
发射器	1568 件	1047 件
洲际导弹	920 枚（核弹头 2370 个）	500 枚（核弹头 500 个）
潜射弹道导弹	416 枚（核弹头 3216 个）	432 枚（核弹头 1720 个）

就在布什宣布战争结束 8 个月之后，即 2004 年 12 月底，媒体报道美军死亡总数已从原来公布的 600 人上升为 1300 人之多。平均每月新增死亡人数 90 多人，令人惊讶的是这些死亡都是发生在布什宣布战争结束以后。如果 2003 年 3 月 20 日～2004 年 5 月 1 日，一年多的战争阶段美军士兵死亡 600 多人美国人还是可以接受的话，那么战争结束以后短短的 8 个月竟多于一年多的战争阶段死亡人数的总和，这就难以令人接受了。更有甚者，2005 年 10 月媒体又报道美军死亡总数已多达 2000 多人，2007 年 1 月人民日报披露美联社统计驻伊美军的死亡人数已突破 3000 人，超过"9.11"事件的死亡人数。一个重要的原因是伊拉克反侵略势力的恐怖袭击处在暗处，而美国大兵处在明处，大象对付不了老鼠大概就是这个道理。

在核武器和常规武器高度发展的今天，能在摧毁后仍然保持较强的人力资源和反击力量，主要取决于人防工程的完善程度，这种认识大大提高了人防的战略地位。瑞士作为一个中立国已有 170 多年的历史，但仍然毫不放松自己的人防建设，据资料披露早在 1984 年瑞士已拥有人员掩蔽位置 550 万个，占当时全国人口的 86%，还有各级民防指挥所 1500 个，各类地下医院病床 8 万张。北欧的瑞典在 20 世纪 80 年代末已为全国人口的 70% 提供了掩蔽位置。

我国的人防工程，自 20 世纪 50 年代末~70 年代中期有一个相当大的发展，截至 1999 年全国 197 个（总人口超过 1 亿）人防重点城市共修筑人防工程 3.5 亿 m^2，按战时 1/2 人口留城市，每人的防护面积 1m^2 计算，仍缺 3000 万 m^2 以上，更不用说已建的工程大部分不配套，防护效能不高。与发达国家相比我们的人防工程不是多了而是少了，主要原因是我国人口太多，经济落后，人防投资又较高的缘故。

现代高技术战争对地下防护工程提出了更高的要求，主要的特点是"深"。早在 20 世纪 50 年代开始的冷战时期，美国在科罗拉多州斯普林市西南的夏延山构筑了深达 600~700m 的北美防空司令部地下指挥中心，而前苏联则相应地构建了一个庞大而复杂的莫斯科地下指挥中心。90 年代以后随着钻地核武器和精确制导武器的发展，美俄对深地下防护工程的建设提出了更高的要求，筹建防护层厚度达 1000~2000m 的超坚固地下指挥中心，美国已明确准备在马姆山建一个深达 1000~1500m 的地下指挥中心作为夏延山地下指挥中心的备用工程。

第四节 地下工程具有较强的抗灾能力

几乎没有人怀疑地下工程具有很强的抗爆能力，但地下工程对抵抗其他灾害的能力，却容易被人们忽视。

首先地下工程较地上建筑具有较强的抵抗地震的能力，表 1 - 6 给出了日本阪神地震地上与地下震害的比较，可以看出房屋建筑、交通、市政等地上设施的破坏情况远较地下严重。一个直观的解释是震害是地壳表层运动的结果，地下结构相对于地上结构而言，更容易与地壳同步运动，因而破坏小些，我国唐山地震以及海城地震等也多次发现这一现象。

表 1 - 6   地下工程具有较强的抗灾能力（日本阪神地震地上与地下震害比较）

地　　上		地　　下	
地面建筑	住房损坏 191155 栋，其中 　严重破坏　　89423 栋 　中等破坏　　68762 栋 　轻度破坏　　32970 栋 　公共建筑损坏　3105 栋 房屋倒塌引起的次生灾害严重，共发生火灾 531 起，仅神户市烧毁建筑面积达 100 万 m^2；	地下商业街	地下部分基本完好： 　地铁三宫站附近的地下商业街，面积 1900m^2，共分三层，以饮食店、服装店为主。地震后，除部分地面隆起数厘米，酒柜玻璃破碎，部分墙壁瓷板剥离外，其他未见异常；

地 上		地 下	
道路	道路破坏计 9402 处; 分布在以神户、芦屋、西宫市为中心的广泛区域内,交通中断; 高速公路路面屈曲,高架桥倾倒,铁路高架桥破坏 20 处,路轨扭曲; 车站建筑、铁路通信系统多处遭破坏,停业运行区间长度 181.4km,全部恢复需 3530 亿日元	地下铁道	大阪、神户市的地铁大部分通道基本完好,部分车站遭不同程度破坏; 新长田车站附近通道内出现裂缝; 上泽车站及上泽至新长田间通道里的钢筋混凝土柱有 170 根出现裂缝; 三宫车站地下一层的中央电气室、信号室、通风机械室的 30 根钢筋混凝土柱表层脱落、钢筋外露; 浅埋式的大开挖地铁站,有 30 根钢筋混凝土柱折断,顶板纵向裂缝宽达 150~250mm,造成地面下沉 2~3m
港口	岸口普遍移动、下沉,防波堤陷没; 起重塔下部屈服、塔架倾斜; 码头地面开裂,仓库地基液化	隧道	山区隧道基本完好,山阳新干线的神户隧道(长 7.97km)和六甲隧道(长 11.25km),混凝土衬砌内壁上有多处出现裂缝;隧道内铁道线路未见异常
市政管线	10 个火力发电厂、48 个变电所、38 条高压线路、446 条配电线路遭不同程度破坏,100 万户停电,损失 2300 亿日元; 供水系统遭破坏,配水管线损坏 5287 处,43.5% 的用户断水; 供气系统遭破坏,63% 的用户停气; 通信系统备用电源线路损坏,局部地区通信中断	附建式地下室	大部分地面建筑物附建的地下室都是安全的; 部分地面建筑物的地基持力层为液化土层时,地震后其地下室有裂缝和墙面剥离现象出现,属轻度破坏

我国是个多震的国家,表 1-7 给出了世界历史上 27 次最严重的地震,其中死亡人数最多的前三名(序号为 4、17、24)都在中国,分别为 1556 年的关中大地震死亡 83 万人,1976 年唐山大地震死亡 24.2 万人,1920 年的海原大地震死亡 20 万人。960 万 km^2 的国土面积地震烈度在 6 度以上的地区占 79%,我国抗震设防的城市多、比例高、设防等级也高。我国地震还有一个特点就是震源浅、强度大,据统计已发生的地震有 2/3 属 30km 内的浅震源,20 世纪全世界 7 级以上的强震 1/10 发生在中国而释放的能量却占总能量的 3/10。就震害而论,建国以来 7 级以上的强震 10 余次,死 26.2 万人,伤 76.3 万人,致残 20 万人,震塌房屋超过 1 亿 m^2。面对这样一个现实,在我国倡导兴建地下工程时还应考虑抗震这个不易被人重视的优越性。

表 1-7　　　　　　　　　　　　历史上全球 27 次最严重的地震

序号	灾害类型	城市名称	所属国	发生时间	灾 变 损 失
1	地震	罗得	希腊	约前 227 年	城毁,太阳神巨像坍塌
2	地震	阿芙罗狄蒂斯	土耳其	约 4 世纪	爱神之城从此湮没
3	地震	亚历山大	埃及	1375 年	部分地区及小岛沉陷入海,灯塔消失
4	地震	华县、潼关	中国	1556.1.23	关中大破坏,共死 83 万人

序号	灾害类型	城市名称	所属国	发生时间	灾变损失
5	地震	罗亚尔港	牙买加	1692.6.7	城市沉陷海中
6	地震	里斯本	葡萄牙	1255.11.1	8.0级，欧洲最大地震，死6万人
7	地震	加拉加斯	委内瑞拉	1812.3.26	城毁，压死1万人
8	地震	瓦尔帕莱索	智利	1822.11.19	城毁，死数千人
9	地震	康塞普西翁	智利	1835.2.20	震后被海啸吞没，历史上三次震毁
10	地震	西昌	中国	1850.9.12	7.5级，城毁，死2.6万人
11	地震	亚里加港	秘鲁	1868.8.8	震后海啸，98%居民遇难，死2万人
12	地震	名古屋	日本	1891.10.28	岐阜等城亦毁，死7000多人
13	地震	高哈蒂	印度	1897.6.12	8.0级，阿萨姆邦大地震，毁许多城市
14	地震	旧金山	美国	1906.4.18	8.3级，火烧三日，死6万多人
15	地震	墨西拿	意大利	1908.12.28	7.8级，毁于海啸，共死8.5万人
16	地震	阿拉木图	苏联	1911.1.4	本城历史上两次毁于地震
17	地震	海原	中国	1920.12.16	8.5级，包括其他地区共死20万人
18	地震	东京、横滨	日本	1923.9.1	8.2级，震后大火，海啸，共死14.2万人
19	地震	阿加迪尔	摩洛哥	1960.2.29	全城一半居民遇难，死1.6万人
20	地震	蒙特港	智利	1960.5.22	8.6级
21	地震	斯科普里	前南斯拉夫	1963.7.26	8.2级，死千余人
22	地震	安科雷奇	美国	1964.3.28	8.5级，城毁，死117人
23	地震	马拉瓜	尼加拉瓜	1972.12.22	6.3级，城毁，死万余人
24	地震	唐山	中国	1976.7.28	7.8级，京、津、唐共死24.2万人
25	地震	塔巴斯	伊朗	1978.9.16	7.7级，80%居民遇难，死1.1万人
26	地震	阿斯南	阿尔及利亚	1980.10.10	7.5级，死2万多人
27	地震	列宁纳坎	前苏联	1988.12.7	7.0级，死2.5万人

此外地下结构还有防火作用，当地表发生火灾，火灾中心1100℃时，对顶板厚30cm的混凝土板内表面温度在10几个小时之内不会超过100℃，如果结构表面再覆盖40cm厚的土层，则顶板内表面温度升至40℃需36小时，此时距顶板表面10cm处室温只有20.5℃。

笔者探讨过土木工程对抗灾防灾的重要性，见图1-6，结论是土木工程对防灾减灾具有不可比拟的优势，几乎对绝大部分灾害都可以干预，可防、可抗、可减，具有极强的积极主动性。地下工程作为土木工程不可或缺的一个方面当然也不例外，单就图1-6所示的9种灾害，其对地震、战争、爆炸、飓风等都有积极的防护效果。

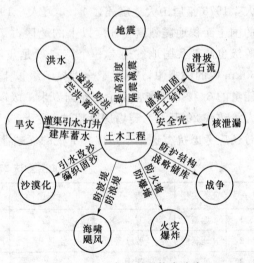

图1-6 土木工程对抗灾防灾具有不可比拟的优势

第五节　最廉价的建筑节能措施

一、建筑耗能形势不容乐观

20 世纪 80 年代以来，在国民经济持续发展人民生活不断改善的情况下，房屋建设规模日益扩大。80 年代初期，全国每年建成建筑面积 7 亿～8 亿 m^2，到 90 年代初期每年已建成 10 亿 m^2 左右，至今已增加至每年建成 16 亿～20 亿 m^2。世界银行认为，2000～2015 年是中国民用建筑发展鼎盛期的中后期，并预测到 2015 年民用建筑保有量的 1/2 是 2000 年以后新建的。此外，我国既有建筑量相当大，截止到 2002 年末，全国既有建筑面积达 388 亿 m^2，其中城市既有建筑面积为 131.8 亿 m^2。预计到 2010 年底，全国房屋建筑面积为 519 亿 m^2，其中城市 171 亿 m^2。估计到 2020 年底，全国房屋建筑面积达 686 亿 m^2，其中城市为 261 亿 m^2。

但目前我国建造的房屋大部分仍属于高耗能建筑，单位建筑面积采暖能耗超过发达国家的 2～3 倍。全国空调高峰负荷已达到 4500 万 $kW \cdot h$，相当于 2.5 个三峡电站的满负荷出力。按照目前建筑能耗水平预测，到 2020 年，我国建筑能耗将超过 2000 年的 3 倍。如果不采取积极的建筑节能措施，就不可能实现能源消费翻一番、GDP 翻两番的目标，必然制约我国经济的可持续发展。

建筑能耗总量在我国能源总消费量中所占的比例已从 1978 年的 10% 上升到 2001 年的 27.5%，就采暖空调设备的生产而论我国目前已成为仅次于美国的全世界第二位的空调器（包括送冷和送暖）生产大国，但我们的产品效率低、能耗高。

我国的能源状况又是很不乐观的，煤炭在能源总储量中占 92%，由于人口太多，因此人均能源可采储量远低于世界平均水平。2000 年统计我国人均煤炭可采储量 90t，人均石油可采储量只有 2.6t，人均天然气可采储量 $1074m^3$，分别为世界平均值的 55.4%、11.1% 和 4.3%。自 1993 年起我国已经由石油净出口国变为石油进口国。2001 年进口石油占消耗总量的 30%，2004 年成为世界第二大石油进口国。能源紧缺的形势越来越严重，有人估计到 2010 年我国石油对外依存度将超过 50%，需进口石油 1.07 亿～1.60 亿 t。面对如此严峻的能源短缺，占能源总消费将近 1/3 的建筑耗能，该是下大力气节能了。这方面也是有潜力的。

二、我国建筑节能的标准低差距大

我国建筑节能标准规定的围护结构保温、隔热指标，以及采暖通风空调设备的能效比与发达国家的相关标准相比，有很大的差距。对我国北方及中部地区，建筑的围护结构传热系数是衡量建筑热工性能的主要指标。1973 年世界性石油危机以来，各发达国家不断修订建筑标准，如丹麦于 1972、1977、1982、1985、1995、1998 年先后修订过 6 次；英、法、德等国家至今已修订了 4 次，而每次修订标准时，都要求进一步改善建筑围护结构热工性能。这几十年来，其建筑围护结构热工性能指标已提高 3～8 倍。根据建筑标准要求，不仅新建建筑保温隔热性能越来越好，还对既有建筑进行了大规模高标准的节能改造。与此同时，还在成批建造比一般建筑标准能耗低得多的低能耗建筑和零能耗建筑，包括住宅和商用建筑，其中许多建筑利用了太阳能、风能、地热能等可再生能源，包括在寒冷地区修建地下和半地下建筑。

我国建筑耗能高、能源短缺、节能措施又不力,与发达国家相比差距是太大了,表1-8给出了国内外标准中建筑围护结构传热系数限值的对比,从中可以看出,即使完全按照建筑节能标准建筑,我国建筑围护结构热工性能仍远较发达国家落后,采暖空调能耗会高出很多。

表1-8   国内外标准中建筑围护结构传热系数限值的比较

国家地区		屋 顶	外 墙	窗 户
中国	北京居住建筑	0.60~0.80	0.82~1.16	3.50
	夏热冬冷地区(长江中下游)居住建筑	0.8~1.0	1.0~1.5	2.5~4.7
英国		0.16	0.35	2.0
德国		0.20	0.20~0.30	1.5
美国(相当于北京采暖度日数)		0.19	0.32(内保温) 0.45(外保温)	2.04
瑞典(南部)		0.12	0.17	2.00

三、最廉价的建筑节能措施

降低围护结构热传导系数最廉价而又最直接的手段就是修建地下和半地下房屋,巧妙地做到既可以从上部采光又可以充分利用地壳的保温性能,做到冬暖夏凉。

我国幅员辽阔,自南边接近赤道的南沙群岛到北边接近北纬55度的漠河,气温变幅很大,考虑到地下工程保温的特点,我国北方寒冷地区甚至可以政策性地规定要兴建地下工程。表1-9给出的我国寒冷地区30万人口以上的城市就有18个,仅从建筑节能方面来考虑这些城市开发地下工程都是必要的。至于南方地区,地下和半地下建筑在夏天都十分凉爽,可以大大节约空调的运行费。

表1-9   寒冷地区30万人口以上规模的城市(1997年)

城市名	非农业人口 (万人)	城市名	非农业人口 (万人)	城市名	非农业人口 (万人)
营口市	49.18	宝鸡市	43.29	延吉市	32.39
秦皇岛市	47.10	双鸭山市	42.97	石河子市	32.36
盘锦市	45.86	辽源市	39.32	乌海市	31.56
银川市	45.44	牙克石市	39.16	石嘴山市	31.08
葫芦岛市	44.01	四平市	37.91	铁岭市	30.82
赤峰市	43.87	通化市	36.31	松原市	30.02

第六节　城市地下工程的用途及近期可供开发的层次

城市中地表以下这块空间的应用是很广的,包括交通、市政、防灾、储藏、商业活动等诸多方面,表1-10从8个方面列出了它们的具体项目或功能。

表 1-10 城市地下空间应用领域及其项目或功能

应用领域	具体项目／功能
交通设施	地下铁道，地下道路，地下停车场，地下人行步道
市政设施	共同沟，给水、排水、电力、电信、燃气和热力管线，油管，垃圾收集管道，污水处理厂，焚化场，变电站，排洪沟
商业设施	商店，餐馆，步行道
文化娱乐设施	图书馆，博物馆，美术馆，展览馆，体育馆，游泳池
防灾设施	人防掩蔽所，防震、防爆、防射线、防雷击掩蔽所，雨水调蓄池，疏散通道
储存设施	能源储存库（气体、液体、固体燃料），粮食（谷物、蔬菜）库，果品库，日用品库，冷库，热库，核废料库
生产设施	精密加工厂，化学工厂，水、火电站，栽培场（地下温室），食用菌养殖场，变电站，地下核电站
教育科研设施	地震观测，放射线观测，高能物理、教育实验楼，图书馆

地下工程越深难度越大，造价也越高，而且深度越大温度越高。接近地表的这层地壳，一般来说每进尺 100m 温度升高 1℃，炎热的夏天，当地面温度 30℃ 以上时，1000m 深的矿井里常常要高达 40℃ 以上。旧社会在没有通风设施的矿井里的采煤工人大都赤身露体，主要是高温问题。因此，太深的地下工程不仅施工困难、造价高昂，而且通风设备、人流、物流的上下运输都将变得严峻起来，甚至已不适于人类正常活动了。

从图 1-4 和图 1-5 所显示的地球深部的物理力学指标就容易理解至少在近期太深的地下空间是不宜开发的，目前公认的适于人类活动且成本造价较低的开发深度是在距地表 50m 以内的范围，超过 50m 就算深层开发了，难度自然要大一些。图 1-7 给出了近期开发城市地下空间的竖向层次。

从图中可以看出不同功能的设施，其埋设深度是不同的，既是一种功能的需要，也是一种地下空间的分配规划图，还可看出重要的防护工程埋深在 20～40m 的范围。作为参考，图 1-7 旁边附了一个 1000kg 半穿甲弹侵彻深度表，表中显示就是在一般的黏土中其侵彻深度也才只有 12.5m。埋深 40m 且钢筋混凝土浇筑的防护工事其抗力是相当高的。

我国是发展中国家，至少在目前开发地下空间应以浅层开发为主。建设部会同有关部门勾画了一个我国现

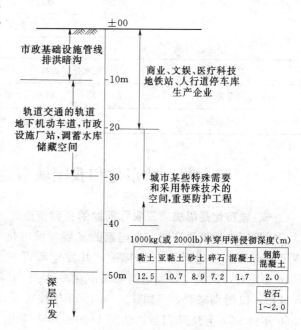

图 1-7 开发城市地下空间竖向层次

黏土	亚黏土	砂土	碎石	混凝土	钢筋混凝土
12.5	10.7	8.9	7.2	1.7	2.0

岩石
1～2.0

13

阶段城市地下空间开发利用的重点及其大致的深度，示于表 1-11，表中规划的最大深度也就是 30m，人防工程也不例外。

表 1-11 我国现阶段城市地下空间开发利用重点及其大致深度

类 别	设 施 名 称	开发深度（m）
交通运输设施	轨道交通（地铁、轻轨）	10~30
	地下道路（隧道、立体交叉口）	10~20
	步行者专用道	0~10
	机动车停车场	0~10
	自行车停车场	0~10
公共服务设施	商业设施（地下商业街）	0~20
	文化娱乐设施（歌舞厅、博物馆）	0~20
	体育设施（体育馆）	0~20
市政基础设施	引水干管	10~30
	给水管	0~10
	排水管	0~10
	地下河流	0~30
	燃气管	0~30
	热力管、冷气管、冷暖房	0~30
	电力管、变电站	0~30
	电信管	0~30
	垃圾处理管道	0~30
	共同沟	0~30
防灾设施	蓄水池、指挥所、人防工程	10~30
生产储藏设施	动力厂、机械厂、物资库	10~30
其他设施	地下室（设备用房、储库）	0~20

第七节　城市化和我国城市地下空间的初步规划

一、城市化是解决"三农"问题的关键措施之一

世界历史的发展证明一个国家的发展与城市化率密切相关，19 世纪中叶英国率先实现了城市化水平达到 50％的标准，其发达程度被公认为世界之首。此后 100 年，截至 1950 年左右，欧美主要发达国家城市化率达到 51.8％，100 年中有 4 亿多人口从农村进入城市。以国别来看，美国 1850~1950 年城市人口由 14.8％上升到 64％；德国 1870~ 1950 年由 36％上升到 71％；法国 1880~1950 年由 34.8％上升到 52.9％。由于其他落后地区发展缓慢，截至 1950 年左右，全世界城市人口占总人口的比重仅为 29.8％，而我国当时由于刚刚取得解放战争的胜利还没有这个方面的统计数字，两年之后，1952 年统计我国城市化率为 7.4％，远远低于 29.8％的世界平均值。

"三农"问题是我国全面建设小康社会的瓶颈，被公认为是我国当前最基本最重要的问题之一，而城市化（我国正式文件上常称城镇化）是解决"三农"问题不可或缺的关键措施之一。正因为如此，自 20 世纪 90 年代开始，我国大幅度地提高城市化率，表 1-12 是笔者根据散见的资料整理而成，可以看出自 1952～1991 年 39 年间平均每年增长 0.3 个百分点，1991～1999 年 8 年间平均每年增长 1.5 个百分点，而 2000 年较1999 年 1 年就增长了 5.3 个百分点，预计到 2020 年城市化率可达 52％（有的资料认为可达 60％以上）。

表 1-12 我国城市化率的发展与规划

年 份	城市化率（％）	年 份	城市化率（％）
1952	7.4	2002	39.1
1979	13.2	2010	43（预计）
1991	19.2	2015	47（预计）
1999	30.9	2020	52（预计）
2000	36.22		

二、我国城市地下空间初步规划

城市的大小是按人口来划分的，我国由于历史和现实的原因，对居住在城市的人口又区分为非农业人口和农业人口，城市人口的统计一般只统计非农业人口，亦即有长期定居的城市户口者，农村到城市就职或求职者均不统计。我国规定人口在 100 万以上的城市称为特大城市，其中又分 200 万以上以及100 万～200 万两种；人口在 50 万～100 万的城市为大城市；至于中等城市则为 20 万～50 万；小城市则为 20 万以下者。表 1-13 为 1997年建设部统计的我国 81 个 50 万人以上的城市非农业人口数，可以看出我国由于总人口多，特大城市中单是 200 万人以上的就有 12 个。表 1-14 则给出了我国不同类型城市的数量和人口。近代社会发展的实践证明国民收入的 50％，工业产值的 70％，工业利润的80％都是在城市中完成的，而高校和科研基地的 90％又都集中在城市，所以城市的发展历来是一个国家和地区发展的标志。我国改革开放以来城市有了长足的发展，截至 1998年全国各类城市已达 668 个，但普遍水平太低。而衡量一个城市水平的重要指标是它的集约化程度，即单位面积的利用率，高层建筑和地下工程的兴建都是提高集约化程度的重要方面。图 1-8 给出了日本的东京和中国的北京两个人口大致相当的城市其集约化程度的差别，可以看出两者的差距如此之大，

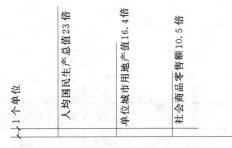

·以北京为 1 个单位，右侧三栏表示东京高出北京的倍数
·北京与东京人口与城市面积相近

图 1-8 北京与东京两城市几个
指标的相对示意图

东京远胜于北京，除了现代化水平及历史发展上的差别之外，恐怕东京地下空间的开发水平高是一个重要原因。

表 1-13　　1997 年我国设市城市按市区非农业人口排序的大城市名单（合计 81 个城市）

特 大 城 市				大 城 市			
城市名	非农业人口	城市名	非农业人口	城市名	非农业人口	城市名	非农业人口
200 万人以上		100 万～200 万人		50 万～100 万人			
上海市	868.79	大连市	195.19	邯郸市	98.32	株洲市	65.05
北京市	638.81	太原市	175.90	洛阳市	97.84	牡丹江市	63.55
天津市	479.29	青岛市	171.16	合肥市	97.06	潍坊市	61.87
沈阳市	387.70	济南市	170.53	无锡市	92.73	平顶山市	59.56
武汉市	386.28	淄博市	146.02	南宁市	92.12	西宁市	59.51
广州市	326.73	郑州市	143.18	大同市	90.88	鹤岗市	58.67
重庆市	288.88	兰州市	140.25	深圳市	84.80	襄樊市	57.97
哈尔滨市	256.70	杭州市	131.76	苏州市	82.80	新乡市	57.67
南京市	234.77	昆明市	131.73	本溪市	82.15	丹东市	57.52
西安市	225.85	长沙市	130.20	淮南市	81.23	衡阳市	57.50
成都市	209.49	石家庄市	129.64	汕头市	80.87	佳木斯市	57.13
长春市	203.15	贵阳市	128.35	伊春市	80.29	厦门市	57.01
		鞍山市	128.32	烟台市	80.06	湛江市	56.74
		抚顺市	126.90	大庆市	79.85	辽阳市	56.66
		南昌市	124.31	柳州市	76.60	黄石市	56.61
		乌鲁木齐市	121.91	常州市	76.14	临沂市	56.57
		唐山市	119.05	鸡西市	74.57	保定市	56.26
		吉林市	116.11	呼和浩特市	72.61	淮北市	56.24
		齐齐哈尔市	111.87	枣庄市	72.39	开封市	56.07
		包头市	107.64	阜新市	68.10	焦作市	52.54
		福州市	103.42	宁波市	67.53	泰安市	52.24
		徐州市	102.22	荆州市	65.94	安阳市	51.69
				张家口市	65.28	湘潭市	51.07
				锦州市	65.25		

表 1 – 14 1997 年我国不同类型城市数量和人口比较

城市类型	数量 （个）	各类城市数量比例	各类城市人口 （万人）	各类城市人口比例 （％）
特大城市	34	0.18	7462.10	26.29
大城市	47	0.25	3241.09	11.42
中等城市	203	1.07	6095.95	21.47
小城市	384	2.02	4542.89	16.00
设市城市小计	668	3.52	21342.03	75.18
建制镇	18316	96.48	7044.84（县辖镇）	24.82（县辖镇）
合计	18984	100.00	28386.88	100.00

注 表 1 – 13、表 1 – 14 引自建设部《一九九七年全国设市城市及其人口统计资料》（1998）。

城市多而大，集约化程度又低，为我国开发兴建城市地下工程提供了广阔的机遇和空间，所有从事城市地下工程的建设人员均大有可为。表 1 – 15 给出了我国已经做过初步规划的开发和利用地下空间的城市及其开发的内容。

表 1 – 15 20 世纪 90 年代编制完成的城市总体规划中的地下空间利用内容（1998 年）

城市名	地下空间利用涉及方面	主 要 内 容
呼和浩特（1996.9）	人防	人防工程新建居住区按 2％（总面积）建地下室
长春（1997.7）	地铁、停车场、商业街、共同沟、仓库、人防	4 条轨道交通线路（86.8km），8 个地下停车场，4 个大型地下商业街，6 个地下仓库，地下共同沟建设，人防工程
包头（1997.7）	人防	大型人防工程，地下指挥所，新建住宅小区防空地下室
成都（1996.9）	人防、地铁	结合地铁建人防工程，现有地下街与之相连，专业防空场所，小区按总面积建 2％的地下室，4 条地铁线路（78.7km）
桂林（1997.8）	人防	人防工程规划
贵阳（1996.9）	人防	人防指挥工程，公用工程（地下商场 4000m²）建设附建式人防地下室
广州（1995.8）	地铁、人防、停车	3 条地铁线路（54km），人防工程（指挥所、掩蔽处），车库
太原（1996.6）	人防、管沟、过街通道	掩蔽工程，指挥系统，地下医疗救护工程，地下人行过街道，共同沟
武汉（1995.6）	地铁、人防	6 条地铁线路（132.5km），人防指挥系统，人防工程（1m²/人）
青岛（1996.10）	交通、共同沟、综合体、仓储、人防、分层	地铁南北线、东西线、小环线、南北半环线，地下停车场，地下步行道，交通隧道，管线走廊，市政设施站点，地下综合体（商业服务交通综合体、地下街），地下仓储（15 万 m²）； 竖向层次规划：-5～-10m 市政管线、共同沟，-20m 地下综合体，-30m 高防护等级人防工程、地铁

城市名	地下空间利用涉及方面	主 要 内 容
宁波（1996.10）	人防、共同沟、过街道	防空地下室，地下过街道，过江隧道，共同沟
鞍山（1995.12）	人防	掩蔽工程（过街道、商场、指挥通信中心），人防指挥工程，卫生设施与医疗救护工程
杭州（1993.11）	商业街、交通、市政、人防	商业街，地铁，地下道路，地下通道，地下停车场，共同沟，上下水道，电力、电信、煤气管道，人防指挥、人员掩蔽专业队工程、保障工程

第八节 成本与造价问题

开发地下空间，兴建地下工程造价要高一些、投资要大一些，这也是地下空间利用率比较高的地区大都是经济比较发达国家的原因。有人判断当人均国民收入达到 200～300 美元时，就已经具备开发地下空间的初步条件。日本在 1955 年前后，修建了首批地下商业街，印度则于 1984 年才建成第一条地下铁道，从表 1-16 给出的日本、印度国民人均收入的数字来看，上述判断有一定道理。我国改革开放以来城市的人均收入已有了较大的增长，可能早已超过 300 美元的水平。所以，从经济上分析我国已具备较大规模地开发地下空间，兴建地下工程的条件和实力。

表 1-16　　　　　　　　　　日本、印度国民人均收入　　　　　　　　　单位：美元

年份	日本	印度	年份	日本	印度
1950	195	—	1970	1685	93
1955	241	—	1975	3883	141
1960	410	70	1980	7679	228
1965	791	100			

注　本表参考《国际经济和社会统计资料》中"美国、日本等国的国民收入"和 1950～1980 年人口数整理。

关于地下工程的成本和造价还应考虑一般地下工程与人防工程相结合所产生的社会效益和战略需要，美国有资料披露（见表 1-17），一般用于交通或商贸的地下工程改造成一个防放射性沉降掩蔽所只需增加投资 0.1%～2.7%；改造成一个抗超压 $1kg/cm^2$ 的人员掩蔽部只需增加投资 0.6%～10.6%。我国人防等级共分 8 级，由高到低分别为 1 级、2 级、2B 级、3 级、4 级、4B 级、5 级、6 级。有人估算上海、青岛地铁，按 6 级人防（$0.5kg/cm^2$）设计造价仅增加 0.4%；北京复八线按 5 级人防（$1kg/cm^2$）设计，造价也只增加 0.68%。

表 1-17　　　　　　　美国两类掩蔽部相对不同地下建筑需增加的费用比率

建筑物类型	地板面积平均值 (ft^2)	工程总造价平均值 （万美元）	防沉降掩蔽部费用 增加比率 （%）	抗力为 $1kg/cm^2$ 人员掩蔽部 费用增加的比率 （%）
办公楼建筑	4870	35.0	0.5~0.9	2.4~4.6
商业建筑	3170	11.9	1.7~2.7	5.2~10.6
工业建筑	3460	18.7	1.0~1.6	3.2~6.9
文化教育建筑	3160	27.6	0.7~1.1	2.5~4.9
医疗卫生建筑	7370	79.7	0.5~0.7	2.1~4.1
其他非住宅建筑	2200	15.8	1.2~1.9	2.3~4.4
单户家庭住宅建筑	57273	230.2	0.1~0.2	0.6~1.3
多户家庭住宅建筑	5970	22.9	1.0~1.6	4.5~8.7
其他住宅建筑	8330	6.0	0.5~0.8	2.5~4.8
所有建筑物	7310	34.7	0.6~0.9	2.5~4.9

注　$1ft^2 = 9.29 \times 10^{-2} m^2$。

第二章 水 封 油 气 库[①]

引言

水封油气库是中国根据储存原理意译的名称，英文直译应为不衬砌岩洞油气库（Storage of oil and gas in unlined cavern 或 Oil and gas storage in unlined cavern），亦有前面带有地下（Underground）这个词的。

第二次世界大战向前线补给的战略物资总量中，燃料占 50％ 以上，战后各国普遍关注大规模储油储气，水封油气库的大量兴建就是在这样一个背景下引发的。

早在 1938 年，H. 约翰逊（瑞典）就对水封油库的储油原理申请了专利权，20 世纪 40 年代末，瑞典人将一个废矿穴成功地改建成一个水封油库。50 年代中期，各国的政治家认识到大规模储存燃料的战略地位时，瑞典首次建成了一个人工开挖的岩洞水封油库。70 年代末，建成了一个巨大的 Hisingen 原油库，容量高达 120 万 m^3。有人计算如果把这些原油装到油罐车上可以横贯全瑞典，即从东边的斯德哥尔摩直到西部的哥德堡大约 500km 的距离，此后不久又建了一个容量达 260 万 m^3 的油库。到 20 世纪后半期，全世界几乎兴起了一个建设大容量水封油库的高潮，至今不衰。

水封油气库造价低、不占耕地、适于大规模战略储存，在我国兴建和推广有极其诱人的前景。例如西气东送的末端库或中转库均可采用此种储存方式。当今我国能源紧缺，石油战略存储迫在眉睫，最经济、最安全而又储量最大的莫过于水封油气库了。

水封油气库涉及的力学问题，主要是应力场分析、渗流分析、低温岩石的力学性能、温度场分析及岩土力学等。

第一节 水 封 油 库

一、原理及其优越性

大自然中的石油和天然气未开采之前，就是储藏在储油地层相互沟通的孔隙之中，四周被地下水或不透水层包围，地壳中的石油并没有因为地下水的存在而流失，恰恰是由于油比水轻，油水不混的原因，石油及天然气被封存在储油岩层之中，构成了一个天然的地下油库，见图 2-1。

这启发人们模拟大自然这种原始结构的储存方式来储存石油和天然气，即利用原生地壳作为储油空间的结构体，靠稳定的地下水位来封存比水轻的油气产品，这就是现代的水封油气库。

在稳定地下水位以下罐体被开挖以前，岩体裂隙内是充满地下水的，罐体一旦被开挖裂隙水便流向罐内在罐体周围形成一个地下水降落漏斗，见图 2-2。由于罐体处于稳定

[①] 本章内容参见文献 [1～16，23～26，31～33，46，48～50，87，104，144，151，152，155]。

地下水位以下，水漏斗的上边界永远高于油面，静水压力永远大于同一水准面上的罐内油压，在水压作用下岩体中的裂隙水不断而缓慢地（个别漏水大的断裂应注浆堵漏减漏）流进罐内，油品却不可能顺着裂隙漏掉。又基于油比水轻，油水不混的道理，油品则浮在水垫层上，随着渗入水量的增加水垫层升高再启动潜水泵抽取，以保证确定的储油空间。这里有两个不可少的条件，一是成型，即形成一个储油空间；二是密封，即有一个高于罐顶的稳定地下水位。前者要求有较好的工程地质条件，岩体完整而稳定；后者常要求水封油库建在江河湖海之滨，有一个直观的稳定水位。

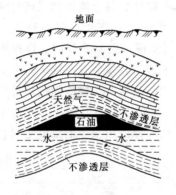

图 2-1　背斜油藏的横剖面

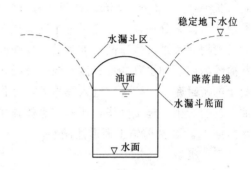

图 2-2　罐体附近形成水漏斗

地下水封油库与通行的岩洞钢板罐及钢板贴壁罐比较，有如下明显的优越性：

（1）投资少、造价低。地下水封油库罐体不做衬砌、取消了钢板罐、改变了储油方式，因此，无论是建筑材料，还是施工及管理运行费用都大大降低。据资料介绍，在北欧等国家，容量为 10 万 t 甚至百万吨的地下水封石洞油库与同容量的岩洞钢板离壁油罐比较，投资可以节省 83％。我国第一座水封油库尽管存在着容量小、施工过程变化较多等不利于降低造价的因素，但根据决算分析，该油库每立方米库容的单位造价仍比一般岩洞钢板离壁罐降低 50％左右。随着设计施工水平的提高、工艺设备的配套以及库容量的增大，我国水封油库的投资及单位造价将会大大降低。

（2）节约材料。地下水封油库可以大大地节约钢材、水泥、木材。以我国第一座水封油库与同容量的岩洞钢板离壁罐比较：钢材可以节省 90％，水泥节约 50％，木材节约 80％。

（3）施工速度快。地下水封油库不做衬砌，没有钢罐，因而取消了几道繁杂的施工工序，从而大大加快了施工速度。

（4）油品损耗小。地下水封油库罐体埋深较大，罐内温度较低且常年稳定，因此，油品的呼吸损耗很小。

（5）运行安全、管理方便。地下水封油库由于处于封闭状态，利于消防，运行安全。另外，在油库使用过程中，降温除湿及维修的工作量很小，占用的工作人员也少。

（6）利于战备。地下水封油库罐体的覆盖层较厚，具有较高的防护能力，特别利于战备储存。

（7）节省耕地。地下水封油库不占用耕地且由于罐体覆盖层较厚，所以在其上面仍可修建其他构筑物。开挖出来的石渣又可围海造田。

地下水封油库的缺点主要体现在对工程地质条件及水文地质条件要求严格。前者要求区域稳定，岩体完整，能够做到不衬砌而形成一个大的储存空间；后者则要求要有一个稳定的地下水位，所以国外水封油气库大都建在海滨基岩地区。

二、组成

图2-3为20世纪70年代投产的我国第一座水封油库——象山水封油库，储存0号和32号柴油。作者有幸参加了油库的研究与设计工作，是围岩应力有限元分析及渗流量分析的负责人，所以可以较详细地给出该油库的组成，容量虽小，但可以充分展示一般水封油库的组成况。图中两个比较大的洞室1就是储油的罐体，每个罐体的几何尺寸为宽×高×长＝16m×20m×75m，容积2万m³，两个共4万m³，由于罐体较高施工时自施工通道2入口又分一、二、三层三个支通道3、4、5，以实现三层同步开挖，操作通道6是为运营期间人进入操作间7准备的，操作间与竖井8相连，收发油管及抽水管自操作间竖井插入罐体，抽水管端设有潜水泵一直插入泵坑9之内，在竖井与操作间接口处要设置混凝土的密封塞，以防油气进入操作间，操作通道口部12有管路和道路与码头相连供收发油及交通所用。施工完毕，所有与罐体连接的施工通道口部均用很厚的混凝土墙密封，称水封墙10，装油前施工通道注满水。

三、类型

仅就存油来说可分两种方法：一种是固定水位法，另一种是变动水位法。

（一）固定水位法

固定水位法，即罐内水垫层的厚度固定，水面不因储油量的多寡而变化，见图2-4。

水垫层的厚度是由泵坑周围的挡水堤控制的，当罐内裂隙水渗入量增多时，水就越过挡水堤溢入泵坑。泵坑内的多余裂隙水通过裂隙水泵排到罐外。

固定水位法的优点是：当收发油时，不需要大量排水和进水，平时只需排除少量的裂隙水。因此，既减少了裂隙水泵的运转量，也减少了污水处理量，节省运行管理费。

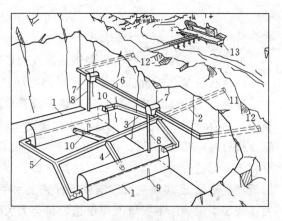

图2-3 象山水封油库透视图

1—罐体；2—施工通道；3—第一层施工通道；4—第二层施工通道；5—第三层施工通道；6—通道；7—操作间；8—竖井；9—泵坑；10—水封墙；11—施工通道口；12—操作通道口；13—码头

缺点是：当罐内储油量较少时，罐体上部出现空间，这就增加了油品的挥发损耗，在收发油作业时，大呼吸的损耗也很大。此外，由于罐体上部空间充满了油气，也增加了爆炸的危险性。固定水位法的这些缺点也可采取一些措施进行改善。例如，把储存相同油品罐体的油气管串联，当收发油作业时，使各罐的油气相互补充，这样可以减少大呼吸损耗。对于防爆问题，可以在罐体上部空间充入惰性气体，也可以采取措施使罐内油气的浓度低于或高于爆炸限值，以消除爆炸的危险性。固定水位法是当今用得最多的储存方法。

（二）变动水位法

变动水位法，即罐内油面位置固定，且充满罐顶，而罐内水垫层的厚度不定，水面的高度随储油量的多寡而变动。收油时，边进油边排水；发油时，边抽油边进水；罐内无油时，罐体就被水充满，见图 2-5。采用变动水位法时，罐底可不设置泵坑。

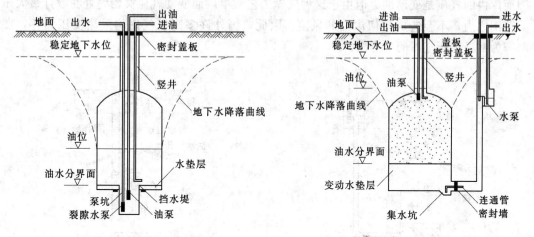

图 2-4 固定水位法示意图   图 2-5 变动水位法示意图

变动水位法的优点是：油罐上部的空间极小，油品的挥发损耗可大大降低，并且可以利用水位的高差，调整罐内的压力；其缺点是：收发油作业时需大量地排水和进水，因此，水泵的运转量及污水处理量都很大，使运行费用增加，故目前用得较少。

第二节 水 封 气 库

水封气库的基本原理与水封油库一样，其差别是封存压力比油库要大，因为液体状态储存需要提供足以使气体液化并封存这个压力的水头，所以处于地下水位以下的储藏深度远比水封油库要深。

一、常温高压储存

在常温下施以高压将气体液化输入水封气库内封存，不同气体其液化临界压力 P_L 不同，储藏深度也不同，表 2-1 给出了 25℃时不同气体的临界压力及储藏深度。

表 2-1   25℃不同气体的 P_L 及储藏深度（地下水位以下）

气　体	液化临界压力 P_L（bar）	储藏深度（瑞典规定）（m）
丁　烷	2.5	30
丙　烷	9	90
甲　烷	45.8	460
天然气	100	1000

常温高压气库又分常压气库和变压气库两种。常压气库的罐内压力恒定，当向罐内充气时，则减少水垫层厚度；当向外排气时，就向罐内充水，提高水垫层厚度。这样，通过调整罐内水垫层厚度，借以维持恒定的气体压力，见图 2-6。这种储气方法，类似水封油库中的变动水位法。应该指出的是，注水竖井所具有的水头压力应与罐内气压匹配，并略小于周围岩体的地下水的压力，以保证安全储气。

变压气库，设计时按最大气容量及该种气体所需的最大压力来设计。运营时当向外排气时，罐内气压逐渐变小，一部分被液化的气体可能气化，进气时这部分气体又被液化，因而库内的气压是变动的。但由于这种气库工艺简单，而变动气压又始终处在设计最大压力范围之内，不会造成任何渗漏的风险。因此，国外许多高压气库均采用变压储存，图2-7为常温变压气库的示意图。

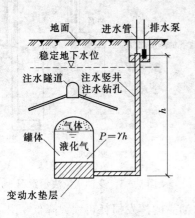

图 2-6 常压气库示意图

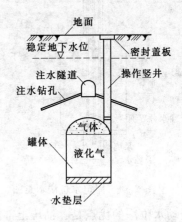

图 2-7 常温变压气库示意图

常温高压气库的埋深不仅应考虑气体的储存压力，而且也应认真考虑工程地质条件，以保证在高内压及高水头作用下的洞体围岩的稳定。

常温高压储存，土建比较容易实现，工艺条件较简单，目前世界上应用较多。

二、低温常压储存

在常压下将气体温度降低至临界温度以下，把气体冷冻成液态，储存于岩洞之中，可以大大减少罐体埋深。图2-8就是地下岩洞低温液态常压库的示意图。

低温液态库的储存温度取决于气体液化的临界温度。不同气体在常压下液化的临界温度不同，见表2-2。

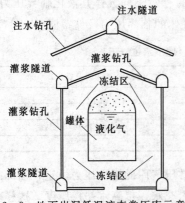

图 2-8 地下岩洞低温液态常压库示意图

表 2-2 $P=1bar$ 时，不同气体液化临界温度 T_L

气 体	液化临界温度 T_L（℃）
石油气	—42
甲 烷	—82.1
天然气	—160

在低温气库中，温度裂缝的渗漏是一个极其重要的问题。岩体在低温状态下收缩，产生裂缝，造成气体严重渗漏。其原因如下：

（1）裂隙开裂后，破坏了"水塞"的密封效果，液化气就会迅速地渗入到这些裂隙中去。而由于远离洞室处的升温，则会使已渗入到裂隙中去的液化气气化，并产生很大的蒸气压力。这样，就有可能使一部分气体冲破外层地下水的压力而渗漏。

（2）由于气化时产生的膨胀力，还会把缝隙中部分气体挤回罐内，而造成罐内超压。在超压作用下，又再次把更多的液化气压入裂隙中去，再次造成更多的气体渗漏。

（3）液化气的气化过程以及低温气体的膨胀过程都要吸收大量的气化热，从而使裂隙两侧的岩体继续降温。这不仅造成已开裂的裂隙继续增宽，而且也会引起远处裂隙因降温继续开裂，从而造成气体渗漏通路更加畅通。

应该说明的是，上述三种现象是相互影响、恶性循环的，从而使气体渗漏的速度越来越快、渗漏量越来越大，直至液化气全都跑光为止。这也就是20世纪70年代以前低温常压储存得不到发展且至今世界各国用的不多的原因。

为了防止温度裂缝造成的气体渗漏，瑞典采用一种特殊的胶泥浆液灌注密封低温气库，效果较好。但成本太高且属专利产品。

三、介绍一个大型地下储气库

奥托-内莫达（Outer-Namdal）气库是挪威一个海上气田输到陆上的容积为100万 m^3 的大型末端储气库。1986～1988年作者以挪威皇家科学技术委员会（NTNF）博士后的身份赴挪威特隆汉姆大学参加该项目的前期研究工作。

挪威是斯堪的那维亚半岛西边紧靠大西洋的一个狭长的滨海国家，历史上国民经济以航海、造船、捕鱼为主。直至20世纪50年代末，挪威的工业界自称对石油一无所知，但60年代挪威西海岸的北海（可能由于在英伦三岛的北边而得名）发现了油气蕴藏相当于60亿t的等价石油，几年之后挪威就一跃成为北欧的产油大国，年产5000多万t（1988年统计），年人均13t（因为全国人口只有400万，我国年产1亿t，人均0.1t）。全国5万职工受雇于油气工业，油气产品有1/3在国内消耗，其余全部出口。80年代，北海附近又发现了一个目前世界上最大的海上油气田——Troll油气田，储量达13000亿～16000亿 m^3，但埋深较深在海平面以下1300～1600m处。近期重点开发Troll油田附近的一个埋深较浅处于海平面以下100多m的哈尔顿巴肯（Holtenbanken）油气田，该油田储量也在数百亿吨以上。20世纪80年代末期，挪威筹建一个发电量为160万kW的奥托-内莫达气体燃料电站（The Gas Power Station in Outer-Namdal），该工程共包括四个部分，见图2-9。①处于海平面以下1000m，圆形断面直径4.5m，总长15.6km的海底隧道将哈尔顿巴肯开采的天然气送到陆上；②在海滨岩层内修建一个容积100万 m^3，可存1亿标准 m^3 相当于100万t液化天然气（Liquefied Natural Gas，简称LNG）的大型储气库，该库处于海平面以下1000m（可提供100bar水头）；③山体上层兴建一个大型蒸气与压缩气联合驱动的地下电站；④有关电力生产与输送工程。

我们感兴趣的是它的第2项即大型地下储气库，由于天然气（Natural Gas，简称NG）常压降至−160℃才液化，要消耗大量的能量，故采用常温高压储存，这就是必须要处在海平面以下1000m的原因，以便提供一个100bar的气压，使NG液化（见表2-1）。储库洞室的断面为直墙拱顶形，跨度×高度＝20m×30m，共4个并行的洞室，每个长470m，地层为粗粒花岗岩，采用岩石钻进机钻进，在洞室四周均开挖注水隧道注入高压

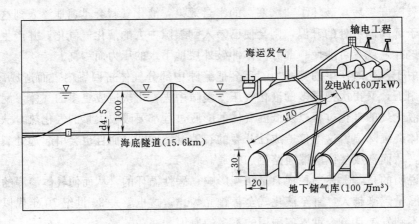

图 2-9　奥托-内莫达气体燃料电站总体示意图

水形成高压水幕，以保证密封效果。笔者有幸参加了这项工程的前期研究，除对地下气库的围岩应力做了分析之外，还推求了四周有高压水幕的洞库渗流量公式，计算结果在不做水泥注浆的情况下，气库的渗流量为 305m³/d，如果施作水泥注浆则渗流量可降至 10m³/d，这个渗流量是相当理想的，即便以 305m³/d 计，其渗流量也仅占总容积的万分之三，潜水泵抽取地下水的运行费是很低的。

第三节　工程地质与水文地质条件

一、工程地质条件

由于水封油库的油罐就是一个体积很大的不衬砌洞穴或洞室（Unlined Cavern），必须建在稳定的地质体之内，选址时要依次针对区域稳定性，山体稳定性及岩块稳定性三者进行认真调研和勘探。区域稳定性根据我国的地质构造体系及地震分布规律等资料可以大致选定；山体稳定性除查阅资料之外尚需进行勘探岩块稳定性，有时尚需开挖试验洞考查结构面的形状，节理裂隙分布状态及特点。岩块的稳定性不仅与岩石本身的强度有关，而更主要的取决于岩块结构体的类型，岩体结构面的性质及其受力特点。

罐体的稳定是水封油库的关键，在确定罐位时应特别注意下列工程地质问题：

（1）罐体应尽量避开大断层及断层破碎带。当由于条件限制无法避开时，宜使罐体轴线垂直穿过断层及断层破碎带。当罐体与上述不良地质地段相交时，要注意可能引起围岩塌方、滑动，有时还出现向洞内挤入的剪切破坏，以及引起底鼓及洞径缩小等不良现象。

（2）罐体宜避开岩脉穿插压挤破碎带或节理裂隙密集带等碎裂岩体地段。处于这种地段的罐体，在罐体掘进中容易引起超挖、掉块，有时还会引起洞顶或侧壁围岩的塌落或滑动，尤其是在地下水或地震力作用下，更容易失稳。

（3）罐体不宜位于软硬相兼或软弱层状的岩体之中，也不宜与这种岩体平行开挖。因为这类岩体遭受构造运动时，容易引起层面错动或张开，并可能使层面向洞内位移或岩块塌落。还有，这种岩体在地下水的作用下，软弱结构面的抗剪强度很低，容易引起塌落。

（4）除上述不良的地质地段外，还有些带区域性的特殊问题也应引起注意。

例如，多字形构造的扭动地段；山字形构造的前弧弧顶，脊柱的中后部；多出现旋卷构造或旋涡状构造（见图2-10、图2-11）；人字形构造的主支断裂复合部位和帚状构造的收敛部位等。这些都是不良的地质地段，在洞库规划或罐位选择时，都应避开这些地段。

图2-10 旋卷构造

图2-11 旋涡状构造

（5）当罐体建造于块状岩体之中时，一般说来是比较稳定的，但也应注意局部地质构造的影响及不稳定岩块的塌落。

毫无疑问水封气库对工程地质和水文地质条件的要求要比水封油库要高。

对于工程地质条件，许多资料反复强调气库一定要选在岩性均一、整体性能好、岩石力学性能也好的岩体之中。洞室应避开断层破碎带及裂隙密集带，另外，对裂隙宽度以及裂隙充填物的性质也应予以考虑。上述那些地质"缺陷"出现的频率越多，洞室的掘进也就越困难，所需的加固费及密封处理费也就会急剧增加。不但如此，这些地质"缺陷"还会成为气体渗漏的通路。

二、水文地质条件

由于水封油库的罐体要建在稳定地下水位以下，其作用是提供封存油的静水压力，它与传统的水文地质是以找水、取水为目的不同，它需要的是水头或水压而不是水量，而且在保证水头的条件下流入罐内的水量越少越好。

基岩地区在稳定地下水位以下开挖洞室，经常会发现裂隙中并不充满水，有的含有少量的水开挖时很快流出来，没有什么后续水流，有的甚至是干裂隙。这说明裂隙和附近的水体不贯通，个别有水，但经开挖流出后，而不再继续有水流出的裂隙往往是地面降雨渗入的，这种水文地质状况对于开挖水封油库应该说是最理想的，既保证了一个足以封住油品的水头，又不会由于渗水量过大耗费巨资去抽取。

什么是稳定地下水位？库区处于江河湖海之滨时比较容易确定，如海边则选为最低潮位，湖边或河边则选为历史上的枯水位，这当然是偏于安全的。当埋深过大为了减少罐体的埋深亦可根据当地条件取为平均水位，再加设一定的注水隧道，必要时可以向内注水以提高罐区附近的水位。

气库要求的水文地质条件较油库更为严格，一定要建在稳定地下水位以下，且大都设置注水隧道以保证水封的可靠性。上节谈到的挪威奥托-内莫达大型气库，洞室周围设计了许多高压注水通道，以保证水封的绝对可靠。

瑞典曾对国内 73 个岩石洞室的地下水渗漏情况进行了现场观测，通过对观测数据的分析，他们认为：

（1）裂隙岩体中的地下水流仍可用达西公式进行计算，即

$$V = Ki$$

其中

$$i = \frac{dh}{dS}$$

式中 V——地下水的流速；

i——水力梯度；

K——渗透系数。

（2）花岗岩、片麻岩等火成岩中的地下水的有效渗透系数为 $10^{-8} \sim 10^{-7}$ m/s。

（3）洞室围岩经过灌浆处理以后，其渗透量可以降低到原来渗漏量的 $30\% \sim 70\%$。

这三条看似经验之谈，但对工程师们却有极重要的意义，其重要就在于它是 70 多个地下洞室调查统计的结果，远比任何一种数学分析更实际，再说这个结论与我们的日常认识是一致的。与作者针对象山水封油库及挪威的大型气库的计算结果也是一致的。

气库具有很强的特殊性：第一，气体比油品更容易渗漏和逸散，要求要有更高的密闭性，常常要开挖注水隧道以形成高压水幕；第二，它一般埋深都较大，山体重力场及构造应力场比较复杂，一定要进行围岩应力分析。对于低温液态气库，其洞室的埋深不但要考虑冻结的厚度及冻结区上方必要的水封层厚度，而且要考虑洞室围岩冷脆开裂可能引起的失稳。

第四节　渗　流　量　分　析[1]

由于水封油库处于地下水位以下，地下水源源不断地流入罐内，沿罐壁流至水垫层，一旦水垫层的厚度超过设计值潜水泵就自动开放抽水，渗流的速度和多少决定潜水泵的选取及运营成本，过大了往往还要采取注浆等减少流量的措施。

一、单个洞室渗流量分析

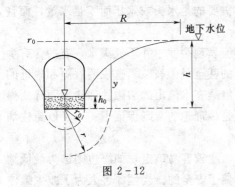

图 2 - 12

计算洞库渗流量，通常有两个困难：其一，洞库的几何形状比较复杂，因而微分方程的内边界条件不易满足；其二，因洞库处于半无限天然含水体之中，渗流不仅自侧壁进入，也自底部进入，而底部的渗透规律比较复杂，给方程的数学表达带来困难。为此，我们将洞库的侧壁渗流量与底部渗流量分别考虑，并假定洞库底边为半圆形，因而底部渗流断面可以近似为圆柱面，这样就比较容易得到问题的解析解。

如图 2 - 12 所示，我们将洞库的渗流量分为两部分：一部分是沿洞库侧壁渗入，以 q_1 表示；另一部分是自洞库底面渗入，以 q_2 表示，并假定洞库底边为半圆形，这样就可以

● ①本节内容参见文献 [9，15，31]。

近似地认为过水断面为圆柱面。

（1）推求 q_1。

在离开洞壁 r 处，沿纵向每米长的渗流截面为 y，所以沿纵向每米的渗流量为

$$q_1 = yV_r \qquad (2-1)$$

式中　V_r——距洞壁 r 处地下水的流速。

根据达西公式 V_r 可表示为

$$V_r = K\frac{dy}{dr} \qquad (2-2)$$

式中　K——岩体渗透系数，见表 2-3。

表 2-3　　　　　　　　　各种岩石的渗透系数（对于水的）

岩 石 材 料	渗透系数 K（cm/s）	岩 石 材 料	渗透系数 K（cm/s）
砂岩（白垩系复理层）	$10^{-9} \sim 10^{-8}$	砂岩	$1.6 \times 10^{-7} \sim 1.2 \times 10^{-5}$
粉砂岩（白垩系复理层）	$10^{-9} \sim 10^{-8}$	硬泥岩	$6 \times 10^{-7} \sim 2 \times 10^{-6}$
花岗岩	$5 \times 10^{-11} \sim 2 \times 10^{-10}$	黑色片岩（有裂缝）	$10^{-4} \sim 3 \times 10^{-4}$
板岩	$7 \times 10^{-11} \sim 1.6 \times 10^{-10}$	细砂岩	2×10^{-7}
角砾岩	4×10^{-10}	软状岩	1.3×10^{-6}
方解石	$7 \times 10^{-10} \sim 9.3 \times 10^{-8}$	Bradfort 砂岩	$6 \times 10^{-7} \sim 2.2 \times 10^{-5}$
灰石	$7 \times 10^{-10} \sim 1.2 \times 10^{-7}$	Glenrose 砂岩	$1.3 \times 10^{-4} \sim 1.5 \times 10^{-3}$
白云石	$4.6 \times 10^{-9} \sim 1.2 \times 10^{-3}$	蚀变花岗岩	$0.6 \times 10^{-5} \sim 1.5 \times 10^{-5}$

注　K 值均为实验室测定值。

将式（2-2）代入式（2-1）得

$$q_1 dr = Kydy \qquad (2-3)$$

两边积分

$$q_1 \int dr = K\int ydy + C$$

$$q_1 dr = \frac{1}{2}Ky^2 + C \qquad (2-4)$$

式中　C——积分常数。

C 可通过下面过程来确定：

由图 2-12 可知

$$r = r_0 \text{ 时} \quad y = h_0 \qquad (2-5)$$

将式（2-5）代入式（2-4）得

$$C = q_1 r_0 - \frac{1}{2}Kh_0^2 \qquad (2-6)$$

于是式（2-4）可表示为

$$q_1 r - q_1 r_0 = \frac{1}{2}Ky^2 - \frac{1}{2}Kh_0^2 \qquad (2-7)$$

即

$$q_1 = \frac{K(y^2 - h_0^2)}{2(r - r_0)} \qquad (2-8)$$

考虑到当 $r = R$ 时

$$y = h \qquad (2-9)$$

则式（2-8）可表示为

$$q_1 = \frac{K(h^2 - h_0^2)}{2(R - r_0)} \tag{2-10}$$

令 $\qquad\qquad S = h - h_0 (S\ 在水力学上称为降深) \tag{2-11}$

将式（2-11）代入式（2-10）则

$$q_1 = \frac{KS(h + h_0)}{2(R - r_0)} \tag{2-12}$$

这就是地下水沿洞壁一侧单位渗流量公式。

（2）推求 q_2。

取半径为 r 的渗流截面，如图 2-12 所示，则该渗流截面上各点的水力梯度为 $i = dy/dr$，沿纵向单位长度上的渗流面积为 $\frac{\pi}{2}ri$，根据达西定律可得

$$q_2 = Kr\frac{\pi}{2}\frac{dy}{dr}$$

$$q_2\frac{1}{r}dr = \frac{\pi}{2}Kdy \tag{2-13}$$

两边积分

$$q_2\int\frac{1}{r}dr = \frac{\pi}{2}K\int dy + C$$

得 $\qquad\qquad q_2\ln r = \frac{\pi}{2}Ky + C \tag{2-14}$

式中　C——积分常数。

C 同样可由边界条件式（2-5）确定：

$$C = q_2\ln r_0 - \frac{\pi}{2}Kh_0 \tag{2-15}$$

于是式（2-14）可表示为

$$q_2\ln\frac{r}{r_0} = \frac{\pi}{2}K(y - h_0) \tag{2-16}$$

即 $\qquad\qquad q_2 = \frac{\pi K(y - h_0)}{2\ln\frac{r}{r_0}} \tag{2-17}$

同样利用式（2-9）则式（2-17）可表示为

$$q_2 = \frac{\pi K(h - h_0)}{2\ln\frac{R}{r_0}} \tag{2-18}$$

按式（2-11）则式（2-18）可简化为

$$q_2 = \frac{\pi KS}{2\ln\frac{R}{r_0}} \tag{2-19}$$

这就是地下水自洞库底部一半的单位渗流量的计算公式。

为了使用上的方便，将自然对数换成常用对数。已知自然对数与常用对数的转换式为

$$\lg M = (\lg e)\ln M$$

即
$$\ln M = \frac{1}{\lg e}\lg M \tag{2-20}$$

而
$$\frac{1}{\lg e} = \frac{1}{\lg 2.71828} = \frac{1}{0.43430} = 0.3026 \tag{2-21}$$

将式 (2-20)、式 (2-21) 代入式 (2-19) 可得

$$q_2 = 0.683\frac{KS}{\lg\dfrac{R}{r_0}} \tag{2-22}$$

由于地下水是沿洞库全长 L 自中心线两边渗入洞库的，所以渗入洞库的总流量应为
$$Q = 2L(q_1 + q_2) \tag{2-23}$$

将式 (2-12)、式 (2-22) 代入式 (2-23) 可得

$$Q = KSL\left(\frac{h+h_0}{R-r_0} + \frac{1.365}{\lg\dfrac{R}{r_0}}\right) \tag{2-24}$$

其中
$$S = h - h_0$$

式中　K——岩体渗流系数；

　　　S——地下水的降深；

　　　h——稳定地下水位至洞库底面的高度；

　　　h_0——洞库内水位高度（可用油位折算）；

　　　r_0——洞库半跨；

　　　R——降落曲线始降点至库底中心的水平距离，亦即影响半径；

　　　L——洞库纵向长度。

式 (2-24) 就是处于稳定地下水位以下的单个洞库地下水渗流量的计算公式。

关于这种情况的降落曲线方程，只需将式 (2-8) 和式 (2-17) 代入式 (2-23)，即可导出

$$y^2 + \frac{\pi(r-r_0)}{\ln\dfrac{r}{r_0}}y - h_0^2 - \frac{\pi(r-r_0)}{\ln\dfrac{r}{r_0}}h_0 - \frac{2Q(r-r_0)}{K} = 0 \tag{2-25}$$

如令
$$r_h = r - r_0 \qquad r_l = \ln(r/r_0)$$

则式 (2-25) 可简写为

$$y^2 + \pi\frac{r_h}{r_l}y - h_0^2 - \pi\frac{r_h}{r_l}h_0 - 2Q\frac{r_h}{K} = 0 \tag{2-26}$$

式 (2-26) 就是处于半无限含水体稳定地下水位以下单个洞库的降落曲线方程。当流量 Q 一定时，即可描出它的降落曲线。

式 (2-26) 各符号的含义同式 (2-24)。

【例题 2-1】　某水封油库，纵向长 $L = 72\mathrm{m}$，岩体渗透系数 $K = 1.5\times10^{-3}\mathrm{m/d}$，其余几何参数如图 2-13 所示，求每日渗流量？

由式 (2-24) 可得

$$Q = KSL\left(\frac{h+h_0}{R-r_0} + \frac{1.365}{\lg\frac{R}{r_0}}\right)$$

$$= 1.5 \times 10^{-3} \times 19 \times 72 \times \left(\frac{31}{56} + \frac{1.365}{\lg 8}\right)$$

$$= 4.16 \text{m}^3/\text{d}$$

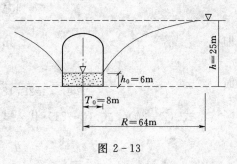

图 2 - 13

同样，由式（2-24）还可反求渗透系数 K，如上例中的油库经压力灌浆后，日渗水量降为 $0.5\text{m}^3/\text{d}$，由式（2-24）得

$$K = \frac{Q}{\left[SL\frac{h-h_0}{R-r_0} + \frac{1.365}{\lg\frac{R}{r_0}}\right]} = \frac{0.5}{19 \times 72 \times (0.5 + 1.51)} = 1.84 \times 10^{-4} \text{m/d}$$

从计算结果看出，相对于灌浆前的渗透值 $K = 1.5 \times 10^{-3}$ m/d，灌浆后的岩体渗透系数降低了 87.5%。这个实例也说明压力灌浆在提高水封效果方面的作用。

二、两个平行洞室渗流量分析

水封油库很少只有一个储油洞室的，那样储油量太少，一般至少如图 2-14 所示的两个洞室，甚至平行若干个。

当两洞平行且相距较近时，两洞岩石间壁中的液位，基本上与洞内液位同高，如图 2-14 所示。对于这种情况，可将 I、II 两洞库连同中间的岩石间壁看成一个跨度为 ad 的大渗水洞，并且要注意所得水量为两洞渗水量之和，至于单个洞库渗水量可由总渗水量 Q 根据洞库跨度按式（2-27）及式（2-28）分配如下：

洞 I 的渗流量为

$$Q_{\text{I}} = B_{\text{I}}\frac{Q}{B_{\text{I}} + B_{\text{II}}} \tag{2-27}$$

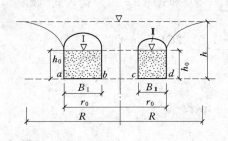

图 2-14

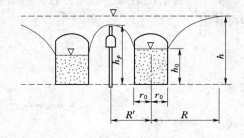

图 2-15

洞 II 的渗流量为

$$Q_{\text{II}} = B_{\text{II}}\frac{Q}{B_{\text{I}} + B_{\text{II}}} \tag{2-28}$$

式中　Q——按式（2-24）求得的两洞室的总渗流量；

Q_{I}、Q_{II}——分别为洞 I 和洞 II 的渗流量；

B_{I}、B_{II}——分别为洞 I 和洞 II 的跨度。

当两洞相距较远，两洞之间的岩体仍然存在一定的水头（或由于注水隧洞使水头提高

至 h_p），如图 2-15 所示，此时两洞可分别计算。

如以图 2-15 的右洞为例：右洞右半部的渗水量只需将式（2-12）与式（2-22）相加，并乘以洞室长度得

$$Q_1 = KSL \left[\frac{h + h_0}{2(R - r_0)} + \frac{0.683}{\lg \dfrac{R}{r_0}} \right] \tag{2-29}$$

而右洞左半部的渗水量则为

$$Q_2 = KS'L \left[\frac{h_p + h_0}{2(R' - r_0)} + \frac{0.683}{\lg \dfrac{R'}{r_0}} \right] \tag{2-30}$$

其中
$$S' = h_p - h_0$$

右洞库总渗水量则为

$$Q = Q_1 + Q_2 \tag{2-31}$$

左洞库总渗水量求法与右洞库雷同，如果左右两洞库长度 L 相同，则不必另行计算，最后两库总渗流量式（2-31）的计算结果乘以 2 即可。

三、多个平行洞室渗流量分析

对于多个洞库平行布置时，只需参照两个洞室的分析方法，也不难求得其渗流量。如图 2-16 所示的三洞平行布置且岩石间壁间均设有产生一定水头的注水隧道，三洞的储油面也各不相同，则可近似地按下式分别计算。

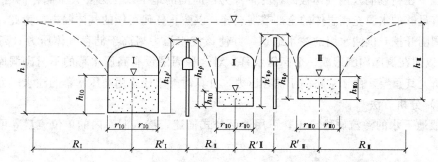

图 2-16

$$Q_{\text{I}1} = KS_{\text{I}} L_{\text{I}} \left[\frac{h_{\text{I}} + h_{\text{I}0}}{2(R_{\text{I}} - r_{\text{I}})} + \frac{0.683}{\lg \dfrac{R_{\text{I}}}{r_{\text{I}0}}} \right] \tag{2-32}$$

$$Q_{\text{I}2} = KS'_{\text{I}} L_{\text{I}} \left[\frac{h_{\text{I}p} + h_{\text{I}0}}{2(R'_{\text{I}} - r_{\text{I}})} + \frac{0.683}{\lg \dfrac{R'_{\text{I}}}{r_{\text{I}0}}} \right] \tag{2-33}$$

其中
$$S_{\text{I}} = h_{\text{I}} - h_{\text{I}0}$$
$$S'_{\text{I}} = h_{\text{I}p} - h_{\text{I}}$$

式中　$Q_{\text{I}1}$、S_{I}——分别为洞 I 左半部的渗流量及降深；

$Q_{\text{I}2}$、S'_{I}——分别为洞 I 右半部的渗流量及降深；

L_{I}——洞 I 的纵向长度。

于是洞 I 的总渗流量为

$$Q_{\mathrm{I}} = Q_{\mathrm{I}1} + Q_{\mathrm{I}2} \tag{2-34}$$

对于洞 II，其算式为

$$Q_{\mathrm{II}1} = KS_{\mathrm{II}}L_{\mathrm{II}}\left[\frac{h_{\mathrm{II}p}}{2(R_{\mathrm{II}} + r_{\mathrm{II}0})} + \frac{0.683}{\lg\dfrac{R_{\mathrm{II}}}{r_{\mathrm{II}0}}}\right] \tag{2-35}$$

$$Q_{\mathrm{II}2} = KS'_{\mathrm{II}}L_{\mathrm{II}}\left[\frac{h'_{\mathrm{II}p}}{2(R'_{\mathrm{II}} + r_{\mathrm{II}0})} + \frac{0.683}{\lg\dfrac{R'_{\mathrm{II}}}{r_{\mathrm{II}0}}}\right] \tag{2-36}$$

其中

$$S_{\mathrm{II}} = h_{\mathrm{II}p} - h_{\mathrm{II}0}$$
$$S'_{\mathrm{II}} = h'_{\mathrm{II}p} - h_{\mathrm{II}0}$$

式中 $Q_{\mathrm{II}1}$、S_{II}——分别为洞 II 左半部的渗流量及降深；

$\qquad Q_{\mathrm{II}2}$、S'_{II}——分别为洞 II 右半部的渗流量及降深；

$\qquad L_{\mathrm{II}}$——洞 II 的纵向长度。

于是洞 II 的总渗流量为

$$Q_{\mathrm{II}} = Q_{\mathrm{II}1} + Q_{\mathrm{II}2} \tag{2-37}$$

同样的方法可求出洞 III 的渗流量 Q_{III}。

四、四周有高压水幕的渗流量分析[31]

常温下在衬砌洞穴内气体被封存的条件为：周围的地下水压力要大于储存的气体压力，而且要有足够的水源充满岩体的全部节理裂缝，以防止任何可能的气体漏失。为此，常常要在洞室周围开挖专供注水用的注水通道，并使该注水压力略高于储存气体压力（高出 10% 左右），以便在洞库周围形成一个高压水幕。对这种周围设有高压水幕的不衬砌洞库，其渗流量分析尤其重要。由于它略高于储存压力，计算时外水压采用高压水幕的注水压力。

（一）分析方法

一般地下水的渗流属稳定流，可用达西公式描述，渗入洞库内的单位流量 q 可写为

$$q = KiA \tag{2-38}$$

式中 i——水力梯度；

$\qquad A$——过水断面；

$\qquad K$——渗透系数。

在如图 2-18 形式的洞库中，对于充满各种微裂隙的岩体，水幕隧道的四周又设置了注水钻孔的情况，直观上是可以接受的。为此，式（2-38）可表示为

$$q = K \cdot 2\pi r\frac{\mathrm{d}p}{\mathrm{d}r} \ \text{或}\ q\frac{1}{r}\mathrm{d}r = 2\pi r\mathrm{d}p \tag{2-39}$$

式中 $2\pi r$ 是过水断面 A，而 $\dfrac{\mathrm{d}p}{\mathrm{d}r} = i$ 是水力梯度。

对式（2-39）积分得

$$q = 2\pi K\frac{P_w - P_a}{\ln\dfrac{R}{R_0}} \tag{2-40}$$

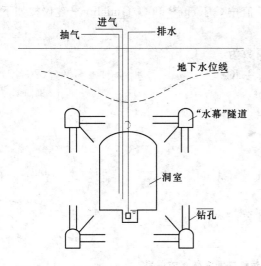

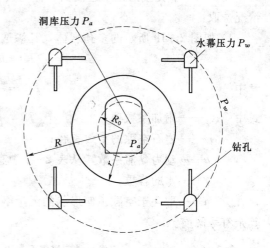

图 2-17 储气洞库周围布置的高压水幕示意　　　　图 2-18 洞库的等效断面图

其中

$$R_0 = \sqrt{\frac{A}{\pi}}$$

式中　q——渗入洞库内的单位流量；

　　　P_a——洞内储气压力；

　　　R——水幕近似的圆形断面半径；

　　　R_0——洞室近似的圆形换算半径；

　　　r——洞库的当量半径；

　　　A——洞库的横截面积；

　　　P_w——水幕压力。

$$Q = 2\pi KL \frac{P_w - P_a}{\ln \frac{R}{R_0}} \qquad (2-41)$$

式中　Q——渗入洞库的总流量；

　　　L——洞库纵向长度。

以上各式中的 K 值依据岩体的类型不同取如下值：

（1）对于完整而且连续性好的岩体　取 $K = K_m$，K_m 的值可由表 2-4 选取。

表 2-4　　　　　　　　　不同岩土平均空隙率、单位出水量及渗透系数

岩土类型	空隙率（%）	单位出水量（%）	渗透系数（m/s）
黏土	45	3	$\leqslant 1 \times 10^{-9}$
砂土	35	25	$1 \times 10^{4} \sim 1 \times 10^{-6}$
卵石	25	22	$> 1 \times 10^{-4}$
含沙卵石	20	16	$1 \times 10^{-5} \sim 1 \times 10^{-7}$
砂岩	15	8	$1 \times 10^{-4} \sim 1 \times 10^{-7}$
石灰岩	5	2	$1 \times 10^{-5} \sim 1 \times 10^{-8}$
花岗岩	0.5	0.25	$\leqslant 1 \times 10^{-7}$

（2）对于非完整而且不连续的岩体　其 K 值按 C. Jaege[1] 和 G. Gudehus[2] 建议按如下情况选取：

1）如图 2-19 所示的多孔岩体，其渗透系数为

$$K = K_p + K_m \tag{2-42}$$

其中

$$K_p = \frac{\alpha D^2 \gamma}{\mu}$$

式中　K_p——附加系数项；

D——岩石空隙的有效直径；

μ——动力黏滞系数，从表 2-5 中查；

γ——水的容重；

α——取决于空隙几何形状的无量纲参数；

其余符号同前。

表 2-5　　　　　温度、动力黏滞系数 μ、运动黏滞系数 γ 的关系

温度（℃）	动力黏滞系数 $\mu \times 10^4$（Pa·s）	运动黏滞系数 $\gamma \times 10^6$（m³/s）	温度（℃）	动力黏滞系数 $\mu \times 10^4$（Pa·s）	运动黏滞系数 $\gamma \times 10^6$（m³/s）
0	1.792	1.792	40	0.656	0.661
5	1.519	1.519	45	0.599	0.605
10	1.308	1.308	50	0.549	0.556
15	1.140	1.414	60	0.469	0.447
20	1.005	1.007	70	0.406	0.415
25	0.894	0.897	80	0.357	0.367
30	0.801	0.804	90	0.317	0.328
35	0.723	0.727	100	0.284	0.296

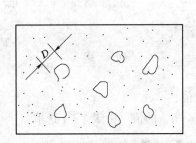
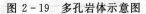

图 2-19　多孔岩体示意图

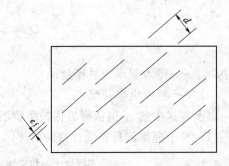

图 2-20　多组裂隙岩体示意图

2）如图 2-20 所示，在岩体中有一组裂隙，渗透系数为

$$K = K_f + K_m \tag{2-43}$$

其中

$$K_f = \frac{e_f^3 \gamma}{12 d \mu}$$

[1] C. Jaege, Rock mechanics and engineering, second edition, 1997。

[2] G. Gudehus, Finite elements in Geomechanics, 1977。

式中　K_f——附加系数项；

　　　　e_f——裂隙的平均宽度；

　　　　d——两个裂隙之间的距离；

　　　　γ——水的运动黏滞系数，可根据不同温度由表 2-5 中选取。

　　3）对于节理分布不规则的岩体（见图 2-21），则渗透系数为

$$K = K'_f + K_m \tag{2-44}$$

其中

$$K'_f = \frac{ge_f^3}{12\gamma}$$

式中　K'_f——附加系数项；

　　　　g——重力加速度；

　　其他符号意义同前。

　　4）对于单独一条裂隙（见图 2-22），其渗透系数为

$$K = K_j + K_m \tag{2-45}$$

其中

$$K_j = \frac{e_j^2 r}{12\mu}$$

式中　K_j——附加系数项；

　　　　e_j——裂隙宽度；

　　其余符号意义同前。

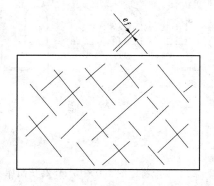

图 2-21　节理分布不规则的岩体示意图

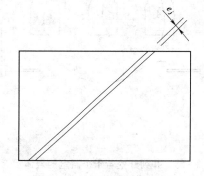

图 2-22　单独裂隙岩体示意图

　　通常洞室的纵轴总要选为垂直于岩体的主要裂隙，因此，由单独一条裂隙渗入洞室的渗水量，参照式（2-41）可得

$$Q_j = 2\pi K_j e_j \frac{P_w - P_a}{\ln \dfrac{R}{R_0}} \tag{2-46}$$

式中　Q_j——沿该裂隙渗入的渗流量；

　　　　K_j——该裂隙的渗透系数；

　　　　e_j——该裂隙的平均宽度。

　　如果在岩体中沿洞室的纵向分布着若干条裂隙，则式（2-46）可进一步表示为

$$Q_j = 2\pi \sum_{i=1}^{m} K_{ji} e_{ji} \frac{P_w - P_a}{\ln \dfrac{R}{R_0}} \quad (i = 1, 2, 3, \cdots, m) \tag{2-47}$$

式中 m——代表沿洞室纵向分布的裂隙的数目。

在计算洞室总渗流量时，只需将计算结果中加上这些单独裂隙的渗流量就行了。

当岩体中并列开挖若干个洞室（见图 2-23）时，式（2-41）仍然适用，但应表示为

$$Q_p = \sum Q_i = 2\pi K \frac{\sum_{i=1}^n L_i}{n} \times \frac{P_w - P_a}{\ln \dfrac{R}{R_0}} \quad (i = 1, 2, \cdots, n) \tag{2-48}$$

其中

$$R'_0 = \sqrt{\sum_{i=1}^n \frac{A_i}{\pi}} \quad (i = 1, 2, \cdots, n) \tag{2-49}$$

式中 Q_p——渗流量；

　　　R'_0——图 2-23 所示的洞室换算半径；

　　　n——代表并列洞室的个数。

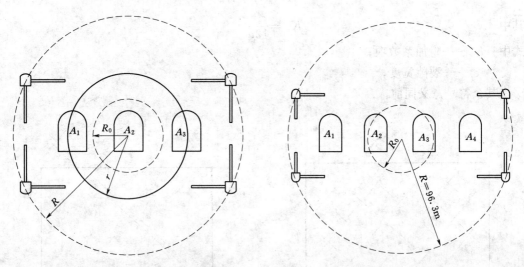

图 2-23　并列开挖若干个洞室的岩体示意图　　图 2-24　挪威将建的 $100 \times 10^4 \mathrm{m}^3$ 高压洞库示意

如果沿洞室纵向尚有若干裂隙横穿，则式（2-48）可表示为

$$Q = Q_p + Q_j = 2\pi \frac{P_w - P_a}{\ln \dfrac{R}{R'_0}} \left(K \frac{\sum_{i=1}^n L_i}{n} + \sum_{i=1}^m K_{ji} e_{ji} \right) \tag{2-50}$$

一旦渗流量求得之后，则每一个洞室的渗流量可表示为

$$Q_i = Q \frac{L_i A_i}{\sum_{i=1}^n L_i A_i} \tag{2-51}$$

式中 Q_i——某个洞室的渗流量；

　　　A_i——某个洞室的横截面积；

　　　L_i——某个洞室的纵向长度。

(二) 算例

【例题 2-2】 将在挪威兴建的容量为 $100 \times 10^4 \mathrm{m}^3$ 的、埋深在海平面以下 1000m 的奥托-内莫达高压气库，周围设有高压水幕密封 (见图 2-24)[31,32]。

1. 已知的设计条件

(1) 每个洞室的横截面积：$A_1 = A_2 = A_3 = A_4 = 538 \mathrm{m}^2$；

(2) 每个洞室的长度：$L_1 = 480 \mathrm{m}$，$L_2 = 470 \mathrm{m}$，$L_3 = 460 \mathrm{m}$，$L_4 = 450 \mathrm{m}$；

(3) 储存的气体压力：设计压力 10MPa；

(4) 周围水幕的压力：$P_w = 10.5 \mathrm{MPa}$；

(5) 岩体类型：花岗岩，其中存在一组节理，参数为 $e_f = 0.1 \mathrm{mm}$，$d = 5 \mathrm{m}$，另外沿洞室纵向横穿分布有 30 条裂隙，其宽度 $e_j = 0.15 \mathrm{mm}$；

(6) 温度：测得库区地下洞室温度为 15℃。

2. 试求总渗流量和每个洞室的渗流量

由表 2-5 查出在 15℃时的 $\mu = 1.14 \times 10^{-4} \mathrm{Pa \cdot s}$，由表 2-4 查得 $K_m = 1 \times 10^{-7}$。

将给定的条件代入式 (2-43) 得 $K = 1.5619 \times 10^{-8} \mathrm{m/s}$。

由式 (2-45) 中 K_j 项的求法得 $K_j = 1644.736 \times 10^{-6} \mathrm{m/s}$。

折算半径 R'_0 可由式 (2-49) 中的求法得 $R'_0 = 26.2 \mathrm{m}$。

将所有参数 R，R'_0，P_w，P_a，L，… 代入式 (2-50)，可算得洞库的总渗流量为

$$
\begin{aligned}
Q &= 2\pi \left(K \frac{\sum\limits_{i=1}^{n} L_i}{n} + \sum\limits_{i=1}^{m} K_{ji} e_{ji} \right) \frac{P_w - P_a}{\ln \dfrac{R}{R'_0}} \\
&= 2 \times 31416 \times \left(1.5619 \times 10^{-8} \times \frac{480 + 470 + 460 + 450}{4} + 30 \right. \\
&\quad \left. \times 1644.763 \times 10^{-6} \times 0.15 \times 10^{-3} \right) \times \frac{1050 - 1000}{\ln \dfrac{96.3}{26.2}} \\
&= 353918.0535 \times 10^{-8} \mathrm{m}^3/\mathrm{s} \\
&= 305.8 \mathrm{m}^3/\mathrm{d}
\end{aligned}
$$

应该指出的是该渗流量占全部洞库容量的万分之三，是一个很小的量，即使 3 年不往上抽水，洞库的积水也才相当于全部容量的 1/3。

由式 (2-51) 可求得每个洞库的渗流量，分别为 $Q_1 = 78.9 \mathrm{m}^3/\mathrm{d}$，$Q_2 = 77.3 \mathrm{m}^3/\mathrm{d}$，$Q_3 = 75.6 \mathrm{m}^3/\mathrm{d}$，$Q_4 = 74 \mathrm{m}^3/\mathrm{d}$。

如果通过密实注浆，堵塞全部节理和裂隙，这样可足以使洞库周围的岩体近似视为一个整体连续介质，此时的渗透系数可简单地取为 $K = K_m = 1 \times 10^9$。这时又可求得密实注浆后的渗流量为 $Q = 9.7 \mathrm{m}^3/\mathrm{d}$，而每个洞室则依次为 $Q_1 = 2.5 \mathrm{m}^3/\mathrm{d}$，$Q_2 = 2.44 \mathrm{m}^3/\mathrm{d}$，$Q_3 = 2.4 \mathrm{m}^3/\mathrm{d}$，$Q_4 = 2.34 \mathrm{m}^3/\mathrm{d}$。

比较密实注浆前后的渗流量，可以看出密实注浆后其总渗流量仅及原来的 3%，即使 100 年不抽水，库内的积水也达不到全部库容的 1/3。

第五节 围岩应力分析

一、线弹性有限元分析[1~4]

弹性分析的求解过程分以下三步进行：

（1）在重力场作用下，求出开洞前弹性体内各点的应力 σ_1^0 和位移 δ_1^0，这个状态称为初始应力状态。

（2）在洞壁施加边界荷载，使其满足在重力场作用下开洞边界上的应力等于 0 的条件，得第二次解答，分别为 σ_2、δ_2。

（3）上述两次叠加，即为最后解答

$$\left.\begin{array}{l}\sigma = \sigma_1^0 + \sigma_2 \\ \delta = \delta_1^0 + \delta_2\end{array}\right\} \tag{2-52}$$

实际工程关心的是开挖引起的位移 δ_2，故计算给出的结果，应为位移 δ_2。

在设计我国第一座水封油库时，文献 [3，4] 曾针对表 2-6 所示的 8 个方案作了有限元弹性分析，之所以计算 8 个方案是为了针对不同情况进行比较的，见表 2-7。

表 2-6　　　　　　　　　各方案计算模型及有关参数详表

方案	计算模型	主体洞室形状	l(m)	l'(m)	f(m)	h(m)	H(m)	高跨比 H/l	矢跨比 f/l'	结点数	单元数	说明
1			16	14.4	4	16	20	1.25	1/3.6	431	781	
2			16	14	4	20	24	1.5	1/3.5	407	725	上边界的三角形荷载为计算模型切割掉的上部山坡（右侧高45m）的自重换算来的，最大值为 $q = \gamma H$ $= 2.54 \times 45$ $= 114.5 t/m^2$
3			16	长轴 $a=32.0m$ 短轴 $b=18.5m$			24	1.5	$a/b=1.73$	407	725	
4			20	20	5	25	30	1.5	1/4	445	798	
5			20	17.5	5	25	30	1.5	1/3.5	445	798	

方案	计算模型	主体洞室形状	l (m)	l' (m)	f (m)	h (m)	H (m)	高跨比 H/l	矢跨比 f/l'	结点数	单元数	说明
6			20	20	5	25	30	1.5	1/4	456	818	上边界的均布荷载为计算模型切割掉的上部45m高的均匀山体的自重换算来的 $q=114.5$t/m^2
7			20	20	5	25	30	1.5	1/4	456	818	
8			16	14.4	4	16	20	1.25	1/3.6	453	817	上部荷载值同方案1～5,中间施工通道 $l \times h = 7.5$m$\times 5.5$m;底较主洞底高1m

表 2-7　　　　　　　　　　　　各方案比较的主要意图

方案	比较的主要意图
1 与 2	比较不同高度和不同高跨比的影响
2 与 3	一为圆趾斜墙拱顶,一为3/4椭圆形,比较不同洞型的影响
4 与 5	一为直墙拱顶,一为圆趾斜墙拱顶,比较不同洞型的影响,同时也比较不同矢跨比的影响
4 与 6	比较上边界有地形偏压(方案4)与没有地形偏压(方案6、7、8)的影响
1 与 8	比较洞罐之间有施工通道(方案8)与没有施工通道(方案1)的影响
2 与 5	比较几何尺寸大小造成的影响
6 与 7	比较侧墙具有不同位移边界条件的影响

作为例子这里给出了方案5的网格划分及计算结果,见图2-25～图2-28。

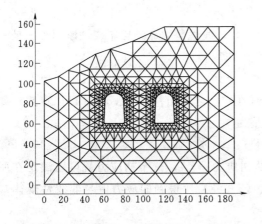

图 2-25　方案5网格划分图(单位:m)

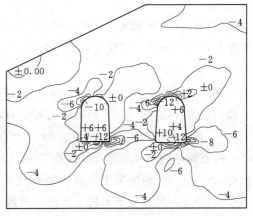

图 2-26　方案5应力 σ_x 分布图
[单位:100kPa,压应力(—),拉应力(+)]

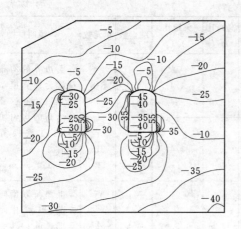
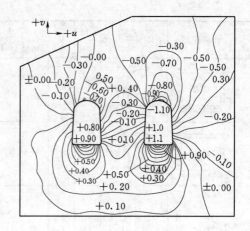

图 2—27　方案 5 应力 σ_y 分布图　　　　图 2—28　方案 5 垂直位移 v 分布图
[单位：100kPa，压应力（一），拉应力（+）]　　　　　　（单位：mm）

二、非线性有限元分析[5]

在弹性分析的基础上又做了非线性分析，用有限元解决物性关系是非线性问题的途径之一，是在线弹性解的基础上，通过调整一个或几个参数（如材料常数或初应力、初应变等）使得线性解最终收敛于非线性解（亦即满足了非线性的物性关系）由于调整的参数不同，因此名称也各异，本文是通过调整初应力的办法来解决非线性问题的，故称初应力法。

已知线弹性物性规律最一般的情况，可以表达为

$$\{\sigma_e\} = [D](\{\varepsilon\} - \{\bar{\varepsilon}_0\}) + \{\bar{\sigma}_0\} \tag{2-53}$$

式中　　$[D]$ ——由材料常数决定的弹性矩阵；

$\{\bar{\varepsilon}_0\}$ ——由某种原因在结构内存在的初应变；

$\{\bar{\sigma}_0\}$ ——由某种原因在结构内存在的初应力。

假设所求问题的非线性物性规律为

$$\{\sigma_n\} = f(\{\varepsilon\}) \tag{2-54}$$

显然，在一般情况下，对应同一个应变值 $\{\varepsilon\}$，线性解 $\{\sigma_e\}$ 与非线性解 $\{\sigma_n\}$ 是不相等的，其应力差（初应力增量）为

$$\{\Delta\bar{\sigma}_0\} = \{\sigma_n\} - \{\sigma_e\} \tag{2-55}$$

我们的目的是希望 $\{\sigma_e\}$ 与 $\{\sigma_n\}$ 相等，现在它们之间相差了 $\{\Delta\bar{\sigma}_0\}$，可以设想，如果我们把线性规律式（2-53）中的初应力调整为

$$\{\bar{\sigma}_1\} = \{\bar{\sigma}_0\} + \{\Delta\bar{\sigma}_0\} \tag{2-56}$$

两者就一致了，于是我们找到了一个新的初应力 $\{\bar{\sigma}_1\}$，这个初应力就可以满足在所达到的应变 $\{\varepsilon\}$ 的情况下使得由线性规律式（2-53）所得到的应力值与非线性规律式（2-54）（在同样应变的条件下）的应力值相等。

这里人为地由原来的应力场改变了一个增量 $\{\Delta\bar{\sigma}_0\}$，因而造成了整个结构的应变和应力的重分布，求出对应于该应变的线性解和非线性解并进行比较，如果仍不一致，就重

复上述步骤，再次调整线性解的初应力，这样循环下去，直到 $\{\sigma_e\}$ 与 $\{\sigma_n\}$ 基本一致为止。

　　显然，这是一个不断迭代的过程。初应力法作为一种解决非线性问题的手段，式（2-53）中的初应力 $\{\bar{\sigma}_0\}$ 并不一定是真实存在的，它一开始也可以是 0。由于地质情况的极端复杂，针对不同情况归纳为三种力学模型：①节理随机分布的岩体视为不抗张材料，即只能传递压力而不能传递拉力；②层面结构或具有一组定向节理的岩体视为层面不抗剪材料，这种材料不仅沿着层面的法向不能传递拉应力，而且也不抗剪，其抗剪强度完全由摩擦力提供，亦即是压应力的函数，遵循 $\tau_n \leqslant \sigma_n f$ 的 Mohr-Coulomb 条件；③完整岩体就视为弹性连续体，详情可见文献[3~5]。图 2-29～图 2-32 是表 2-6 中方案 5 视作层面不抗剪材料及不抗张材料的计算结果。

三、计算结果综述

　　（1）从改善洞罐受力条件减小洞边应力集中的角度来看，洞罐的轮廓原则上应以没有尖角的平滑曲线为宜，在使用和施工条件允许的情况下，应尽量采用像椭圆或圆形那样闭合光滑曲线。仅就我们比较的三种洞型而言，以椭圆形最好，圆趾斜墙拱顶次之，直墙拱顶最差。由于椭圆形施工较为困难，所以推荐采用了圆趾斜墙拱顶的形状，既满足了使用要求又改善了洞罐的受力状态，同时施工也较容易。另外，在岩石较好，侧压系数不大的情况下，拱顶矢高取得大一些，可以改善拱顶部分的应力场，特别是对于降低拉应力减小拉应力区是有利的。

　　地下工程对受力、使用、施工诸条件要综合考虑，只考虑受力一个因素显然是片面的，至少有学究气之嫌。国外大都采用 20m 跨、30m 高的直墙拱顶洞型，很少用斜墙圆趾的，主要原因是施工有一定难度，更何况内斜的墙面对于被节理切割的岩体来说远不像弹性连续体那样受力合理。

　　（2）地下工程的跨度是一个影响围岩稳定的重要因素。计算结果表明，跨度越大，变形越大，应力集中现象也越严重，使拉应力值增加，扩大了拉应力区。

　　（3）在石质较好，岩体完整和泊松比较小的情况下，洞罐的高度可以取得高一些，既增加了可利用空间，又可改善洞罐围岩应力状态。不过要注意高度和洞罐跨度相适应，以我们的计算结果分析来看，高跨比为 1.5 较为合理。

　　（4）洞罐的间距可以作为跨度的函数来选取，单从应力分析角度来看，洞罐间距取 $1.5l$（l 为跨度）是合理的，当洞罐间开有施工通道时，视岩石情况可适当加大间距。如果储存同一种油品罐区地质范围比较狭小时这个参数可适当减小。

　　（5）在不考虑构造应力而只考虑重力场的情况下，地形偏压是不可忽视的，它使应力分布极不规律，有出现局部应力过高的可能，既不利于围岩稳定，结构上也难以处理，应尽量避免洞罐设在造成偏压的陡坡之下。

　　（6）计算模型的外边界条件，对于计算结果影响很大。为了减少外边界对洞边围岩应力的影响，在计算机容量允许的情况下，计算范围取得越大越好，可以参照孔边应力集中影响范围的概念确定计算范围，取计算范围大于影响范围即可。象山水封油库的计算自洞室外壁至模型的外边界都大于 3 倍洞室的跨度（即大于 $3l$），至于如何正确地选择外边界，要视具体情况而定。我们的实践证明，对于石质坚硬，岩体完整，泊松比很小，又是只考

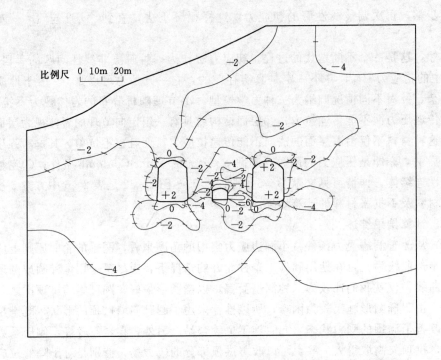

图 2-29 层面不抗剪材料非线性分析

最大主应力 σ_{max} 分布图（单位：100kPa）

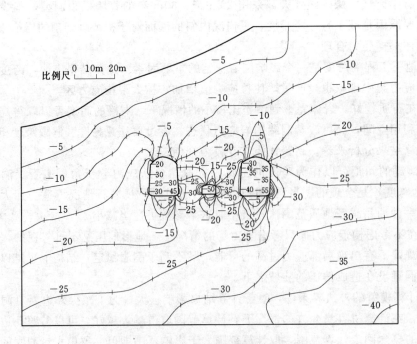

图 2-30 层面不抗剪材料非线性分析

最小主应力 σ_{min} 分布图（单位：100kPa）

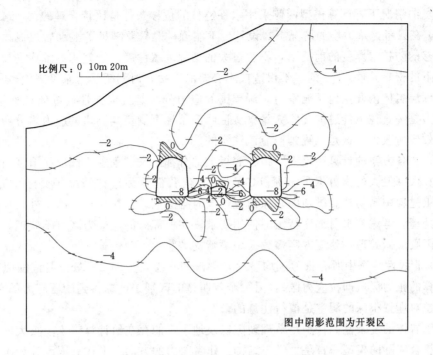

图中阴影范围为开裂区

图 2-31 不抗张材料非线性分析

最大主应力 σ_{max} 分布图（单位：100kPa）

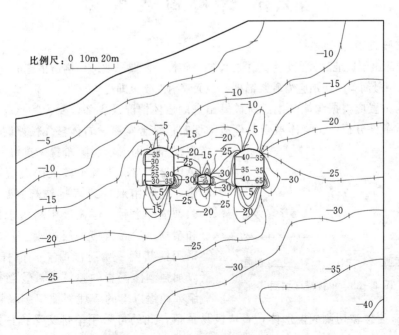

图 2-32 不抗张材料非线性分析

最小主应力 σ_{min} 分布图（单位：100kPa）

虑重力场的情况下，计算模型两侧采用水平链杆的位移条件是比较合理的。

（7）在只考虑重力场的情况下，设计地下洞罐一般只要满足了上部岩层成拱条件，又保证足够的防护层厚度的前提下，不宜过大的增加埋置深度（当然水封油库还要考虑地下水位以下的密封条件）。否则，不仅造成不必要的浪费，对洞罐受力条件来说也是不利的。当然在深层岩体内开挖地下洞室时，洞周围的应力分布是否像弹性连续体计算结果那样，整个重力是一直往下传递的呢？大量事实证明深层地下洞室其周边的应力重分布往往被岩层的拱效应所改善，这是工程师们应该注意的。

（8）在各方案的计算结果中，顶、底板大部分都出现了程度不同的拉力区，尽管拉应力值不算大（最大的为方案6底板1400kPa），但我们认为这种情况仍要给予充分注意，除在施工过程中密切注意拱顶的裂隙情况，及时排除危岩，注意安全施工外，在结构上也应进行处理。考虑到水封油库特定的使用要求，底板部分的拉应力区可不处理，而拱顶的拉应力区则应做处理，处理方案多数采用锚喷支护。

（9）非线性计算中所有张力区均显示开裂破碎状态，见图2-31，但范围似乎略小于弹性计算的张力区（即拉应力区），另一个较明显的区别是计算得到的压应力都有所增加，这个现象对埋置很深的洞室是值得注意的。

由于岩体的复杂性，特别是节理裂隙以及地下水的存在给计算带来了很大的困难，选择完全符合实际的模型一直是力学与结构工作者努力的方向。上述有限元计算虽然亦是一种近似，但较传统地下结构的工程计算已经是前进一步了。

第六节　结 构 构 造 措 施

一、锚喷支护

水封油库由于选址时就充分考虑了岩体的完整性，需要采取结构构造措施的大都在局部地段，所以采用最简单的非预应力砂浆锚杆，表面喷射混凝土即可。

锚杆的位置应根据洞体开挖后所披露出来的岩体情况及各部位受力特点等因素综合确定。从地质条件分析：①岩体虽受节理裂隙切割但结合紧密、岩体整体性好时，可采用单根锚杆加固或沿裂隙布置一排锚杆进行加固，见图2-33；②对于较大的夹层或断层破碎带，应采用双排或多排锚杆加固，见图2-34，锚杆之后，还应该用高压水枪除掉浮石和杂物，然后再喷一层混凝土，必要时还应采用钢筋网—喷射混凝土—锚杆联合支护，以加强洞体围岩的整体性；③当拱顶上受两组或两组以上的节理裂隙切割（特别是X形裂隙切割），岩体被切割成楔形体，石块极易掉落，此处可采用单排交叉锚杆加固，见图2-35。

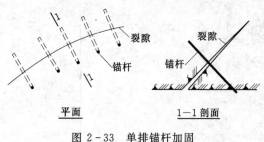

图2-33　单排锚杆加固

一般在无特殊情况之下，锚杆的间距为1.0～2.0m，并成梅花形布置。

象山水封洞库进行锚杆加固时，详细绘制了洞体围岩的地质构造展开图及局部地质剖面图，根据实际情况确定锚杆加固方案，效果较好。表 2-8 为该工程罐体各处的锚杆加固一览表，图 2-36～图 2-38 分别为竖井及端墙的锚杆加固图。

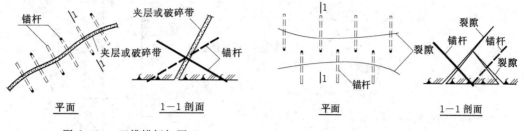

图 2-34　双排锚杆加固　　　　　　图 2-35　单排交叉锚杆加固

锚杆支护以后大都同时喷一层 5～10cm 的喷射混凝土，除起结构作用之外，也防止掉块伤人。

表 2-8　　　　　　　　　　　罐体各处锚杆加固一览表

加固部位		工程地质情况	锚杆布置形式	裂隙倾角不小于 45°		裂隙倾角小于 45°	
				长度（m）	间距（m）	长度（m）	间距（m）
拱顶		破碎带及小断层	梅花形	1.5	0.8		
		节理裂隙	单排锚杆	2.0	1.0	1.5	1.0
拱脚		破碎带及夹层	梅花形	2.0	1.0	1.5～2.0	0.8～1.0
		节理裂隙	单排锚杆	2.0	1.0	1.5	1.0
侧墙		破碎带及夹层	梅花形	2.0	1.0	2.0	1.0
		节理裂隙	单排锚杆	2.0	1.0～1.5		
竖井	上部	节理裂隙	梅花形	1.5～2.0	0.8～1.0	2.0～3.0	1.0
	下部	节理裂隙	梅花形	2.0～3.0	1.0	2.0～3.0	1.0
端墙	北端	节理及岩脉	梅花形	2.0～3.0 / 5.0	1.0 / 2.0	2.0～2.5	1.0
	南端	节理裂隙	单排锚杆	2.0 / 5.0	1.0 / 2.0		

二、压力灌浆

地下水封石洞油库常采用固结灌浆和接触灌浆两种。

（一）固结灌浆

固结灌浆是通过一定的压力，把水泥浆灌入到岩体孔隙中去，紧密地充填孔隙，并使破碎的岩块形成结石，增加岩体的强度、整体性、抗渗性。固接灌浆是水封石洞油库围岩裂隙处理的主要方法，常用于罐体的拱顶、侧墙、端墙及部分施工通道中。

固结灌浆的施工步骤如下：

布孔—钻孔—冲洗—压水试验—压力灌浆—喷射水泥浆（破碎带及节理裂隙密集地段应在压水试验前进行）—封口—质量检查。

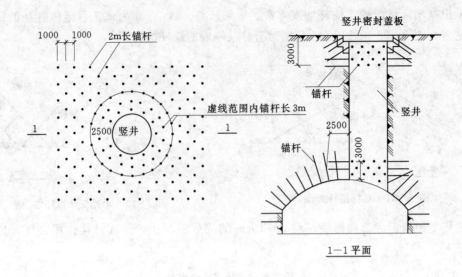

图 2-36 竖井锚杆加固图

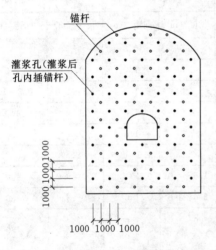

图 2-37 端墙锚杆加固图（平面）

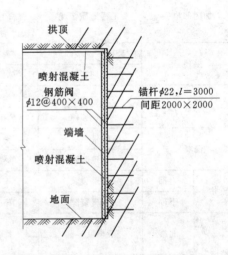

图 2-38 端墙锚杆加固图（剖面）

（二）接触灌浆

接触灌浆是通过一定的压力把水泥浆灌入到混凝土与岩石接触面的缝隙中去，胶结并填充裂缝，起到防渗和密闭作用。接触灌浆常用在水封墙及竖井密封盖板与岩石的接触部位。

水封油库中的接触灌浆常采用钻孔（或预留孔）法，使钻孔（或预留孔）穿过混凝土直至稍微穿过（约50cm）混凝土与围岩的接触面，然后从孔内进行灌浆。有些工程在混凝土中预埋钢管代替钻孔。

接触灌浆应在混凝土达到设计强度后进行，灌浆压力应不小于 0.2MPa。

应该指出，在我国水封气库尚属空白，压力灌浆在气库中远比油库重要，应引起有关部门的关注。

48

第七节　油品储存质量及漏失问题

一、质量问题

在油品储存过程中，引起质量变化的因素很多，有内因也有外因。

内因是指油品本身的稳定性而言，这取决于油品的生产方式及其成分。如热裂化的石油产品，因其内部含有较多的不饱和烃，所以易于氧化，其稳定性就不如直馏产品及催化裂化产品好。我国的车用汽油多为热裂化产品，而航空汽油则多为直馏与催化裂化产品的混合物，因此就其本身的稳定性而言，航空汽油比车用汽油稳定。此外，油品的稳定性还与添加剂的成分有关。比如四乙铅添加剂在长期储存过程中容易分解，又易溶于水。

哪些是影响油品质量的外因呢？总括起来有如下几个：

（1）温度。温度过高不仅造成油品中轻组分的挥发，而且还会加速油品的氧化反应，所以油品的储存温度应尽可能低一些，并需特别注意保持温度恒定。

（2）空气接触氧化。油品与空气接触越频繁，接触面越大，其氧化速度越快，蒸发损耗也就越多。因此，为了使油品长期储存，容器应具有较好的密封条件。

（3）金属的催化作用。试验证明，金属对油品和氧化反应有催化作用。在各种金属中以铜的影响为最大，其次是铅。有人做过试验，将66号车用汽油装入具有镀铅内表面的油箱中，储存13个月后发现，油品的胶质含量由刚装入时的1.6mg猛增到165～222mg。但将油箱内壁涂以环氧树脂之后，在同样油品、同样时间的条件下，其胶质含量仅增加到3.6～4.6mg。可见金属对油品氧化的催化作用是很严重的。

（4）水分。油品中的含水量有一定的限制。当油品中含水量过多时，不仅会使油品的凝点升高，而且会加速油品的氧化反应，使胶质含量增加，甚至会使内燃机熄火。

用水封油库储油，到底有哪些因素使人们担心储油的质量呢？概括起来不外乎以下三个问题：

（1）在水封油库中，油品和裂隙水直接接触，这是否会增大油品的含水量？

（2）裂隙水的成分是否会影响油品的质量？

（3）岩石的矿物成分是否会与油品起化学反应而影响油品质量？

对于第一个问题，从前面的论述中我们已经知道，油品中的含水量是有严格限制的，否则将严重影响油品质量。用水封油库储油到底会不会增大油品的含水量，甚至使油水严重混合，而造成所谓的"乳化"现象呢？

油和水具有相对的化学稳定性和物理稳定性。在一般情况下，油和水之间总会存在一个较为清晰的交界面。因此在静止状态下，油分子不会进入水垫层之中，水垫层中的水也不会上升到油品之中。从罐壁渗入的裂隙水，只能在重力作用下沿着罐壁沉到水垫层之中，一般不会产生水滴四处扩散的现象。因此，罐内油品的含水量一般是不会增加的。

在某些特殊情况下，例如收油时，由于油品的冲击，可能会把水垫层中的水搅到油品中去，但由于水比油重，因此，经过一段时间之后，水仍会离析出来，再沉入到水垫层中去。由此可以看出，在这种情况下，既不会增大油品的含水量，也不会产生长期的"乳

"化"现象。

生产实践表明，有些地面钢板罐，其罐底也都有一个水垫层。从长期使用中观察，并未增大油品的含水量。

为了搞清裂隙水及水垫层对油品含水量的影响，海军某部曾做过"油水分离试验"。该试验的容器为直径180mm的烧杯，容器内水垫层厚度为5cm，内装海军燃料油20cm高，见图2-39。试验中分别采用从油品表面喷洒加水、电动搅拌，在油品及水垫层中分别通蒸气加热、边通蒸气边电动搅拌等几种不同的方式。经沉淀1小时后，取样化验结果表明，只有边通蒸气边电动搅拌的试验，其油样的含水量超过国家规定标准，其他各组试验的油样含水量均小于限定值。把各组试验的油样（包括含水量最大的那一组），经过6天沉淀后，其含水量均为0.1%（此种油品的允许最大含水率为1%）。由此可以看出，即使在极其不利的条件下，混入油品中的地下水也会逐渐离析出来。

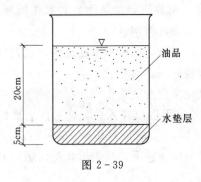

图 2-39

在此必须指出，对于重质燃料油储库，应注意油品"乳化"现象。油品的"乳化"与加热方式有关，在重质燃料油的储库中，宜于采用直接加热油品的方法，有些单位采用油品和水垫层同时分别加热的方法，也取得较好的效果，但切记不要采用单独加热水垫层升温的办法，据资料介绍，有些单位曾采用此法加热油品，其结果是产生严重的油品"乳化"现象，使水垫层以上几米厚的油层含水量增加到12%～20%，甚至出现裂隙水泵损坏的事故。

由上所述可以看出，只要认真管理，用水封油库储油，一般都不会增大油品的含水量，也不会产生长期的"乳化"现象。

关于地下水的成分及岩石造岩矿物对油品质量的影响问题，是工程地质及水文地质勘察中早应解决的问题。对于地下水的成分对油品质量影响问题，大概人们关心的主要是水中的NaCl对油品质量的影响问题。据介绍，国外有些油库就建在海底，油品与海水直接接触，经多年观察证明，海水对油品质量没有不良影响。例如，瑞典的奥塞雷松油库紧靠波罗的海，海水通过裂隙流入油库内，但经化验表明，未发现油品质量变化的现象。我国象山油库，其水垫层中的水含氯离子较多，但对油品质量毫无影响。

综上所述，可以看出，在水封油库中一般不存在影响油品质量的不利因素。纵然在水中或岩体中存在微量的有害元素，但由于油品成分均以饱和烃为主，化学稳定性较强，在一般条件下，不会影响油品质量。而且由于水封油库的罐体埋深较大、库温较低且长年稳定、罐体密封性好，这样就大大削弱了油品的氧化反应，更利于保证油品的储存质量。实践也充分证明了这一点：如解放军某部将70号车用桶装汽油分别储于山洞、树阴下和露天三种条件下，储存半年后经测定发现胶质含量以山洞库为最小，露天存放的油品含量最多，见表2-9。我国象山油库的使用经验证明，用水封油库储油对油品质量没有不利影响，反而使机械杂质有充分的沉淀时间，因而使油品中的机械杂质含量显著降低。国外多年使用经验也证明，用水封油库储油，不但有利于保证油品质量，而且大大减少了油品损耗。例如，汽油的年损耗仅为地面储库容量的0.02%～0.04%，而柴油几乎没有损耗。

表 2-9   **不同存放条件车用 70 号汽油胶质含量的变化**

存放条件 胶质含量	开始时胶质含量 （mg/100ml）	半年后胶质含量 （mg/100ml）
山洞库	3.4	6.8
树阴下	3.4	8.6
露天	3.4	15.8

二、漏失问题

由于水封油库处于稳定地下水位以下且油水不混合，因此漏油问题无论从理论还是实践上说应该算解决了。我国修建第一个水封油库象山油库时为了说服非专业人员，特别是为了消除使用部门的疑虑不得不接受了一项研究任务，通过模型试验探讨不同岩石裂隙宽度（0.1～10mm），不同油品（柴油、车用汽油和灯用煤油）以及不同油水高差（0～40cm）情况下油水的相互关系。

（一）模拟水平裂隙和斜裂隙的试验

1. 模型设计（模型Ⅰ）

模型Ⅰ用来模拟罐壁岩体中水平裂隙及斜裂隙的油水渗透尾部。模型用有机玻璃加工，作法及尺寸如图 2-40 所示。

模型Ⅰ中的活动挡墙通过螺杆与边墙连接，转动蝶形螺母可以调整挡墙上下左右的位置，模拟不同宽度的水平缝和斜缝。

2. 试验方法及试验结果

试验时，先由进水孔往水箱内加水，然后加油。由于水箱中的水不断地流入油箱，为了控制油箱中水层的厚度，需要有控制地从排水孔放水。

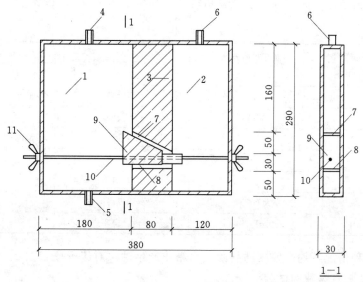

图 2-40　模型Ⅰ

1—油箱；2—水箱；3—固定挡墙；4—进油孔；5—放水孔；6—进水孔；
7—斜缝；8—水平缝；9—活动挡墙；10—螺杆；11—蝶形螺母

当油面及水面稳定在需要位置时，记录油水流动情况，并绘制水的流动曲线。

试验时选用的油品为柴油和汽油，其中改变了① 水面与油面的高差；② 裂隙的数量；③ 裂隙的宽度三种因素。现将试验结果整理如下：

（1）油品为汽油，水面与油面等高。

1）单缝——斜缝裂隙宽度分别为 1mm、2mm、3mm、4mm、5mm 时，油品均不侵入缝内。

2）双缝——水平缝及斜缝，其结果详见表 2-10。

表 2-10

水平缝宽 （mm）	斜缝宽 （mm）	水面与油面高差 （mm）	油品向裂隙侵渗情况	备　　注
0.5	1	同高	不侵渗	
0.5	3	同高	不侵渗	
0.5	4	同高	不侵渗	
1	1	同高	不侵渗	
1	2	同高	不侵渗	
1	3	同高	不侵渗	
1	4	同高	不侵渗	
1	5	同高	不侵渗	油箱内流水量大
2	1	大于60	不侵渗	
2	1	小于60	侵入缝内但不流入水箱	
2	2	40	侵入缝内但不流入水箱	油箱内流水量大

（2）油品为柴油，同时存在水平缝和斜缝，其结果详见表 2-11。

表 2-11

水平缝宽 （mm）	斜缝宽 （mm）	油面与水面高差 （mm）	油品向裂隙内侵渗情况	裂隙出水情况	
				水平缝	斜缝
0.5	4	同高	不侵渗	滴水	滴水
1	1	同高	不侵渗		
1	3	同高	不侵渗	滴水	滴水
2	1	大于70	不侵渗	滴水	滴水
		等于70	侵入缝内，但不进水箱		
2	2	大于75	不侵渗	滴水	滴水
		小于75	侵入缝内，但不进水箱		

结论：各种情况下均未发现油品渗入水箱或产生油水对流现象。

（二）模拟竖直裂隙的试验

1. 模型设计（模型Ⅱ）

模型Ⅱ用来模拟罐壁岩体中竖直裂隙的油水渗透情况。模型Ⅱ用有机玻璃加工，作法及尺寸详见图 2-41。

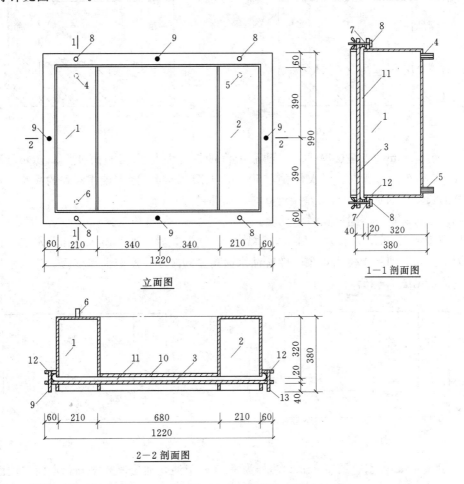

立面图

1—1剖面图

2—2剖面图

图 2-41　模型Ⅱ

1—油箱；2—水箱；3—前面板；4—进油孔；5—进水孔；6—排水孔；7—弹簧；
8—螺栓；9—导向杆；10—后面板；11—直缝；12—密封圈

模型Ⅱ主要由箱体和前后面板组成。调整螺栓，可以模拟不同宽度的竖直缝。

2．试验方法与试验结果

在竖直缝的模拟试验中，选用了＋20号柴油、车用汽油以及灯用煤油三种油品，其中改变了① 油面与水面的高差；② 缝隙的宽度（0.2mm、1mm、3mm、5mm、10mm）等因素。绘制了79条曲线，现将几组代表性的试验结果简介如下：

（1）不同压差时的试验。

1）缝宽 0.2mm，水垫层厚 8cm，油品为汽油，油层厚 5.5cm，水面与油面高差为 34.5cm。油品无侵入现象。在油箱边缝外，水流曲线的最低点与油面差值（水力学上此差值称为水跃）为 10.5cm，详见图 2-42。

2）缝宽 1mm，水垫层厚 8cm，油品为汽油，油层厚 5.5cm，水面与油面的高差为 18.5cm。油品无侵入现象，详见图 2-43。

53

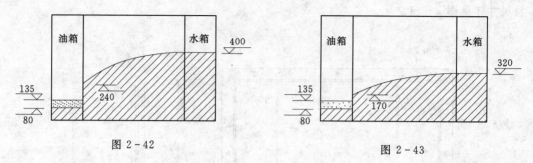

图 2-42   图 2-43

3）缝宽 1mm，水垫层厚 8cm，油品为汽油，水面与油面的高差为 2.5cm，油层厚 5.5cm。油品有侵入现象，侵入长度为 60cm，见图 2-44。随着油水高差的减小，油品侵入缝隙的长度逐渐加大。当高差接近 0 时，油品进入水箱。

（2）一定高差、不同缝宽时的试验。

1）缝宽 0.2mm，水垫层厚 8cm，油品为 +20 号柴油，油层厚 4.5cm，水面与油面的高差为 7.5cm。油品无侵入现象。随着油水面高差的减小，水流曲线变缓，流入水箱时的水位变低，见图 2-45。

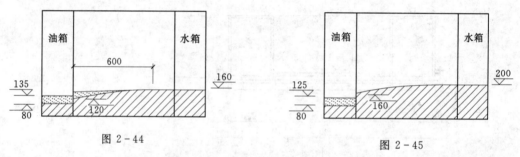

图 2-44   图 2-45

2）缝宽 1mm，水垫层厚 8cm，油号为 +20 号柴油，油层厚 4.5cm，水面与油面的高差为 7.5cm。此时油品无侵入现象。随着油水面高差的减小，水流曲线变缓，流入水箱的水位变低，见图 2-46。

3）裂宽 3mm，水垫层厚 8cm，油品为 +20 号柴油，油层厚 4.5cm，水面与油面的高差为 7.5cm。此时油品无侵入现象。随着油水面高差的减小，水流曲线变缓，流入油箱时的水位变低，见图 2-47。

4）缝宽 0.2mm，水垫层厚 8cm，油品为汽油，油层厚 5.5cm，油面与水面的高差为 2.5cm。此时油品侵入缝隙中的长度为 60cm，由于毛细作用缝内油位比油箱位高 1cm 左

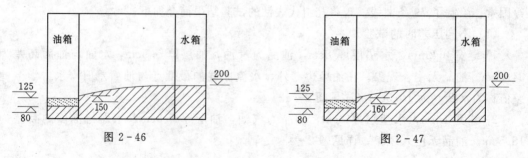

图 2-46   图 2-47

右，见图 2-48。

5）缝宽 1mm，水垫层厚 8cm，油品为汽油，油层厚 5.5cm，水面与油面的高差为 2.5cm。此时油品侵入缝内的长度为 21cm，缝内油位比油箱油位高 0.7cm 左右，见图 2-49。

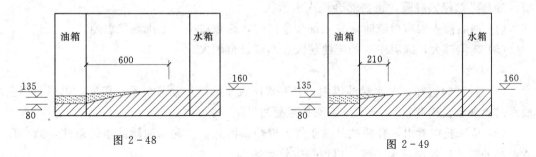

图 2-48   图 2-49

6）缝宽 3mm，水垫层厚 8cm，油品为汽油，油层厚 5.5cm，水面与油面高差为 2.5cm。此时油品侵入缝内的长度为 16cm，缝内油位比油箱的油位高 0.5cm 左右，见图 2-50。

（3）相同的缝宽、相同的油水面高差条件下，不同油品的试验（下述试验的油水面高差为 1.5cm，缝宽为 1mm，水垫层厚 8cm，油层厚 4.5cm）。

1）油品为汽油时，油品侵入缝内的长度为 12cm，缝内油位比油箱油位高 1cm，见图 2-51。

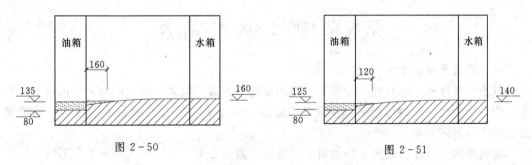

图 2-50   图 2-51

2）油品为灯用煤油时，油品侵入缝内的长度为 5.5cm，缝内油位高于油箱油位 0.9cm，见图 2-52。

3）油品为+20 号柴油时，油品无侵入现象，见图 2-53。

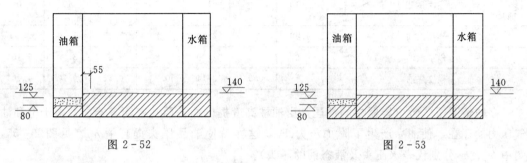

图 2-52   图 2-53

3．小结

（1）当水位高于油位时，无论缝隙宽窄如何，油品均未渗入水箱。但当油水面高差较小时，油品可侵入缝内一定长度。

（2）油品侵入缝隙的长度与油品黏度有关，黏度小的油品易于侵入缝隙。

（3）缝隙内有无油品侵入的重要条件是存在油水面高差。若缝隙内无水，无论缝隙宽窄，油品必然侵入缝隙，也必然会流入水箱。

（4）油品侵入较窄缝隙时，有毛细现象产生，缝隙愈窄，毛细现象愈烈。

（5）缝隙越大，缝隙中水的流速越大，水流量也越大。

4. 结 论

（1）从试验得知，在水封油罐中，只要水压大于油压，油品就不会渗漏，也不会产生油水对流现象。因此，1mm不是裂隙是否漏油界限。

（2）从试验中看出，轻质油品易于侵入缝隙。因此，为确保油罐的水封条件，储存轻质油品的罐体，埋深应大一些，以便提供较大的水头。

（3）从试验中产生的"水跃"现象可以看出，用压力注浆堵塞较大缝隙，对改善油罐的水封条件是十分有利的。

（4）用压力灌浆堵塞较大缝隙，减少了罐内裂隙水的流量，对降低运行费用，减少污水处理量是有利的。

（5）最后，也是最重要的，象山水封油库观测孔实际观测的结果未发现任何漏油或油水对流现象。

第八节 软土水封油库

一、原理及安全水头

软土水封油库，就是把一个混凝土结构的储油容器，埋置于稳定的地下水位以下的软土之中，利用地下水的压力来封存罐内的油品（见图 2-54）。这就为平原地区的隐蔽储油提供了一种新方案。

罐内饱和油气压力的大小与油料种类及储存温度有关。表 2-12 列出了常用油品在不同温度时的饱和蒸气压力值。

表 2-12　　　　　　　　　几种油品的饱和蒸气压力

油品 ＼ 油气压 (mH₂O) ＼ 温度 (℃)	−10	0	10	20	30	40	50
车用汽油	1.40	2.00	2.80	3.80	5.10	7.00	9.20
航空汽油	0.90	1.30	2.00	2.80	3.90	5.30	7.10
航空煤油		0.09	0.14	0.28	0.42	0.70	1.10

一般情况下，敞口容器中的油压是由油柱高度提供的。而在密闭容器中，由于饱和油气压力的存在，使油品产生了附加压力 P_0，这样就使油品压头提高了 h_g（见图 2-55，图中 h_w、h_l 分别代表水压头及液态油的压头）。

$$h_g = \frac{P_0}{\gamma_0}$$

式中　　h_g——油气压头（米油柱）；

P_0——油气压力（由表 2-12 查得）；

γ_0——油品比重（无量纲）。

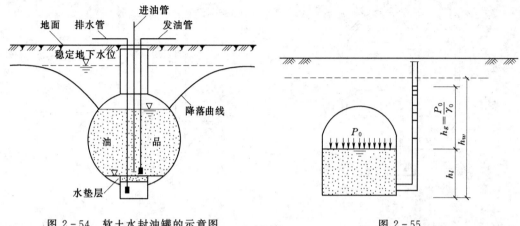

图 2-54　软土水封油罐的示意图　　　　　　　　图 2-55

为了安全，储油罐外地下水的压头必须高于罐内液体和气体两相压头之和（见图 2-56），这就是确定埋深的必要条件，即

$$h_w \geqslant h_l + h_g$$

式中　　h_w、h_l、h_g——分别为地下水压头、液态油压头、因油品蒸气压提高的压头。

二、罐体结构分析

软土水封油罐的结构形式是多种多样的，但是最通用而且受力状态又合理的，就是"旋转壳组合结构"（见图 2-56）。这种油罐的主体结构是一个圆柱壳，顶、底部可以为球壳、锥壳或圆板（图 2-56 绘的是球壳），中间用环梁相连，水封油罐顶部有通向地面的竖井，底部有汇集渗水及潜水泵的泵坑。

这种组合式结构，是由多个构件组合而成的，图 2-56 中的节点 J 即为顶壳、环梁、罐壁三个构件的连接点。这种节点是弹性固定的。各构件在这一点既要满足变形协调条件，又要满足力的平衡关系。因此，对这类结构要作整体式计算。无论就工作量或难度而言都远较计算单个壳体为甚。

由于组合壳体结构计算十分繁琐，文献［11，13，14，16~21，23，27］给出了不同情况的计算和校核方法，可供设计人员参考。通常亦可参照市政工程常用的消化池及矿山竖井的结构分析方法采用。

三、软土水封油库的渗流量分析[13]

（一）库壁渗流公式的推求

一筒形软土水封油库（见图 2-57），其地下水的渗流要穿越两种不同的介质。由于库壁较软土介质致密，其渗透能力也弱得多，所以其浸润曲线在库的外壁处有一个折点。

1. 穿越软土介质的渗流

从连续介质力学的角度来考虑渗流问题，认为地下水流是渐变的。因而各水平面上任一点的水力坡度处处相等。

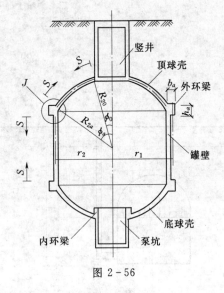

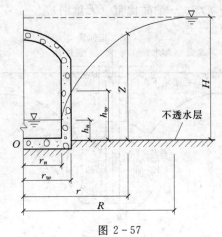

图 2-56   图 2-57

$$i = \frac{dz}{dr} \tag{2-57}$$

式中　z——浸润曲线上和横坐标 r 相对应点的纵坐标（见图 2-57）。

离开原点（库底的圆心 O）为 r 的过水断面为

$$\omega = 2\pi rz \tag{2-58}$$

则渗流量为

$$Q = \omega u = 2\pi rzu \tag{2-59}$$

由达西公式

$$u = K_1 \frac{dz}{dr} \tag{2-60}$$

可得

$$Q_1 = 2\pi rz K_1 \frac{dz}{dr} \tag{2-61}$$

式中　K_1——软土介质的渗透系数；

　　　Q_1——穿越软土介质的渗流量，或称无壁竖井时的渗流量。

将式（2-61）分离变量，作定积分，并考虑到如下边界条件：

$$\left. \begin{array}{ll} r = r_w \text{ 时} & z = h_w \\ r = R \text{ 时} & z = H \end{array} \right\} \tag{2-62}$$

得

$$\int_{h_w}^{H} z\,dz = \int_{r_w}^{R} \frac{Q_1}{2\pi K_1} \frac{dr}{r} \tag{2-63}$$

积分后得

$$Q_1 = \frac{\pi K_1 (H^2 - h_w^2)}{\ln \dfrac{R}{r_w}} \tag{2-64}$$

式中　R——降落曲线的影响半径。

2. 地下水沿库壁方向的渗流

同上分析，假定库壁厚度方向的水力坡度也满足式（2-57）并利用下面的边界条件：

58

$$r = r_n \text{ 时} \qquad z = h_n \atop r = r_w \text{ 时} \qquad z = h_w \Bigg\} \tag{2-65}$$

可得定积分

$$\int_{h_n}^{h_w} z \, \mathrm{d}z = \int_{r_n}^{r_w} \frac{Q_2}{2\pi K_2} \frac{\mathrm{d}r}{r} \tag{2-66}$$

式中　K_2——库壁的渗透系数；

　　　Q_2——穿越库壁的渗流量；

　　　h_n——库内自由液位；

　　　h_w——库外壁的水头。

将式（2-66）积分可得

$$Q_2 = \frac{\pi K_2 (h_w^2 - h_n^2)}{\ln \dfrac{r_w}{r_n}} \tag{2-67}$$

显然，在稳定状态下，穿越软土介质的流量 Q_1 最后都进入库内。

亦即

$$Q_1 = Q_2 \tag{2-68}$$

或

$$\frac{\pi K_1 (H^2 - h_w^2)}{\ln \dfrac{R}{r_w}} = \frac{\pi K_2 (h_w^2 - h_n^2)}{\ln \dfrac{r_w}{r_n}}$$

解得

$$h_w = \sqrt{\frac{K_1 H^2 \ln \dfrac{r_w}{r_n} + K_2 h_n^2 \ln \dfrac{R}{r_w}}{K_1 \ln \dfrac{r_w}{r_n} + K_2 \ln \dfrac{R}{r_w}}} \tag{2-69}$$

注意 R/r_w 为影响半径与库壁外径之比，而 r_w/r_n 为库壁外径与内径之比，分别令这两个比值为

$$\lambda = \frac{R}{r_w}, \ \eta = \frac{r_w}{r_n} \tag{2-70}$$

并考虑到自然对数换成常用对数的公式

$$\ln x = 2.3026 \lg x \tag{2-71}$$

则

$$h_w = \sqrt{\frac{K_1 H^2 \lg \eta + K_2 h_n^2 \lg \lambda}{K_1 \lg \eta + K_2 \lg \lambda}} \tag{2-72}$$

将式（2-72）代入式（2-64）或式（2-67），并考虑到式（2-70）和式（2-71）可得

$$Q = Q_1 = Q_2 = 1.364 \frac{K_1 K_2 (H^2 - h_n^2)}{K_1 \lg \eta + K_2 \lg \lambda} \tag{2-73}$$

这就是底部为不透水层时的筒形软土水封油库的渗流量公式，与式（2-24）比较，可以看出式（2-73）不仅引入了库壁介质的渗透系数 K_2，而且用 $\lg \eta$ 形式反映了库壁厚度对渗流的影响，无疑更接近于实际。

(二) 库底渗流公式的推求

如果库底并非设在不透水层上，则应考虑底部的渗流。考虑的方法，如图 2-58 所示，假定库底为半球形，这样就可将过水断面近似地视为半球面。

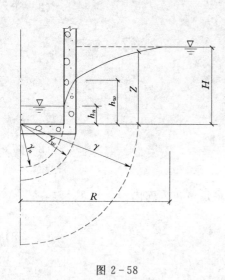

图 2-58

$$\omega = 2\pi r^2 \qquad (2-74)$$

并近似地认为球面上任意一点的水力坡度，仍如式 (2-57) 所示 (实际底部的等水位线是比较复杂的，这里只是近似而已)。分析时，照样分两步进行，先考虑软土介质内的渗流量为

$$Q'_1 = 2\pi r^2 K_1 \frac{dz}{dr} \qquad (2-75)$$

式中　Q'_1——由底部穿越软土介质的渗流量。

考虑到式 (2-62) 的边界条件，对式 (2-75) 作定积分

$$\int_{h_w}^{H} dz = \int_{r_w}^{R} \frac{Q'_1}{2\pi K_1} \frac{dr}{r^2}$$

得

$$Q'_1 = \frac{2\pi K_1 R r_w (H - h_w)}{R - r_w} \qquad (2-76)$$

同样的方法，可求出地下水穿越库壁的渗流量为

$$Q'_2 = \frac{2\pi K_2 r_w r_n (h_w - h_n)}{r_w - r_n} \qquad (2-77)$$

必须指出，当侧壁和底部均发生渗流时，外壁水头 h_w 同时受这两部分渗流量的影响，是这两部分渗流量的函数。所以，在稳定状态下，式 (2-68) 的两端应为两部分渗流量之和，亦即

$$Q_1 + Q'_1 = Q_2 + Q'_2 \qquad (2-78)$$

将式 (2-64)、式 (2-67)、式 (2-76)、式 (2-77) 代入式 (2-78)，并考虑到式 (2-70)，得

$$\frac{K_1(H^2 - h_w^2)}{\ln\lambda} + \frac{2K_1 R r_w (H - h_w)}{R - r_w} = \frac{K_2(h_w^2 - h_n^2)}{\ln\eta} + \frac{2K_2 r_w r_n (h_w - h_n)}{r_w - r_n} \qquad (2-79)$$

令

$$\left. \begin{array}{l} \Delta = R - r_w \\ \delta = r_w - r_n \end{array} \right\} \qquad (2-80)$$

式中　Δ——影响半径与库壁外径之差，称影响圈；

　　　δ——库壁厚。

将式 (2-80) 代入式 (2-79)，得

$$h_w^2 \Delta\delta(K_1\ln\eta + K_2\ln\lambda) + 2h_w r_w \ln\lambda\ln\eta(K_1 R\delta + K_2 r_n\Delta)$$
$$- [2r_w \ln\lambda\ln\eta(HK_1 R\delta + h_n K_2 r_n\Delta) + \Delta\delta(H^2 K_1\ln\eta + h_n^2 K_2\ln\lambda)] = 0 \qquad (2-81)$$

考虑到式 (2-71) 的对数换底公式，令

$$A = \Delta\delta(K_1\ln\eta + K_2\ln\lambda) = 2.3026\Delta\delta(K_1\lg\eta + K_2\lg\lambda)$$

$$B = 2h_w r_w \ln\lambda\ln\eta(K_1R\delta + K_2r_n\Delta) - 10.60r_w\lg\lambda\lg\eta(K_1R\delta + K_2r_n\Delta)$$

$$C = -[2r_w\ln\lambda\ln\eta(HK_1R\delta + h_nK_2r_n\Delta) + \delta(H^2K_1\ln\eta + h_n^2K_2\ln\lambda)]$$

$$= -[10.60r_w\lg\lambda\lg\eta(HK_1R\delta + h_nK_2r_n\Delta) + 2.3026\Delta\delta(H^2K_1\lg\eta + h_n^2K_2\lg\lambda)]$$

$$(2-82)$$

则式（2-81）可简化为典型的二次方程形式为

$$Ah_w^2 + Bh_w + C = 0 \qquad (2-83)$$

解出 h_w，只取其正值为

$$h_w = \frac{-B + \sqrt{B^2 - 4AC}}{2A} \qquad (2-84)$$

将解得的 h_w 代入式（2-64）、式（2-76）或式（2-67）、式（2-77），并考虑到式（2-70）、式（2-71）及式（2-81），即可求得底部也参与渗流的筒形软土水封油库的渗流量公式为

$$Q = Q_1 + Q'_1 = \frac{1.364K_1(H - h_w)}{\Delta\lg\lambda}[4.605Rr_w\lg\lambda + \Delta(H + h_w)]$$

或

$$Q = Q_2 + Q'_2 = \frac{1.364K_2(h_w - h_n)}{\delta\lg\eta}[4.605r_wr_n\lg\eta + \delta(h_w + h_n)] \qquad (2-85)$$

式（2-85）给出的两个关系式在使用上是等价的。

四、两个算例

【例题 2-3】 某软土水封油库，为钢筋混凝土现场浇筑的旋转壳组合结构，埋置于地下水位以下的黏壤土之中，底部置于不透水层上（见图 2-59），由于现场施工条件较差，钢筋混凝土的渗透系数取得较宽，近似取 $K_2 = 10^{-4}$ m/d，其余参数示于图 2-59，求日渗流量。

表 2-13　　　　不同土壤渗透系数 K 值

土壤种类	K (cm/s)
黏土	$\leqslant 1\times 10^{-6}$
黏壤土	$\leqslant 1\times 10^{-5}$
密实砂壤土	$1\times 10^{-4} \sim 5\times 10^{-4}$
黏性砂土	$1\times 10^{-4} \sim 2\times 10^{-3}$
细砂或疏松砂壤土	$1\times 10^{-3} \sim 5\times 10^{-3}$
粗砂	$1\times 10^{-2} \sim 5\times 10^{-2}$
砂卵石	$2\times 10^{-2} \sim 1\times 10^{-1}$

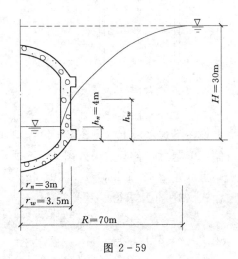

图 2-59

解： 由表 2-13 查黏壤土的渗透系数为

$$K_1 = 1\times 10^{-5} \text{cm/s} = 8.64\times 10^{-3} \text{m/d}$$

由式（2-70）求得

$$\lambda = \frac{R}{r_w} = \frac{70}{3.5} = 20$$

$$\lg\lambda = 1.3010$$

$$\eta = \frac{r_w}{r_n} = \frac{3.5}{3} = 1.1667$$

$$\lg\eta = 0.0670$$

由式（2-73）得日渗流量为

$$Q = 1.364 \frac{K_1 K_2 (H^2 - h_n^2)}{K_1 \lg\eta + K_2 \lg\lambda}$$

$$= 1.364 \times \frac{8.64 \times 10^{-3} \times 10^{-4} \times (900 - 16)}{8.64 \times 10^{-3} \times 0.067 + 10^{-4} \times 1.3010}$$

$$= 1.47 \text{m}^3/\text{d}$$

如果不考虑库壁材料低渗透率的影响，取 $h_w = h_n = 0.8$m。并由式（2-64）直接求取渗流量为

$$Q = \frac{\pi K_1 (H^2 - h_w^2)}{\ln \dfrac{R}{r_w}} = \frac{1.364 K_1 (H^2 - h_n^2)}{\lg\lambda}$$

$$= \frac{1.364 \times 8.64 \times 10^{-3} \times (900 - 16)}{1.3010} = 8 \text{m}^3/\text{d}$$

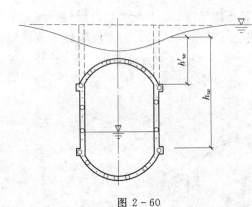

图 2-60

这样求得的渗流量，竟然是本文提供的考虑外壁材料对渗流影响的计算结果（1.47m³/d）的 5 倍之多。而实际由混凝土制作的软土水封油库，其渗流量常常更低。因为一般这种工程，混凝土都浇筑的较为密实，其渗透系数 K_2 还可适当减小，如减小到 1×10^{-5}m/d 以至 1×10^{-8}m/d 都是可以考虑的。

【例题 2-4】 某软土水封油库，结构及周围介质的状况与例题 2-3 相同，只是底部并非设在不透水层上（见图 2-60），求日渗流量。

解：依题意，各参数仍如图 2-59 所示，但由于底部设在透水层土，因此底部也参与渗流。由例题 2-3 知 $\lg\lambda = 1.3010$，$\lg\eta = 0.067$。

由式（2-80）求得

$$\Delta = R - r_w = 70 - 3.5 = 66.5 \qquad \delta = r_w - r_n = 3.5 - 3 = 0.5$$

由式（2-82）求得

$$A = 2.3026 \Delta\delta (K_1 \lg\eta + K_2 \lg\lambda)$$

$$= 2.3026 \times 66.5 \times 0.5 \times (8.64 \times 10^{-3} \times 0.067 + 10^{-4} \times 1.3010)$$

$$= 0.0543$$

$$B = 10.60 r_w \lg\lambda \lg\eta (K_1 R\delta + K_2 r_n\Delta)$$

$$= 10.60 \times 3.5 \times 1.3010 \times 0.067 \times (8.64 \times 10^{-3} \times 70 \times 0.5 + 10^{-4} \times 3 \times 66.5)$$

$$= 1.0424$$

$$C = -\left[10.60 r_w \lg\lambda \lg\eta (HK_1 R\delta + h_n K_2 r_n\Delta) + 2.3026\Delta\delta(H^2 K_1 \lg\eta + h_n^2 K_2 \lg\lambda)\right]$$

$$= -\left[10.60 \times 3.5 \times 1.3010 \times 0.067 \times (30 \times 8.64 \times 10^{-3} \times 70 \times 0.5 \right.$$

$$+ 4 \times 10^{-4} \times 3 \times 66.5) + 2.3026 \times 66.5 \times 0.5$$

$$\left. \times (900 \times 8.64 \times 10^{-3} \times 0.067 + 16 \times 10^{-4} \times 1.3010)\right]$$

$$= -69.614$$

由式（2-84）求得

$$h_w = \frac{-B + \sqrt{B^2 - 4AC}}{2A}$$

$$= \frac{-1.0424 + \sqrt{(1.0424)^2 - 4 \times 0.0543 \times (-69.614)}}{2 \times 0.0543}$$

$$= 27.5\text{m}$$

由式（2-85）求渗流量为

$$Q = \frac{1.364 K_1 (H - h_w)}{\Delta \lg\lambda}\left[4.605 R r_w \lg\lambda + \Delta(H + h_w)\right]$$

$$= \frac{1.364 \times 8.64 \times 10^{-3} \times (30 - 27.5)}{66.5 \times 1.3010} \times \left[4.605 \times 70 \times 3.5 \right.$$

$$\left. \times 1.3010 + 66.5 \times (30 + 27.5)\right]$$

$$= 1.8\text{m}^3/\text{d}$$

注意： 这里算得的 h_w（27.5m），大于罐体本身的高度。这说明由于罐体材料致密，渗入罐内的流量较小，因而所形成的浸润曲线极其平缓，罐顶上部的介质没有脱水，但仍可按式（2-85）计算其渗流量。罐顶不脱水对储油更有利。

第三章 地 下 交 通[1]

交通的概念是很广的，按国际惯例它包括公路、铁路、水运、海运、航空、管路运输、邮政、电信。就总里程而论，截至 2003 年底，我国拥有铁路约 7.2 万 km，列世界第三、亚洲第一；公路约 180 万 km，列世界第二（汽车保有量 2053.2 万辆）；水运码头泊位 3.3 万个（内河船 193.3 万艘）；海运码头泊位 3822 个（海运船将近 8000 艘）；民航线路 1176 条（国内 1015，国际 161，通航全球 32 个国家 67 个城市），拥有各种飞机 602 架；油气输送管路 3.67 万 km，其中原油输送干管 1.6 万 km（2002 年输送原油 1.2 亿 t），成品油干管 3800km（2002 年输送成品油 250 万 t），天然气干管 1.69 万 km（2002 年输送天然气 230 亿 m^3）。这些都是很令人欣慰的数字，但由于我国国土大、人口多，目前总里程列世界第三的 7 万多 km 的铁路，按国土平均为 6.1m/km^2（美国 24m/km^2，欧洲 120m/km^2），而按人口平均则更加触目惊心了，仅为 0.4m/人，在全世界排到第 100 位之后。

表 3-1 给出了截至 2002 年我国除电信以外各种运输方式较为详细的统计数字，由于是截至 2002 年的统计，因此与上述数字可能稍有出入，但作为参考则是可行的。

表 3-1　　　　　　　　　　2002 各种运输方式客货运输统计

运输方式	铁 路	公 路	水 运	民 航	管 道
线路长度（万 km）	7.19	176.52	12.16		2.98
旅客运量（万人）	105606.00	1475257.00	18693.00	8594.00	
旅客周转量（亿人 km）	4969.40	7805.80	81.80	1268.70	
旅客平均行程（km）	471.00	53.00	44.00	1476.00	
货物运量（万 t）	204246.00	1116324.00	141832.00	202.10	20133.00
货物周转量（亿 t·km）	15515.60	6782.50	27510.60	51.55	683.00
货物平均运程（km）	760.00	61.00	1940.00	2551.00	339.00

第一节 地 下 交 通 概 况

自 20 世纪 50 年代以来，由于空运和高速公路的发展，铁路运输一直处于下滑的势头，表 3-2 给出了世界几个主要国家 1950~1980 年铁路所占的市场份额，可以明显看出这种不断下降的趋势是很严重的。80 年代以后，公路和航空运输的弊端逐渐暴露出来，公路交通堵塞，交通事故日益增多，空气污染和噪声日趋严重，航空运输成本居高不下。

---

[1] 本章内容参见文献 [1~3，12，22，33，36，44~50，64~69，118~123，133~139，146~149，155]。

这时铁路运输的长处又重新被人们所认识。发达国家已经认识到铁路在陆地运输竞争中之所以处于劣势地位，其主要原因之一是环保问题的不平等竞争所致。在环保领域里，公路运输影响最大，而承担的义务最小。公路运输产生很多问题，如噪声、拥挤、污染和事故等。而形成的外部成本，它是不用支付的。如果将这些外部成本进行量化并由公路运输系统来承担，其数目相当惊人。美国政府计算过，由于公路拥挤，美国每年损失840亿小时的工作时间，每小时按最低工资8美元计算，结果为6720亿美元。欧盟曾经对17个成员国的交通运输外部成本进行量化分析，外部成本每年高达3100亿美元，其中公路占到92％，而铁路运输仅占到2％。全年公路阻塞导致的损失就达1184亿美元，约占欧盟GDP的2％。东京每年因交通拥挤造成的经济损失约为123000亿日元。美国联邦公路局研究中心计算出1988年美国公路事故成本，包括痛苦、受难的价值和生活品质的损失，达3580亿美元。

表 3-2　　　　　　　　　　　国际上几个主要国家铁路所占市场份额

国　　家	货物周转量比重				客运周转量比重			
	1950 年	1960 年	1970 年	1980 年	1950 年	1960 年	1970 年	1980 年
美国	56.2	44.1	39.8	37.5	6.4	2.8	0.9	0.7
德国	56.0	37.4	33.2	25.4	58.2	16.1	8.6	6.8
日本	54.8	52.8	18.0	8.4	90.0	75.8	49.2	40.2
俄罗斯	—	—	66.3	54.7	—	—	52.4	36.8
日本	56.6	78	84.3	67.3	88.5	78.3	69.7	60.6

高能耗和高污染是汽车和航空运输的致命弱点。根据中国统计年鉴，2001 年我国交通运输消耗石油 5692.9 万 t，占全国石油消耗量的 24.9％，根据国务院发展研究中心预测，如不采取有效措施，到 2020 年我国交通运输的石油消耗量将达 2.56 亿 t。巨大的能源消耗，将使已经被污染的生活环境变得更糟，导致昂贵经济成本和环境治理成本，也可能对我们的生活环境和生存条件构成严重的威胁。对目前的主要交通工具在耗能和污染指数方面的统计分析，见图 3-1，铁路运输或轨道交通运输是解决上述问题的根本途径。可以说轨道交通运输工具是本世纪最好的绿色交通工具。

发达国家的教训以及我国国土大、人口多的固有特点，使我国政府一直重视发展铁路运输，为了吸引旅客，提高竞争力，从 1997 年至今，我国的主要铁路干线经历了五次大提速，提速的范围基本覆盖了全国较大的城市和大部分地区，再加上已运营的深广准高速线和即将运营的秦沈准高速铁路，就形成了以北京、上海和广州为中心的三个提速圈，提速总里程达 1.4 万 km，提速干线旅客列车最高时速达 160km/h。但这与世界发达国家的差距仍然很大，由图 3-2 可以看出在 20 世纪最后一年我国的最高运营速度与世界尚

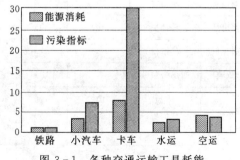

图 3-1　各种交通运输工具耗能和污染指标分布情况

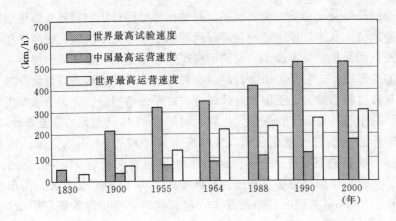

图 3-2 我国和世界铁路最高运营速度和试验速度的增加情况

差 100km/h 以上。

地下交通包括上述各种交通方式埋设于地下的设施,如城市地铁、公路、铁路、隧道、穿越江河及海峡的水下隧道、输油输气管路、电信光缆线路等。

近代发展最快最受青睐的应属城市地下铁道。

一、城市地下铁道

19 世纪中叶,许多有识之士开始倡导并逐渐兴建地下铁道。到 20 世纪初叶,人们已普遍认同地下铁道具有运量大、速度快、安全、准时、舒适、无污染、比其他城市交通干扰少等优点,因而自 1863 年英国建成世界上第一条地下铁道以来,地下铁道得到了迅速发展。到目前为止,全世界已有 40 个国家和地区的 80 多座城市,总长约 5000km 的线路投入了运营,表 3-3 给出了世界主要城市截至 20 世纪 80 年代末地下铁道的概况。

表 3-3   世界城市地下铁道概况

| 国家 | 城市 | 市区人口 (万人) | 运 营 线 路 | | | | 占城市总客运量的比重 (%) | 资料年份 (年) |
			全 长 (km)	地下线长 (km)	线路数 (条)	始运年份 (年)		
英国	伦敦	670	408	167	9	1863	27.2	1985
法国	巴黎	230	276	198	15	1900	45.0	1983
前西德	西柏林	190	106	98	8	1902		1988
西班牙	马德里	320	103	98	10	1911		1988
前苏联	莫斯科	800	216	180	9	1935	40.7	1987
瑞典	斯德哥尔摩	65	104	57	3	1950		1984
美国	纽约	700	416	232	26	1868	26.0	1984
	芝加哥	300	156	18	9	1892		1984
	华盛顿	60	103	53	4	1976		1988
日本	东京	835	206	62	12	1927	19.0	1984
	大阪	263	100	88	6	1933		1988

这种强劲的发展势头，充分体现了地下铁道相对于其他交通系统有着无可比拟的优越性，如以胶轮系统为主体的公交车，即使不考虑地面运行制约因素，仅是由于每一个橡胶轮胎的最大承载力仅为 5.5t，一辆四轴车总承载力也不过 44t，还不及火车一个载重 50t 的车厢承载力大，使载重量受到了限制。图 3-3 给出了各种交通系统最大运送能力（一条线路单方向在一小时所能运送的最大客流）。

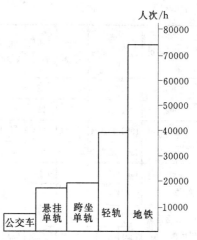

图 3-3 各种交通系统的最大运送能力

由 15 个联盟共和国组成的前苏联在 1991 年解体，同年 12 月 21 日，11 个独立国家的领导人在哈萨克斯坦正式宣布建立"独立国家联合体"（简称"独联体"），为了发展和协调地铁行业，各国于 1992 年 2 月成立"独联体地铁协会"，表 3-4 为该协会主要城市地铁运营参数 10 年的比较，我们特意提醒读者关注最后一列"10 年来地铁占城市客运量的百分数"，可以看出地铁运输历史上就比较发达的莫斯科和圣彼得堡 10 年来提高的百分点不是很高，而一些新建地铁的城市如基辅和明斯克其增长量竟高达 2 倍和 4 倍之多，这个现象充分说明：①地铁已基本构成运输网的城市可以承担客运量的 50%，甚至更高；②随着城市发展和人口的增长地铁建设是个必然的趋势，它是缓解城市交通堵塞的基本措施之一。

中国地下铁道于 20 世纪 50 年代中期在北京、上海等地开始筹建，1965 年北京地下铁道正式开工，目前中国正在运营的地铁有北京、天津、上海、广州、深圳、南京、香港和台北等城市，在大陆运行的总里程超过 200km。

表 3-4　　　　　　　　独联体"地铁"协会成员运营参数 10 年比较表

参数对比情况	年份(年)	莫斯科	圣彼得堡	新西伯利亚	下诺夫戈罗德	萨马拉	叶卡捷林堡	第比利斯	巴库	埃里温	塔什干	哈尔科夫	德聂伯尔彼得罗夫斯克	基辅	明斯克
按双线计运营里程（km）	1992	239	91.75	9.85	11.4	3.7	2.70	25.2	28.00	10.90	29.5	27.70	—	39.70	15.67
	2001	264	98.60	13.20	14.0	7.8	7.45	27.1	28.51	12.25	29.5	33.04	7.09	51.70	21.90
车站数（站）	1992	148	54	8	10	4	3	21	18	9	23	21	—	33	15
	2001	162	58	11	12	7	6	22	19	10	23	26	6	40	19
最高行车密度（对/h）	1992	42	38	20	12	13	10	26	24	17	24	30	—	42	20
	2001	40	33	17	12	9	15	16	20	11	20	24	10	40	30
运行图执行率（%）	1992	99.94	99.97	99.99	99.99	100	100	99.84	99.88	100	99.99	99.99	—	99.98	99.99
	2001	99.74	99.86	99.99	99.98	99.99	99.98	99.48	99.81	100	100	99.98	99.99	99.99	99.93
运用车厢总数（节）	1992	2946	1278	64	56	33	44	139	187	54	148	256	—	460	102
	2001	3223	1311	76	67.9	43.5	54	110.5	187	26	146	298	45	570	164
平均技术速度（km/h）	1992	47.84	46.50	45.48	49.49	38.55	38.10	44.8	45.1	47.51	44.7	48.0	—	45.83	45.3
	2001	48.58	45.22	44.47	47.90	36.40	43.27	44.7	51.6	40.4	45.1	41.5	41.5	43.40	49.9

参数对比情况	年份(年)	莫斯科	圣彼得堡	新西伯利亚	下诺夫戈罗德	萨马拉	叶卡捷林堡	第比利斯	巴库	埃里温	塔什干	哈尔科夫	德聂伯尔彼得罗斯克	基辅	明斯克
运营扶梯数	1992	499	184	28	8	6	4	59	32	24	26	28	—	90	33
(部)	2001	551	211	29	8	6	17	59	37	24	26	45	16	107	33
运送乘客总量	1992	2521.4	777.00	62.4	55.9	9.53	2.85	167.3	160.7	49.2	133.4	251.1	—	344.2	101.6
(百万人/y)	2001	3202.7	799.04	76.0	52.4	27.3	28.92	105.4	88.9	15.5	126.7	233.1	14.93	328.6	252.2
平均每昼夜运送	1992	6.91	2.13	0.171	0.153	0.026	0.008	0.460	0.440	0.134	0.360	0.690	—	0.940	0.278
人数(百万人/d)	2001	8.75	2.18	0.208	0.143	0.070	0.079	0.288	0.243	0.040	0.346	0.637	0.041	0.898	0.706
占城市客运量	1992	42.6	23.0	9.6	7.2	2.2	0.5	50.0	28.8	24.2	16.0	27.7	—	20.0	8.4
的比重(%)	2001	55.1	27.0	15.3	5.8	4.0	4.3	66.4	31.0	24.2	16.1	45.6	4.0	48.9	25.8

　　随着国民经济发展，城市人口增加，交通量猛增，各大城市纷纷着手进行地下铁道的建设，据统计，近期我国已有 30 多个城市计划修建地铁轨道（包括市郊地上及高架在内，下同），总长度约 1500km，这其中有 8 个城市，12 条总长 300km 以上的线路正在建设。不少城市还着手编制了详细规划。北京市在 1981 年做过规划，其后 1992、1995、1999 年先后进行了调整，图 3 - 4 为北京市 1995 年的规划，12 条线全长 310km；图 3 - 5 为 1999 年调整后的轨道交通方案，总长 408km，这个规划在 2008 年北京奥运会期间大部分可以

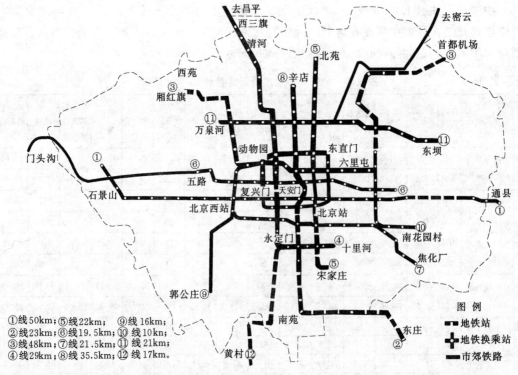

①线 50km；⑤线 22km；⑨线 16km；
②线 23km；⑥线 19.5km；⑩线 10kn；
③线 48km；⑦线 21.5km；⑪线 21km；
④线 29km；⑧线 35.5km；⑫线 17km。

图 例
　地铁站
　地铁换乘站
　市郊铁路

图 3 - 4　北京地铁轨道交通网（1995 年方案，12 条线路总长 310km）

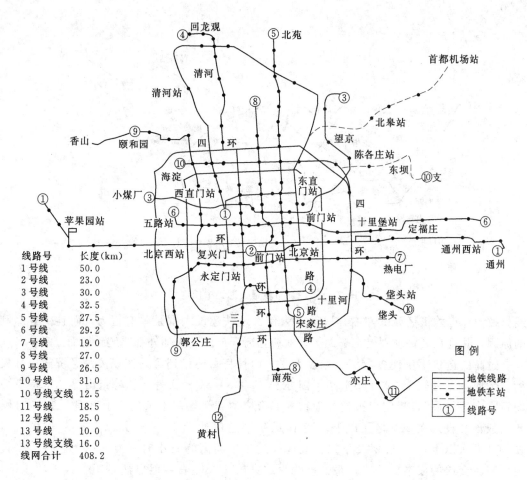

线路号	长度(km)
1号线	50.0
2号线	23.0
3号线	30.0
4号线	32.5
5号线	27.5
6号线	29.2
7号线	19.0
8号线	27.0
9号线	26.5
10号线	31.0
10号线支线	12.5
11号线	18.5
12号线	25.0
13号线	10.0
13号线支线	16.0
线网合计	408.2

图例

地铁线路
地铁车站
① 线路号

图 3-5 北京市地铁轨道交通网（1999 年方案，13 条线路，总长 408.2km。
该图取自《都市快轨交通》2004. No.1）

实现。考虑到长远发展，北京市还有一个 2050 年更为长远的规划，它是由 22 条线路（其中有 16 条地下铁道）组成，总长 691.5km 的巨大而完整的交通网。上海市现在运行的地铁总长 65km，正在修建的 9 条线路（包括高架轻轨）计划 2006 年前后可以全部通车，届时总运营里程可达 240km，预计 2010 年轨道交通的总长将达到 510km。还有一个总里程达 810km 的更为宏大的远期规划，它包括 12 条市区地铁轨道交通和 5 条轻轨交通，总数 17 条线路。还有 20 世纪 80 年代崛起的深圳市也建了地铁，局部已经通车，图 3-6 给出了深圳市轨道交通近中期规划，可以看出它的发展势头。

事实上中国大部分直辖市及省会城市都在筹建或即将筹建地铁，一般认为地铁及其他快轨道交通在城市公共交通结构中的比重不低于 30% 时，才能在城市交通中较好地发挥骨干作用，这无疑给城市地铁的建设者们提供了一个良好的长达数十年之久的契机。

毋庸讳言，地铁的造价是较高的，我国深圳特区在建的地铁造价为 5 亿/km，其中土木占 40%，机电占 21%，信息占 8%，其他如拆迁等占 31%。北京、广州、上海已建的地铁造价还要高些，大约 6 亿～7 亿/km，而地面铁路，即便是自然条件十分恶劣的青藏

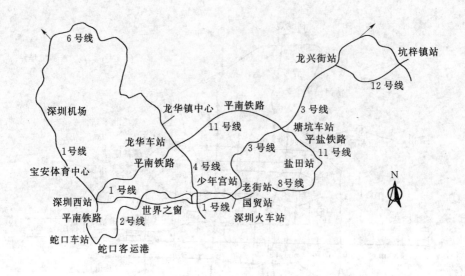

图 3-6 深圳市轨道交通近中期规划

线，按预算也才 1 亿/km 左右，这就是为什么地铁建设大都是政府行为，而且少有赢利的原因，并且在线路规划上也毫无例外地一旦离开市区进入郊外都要爬到地面上来。

过高的造价不仅使多数城市难以承受，而且盲目建设还容易造成国民经济的局部失衡。为此，国务院于 2003 年下达了国办发［2003］81 号文件，明确指出要"坚持量力而行，有序发展"，规定申报建设地铁的城市应达到下述基本条件才予受理：① 地方财政一般预算收入在 100 亿元以上；② 国内生产总值达到 1000 亿元以上；③ 城区人口在 300 万人以上；④ 规划线路的客流规模达到单向高峰每小时 3 万人以上。一般来说地面轻轨交通的成本要低些，每公里约为地铁的 1/2 左右，但仍然是一个很大的数字，为此国务院在上述文件中也对地面轻轨交通作了较地铁稍为放宽的规定，这里不再赘述。

二、交通隧道

早在兴建城市地铁以前，在公路、铁路穿越山岭时就广泛采用隧道了。目前我国铁路隧道有 7000 多座，总长度超过 4000km，居世界各国之首，其中包括近期建成的青藏线上海拔 4906m 的风火山隧道以及穿越冻土带最长的昆仑山隧道（全长 1689m，海拔 4600m），表 3-5 给出了世界 15km 以上的长铁路隧道。中国的铁路隧道虽然比较多，总里程数字也较大，但已建成的最长的是衡广线上长 14.295km 的大瑶山隧道，所以表中没有列入。在公路隧道方面，我国已建成总长度约 1000km，其中包括居世界第二位的特大长隧道陕西南山秦岭高速公路隧道，全长 18km，双洞四车道，车速可达 80km/h，还有穿越珠江、甬江和黄浦江的 3 条沉管公路隧道。

值得注意的是自 20 世纪中叶，在地下交通领域兴起了一股修建海底隧道的热潮，究其原因是为了减少水面航行的海难以及提高运输速度，表 3-6 给出了目前世界已建的 4 个大型海底隧道的关键数据。图 3-7 和图 3-8 分别为青函海底隧道和英吉利海峡海底隧道的剖面示意图。

表 3－5   世界 15km 以上的铁路长隧道

隧道名称	所在国家	长 度 (m)	线数	修建年代
大清水	日本	22300	双	1971～1979
辛普朗Ⅰ号	瑞士、意大利	19803	单	1898～1906
辛普朗Ⅱ号	瑞士、意大利	19323	单	1912～1922
新关门	日本	18713	双	1970～1975
亚平宁	意大利	18579	双	1920～1934
六甲	日本	16250	双	1967～1971
榛名	日本	15350	双	1972～1980
圣马尔科	意大利	15040	单	1961～1970

表 3－6   世界几个大海底隧道数据

	日本青函隧道	英法海峡隧道	丹麦大海峡隧道	香港西区隧道
长度(km)	53.85	50.5	8.0	2.0
形式构造	主隧道(一条双线) 全长辅助隧道	主隧道(两条单线) 全长辅助隧道	主隧道(两条单线) 横通道	两条三车道隧道
断面尺寸	马蹄形 11.1m×9.1m(宽×高) 1φ5.0m(辅)	2φ7.3m(主) 1φ4.5m(辅)	2φ8.5m	矩形 35.0m×9.8m(宽×高)
建造原因	交通和安全需要	客货运需求 (3130 万人次/a)	交通流量需求	交通流量需求(75000 车次/d)
施工时间	1964～1988	1986～1993	1990～1994	1993～1997
工程造价	6890 亿日元 (约合 46 亿美元)	150 亿美元	7.5 亿丹麦克朗	65 亿港元 (约合 8 亿美元)
开挖方式	钻爆法	盾构法	盾构法	预制沉管沉放
海水深度(m)	140	60	70	11～23
埋深(m)	100	45(最浅处)	15	2～3
地质条件	第三纪火山岩	中世代白垩岩	第四纪冰渍物	软土层
防水方式	注浆为主	管片防水加固回填注浆	长期大规模排水系统	接头止水带结构自防水

注 表中数据摘自《隧道译丛》,(1996);《世界隧道》,1995 (3);香港沉管隧道资料。

清华大学 21 世纪发展研究院台湾海底隧道论证中心提出了一个建造台湾海峡隧道的设想（见图 3－9）。此设想为一桥隧组合方案，即从福建的福清到平潭岛为海上桥梁，从平潭岛到台湾岛的新竹为海底隧道，与两岸的铁路和公路网连接。隧道的海底段约长 125km，陆地段约长 19km，全长 144km，埋设在海底基岩下 50m（海水深 30～70m）处，隧道洞身主要部分位于海面下 80～120m 处，可通行列车和汽车。如果建成，将成为超过跨越津轻海峡的日本青函海底隧道（全长 53.85km，埋深 100m）和跨越英吉利海峡的英法海底隧道（全长 50.5km，埋深 45～60m）的世界最长、最深的海底隧道。

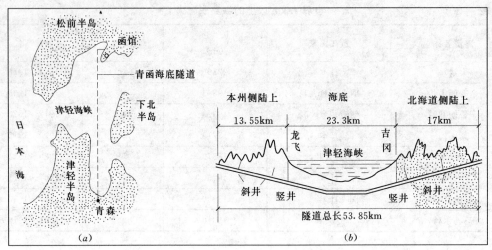

审图号：GS（2007）1377 号   2007 年 9 月 4 日   国家测绘局

图 3-7 青函海底隧道示意图

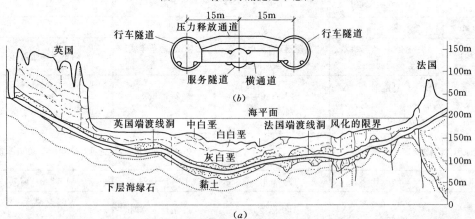

图 3-8 英吉利海峡海底隧道示意图

审图号：GS（2007）1377 号   2007 年 9 月 4 日   国家测绘局

图 3-9 台湾海峡海底隧道设想方案示意图

三、输（引）水隧洞及其他地下工程

在我国论及隧道及地下工程时不得不提及与水工结构有关的输（引）水隧洞及其相关的地下工程如调压井以及地下厂房等。

我国已经建成的大断面水工隧洞（衬砌后净面积大于 140m^2 或者跨度大于 12m）有 22 处，其中二滩的导流隧洞断面尺寸为 17.5m×23m；三峡二期的地下厂房尾水隧洞断面尺寸为 24m×36m；天生桥二级电站的三条引水隧洞每条长约 10km，直径近 10m；大朝山水电站的地下厂房高 63m，宽 26.4m，长 234m；小浪底水电站地下主厂房高 61.44m，宽 26.2m，长 251.5m；二滩地下电站高 63.9m，宽 25.5m，长 280.3m。另外，四川福堂水电站的引水隧洞长达 19.3km；四川的太平驿引水隧洞直径 9m，长 10.6km。这些巨大的地下工程的建成标志着我国在隧洞设计和施工方面已达到较高的水平。

我国水资源十分短缺，并且分配不平衡。跨流域的调水工程是解决问题的重要途径之一。目前已经建成的调水工程有江苏省的江水北调工程、江苏省的淮沭河工程、广东省的东（江）深（圳）引水工程、天津市与河北省的引滦济津工程、引滦济唐工程、辽宁省的引碧入大（连）工程、山东省的引黄济青工程、山东省的梁济运河工程、山西省的引黄入晋工程等。这些引水主要靠渠系、管道和隧洞，其中输水隧洞上千座，1000 多 km。青海到甘肃的引水工程干线全长 86.9km，共建隧洞 33 座，总长度 75.11km，最长的盘道岭隧洞长 15.72km，断面 4.2m×4.2m，地质条件十分恶劣，创造了最大月进尺 1300.8m，日进尺 65.6m 的隧洞掘进世界纪录。万家寨引黄入晋工程，输水总干线长 44.35km，其中隧洞 11 座总长 42.3km，最长的南干线 7 号洞长 42.9km，为我国已建和在建的最长的水工隧洞。

南水北调工程是迄今为止世界上最大的水利工程，见图 3-10，首先启动了东线和中线的第一期工程，主体工程投资达 1240 亿元。近期（2010 年前后）将从长江流域向北调水 200 多亿 m^3。这一工程涉及的地下工程关键技术包括：①中线工程干渠全长 1420km，跨越 88 条河流，33 次穿越铁路，133 次与高等级公路交叉；②中线工程穿越一部分膨胀土地区，如何防渗减糙是极为重要课题；③越穿黄河有渡槽和隧洞两个方案，是很大的技

审图号：GS（2007）1377 号　　　　　　　2007 年 9 月 4 日　　　　国家测绘局

图 3-10　南水北调工程示意图

术难题；④西线工程中涉及高寒、高海拔、深覆盖、低温永久冻土和复杂地质条件等问题；⑤西线工程中大直径引水隧洞的比例高达 80% 以上，与此相应的还在高坝水库，其设计施工将是对于岩土工程的巨大挑战。

第二节　施工方法及明挖地铁车站评述

一、施工方法的选择

隧道及地下工程的土建费用一般占整个工程造价的 40%～90%，其中施工方法对工程的造价、质量和工期影响最大而且有较强的选择性。表 3-7 给出了不同施工方法的工序及适用范围。

表 3-7　　　　　　　　　　不同施工方法的工序及适用范围

序号	施工方法	主要工序	适用范围
1	明挖法	敞口明挖；现场灌注混凝土，回填	地面开阔，建筑物稀少，土质稳定
		带工字钢桩或灌注桩支护侧壁开挖；现场灌注混凝土，回填	施工场地较窄，土质自立性较差
		地下连续墙：修筑导槽，分段挖槽，连续成墙，开挖土体，灌注结构，回填	地层松软，地下水丰富，建筑物密集地区，修建深度较大
		盖挖法：打桩或连续墙支护侧壁，加顶盖恢复交通后在顶盖下开挖，灌注混凝土	街道狭窄，地面交通繁忙地区
2	预制节段（沉埋法）	利用船台或干船坞把预制结构段浮运至设计位置的沟槽内，处理好接缝，回填土后贯通	过江河或过海
3	沉箱法（沉井法）	分段预制隧道结构，用压缩空气排水，开挖土体下沉到设计位置	地下水位高，涌水量大，穿过河流地区
4	新奥法（传统矿山法）	对坚硬地层采用分部或全断面开挖，锚喷支护或锚喷支护复合衬砌	坚硬地层
		对地层加固后再开挖支护、衬砌	松软地层，无地下水地区
5	盾构法	采用盾构机开挖地层，并在其内装配管片衬砌或浇筑挤压混凝土衬砌	松软地层，岩石中但可采用岩石掘进机的地区
6	顶进法	预制钢筋混凝土结构，边开挖、边顶进	穿越交通繁忙道路、地面铁路、地下管网和建筑物等障碍物的地区
7	辅助施工方法（配合上述施工方法使用）	注浆固结法：向地层注入凝结剂，增加地层强度后进行土体开挖、灌注混凝土结构	局部地层不良，发生坍塌，地下水流速不超过 1m/s 地带
		管棚法：顶部打入钢管，压注水泥砂浆，在管棚保护下开挖，立钢拱架，喷混凝土，灌注混凝土	松散地层
		降低地下水位法：采用水泵将地下水位降低，以疏干工作面	渗透系数较大的地层
		冻结法：对松软含水土壤打入冷冻管将地层冻结形成冻土壁后，再开挖土层及灌注混凝土结构	松软含水地层

选择施工方法主要依据地层条件而定,但对地面建筑的影响也是一个必须考虑的因素,在地层为岩石的城市(如我国的青岛)施作爆破作业时尤其重要,表 3-8 和表 3-9 给出了地表建筑物震动速度的关系及其限值。

影响环境的远不止硬岩中的爆破开挖,就是软土中其他的施工方法也有振动与噪声问题,更何况环境保护是一个综合的概念,而地铁施工又大都在城市人口的集聚区,环境问题就显得尤其严重,表 3-10 概括了一些施工期环境污染及防治措施。

表 3-8 建筑物破坏和震动速度的关系

震级	一　般　建　筑　物	震动速度(cm/s)
1	无损坏	<2.5
2	简易房屋、轻微损坏	2.5～5.0
3	简易房屋、一般房屋轻微损坏	5.0～10.0
4	简易房屋破坏,一般房屋损坏,砂浆地面出现裂缝	10.0～25.0
5	建筑物破坏和严重破坏	25.0～50.0
6	建筑物严重破坏	>50

表 3-9 建筑物的允许震动速度值

建筑物抗震级别	建　筑　物　特　性	震动速度(cm/s)
1	设计烈度 7 度及以上的工业建筑	5～7
2	一般工业建筑,基础好、质量好的砖墙瓦顶民房	3～5
3	基础土质好,一般的砖瓦房,有主要设备的厂房	1.5～3.0
4	基础土质差,一般的砖瓦房,陈旧的砖墙瓦顶房屋、木骨架瓦房,质量好的土坯瓦顶房	0.8～1.5
5	具有历史价值的建筑物,砖石墙民房,土坯墙民房,居民窑洞,安装有精密设备的实验室	0.4～0.8

表 3-10 施工期环境污染及防治措施

	噪声与振动	大气	废(污)水	垃圾
污染因子		飘尘、SO、NO、CO、TSP、降尘	生产、生活污水(夹带泥沙、油类)	生活垃圾
产生源	推(挖)土机、空压机、打桩机、钻孔机、重型运输车、风镐、打夯机、混凝土搅拌机、爆破作业、车辆运行(鸣笛、撞击)	挖(弃)土飘飞扬尘、装卸扬尘、运输洒落、车辆尾气、回填土扬尘、沥青污染、钻孔粉尘、生活垃圾、列车运行摩擦金属粉尘	1. 机械冷却水。 2. 生活、生产污水。 3. 地面径流携带泥浆。 4. 油类	施工人员日常生活
防治措施与建议	1. 钻孔机、静压机代替打桩机。 2. 混凝土集中拌制。 3. 预制构件代替现场浇筑。 4. 尽量避免爆破作业。 5. 安装消声器,降低各类发动机进排气噪声。 6. 对固定的噪声源车间、料场等相对集中安排,充分利用地形、地物等自然条件,缩小干扰及扩散范围。 7. 对产生振动的施工设备置于距振动敏感区 30m 以外远处。 8. 施工场界应满足 GB 12523—90 标准的有关规定,限制夜间(22:00～7:00)施工。 9. 施工应有对噪声、振动控制措施,做到科学管理,文明施工。 10. 施工工程承包合同应贯彻环保要求,以确保各项控制措施的实施	1. 开挖作业区适当喷水,保证地面有一定湿度。 2. 对临时储土堆洒水,但应防止冲击造成泥浆流向四周,干燥后再次飞扬。 3. 对运土车辆应经常清洗,运载时不要太满,并应遮盖,避免散落。 4. 文明装卸,防止扬尘	1. 建筑集水池、泥浆池、隔油池等。 2. 分类收集,相应处理,达到排放标准(GB 8978—1996)	1. 设立化粪池。 2. 垃圾堆遮盖并定时清运

二、明挖地铁车站评述

（一）支护选型 ❶

我国已建的地铁车站大部分都是明挖的，且体型很大，基坑的几何尺寸大约是深 $15\sim20m$，宽 $15\sim25m$，长 $200\sim600m$，且附近多有建筑物、道路和管线，地下水位高，施工场地拥挤，因此在基坑支护选型上是要优化的。表 3-11 给出了一般深基坑支护结构分类表，表 3-12 是刘建航等人归纳的我国深基坑支护结构的选型方案，它虽然是针对房屋建筑地下室开挖的，但对地铁的明挖车站同样具有重要参考价值。表 3-13 为广州地铁一号线基坑支护体系一览表。以下结合广州地铁一号线讨论支护选型。

1. 柱列式灌注桩挡墙

广州地铁一号线用得最多的是此种支护形式，柱列式灌注桩作为挡土围护结构有很好的刚度，但各桩之间的联系差，必须在桩顶浇筑较大截面的钢筋混凝土帽梁以确保连接可靠。为了防止地下水夹带土体颗粒从桩间空隙流入（渗入）坑内，应同时在桩间或桩背采取高压注浆，设置深层搅拌桩、旋喷桩等措施，或在桩后专门构筑防水帷幕（见图 3-11）。灌注桩施工较连续墙简便，可用机械钻孔或人工挖孔，成本低于连续墙，可以不用大型机械，又无打桩的噪声、振动和挤压周围土体带来的危害。人工挖孔桩的施工费用低，可以多组并行作业，成孔精度（垂直中心偏差）也高，但桩径截面较大。灌注桩围护结构在车站主体结构外墙设计时也可视为外墙中的一个参与受力部分承受侧压，这时在桩与主体侧墙之间通常不设拉结筋并用防水层隔开。当坑底下有坚硬岩层时，采用挖孔桩还可在底部设置竖向锚杆将桩体与岩层连成整体而减少嵌入深度。但如在地下水位以下的砂

表 3-11　　深基坑支护结构分类表

支护结构	挡土部分	透水挡土结构	1. H形钢、工字钢桩加叉板 2. 柱列式灌注桩钢筋网水泥抹面 3. 密排灌注桩、预制桩 4. 双排桩挡土 5. 连拱式灌注桩 6. 桩墙合一、地下室逆作法 7. 土钉墙支护
		不透水挡土结构	1. 地下连续墙 2. 深层搅拌水泥土桩墙 3. 深层搅拌水泥桩加灌注桩 4. 密排桩间加高压喷射水泥桩 5. 密排桩间加化学注浆桩 6. 钢板桩 7. 闭合拱圈墙
	支撑拉结部分		1. 自立式（悬臂式桩墙） 2. 锚拉支护（锚拉梁、桩） 3. 土层锚杆 4. 钢管、型钢支撑（水平撑） 5. 斜撑 6. 环梁支护体系

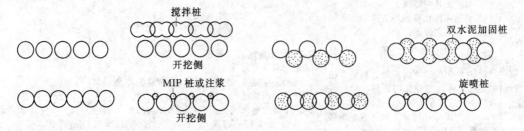

搅拌桩　　　　　　双水泥加固桩

开挖侧　　　MIP桩或注浆　　　旋喷桩

开挖侧

图 3-11

❶ 本节除参考文献外，少量资料引自：刘建航，侯学洲主编，基坑工程手册，中国建筑工业出版社，1997；区镇中，周芃生，华琳等，广州地铁简介及车站初期支护参数的选择浅析，广州地铁一号线地下车站资料汇编，中国土木工程学会地下铁道专业委员会第11届学术交流会论文集，1996.12。

层或软土中施工且出水量丰富时，人工挖孔就比较困难而且很易引起土体流失造成地层沉陷，这时应采用套管钻孔、泥浆护壁和水下浇筑混凝土。如深圳地王大厦基坑（深15.75m）的围护墙。柱列式灌注桩的工作比较可靠，但要重视帽梁的整体拉结作用，在基坑边角处，帽梁应连续交圈。当灌注桩围护结构要求起到抗水防渗作用时，必须做好桩间和桩背的深层防水搅拌桩或旋喷桩。用一般的钻孔压密注浆方法不易保证止水，并曾引发过多起重大事故。

表 3-12　　　　　　　　我国深基坑工程支护结构的选型方案

开挖深度	沿海软土地区的软弱土层，地下水位较高	西北、西南、华南、华北、东北地区土质条件较好，地下水位较低
≤6m（一层地下室）	**方案1**：搅拌桩（格构式）挡土墙； **方案2**：灌注桩后加搅拌桩或旋喷桩止水，设一道支撑； **方案3**：环境允许，打设钢板桩或预制混凝土板桩，设1～2道支撑； **方案4**：对于狭长的排管工程采用主柱横挡板或打设钢板桩加设支撑	**方案1**：场地允许可以放坡开挖； **方案2**：以挖孔灌注或钻孔灌注桩作成悬臂式挡墙，需要时可设一道拉锚或撑杆； **方案3**：土层适合打桩，同时环境又允许打桩时，可打设钢板桩
6～11m（二层地下室）	**方案1**：灌注桩后加搅拌桩或旋喷桩止水，设1～2道支撑； **方案2**：对于要求支护结构作永久结构时，可采用设支撑的地下连续墙； **方案3**：环境允许时，可打设钢板桩，设1～2道支撑； **方案4**：可应用SMW工法； **方案5**：对于较长的排管工程，可采用打设钢板桩，设3～4道支撑，或灌注桩后加必要的降水帷幕，设3～4道支撑	**方案1**：挖孔灌注桩或钻孔灌注桩加锚杆或内支撑； **方案2**：钢板桩支护并设数道拉锚； **方案3**：较陡的放坡开挖，坡面用喷锚细石混凝土及锚杆支护，也可用土钉墙
11～14m（三层地下室）	**方案1**：灌注桩后加搅拌桩或旋喷桩止水，设3～4道支撑； **方案2**：对于环境要求高的，或要求支护结构兼作永久结构的，采用设支撑的地下连续墙可逆筑法，半逆筑法施工； **方案3**：可应用SMW工法； **方案4**：对于特种地下构筑物，在一定条件下可采用沉井（箱）	**方案1**：挖孔灌注桩或钻孔灌注桩加锚杆或内支撑； **方案2**：地质条件差，环境要求高的局部地区可采用地下连续墙作临时支护结构，亦可兼作永久结构，采用顺筑法或逆筑法，半逆筑法施工； **方案3**：可研究应用SMW工法
>14m（四层以上地下室或特种结构）	**方案1**：有支撑的地下边疆墙作临时劫掠结构，亦可兼作主体结构，采用顺筑法或逆筑法，半逆筑施工； **方案2**：对于特殊地下构筑物，特殊情况下可采用沉井（箱）	**方案1**：在有经验、有工程实例的前提下，可采用挖孔灌注桩或钻孔灌注桩加锚杆或内支撑； **方案2**：地下连续墙作临时支护结构，亦可兼作永久结构，采用顺筑法或逆筑法，半逆筑法施工； **方案3**：可应用SMW工法

表 3－13　　　　　　　　　　广州地铁一号线基坑支护体系一览表

车站序号	站名	挡土围护结构 (mm)	支承体系	内衬墙厚度 (mm)	支护与车站主体结构的关系	备　　注
103	花地湾	密排挖孔桩，$\phi=1500$	悬臂桩	800	排桩仅作为临时结构	基坑以放坡开挖为主，局部地段桩支护
104	芳村	连续墙，600 厚（工字形钢板接头）	顶部一道内支撑，加下部二道锚杆	350	连续墙兼作主体侧墙，与内衬墙之间有预埋件连接	以连续墙为主，部分地段放坡，局部地段用桩支护
		密排挖孔桩，$\phi=1200$（局部 $\phi=1500$）	短桩一道锚杆（局部三道锚杆）	800		
105	黄沙	连续墙，600 厚（半圆接头）	三道内支撑	400	连续墙兼作主体侧墙，与内衬墙之间有预埋件连接	南端有局部挖孔桩 $\phi=1200$
106	长寿路	连续墙，600 厚（半圆接头）	4～5 道内支撑	400	连续墙兼作主体侧墙，与内衬墙之间有预埋件连接	
107	中山七路	密排挖孔桩，$\phi=1200$	多道内支撑，西段三道，东段二道（风道出入口锚杆支承）	500	排桩兼作主体侧墙，与内衬墙之间有预埋件连接	
108	西门口	矩形挖孔桩，1000 厚	二道支撑（部分地段为三道锚索支承）	200	排桩兼作主体侧墙，与内衬墙之间有预埋件连接	
109	公园前	密排挖孔桩，$\phi=1200$	三道内支撑（局部地段为单侧放坡，另一侧锚杆支护）	500	排桩和连续墙兼作主体侧墙，与内衬墙之间有预埋件连接	
		连续墙，800 厚（工圆钢接头）	盖挖逆作	400	排桩兼作主体侧墙，与内衬墙之间有预埋件连接	
110	农讲所	钻孔桩，$\phi=1250$	盖挖逆作	600	排桩兼作主体侧墙，与内衬墙之间有预埋件连接	
111	烈士陵园	密排挖孔桩，$\phi=1200$	二道内支撑	450	排桩兼作主体侧墙，与内衬墙之间用防水层隔开	
112	东山口	钻孔桩，$\phi=1200$	二、三道内支撑	500～600	排桩兼作主体侧墙，与内衬墙之间用防水层隔开	局部用挖孔桩 $\phi=1200$
113	杨箕	密排挖孔桩，$\phi=1200$（少数 $\phi=1500$）	二道内支撑	500～600	排桩兼作主体侧墙，与内衬墙之间用防水层隔开	
114	体育西站	密排挖孔桩，$\phi=1200$	悬臂高低桩（局部一道内支撑）	700	排桩仅作为临时结构	
115	体育中心	密排挖孔桩，$\phi=1200$	二道内支撑（局部一道内支撑）	550	排桩兼作主体侧墙，与内衬墙复合	
116	广州东站	密排挖孔桩，$\phi=1200$ 在折返段有部分为土钉支护	二道锚杆			

78

挖孔桩不宜用于软土及富含地下水的砂土和粉土中，原因是成孔困难且桩墙的防水效果层容易产生涌水涌砂等事故，但由于我国劳动力富裕又可以通过护壁厚度范围内的相互叠合来缩短节长，局部地段还可以采用钢护筒等措施以增强防水性能和克服比较恶劣的地质条件，因而挖孔桩在我国基坑支护中应用最普遍，经验也最丰富，广州一号线车站基坑支护中，挖孔桩占的比例高（约70%）与此有密切关系。但人工挖孔桩也有如下不少弱点：

（1）截面大。桩径为1200mm的挖孔桩，如护壁厚度为150mm，则桩的孔径就要1500mm开挖量，混凝土量也增大了。

（2）为了与内衬墙连接，不论采取刚接、叠合还是防水层隔开的做法，由于桩径大，均需要大范围的用混凝土填补找平，费时费料。周勇[1]等人针对6种不同支护做了比较，证明挖孔桩并不具有什么明显优势，而在防水及结构整体性方面都劣于连续墙。

对挖孔桩可提出两种改进的途径：① 采用人工挖孔桩连续墙，挖孔仍是圆孔，但浇筑的桩身在与内衬相连的一侧做成弦线平面，其优点为容易预留连系筋并和内衬墙构成整体；② 采用大间隔的分离式挖孔桩，挖孔桩一般适用于无水或地下水很少的地质条件，所以不一定非要通过密排方式挡土或防止渗水，分离式挖孔桩的桩间采用喷混凝土，间隔大时可以加设短土钉，北京永安里车站这样做过。当地下水丰富，土钉支护施工难以实现时，也可考虑地下水位以上用土钉支护，以下用锚撑式灌注桩或连续墙支护，照样可以在经济上和施工工期上取得效益。

桩（墙）的插入深度（从基坑底至桩底口距离）由土体类型以及防止基坑管涌和隆起的要求决定，一般要由计算确定。一号线车站的插深大致是对粉黏土为5～6m，对强风化带为4m，对中风化和微风化带为3.5～5m（见表3-14）。这个值显然过于保守了，一般微风化岩的强度都高于桩身混凝土的强度，而中风化岩饱和抗压强度也大都超过7MPa，我们粗略估计既使考虑了安全系数和构造的需要，对强化带只需2.5～3m，对微风化和中风化带只需1～1.5m就足够了，至于粉黏土根据计算也可减下来。

表3-14　　　　　　一号线车站桩（墙）插入深度（桩底与基坑底面高差）　　　　单位：m

站	主要支护形式	黏　土	强风化带	中微风化带
芳村	挖孔桩 ϕ1200	5.5	3.5	3.0
	连续墙厚600	6.0	4.45	3.45
中山路	挖孔桩 ϕ1200	5.45	4.45	3.45
西门口	矩形挖孔桩 1.3m×1.0m	5.0	4.0	3.5
公园前C、D区	挖孔桩 ϕ1200	5.5	4.5	3.5
杨箕	挖孔桩 ϕ1200	6.0	5.0	4.0
体育中心	挖孔桩 ϕ1200		4.0	3.0
东山口	钻孔桩 ϕ1200		4.5	2.5～3.5
农讲所	钻孔桩 ϕ1250		4.5，端部盾构施工处入岩5.5	2.5
上述各站的归纳值		5～6	3.5～5	2.5～4

　　❶ 周勇等，中山七路站西段工程处理措施，中国土木工程学会地下铁道专业委员会第11届学术交流会论文集，1996.12。

2. 连续墙

连续墙的整体刚度和防渗性能好,适用于地下水位以下的软黏土和砂土地层的施工,尤其适用于基坑底面以下有深层软土需将墙体插入很深的情况。连续墙既是基坑施工时的挡土围护结构,又可作为拟建主体结构的侧墙(此时在墙体内侧宜加筑钢筋混凝土衬套)。如支撑得当,且配合正确的施工方法和措施,连续墙可较好地控制软土地层的变形。

连续墙在坚硬土体中开挖成槽会有较多困难,尤其是遇到岩层时需要特殊的成槽机具。但在含水量大的软黏土及水量补给丰富的砂粉土等不良地层中施工,连续墙一般是首选方案,其突出的优点为不仅抓斗开挖容易且对基坑排水,防止附近地下沉降结构防水等都十分有利。连续墙在分析计算上以水土分算为宜(不少单位砂土中水土分算,软土中水土合算)且其强度指标要取天然快剪而不是固结快剪的 c、φ 值,水压视施工过程排水渗流的情况决定是否折减及折减多少,在使用阶段连续墙作为主体结构的一部分计算时,水压不应折减。

3. 内支撑与背拉锚杆

内支撑多用 $\phi600$ 以上的钢管或大截面的组合型钢作为横撑,中间用立柱(或型钢)支承,两端搁置在围护结构墙体的牛腿上并抵于墙面,一般施加预应力以消除间隙。

内支撑的最大缺陷是占据基坑内的空间,给挖土和主体结构施工造成许多困难,干扰并影响施工进度。随着主体结构施工进展,在自下至上逐步卸去支撑时还有可能进一步增加周围地层的位移。此外,环境温度变化可对内支撑的内力产生很大影响,以开挖 20m 宽的基坑为例,若环境温度降低 10℃,支撑就会缩短 25mm 导致基坑变形的增加,当温度升高后这一变形并不能完全恢复,相反会使支撑内力增加过多。据上海国际航远大厦超大深基坑围护结构实例分析,温度效应可使支撑(钢筋混凝土)轴力相差 1000~2000kN。支撑与墙体相抵处的垫板(楔块)构造与施工的认真程度也会严重影响支撑的纵向刚度,在挪威奥斯陆地铁施工中曾测到支撑的纵向刚度竟只有理想刚度 EA/L(E、A、L 分别为支撑的弹性模量、截面积和长度)的 1/50,所以内支撑必须经过仔细的分析和计算并施加预应力以消除多种可能存在的间隙。支撑的端部连接以及施加预应力时都必须严格保证使支撑中心受压,尽量减少偶然偏心。广州一号线车站的基坑主要采用钢管内支撑,多数为 $\phi600$ 个别有采用 $\phi700$ 的,另有杨箕等两个站用了型钢组合截面的支撑。考虑到内支撑的上述问题,可以采用背拉锚杆。

背拉锚杆是将桩墙通过锚杆锚入墙背深处的土体以控制墙体侧向位移的技术。工程实践证明,背拉锚杆限制支护变形的效果要优于内支撑。虽然锚杆的本身刚度不能与内支撑相比,但可以施加更高的预应力,而且施工安装时为设置锚杆所需的挖土深度(指低于支承点位置以下的超挖)要比内支撑小,在与墙体连接处的接触变形也小。背拉锚杆限制支护变形的能力要优于内支撑且对基坑内土方施工没有干扰,即使在软黏土中采用二次挤压注浆和扩孔注浆也可以做出有效锚固段,这在上海地区都有成功的实例。但在地下水丰富的砂层中施工锚杆有一定困难,容易出现喷砂冒水现象,宜慎用。

(二) 支护与地层变形的原因

支护与地层变形的原因如下。

1. 开挖造成的土体应力释放与重新调整

其实在基坑开挖前施作连续墙或灌注桩支护时地层就开始变形了,许多地区连续墙成槽时引起地表水平位移3～5mm，国内有资料披露连续墙施工引起的变形可占基坑施工总变形的30%。

2. 地下水的变化

开挖或工程降水土中有效应力增加，土体产生压缩或固结使地表沉降，即便采用坑内降水也难以完全避免，何况坑内降水坑内外水头差更大。

3. 支护结构的变形

直观上增加支护（桩墙）的刚度（如墙厚）可以改善地层位移，但不能估计过高。实践证明采取其他措施来减少变形较之单纯增加墙厚更为经济和有效。

4. 其他原因

其他原因，如地表超载，气候变化，施工中的超挖和拖延支护时间等。

（三）支护与地层的变形特征

1. 内支撑的桩墙支护

一般在安设第一道支撑以前，墙体是一竖向悬臂构件，此时最大水平位移发生在顶部。在设置第一道支撑并施加预应力后，顶部位移恢复。继续往下开挖，顶部位移仍会有所变形，但最大水平位移一般并不发生在顶部而是发生在中部或下部。图3-12给出了三种可能的变形模式：图3-12（a）为无黏性砂土常出现的位移曲线，水平位移最大值发生在坑深的中部，水平位移δ_h和竖向位移δ_v的最大值大都小于坑深H的0.15%；图3-12（b）为饱和软黏土中当围护墙体有足够的插入深度时的位移曲线，水平位移最大值发生在坑底附近；图3-12（c）为软黏土中墙体插入长度不足，墙体下沉时的位移曲线，水平位移最大值发生在坑底以下。软黏土中水平位移的最大值一般都大于砂土情况，根据软黏土的含水量、可塑性及施工方法等不同因素，位移最大值的变化幅度很大，好的可以小到0.1%H，差得可达（1%～3%）H，赵锡宏[1]调查了上海9个采用内支撑连续墙的基坑，δ_{hmax}/H在0.15%～0.9%之间；又对上海6个内支撑灌注桩挡墙的基坑调查，δ_{hmax}/H在0.15%～7.8%之间。显然，连续墙的要好些。

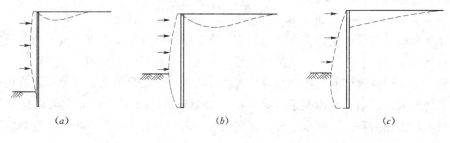

图 3-12

正常情况下，软黏土中δ_v和δ_h的比值约在0.7～0.8之间，所以可以保守地认为地层的最大沉降量δ_{hmax}等于或略小于墙体的最大位移。如果已知墙体变位曲线（包括基坑底部以下部分），并且估计出地表沉降曲线的延伸距离与曲线形状，就可以认为墙体曲线所包含的土体体积与沉降曲线所包含的土体体积相等，并根据这一原则近似算出最大沉降值。

---

❶ 赵锡宏等，高层建筑深基坑围护工程实践与分析，同济大学出版社，1997.3。

图 3-13 给出了一边开挖一边加设内支撑时位移和土压力的变化情况，很形象地显示了这种支护形式的变化过程。

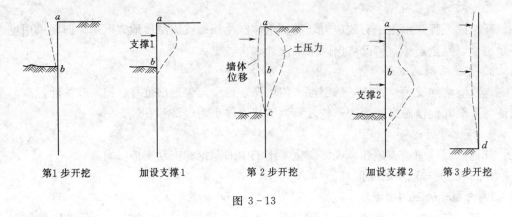

第1步开挖　　加设支撑1　　第2步开挖　　加设支撑2　　第3步开挖

图 3-13

2. 锚杆桩墙支护

这种支护体系的变形特征一般与内支撑大体相同，但最大变形由于锚杆可以施加较大的预应力（内支撑多为设计内力的 $30\% \sim 50\%$，而锚杆可达 $70\% \sim 10\%$），安设时所需的超挖深度小，锚杆因为不干扰土方开挖，因而竖向间距可以减小。这些因素均对减小变形有利，但软黏土中的锚固则需采取一些如二次挤压注浆等工艺手段以增加锚固力，同时注意防止倾角过大引发的墙体沉降问题。

3. 土钉支护

土钉支护体系的变形特征与前两种不同，最大水平位移和沉降都发生在坑壁顶部，类似重力式挡土墙（详见第三节），$\delta_h = \delta_v$，δ_{hmax}/H 一般在 $0.08\% \sim 0.2\%$ 之间，很少有超过 0.3% 的，这与土钉支护多用于地下水位以上的良好地层且对坑壁原始土干扰最少有关，后者正是土钉支护的优点之一。

（四）减少变形的主要措施

1. 合理的施工工序和作业过程

土体变形既有空间效应，又有时间效应。施工中应尽可能缩小每一步开挖的长度和深度，尽量缩小扰动土体范围，严格按照分层、分区、分块程序，利用土体变形的空间效应减少变形；至于时间效应的利用则主要体现在开挖过程中要及时支护，尽可能缩短开挖卸载到支护的时间，以减少土体变形。具体的作法很多，Peck 曾推荐先在架设支撑的断面开挖沟槽安设支撑后再开挖其余部分，解决坑底隆起的方法之一是开挖和分段浇筑底板相结合。

2. 施加预应力

设支撑的理想刚度为 $E_I = EA/L$（E、A、L 分别为支撑的弹性模量、截面积与长度）实测的刚度为 K_E，比值 K_E/K_I 随预加力的增加而增加，由于连接处楔块与挤压面变形的影响，这一比值恒小于 1。预加力过小作用不大，过大了在继续下挖的过程中，会在支撑内引起过大的超载，一般视不同土层取为设计内力的 $30\% \sim 50\%$。

锚杆预应力可取相当于所产生的计算土压力（预加力的水平分力除以锚杆作用面积，

后者一般为锚杆水平与竖向间距乘积），一般先张拉到设计内力值的 1.1～1.2 倍，然后锁定在锚杆设计拉力值的 70%～80%。

在软土中锚杆的内力容易使黏土固结导致预加轴力损失，需要进行二次高压注浆，压力要达到 2.5～4.2MPa，注浆量不小于第一次注浆量的 80%，两者的预加轴力要避免一种已经超载而另一种发挥作用很小但墙体的变形已经很大了的情况。

3. 合理确定支承点及其竖向间距

第一道支承（或锚杆，下同）位置不能太靠下，离地表的距离不宜低于土体的自立高度 $h_{cr} = (2c/r) \tan (45°-\varphi/2)$，最下一道支撑离坑底的距离对中等密砂、硬黏土不应大于 5.5m，对软黏土因其侧墙最大位移多发生在坑底附近故支撑点应尽可能靠下。

4. 减少前期施工引发的地层变形

前期施工包括管线迁移、工程降水、支护桩墙的施工等，据统计仅由于连续墙施工就可造成 5mm 左右的水平变位。工程降水是为了在干燥状态下开挖，防止管涌和隆起，控制渗流造成的水土流失并增加底部被动区的抗力，但降水又容易造成沉降，解决办法为选取连续墙或设置防水帷幕，坑内降水坑外不降水，重要建筑物附近局部灌浆以防其沉降等。

5. 减少软土基坑变形的其他措施

软土基坑开挖风险较大，事故多，同时经验也多，除上述一些施工措施之外，尚有提高基坑隆起安全系数；提前基坑降水固结坑内土体以提高墙前被动区的抗力并减少隆起；采用注浆或深层搅拌被动区土体使其得到加固并防止隆起事故的发生。

应该说，增加墙厚和桩径也是一种减少支护地层变形的手段之一，但必须承认这种方法的有效性远比改善支撑及减小支撑竖向间距要差，而且很不经济。

（五）变形控制标准

地层变形对环境安全的影响是不言而喻的，因此变形要加以控制，如果对变形引起的结构内力进行模拟计算分析，计算结果往往过分夸大了地层变形的作用，因此地层变形的标准几乎完全建立在经验的基础上。

1. 我国规定

我国《建筑地基基础设计规范》（GBJ 7—89）给出的允许值见表 3-15。

表 3-15　　　　　　　　　　　　　建筑物的地基变形允许值

变 形 特 征	地 基 土 类 别	
	中、低压缩性土	高压缩性土
砌体承重结构基础的局部倾斜	0.002	0.003
（1）框架结构。 （2）砖石墙填充的边排柱。 （3）当基础不均匀沉降时不产生附加应力的结构	0.002*l* 0.0007*l* 0.005*l*	0.003*l* 0.001*l* 0.005*l*
单层排架结构（柱距为 6m）柱基的沉降量（mm）	120	201
桥式吊车轨面的倾斜（按不调整轨道考虑） 纵　向 横　向	 0.004 0.003	

变 形 特 征		地 基 土 类 别	
		中、低压缩性土	高压缩性土
多层和高层建筑基础的倾斜	$H_g \leqslant 24$	0.004	
	$24 < H_g \leqslant 60$	0.003	
	$60 < H_g \leqslant 100$	0.002	
	$H_g > 100$	0.0015	
高耸结构基础的倾斜	$H_g \leqslant 20$	0.008	
	$20 < H_g \leqslant 50$	0.006	
	$50 < H_g \leqslant 100$	0.005	
	$100 < H_g \leqslant 150$	0.004	
	$150 < H_g \leqslant 200$	0.003	
	$200 < H_g \leqslant 250$	0.002	
高耸结构基础的倾斜	$H_g \leqslant 100$	200	410
	$100 < H_g \leqslant 200$		310
	$200 < H_g \leqslant 250$		210

2. 美国规定

(1) 美国出版的《基础工程设计手册》[1]综合有关资料,提出建筑物能够承受的地表沉降值用角变位 δ/L 表示(L 为两点之间的距离,如相邻柱距,δ 为沉降差),① 筏板基础(厚约 1.2m)上的钢筋混凝土多层刚性框架 1/750;② 带斜撑框架的危险限值 1/600;③ 不允许开裂的房屋安全限值 1/500(抹灰开裂 1/600);④ 吊车故障 1/300;⑤ 圆(环)形筏基础上的高耸结构 1/500;⑥ 墙板发生初裂限值 1/300;⑦ 高层刚性房屋倾斜,目测可见 1/250;⑧ 一般房屋建筑的结构危险损害 1/150;⑨ 柔性砖墙($L/H > 4$)的安全极限 1/150。

(2) 地表的不均匀沉降 δ 值不易确定,所以手册推荐按总沉降计算值 δ_v 的一半作为不均匀沉降进行近似估算,但是不均匀沉降显然与两点间距离 L 的大小有关。Peck 建议对于砂土上的基础,不均匀沉降值不大可能超过总沉降的 75%,对于黏土则可超过 75% 甚至与总沉降相接近。

(3) 结构物允许沉降值或沉降差的又一组数据为

总沉降:① 下水道 15~30cm;② 砌体墙结构 2.5~5cm;③ 框架结构 5~10cm;④ 烟囱,筒仓,筏基 7.5~30cm。

倾斜:① 烟囱 0.004h (h 为高度);② 吊车轨道 0.003L (L 为距离);③ 地面排水 0.01~0.02L。

不均匀沉降:① 高的连续砖墙 0.0005~0.01L (≈1/300);② 单层砖厂房建筑 (墙体开裂) 0.001~0.002L;③ 抹灰开裂 0.001L (1/600);④ 钢筋混凝土框架房屋 0.0025~0.004L (1/150~1/170);⑤ 钢筋混凝土墙板房屋 0.003L;⑥ 简单钢框架 0.005L。

以上数据中,对于较规则的沉降和承受不均匀沉降能力较高的建筑物取较高的限值,相反情况则取较低的限值。

---

[1] H. Y. Fang, Foundation Engineering Handbook, 2nd Edition, Von Nostrand Reinhold, 1991。

3. 上海地铁规定

上海地铁总公司根据上海软土地区深基坑工程经验，提出了四个级别的基坑变形控制保护标准如下（见表 3-16）。

表 3-16   基坑变形控制保护等级标准

保护等级	地面最大沉降量及围护墙水平位移控制要求	环 境 保 护 要 求
特级	1. 地面最大沉降量≤0.1%H； 2. 围护墙最大水平位移≤0.14%H； 3. K_S^*≥2.2	离基坑 10m，周围有地铁、共同沟、煤气管、大型压力总水管等重要建筑及设施必须确保安全
一级	1. 地面最大沉降量≤0.2%H； 2. 围护墙最大水平位移≤0.3%H； 3. K_S^*≥2.0	离基坑周围 H 范围内设有重要干线、水管，在使用的大型构筑物、建筑物
二级	1. 地面最大沉降量≤0.5%H； 2. 围护墙最大水平位移≤0.7%H； 3. K_S^*≥1.5	在基坑周围 H 范围内设有重要支线管道和一般建筑、设施
三级	1. 地面最大沉降量≤1%H； 2. 围护墙最大水平位移≤1.4%H； 3. K_S^*≥1.2	在基坑周围 30m 范围内设有需保护建筑设施和管线、构筑物

注 H 为基坑开挖深度，在 17m 左右；K_S^* 为抗隆起安全系数，按圆弧滑动公式算出。

第三节 土 钉 支 护

一、组成及发展简况

土钉支护是由被加固土体、放置在其中的土钉体和喷射混凝土面层共同组成的一种挡土结构，见图 3-14。天然土体通过土钉加固并与喷射混凝土面板相结合，共同抵抗支护后面传来的土压力和其他荷载，保证了开挖坡面的稳定。我们将这个支护结构称为土钉支护。这是一种基坑开挖和边坡稳定比较理想的支护形式。

土钉支护的施工可以归纳为几个主要步骤：开挖—钻孔—置钉—注浆—喷混凝土面层

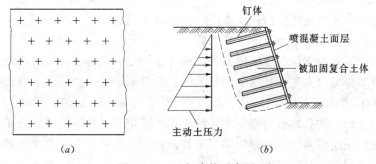

(a)   (b)

图 3-14 土钉支护示意图

(a) 立面；(b) 剖面

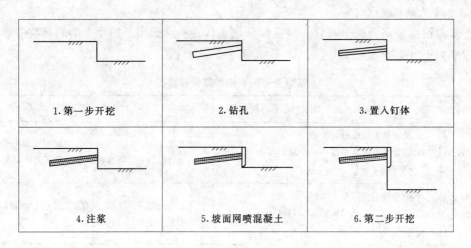

1.第一步开挖	2.钻孔	3.置入钉体
4.注浆	5.坡面网喷混凝土	6.第二步开挖

图 3-15　土钉支护施工步骤

一再开挖。就这样每一个循环往下挖深一步，直至达到设计深度，图 3-15 示意性地给出了这个施工步骤。也有采用击入钉的，直接击入钢管角钢来实现。

土钉支护作为一个挡土结构由以下五部分组成：

（1）原状土。它是被加固的原生土体，加固后又是复合结构的主要组成部分，原状土没有什么选择余地，是由基坑开挖场地的地质条件决定的，所以凡是适于土钉支护的地层都可作为原状土。例如黏土、粉土、砂土、砾石土、素填土及风化岩层等。

（2）钉体。用得最多的是钢筋，变形钢筋和光面钢筋均可，由于变形钢筋可以提供较大的摩阻力，重要工程或土质较差的地层应首选这种钢材。

（3）砂浆柱。所谓砂浆柱是指钉体置入后向钻孔内注浆，浆液凝结硬化后握裹钉体的柱状体，土钉支护很少有钢筋从砂浆柱中拔出的，多数是裹有钢筋的砂浆柱自土体中拔出，砂浆柱的强度以及与土体的摩阻力取决于浆液配比、注浆压力和注浆的饱满程度。

（4）面层喷射混凝土。喷混凝土之前将钢筋网固定在钢筋（钉体）外露端头上，当面层设计厚度超过 100mm 时应分两次喷射，终凝后 2h 及时养护。

（5）排水系统。排水系统包括基坑排水、支护内部排水以及地表排水，排水系统要专门设计，如基坑四周修整地表构筑排水沟，支护墙面每隔 1.5～2m 插入塑料排水管。

从 20 世纪 70 年代开始，法国、德国和美国各自独立开发了用于土体开挖和边坡稳定的土钉支护技术，并迅速在各国获得推广。同时对土钉支护的工作原理进行了不少研究。大量的工程实践不断证明了土钉支护技术的可靠性与经济性。在深基开挖中，土钉支护现已成为撑式支护、排桩支护、连续墙支护、锚杆支护之后又一项较为成熟的支护技术。

中国自改革开放以来先后在深圳民航大厦、北京羽绒制品厂缝纫车间、北京方庄小区 11 号楼、北京庄胜广场、深圳金安大厦、广州安信大厦、广西宫华大酒店、济南济享大厦、金龙大厦、烟台文化宫教学楼等深基坑工程中采用土钉支护取得了较好的效果。1997 年底由陈肇元院士组织并执笔编写经中国工程建设标准化协会批准的我国第一本《基坑工程土钉支护技术规范》（CECS96：97）（Specification for soil Nailing in foundation excavation）正式出版，标志着我国土钉支护技术已进入正规化发展阶段。

二、岩石中新奥法的自然推广

土钉支护的诞生和发展应该归功于新奥法的出现。新奥法的基本思想就是充分利用围岩的自承能力。为了达到这个目的，采用边掘进边用锚杆和喷射混凝土去加固围岩，对于软弱或破碎的岩层甚至还可用管棚注浆等超前支护。在土中是否有可能找到一种类似岩石地层那样能充分利用原状土的自承能力，既方便施工又节约材料的支护形式？人们按照这个思路去实践，于是边开挖边施作土钉以加固侧壁土的深基坑土钉支护就应运而生了。从图 3-16 可以看出这两者的渊源关系和思路上的雷同。图 3-16（a）为岩层中开挖洞室采用锚杆和喷射混凝土加固被节理裂隙切割以及爆破引起的围岩松动圈，构成一个围岩加固区；图 3-16（b）为土体开挖采用土钉和喷射混凝土加固，形成了一个土体加固区；图 3-16（c）为当洞室断面过大时，采用先小断面开挖并及时加固然后逐步扩大至设计断面；图 3-16（d）为土体内边开挖边施作土钉，逐步达到开挖深度。

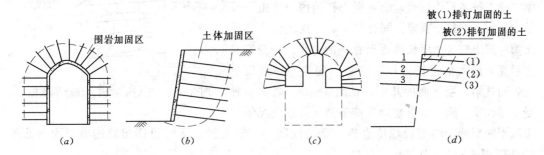

图 3-16　岩层中新奥法施工与土钉支护的对比

(a) 围岩；(b) 土体；(c) 岩层内先小断面加固后逐步扩大；(d) 土体内边开挖边加固

20 世纪 60 年代的加筋土挡墙从结构受力上可以看成土钉支护的雏形。但在建造此种墙体之前，必须进行完全的开挖，不能用于深基坑工程，不过它在土体中用筋体（钢筋或纤维均可）加强的思路则对土钉的发展起了某种推动作用。

从受力的角度和结构概念上的差异可以看出土钉支护较传统的支护形式更为优越，图 3-17（a）为灌注桩支护，其挡土结构就是事先施作的挡土桩，外侧的土荷载直接作用在桩上，当基坑较深时尚需边开挖边施加横撑。图 3-17（b）为土钉支护，挡土结构就是被钉体和面层喷射混凝土加固的复合土体，可以看出这部分土体在灌注桩支护中正是防止塌落的那部分土体，现在变成了挡土结构体，这个厚重的结构体阻挡了它背后的那些软弱土，显然土荷载的作用点移向土体内部，而且这部分土基本上是没有受到扰动的，其塌落

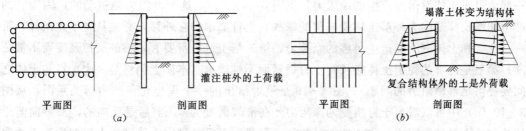

图 3-17　土钉与传统支护方法差别示意图

(a) 灌注桩支护；(b) 土钉支护

的趋势远小于在打桩阶段就开始被扰动的土体。由于复合结构体的厚重，开挖时大都不再另加支撑。

三、受力特点及工作性能

（1）土钉支护是边开挖边通过置钉、注浆、喷混凝土等手段将原生土体依次加固成一个复合挡土结构的支护形式，这个支护又厚又重。超过所有传统支护（桩、墙、管）而成本几乎又是最低施工最简单的。从发展的先后来看可以说是新奥法在软土中的推广和延伸，在方法上它利用了比较成熟的锚喷支护一整套技术措施。

（2）土钉支护中的钉体是被动受力构件，即土体不变形土钉不受力，因此第一层土钉置入而尚未向下开挖时土钉内力为零或很小，一旦开挖土体产生水平位移土钉才开始受力，随着挖深的增加并在逐层置入第二、三等各层土钉时，第一层土钉的内力才由一开始的增长逐渐趋于稳定。同样第二、三层土钉也要经历第一层土钉这个增长和逐渐稳定的过程，开挖完成之后受力最大的土钉往往不在第一层也不在最后一层，而是第一层下面的几层，见图3-18。具体位置受土层性质、施工质量及地表荷载乃至降雨情况等许

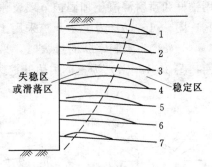

图3-18　土钉受拉内力规律示意图

多因素的影响，将受拉峰值点连一条曲线即是土钉支护破坏时可能出现的滑裂面，见图3-18、图3-19（a）。

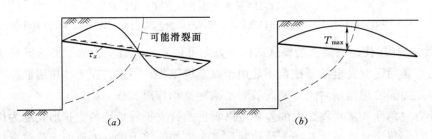

图3-19　理想化了的土钉受力关系
(a) 滑裂面内外摩阻力；(b) 钉内拉力

土钉拉力是由土体变形引起，外层的土体要滑落（主要表现为土体拉动滑裂面外部的土钉一起向外水平位移）而受阻于锚固其内的钉体，这个阻力是钢筋连同握裹它的砂浆柱一起为阻止土体滑落而产生的摩阻力，见图3-19（a），这个摩阻力是被动的，因为它的产生和增长都是因为外层土体要外移的缘故。土钉要制约它外移，必须具备下述条件，第一是土钉和土体之间能产生足够的摩擦力；第二是土钉自身要有足够的抗拉强度而不被拉断；第三是内部的稳定土体必须将土钉握紧而不被拔出（本质上仍然是一个土钉与土体之间要提供足够摩阻力的问题）。图3-19是笔者给出的一个理想化了的力学关系图，从图3-19（a）中可以看出土钉所受的摩阻力τ在滑裂面处为0，前后是反向的，滑裂面前土体施加给土钉的摩阻力是将土钉向外拉的，而滑裂面后的稳定土体则将土钉拽住而不被拔出，所以摩阻力是向后的，这个反向点就是钉内拉力最大值的点，见图3-19（b）。假定

滑裂面出现在该钉长的 1/2 处（不同深度的钉体滑裂面位置不同）拉力的最大值 T_{max} 为

$$T_{max} = \int_0^{l/2} \pi D \tau_x \mathrm{d}x \qquad (3-1)$$

式中　τ_x（x 轴为沿钉长方向）——土钉与土体之间在 x 点的摩阻力；

　　　　　D——一般情况下可以取为砂浆柱的直径。

这个关系式当然是理想化的，实际土钉摩阻力的零点未必正好在中间，如图 3-18 所示上层土钉可能偏向内部，而下层土钉则移向墙面，但无论哪一层土钉摩阻力的零点一定为钉内拉力最大值的那个位置，反之亦然。

（3）土钉支护最大水平位移 δ_h 发生在坡（坑）顶，越往下越小近似呈一倒三角形，见图 3-20。从上往下看，顶部地表处的位移最大，深入土体内部位移逐渐变小趋近于零。大量实测表明坡顶最大水平位移与基坑深度 H 的比值在 3‰ 以内（即 $\delta_h/H \leqslant 3‰$）时支护是稳定的，施工监测如发现大于这个值，则应密切注意并采取措施。

水平位移并非止于坑底，见图 3-20，坑底标高以下仍测出有位移发生，严重的可导致坑底隆起，特别是靠近边壁的坑底。

有的实测表明支护不仅有水平位移还有竖向位移，最大值亦发生在坡顶，大小与水平位移近似。

（4）表层喷射混凝土可以起如下作用：① 保护墙面特别当墙面呈坡状又遇降雨时它的保护作用尤为显著；② 保证单个土钉的群体效应，由于喷混凝土内的钢筋网是与钉头连牢的，一旦一颗钉子失效，其余土钉可以通过这个面层来分担它卸载的那部分土体。由此可以理解为什么很多设置在面层后面的压力

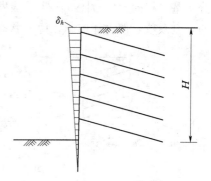

图 3-20　土钉支护水平位移
沿竖向分布规律

盒实测得到的压力值很不规律，如果压力盒正好设在土钉失效的部位，测到的值就很大，反之就很小。

有的资料认为喷射混凝土面层背后的侧向土压力，其合力值要比挡土墙理论给出的计算值（朗金主动土压力）低得多，支护面层所受的土压力合力远小于土钉受到的最大拉力之和，这说明土钉支护的主要受力构件恐怕还是被加固了的那个又厚又重的复合结构体而不是面层的喷射混凝土。

土是一种抗剪强度很低而抗拉强度几乎可以忽略的散体介质，但自然土体大都具有一定的结构整体性，基坑开挖总存在一个使边坡稳定的临界高度，超过这个高度或者坡顶堆载过重都会导致丧失稳定而滑塌。土钉支护就在于随着开挖深度的增加，不断施作土钉加固开挖临空面的土体，使土体结构整体性较原状土大大增加，因而提高了开挖临界高度。充分利用原状土的自承能力，把本来完全靠外加围护结构来支挡的被动土体，通过土钉技术的加固使其本身成为一个复合的挡土结构，土钉支护的工作原理说到底就是这个道理。

土钉（包括钢筋和钢筋周围的砂浆柱）在整个复合结构中扮演主要角色，它极大地增加了土体的抗剪强度，使本来松散的土体变成整体性比较强的类似加筋土的复合体。由于土钉是由抗拉强度很高的钢筋和黏结强度很高的砂浆组成，它分担了超出原状土所能承受

的过大的应力，这种应力转移和重分布可以大大推迟和延缓土体的塑性流动和滑塌。注浆的作用也不可忽视，注浆浆液可以渗到土体的孔隙中对土颗粒起胶结作用，这种渗入在砂土中尤为明显。胶结改善了土体的松散性，提高了原状土的整体性能，保证并加强了土、砂浆柱及钢筋之间力的传递和转移。

四、设计与计算

（一）两类破坏形态

土钉支护有以下两类失稳破坏：

（1）体外失稳，亦称外部稳定性破坏。

这时整个支护作为一个整体出现失稳（见图3-21），此时土钉支护与挡土墙基本相似，不过一般重力式挡墙是先构筑、后填土，而土钉支护是对原状土加固，它是否真会发生与一般挡墙类似的倾覆并引起破坏尚缺乏必要的论证。当然，这种外部稳定性验算至少能为支护的总体尺寸如底部土钉的最小长度提供一种保证。外部稳定性分析与一般挡土墙分析基本相同，针对图3-21可能发生的三种破坏形态作极限平衡验算，考虑一个大于1的安全系数，使设计控制在稳定状态，这种方法在工程上是大量采用的。

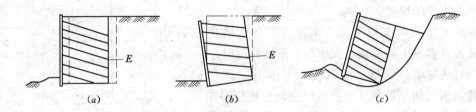

图 3-21 三种可能的外部稳定性破坏

（a）平移推出；（b）倾覆；（c）滑塌

（2）体内失稳，亦称内部稳定性破坏。

这时土体破坏面全部或部分穿过加固土体的内部（见图3-22），其分析多采用边坡稳定的概念，与一般土坡稳定的极限平衡分析方法相同，只不过在破坏面上需增加土钉的作用。由于支护土体往往由多种不同土层组成，因而土钉支护还必须验算施工各阶段，即开挖到各个不同深度时的稳定性。需考虑的不利情况为开挖已到某一作业面的深度，而这一步的土钉又尚未设置的状态，因此这种稳定性分析要追踪施工过程，这一计算常用条分法完成。如果有地下水和渗流，还要考虑水压在破坏面上的作用力及水对应力及土体力学性质的影响。

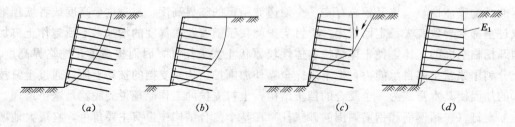

图 3-22 几种可能的内部稳定性破坏

（二）钉体失效

单根土钉受力后都存在下述 4 种可能的失效，因此在将土钉支护作为一个复合的挡土结构进行整体稳定性分析之前，必须进行土钉失效分析。

土钉可能的失效形式：① 钢筋被拉断；② 钢筋从砂浆中拔出；③ 钢筋连同砂浆柱一起拔出；④ 钢筋、砂浆柱连同周围砂浆与土壤形成的复合体一起拔出。在设计中我们总可以通过加大钢筋的直径或加大砂浆强度来避免前两种破坏形式，后两种很难区分，但第④种失效又可通过钉体的加密来防止，工程中重点控制第③种失效，计算时如果取复合体的黏结强度，那么对第④种失效也会起一定程度的保证作用，验算公式为

$$T_r = CL_a\tau_f \tag{3-2}$$

式中　C——土钉（砂浆柱）截面周长，其中，若截面为圆形，则 $C = \pi D$（D 为钻孔直径）；

　　　L_a——土钉的约束长度，即最危险滑裂面后面的土钉有效计算长度，见图 3-18 中处于稳定区的土钉长度；

　　　τ_f——复合体的黏结强度，该强度值要通过试验或参照 CECS96：97 的相应规定来确定，表 3-17 提供了一些土的参考值，不能用一般库仑定律所表达的剪切强度。

此外，尚应进行下面的验算，以防产生上述前两种失效。

（1）按钢筋的极限抗拉强度验算土钉的极限抗拔力如下：

$$T_r \leqslant f_y A_s \tag{3-3}$$

式中　f_y——钢筋的抗拉强度；

　　　A_s——钢筋的截面面积。

表 3-17　　　　　　　　　　　　　　　界面黏结强度标准值

土 层 种 类		τ (kPa)	土 层 种 类		τ (kPa)
素填土		30～60	粉 土		50～100
黏性土	软塑	15～30	砂 土	松散	70～90
	可塑	30～50		稍密	90～120
	硬塑	50～70		中密	120～160
	坚硬	70～90		密实	160～200

注　表中数据作为低压注浆时的极限黏结强度标准值。

（2）按钢筋与砂浆界面的极限摩阻力计算土钉的极限抗拔力如下：

$$T_r \leqslant \tau_s C_s L_a \tag{3-4}$$

式中　τ_s——钢筋与砂浆界面的黏结强度；

　　　C_s——钢筋的截面周长；

　　　L_a——同式（3-2）中的含义。

（三）设计初选参数

我们将我国第一本《土钉支护设计与施工技术规范》（CECS96：97）建议的设计初选参数整理成一目了然的表格，示于表 3-18，这个表几乎包括所有土钉支护涉及的有关参数，具有重要参考价值。

表 3-18 土钉支护设计初始参数（供设计计算初选时用）

序号	名 称	单位	参数值	备 注
1	土钉长（L）	m	（0.6～1.0）H	H 为开挖深度，对饱和硬黏土 $L \geqslant (1 \sim 2)H$
2	间距（S_v，S_h）	m	1.2～2.0	干硬黏土取高值，饱和黏土取低值
3	倾角（a）	度	0～20	重力注浆取大值
4	钢筋直径（d）	mm	20～35	Ⅲ级或Ⅱ级钢均可
5	钻孔直径（D）	mm	75～200	成孔条件好的土质可取大值
6	注浆压力	MPa	高压 2～3 低压 0.4～0.6	倾斜孔，可采用重力注浆
	浆液水胶比	砂浆	0.4～0.45	
		净浆	0.45～0.5	
7	喷混凝土厚度（δ）	mm	50～150	每次喷射厚度≤70mm
	喷混凝土强度	MPa	C20	
	钢筋网直径（d）	mm	6～8	Ⅲ级钢，与钉筋焊接
	钢筋网间距（a）	mm	200～300	
8	坡顶最小荷载（q）	kN/m²	10	坡顶堆载超过该值时，按实际值选取
9	排水系统	施工前做地表防水及排水		
		随开挖向坡面内插排水管 $d=60\sim100$mm，$L=300\sim400$mm		

设计时在初选参数的基础上针对具体的工程地质及水文地质条件进行稳定性及钉体失效分析，对初选参数进行调整和修正确定最后的支护参数。

五、施工注意事项

（1）每步施工的一般流程：

1）开挖工作面修整边坡；

2）设置土钉（成孔、置钉、注浆、补浆、……）；

3）铺设固定钢筋网；

4）喷混凝土面层，空压机风量 9m³/min，压力大于 0.5MPa。

（2）基坑水平方向开挖亦应分段进行，每段 10～20m。

（3）易塌土层采取必要的措施，图 3-23 提供的三种方法可因地制宜地采用。

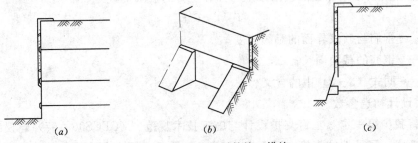

图 3-23 易塌土层的施工措施

（a）先喷浆护壁后钻孔置钉；（b）水平方向分小段间隔开挖；（c）预留斜坡设置土钉后清坡

（4）设置排水系统：

1）靠近基坑坡顶宽 2～4m 的地面适当垫高，注意，开挖面处最高，向土体内延伸逐渐降低，见图 3-24；

2）面层背部插入 400～600mm 长，直径 40mm 的水平排水管，间距 1.5～2m，以排除面层后积水，见图 3-25。

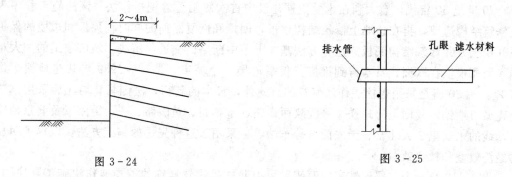

图 3-24   图 3-25

六、土钉支护的优缺点分析

（一）传统支护缺点

传统支护方法至少有以下三大缺点：

（1）开挖前要有一段围护结构的施工工期，围护结构做不好不能开挖。

（2）桩、墙、横撑或背拉锚增加了开挖的成本费。

（3）在设计思想上背后土体被单纯看成是需要被围护结构挡住的外来荷载，在具体实践上围护结构的施工又扰动破坏了原状土的稳定状态。

（二）土钉支护优缺点

土钉支护几乎完全克服了上述缺点，在设计思想上首先把背后土体看成是结构的一部分，在具体实践上设法加固这块土体使它足以成为一个围护结构，具体作法就是边开挖边施作土钉及喷混凝土面层。这种技术具有如下一些其他支护形式不可比拟的优越性：

（1）不占独立工期。随基坑开挖逐次分段实施作业，基本上不需要单独作业时间，施工效率高，一旦开挖完成，支护结构也就建好了。

（2）设备轻巧简单。不论是钻孔、注浆还是喷射混凝土面层一般施工单位均易做到，根据我国劳动力充裕的特点，土中钻孔采用洛阳铲被普遍认为是成本较低而又容易实现的手段之一。

（3）成本低。据统计较围护桩、连续墙、板桩锚拉挡墙等结构形式至少便宜 1/3 左右。

（4）施工场地简单。如果组织地好甚至不需要单独的施工场地，特别适于城市的深基坑开挖。

（5）环境影响小。基本上不存在噪声、振动以及泥浆的污染等问题。

土钉支护不是万能的，它不适于软土地基特别是含水量大的软弱地基，在湿陷性黄土中也不适用，主要是注浆在凝结前会使黄土软化。另外土钉在地面下有时会超出建筑红线以外，所以要事先协商得到允许后才能使用。

第四节 盖挖逆作法及其受力分析

一、概述

20世纪50年代，意大利在米兰地铁建设中首次使用了盖挖逆作法，该法施工程序为先修筑结构边墙，再在边墙上修筑结构顶板，回填和恢复路面的同时在顶板和边墙的保护下开挖土方并修筑结构底板。这种方法基本上不中断路面交通，解决了城市施工的一大难题，因而很快在欧洲、日本得到推广，仅慕尼黑一个城市，1965~1989年共建地铁车站57座，有20座是采用盖挖逆作法修筑的。此外，日本的新宿，法国马赛均先后采用该法修建城市地铁。我国上海地铁1号线陕西南路、常熟路、黄陂路、三山街路以及北京地铁复八线的永安里、大北窑、天安门东等车站，也采用了这种先进的施工方法，取得了明显的经济效益和社会效益。

表3-19是一个三层地铁车站两侧采用护壁桩的比较详细的盖挖逆作法施工顺序图。可以看出10个步骤中施作第3步之后即可恢复路面通车了，这种施工方法对大城市交通繁忙地段显然有无可比拟的优越性。图3-26是一个比较形象的盖挖逆作施工示意图，首先两侧挖槽［见图3-26（a）］，然后施作钢筋混凝土框架［见图3-26（b）］，最后恢复路面交通的同时在框架的覆盖下挖除框架内的土层［见图3-26（c）］。

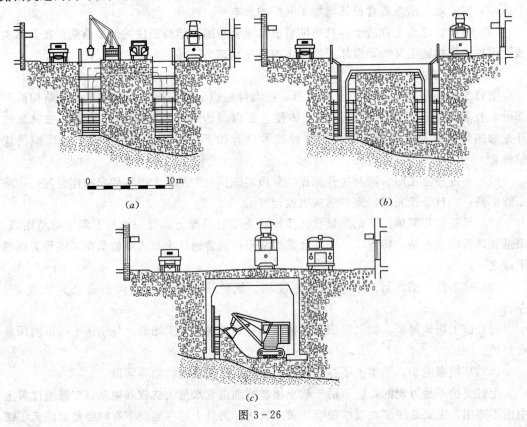

（c）

图 3-26

盖挖逆作法两侧的围护结构，大都采用连续墙或灌注桩，视地质条件和施工机具而定，上海陕西南路站采用连续墙，北京永安里站采用护壁桩。一般来说，在基岩上钻孔桩较开挖成墙容易实现，施工条件要求低些。据日本资料披露，施工连续墙占用道路的最小宽度为11m，而采用灌注桩可减到8.5m，故在交通繁忙道路狭窄的地段推荐选用灌注桩。灌注桩施工机具比较灵活，成桩时间短。日本东京地铁扩建工程，采用$\phi 400 \sim \phi 500$灌注桩，桩长$20 \sim 28$m，由于是在城市交通干线上施工，被限定在晚8时至次晨6时作业。在这种情况下，施工部门采用一台打桩机半年内完成264根桩，平均每小时钻进3.5m。

表 3-19　　　　　　　　盖挖逆作法施工顺序示意图（以两侧采用护壁桩为例）

序号	示意图	注　释	序号	示意图	注　释
1		1. 破路平整地面； 2. 施作两侧护壁桩及中部钢管柱桩孔	6		1. 两边侧墙网喷混凝土100mm，抹20mm防水砂浆，铺泡沫塑料和防水板； 2. 扎立钢筋，架设模板； 3. 按顺作法浇筑侧墙混凝土
2		1. 浇钢管柱下端的灌注桩混凝土； 2. 下钢管柱，注意对中、垂直度、定位等技术措施； 3. 浇筑钢管柱芯内混凝土	7		1. 继续下挖至-2层楼板下皮； 2. 平整地面，铺设底模； 3. 扎立铺设钢筋； 4. 浇筑-2层楼板，注意在顶板工作口位置预留楼板工作口
3		1. 平整地面，铺设底模； 2. 扎立铺设顶板钢筋，按要求做好顶板与护壁桩端的防水； 3. 浇筑顶板，注意预留工作口（出土，进出人员等）	8		1. 两边侧墙网喷混凝土100mm，抹20mm防水砂浆，铺泡沫塑料和防水板； 2. 扎立钢筋，架设模板； 3. 按顺作法浇筑侧墙混凝土
4		1. 顶板以上作防水，覆土，恢复路面； 2. 顶板以下开挖，直至-1层（物业层）楼板下皮	9		1. 继续下挖至-3层楼板下皮； 2. 平整地面，铺设底模，事先做好盲沟倒滤层； 3. 做底板防水层及钢管柱节点的防水； 4. 扎立铺设钢筋，浇筑底板
5		1. 平整地面，铺设底模； 2. 扎立铺设钢筋； 3. 浇筑-1层楼板，注意在顶板工作口位置预留楼板工作口	10		1. 两边侧墙网喷混凝土100mm，抹20mm防水砂浆，铺泡沫塑料和防水板； 2. 扎立钢筋，架设模板； 3. 按顺作法浇筑侧墙混凝土

表 3-20 给出了我国已施工的逆作车站的侧壁支护及临时支撑，其中除永安里和天安门东站采用灌注桩，其余均采用连续墙，除机具因素以外，显然与地层有关，上海多为饱

表 3 - 20   我国已施工的逆作车站的侧壁支护及临时支撑

站名	结构形式	侧 壁 支 护	临 时 支 撑
常熟路站	双层双跨	一字形地下连续墙，十字钢板接头，墙厚 0.8m	顶板以下一道、站厅层一道、站台层两道横撑
陕西南路站	双层三跨	一字形地下连续墙，十字钢板接头，墙厚 0.8m	顶板以下一道、站厅层一道、站台层两道横撑
黄陂路站	双层三跨	一字形地下连续墙，钢板接头，墙厚 0.8m	顶板以下一道、站厅层两道、站台层一道横撑
三山街站	双层三跨	一字形地下连续墙，圆形接头，墙厚 0.8m，预留 0.2m 厚内衬	站厅层一道、站台层两道横撑
永安里站	三层三跨	ϕ0.6m@1.0m 分离式钻孔灌注桩加 0.45m 厚内衬	站台层设锚杆一道
大北窑站	三层三跨	一字形地下连续墙，圆形接头，墙厚 0.6m，预留 0.2m 厚内衬	
天安门东站	三层三跨	ϕ0.8m@2.0m 挖孔桩加 0.5m 厚内衬	

和软黏土地层，采用连续墙更为妥帖。

二、围护结构受力分析

施工过程围护结构受力状态是不断变化的。由于内衬层板起横撑的作用，随着土方的下挖层板的内力也在不断变化，反映围护结构随施工过程的受力分析简图，示于图3-27，如设开挖前内力的初始状态为 I_0（I 可代表轴力、剪力或弯矩），对应初始荷载为 q_0，则每开挖一步都相当于施加一个侧向荷载增量 Δq_i，墙体内侧相应地产生一个内力增量 ΔI_i，至第 k 步总内力水平可表达为

$$I_k = I_0 + \sum_{i=1}^{k} \Delta I_i \quad (i = 1, 2, 3, \cdots, k) \tag{3-5}$$

在具体设计时往往取一个开挖层作为一个步长。这样做不仅是计算上的需要，更重要

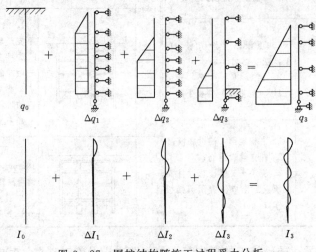

图 3 - 27　围护结构随施工过程受力分析

q—外载；I—内力

96

的是每一步开挖内力都有很大的变化，而最大内力未必一定发生在最后一步开挖上，因此每一步开挖都需要考查它的内力和变形情况，如开挖至第一层时为

$$I_1 = I_0 + \Delta I_1 \tag{3-6}$$

相应地，开挖至第二层和第三层（即底层）时，式（3-5）中的 k 分别为 2 和 3，则

$$I_2 = I_0 + \Delta I_1 + \Delta I_2 \tag{3-7}$$

$$I_3 = I_0 + \Delta I_1 + \Delta I_2 + \Delta I_3 \tag{3-8}$$

在开挖前如无初始荷载，可取 $I_0 = 0$。

很显然，I 为深度 z 的函数，记作 $I(z)$。每个阶段分别加不同的下标，记作 $I_1(z)$、$I_2(z)$、$I_3(z)$。这样，针对三层的情况最后用包络图描述的设计内力可表达为

$$I(z) \supseteq \max[I_1(z), I_2(z), I_3(z)] \tag{3-9}$$

符号 $\supseteq$ 表示对任一个变量 Z 内力 $I(z)$ 包含各个阶段的最大值。

三、竣工的受力分析

毫无疑问当围护结构是灌柱桩时是一定要加做衬砌结构的，即使围护结构采用连续墙，有时因为抗力不足或者因为防水的需要也常常要加一个内衬砌。这样就不仅需要在施工过程中对围护结构的受力进行分析，在施作内衬后，对两层结构共同作用的受力状态也需要分析，而且是更重要的分析。围护结构与内衬的简图示于图 3-28。

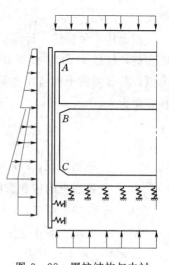

图 3-28 围护结构与内衬
计算示意简图

对内衬结构与围护结构的共同作用一般是采用有限单元法将围护结构与内衬各自划分为独立的单元，两者的连接视不同情况而定，一般有下列四种连接模式，为了醒目其示意图均以 A 节点放大形式给出：

（1）模式 1——完全变形协调模式（见图 3-29）。在做法上内衬与围护结构全面凿毛并设置足够的连接筋，使两者完全密合形成一个整体结构。两者的变形处处协调一致，具体计算时视两者为一个构件，但其刚度则为经过折算后两者刚度之和。

（2）模式 2——局部变形协调模式（见图 3-30）。内衬的顶板、层板、底板与围护结构（护壁桩或连续墙）刚性连接，在节点处不但能够传递拉力、压力、剪力，而且能传递弯矩，在非节点部分由于实际工程内外衬都是自然接触的所以能较好地传递压力，但不能传递拉力及剪力。从变形条件来看至少在节点处两者变形是协调的，而离开节点则不一定协调。

（3）模式 3——压杆模式（见图 3-31）。内衬与围护桩两者只是简单地贴在一起，不做任何连接，中间设有防水层，这种构造方式使两者之间仅能传递压力而不能传递拉力、剪力和弯矩。从变形条件看，围护结构与内衬除压力点可以传递受压的水平位移外，其他各种位移均不协调。

（4）模式 4——拉压杆模式（见图 3-32）。内衬与围护结构之间配置一定的构造拉筋，使两者既能传递压力也能传递拉力，但不考虑剪力和弯矩。从变形条件看，两者各点

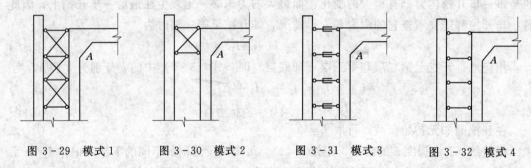

图 3-29　模式 1　　　图 3-30　模式 2　　　图 3-31　模式 3　　　图 3-32　模式 4

的水平位移协调，但竖向位移和转角均不协调。

上述 4 种模式中第 4 种实际上是很难付诸实践的，尽管计算上用一排简单的链杆就能描述。

按上述 4 种模式，计算了广州地铁一号线中山七路站一个典型断面，该站为密排人工挖孔桩，桩径 $\phi 1200$。计算取一个柱间距（8m）作为计算单元，岩土地基用一系列弹簧来模拟，荷载除覆土和结构自重外，侧向荷载土层部分按静止土压力水土合算，即取土的饱和容重为

$$P_i = \left(q + \sum_{i=1}^{n} r_i h_i \right) K_{0i} \tag{3-10}$$

式中　q——地面荷载，$20kN/m^2$；

　　　r_i——各层土的饱和重度，kN/m^3；

　　　h_i——各层土厚度，m；

　　　K_{0i}——各层土静止土压力系数。

基岩中按水土分算为

$$P_i = \left(g + \sum_{i=1}^{n} r_i h_i \right) K_{0i} + \psi \gamma_w H \tag{3-11}$$

式中　g——基岩顶部的竖向荷载集度；

　　　r_i——岩层浮容重；

　　　h_i——岩层厚度，m；

　　　K_{0i}——岩层静止侧压力系数；

　　　γ_w——水的重度，kN/m^3；

　　　H——计算深度处的水头高度；

　　　ψ——水压折减系数。

计算结果发现模式 1 与模式 2，模式 3 与模式 4 各自比较接近。模式 1、模式 2 的连接方式，与实际情况更为符合，这种方式保证了内衬与围护结构变形基本协调，共同分担水土压力，算出的内衬内力较小，只需构造配筋。

工程界更乐于推荐模式 2，它在构造上便于实现，工作量小，而计算结果又与完全变形协调的计算结果出入不大，为人们所普遍认可。

需要说明的是这里介绍的受力分析原则上对明挖顺做的工程也是适用的。

第五节 青岛地铁车站三维应力分析

一、地质概况

作者有幸参加了青岛地铁1号线的论证和设计,并对一个典型的地铁车站作了三维有限元分析。青岛为花岗岩地层,修建地铁可以考虑充分利用地层的承载能力,对于我国其他岩石地层的城市有着较好的借鉴意义。

青岛地铁一期工程全长16km,沿线有12座车站,地铁隧道所经地区地表波状起伏,从南向北地势逐渐降低,平均地形坡度为1.25%。

工程区的地质条件为燕山期花岗岩,主要由粗粒和中粗粒花岗岩与后侵入的浅成相花岗斑岩、花斑岩以及煌斑岩等岩脉组成,其构造特征为印支—燕山期构造运动形成的基本构造格架,构造运动走向为NW向。岩体完整性较好,属于硬质岩石。该地区地下水主要为大气降水补给,储水形式为第四纪地层潜水和基岩裂隙水,因为第四纪地层较浅,地下水贫乏。

自地表向下,岩石的风化情况依次划分为强风化带、中风化带、微风化至未风化带三个带。强风化带厚1~4.5m,平均在2m左右,岩石组织结构大都被破坏,上部用镐可掘,手捻成砂土状;中风化带厚0.5~6.7m,平均在2.2m左右,该带岩石组织结构部分被破坏,岩石完整性较好,不能用镐掘,锤击声脆;微风化至未风化带岩石组织结构基本未变,岩石坚硬不易击碎。表3-21给出了各带的物理力学指标。

表 3-21　　　　　　　　　　岩石物理力学性能指标

风化带 物理力学指标	强	中　等	微至未
容重（kN/m³）	21.7~24.8	25.13	25.36~25.62
弹性模量（MPa）	56.5~85.2	22080	31400~52380
泊松比			0.208~0.332
抗拉强度（MPa）		3.65	6.81~8.50
单轴抗压强度（MPa）	39.5~78.9	76.2~140.3	81.75~148.84
弹性波速比	0.23~0.65	0.64~0.88	>0.88
内摩擦角（°）		48.63	
内聚力（MPa）		15.45	
弹性抗力系数（MPa/cm）		187.63	260.02~393.24
变形模量（MPa）	14.6~47.34		
纵波速（m/s）	1200~2500	3000~4700	3000~7500
岩石坚固系数 f	2	3~6	6~10
容许承载力（kPa）	600~2500	3000~4000	>8000
围岩分类（铁路）		IV为主	V、VI为主
备　注		波动较大	

考虑到地面设施、工程结构、施工技术和工程造价等因素，确定隧道置于微风化带至未风化带岩体中，以后者为主，按铁路系统围岩分类在Ⅳ类围岩以上，相当一部分地段都处于Ⅴ类或Ⅵ类。

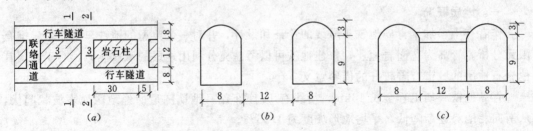

图 3-33　一个典型车站的平、剖面图（单位：m）

(a) 平面图；(b) 剖面 1—1；(c) 剖面 2—2

二、车站设计方案

图 3-33 给出了一个车站典型的平、剖面图，从图上可看出两侧行车通道中间由 5m 宽联络通道相连构成，岩石间壁底面积为 30m×12m，即每隔 30m 有一条联络通道连接两侧的行车通道的站台以便于乘客流通和换乘，这种布局相对于那种开挖一个跨度 28m 的敞开式大拱车站在受力上要优越多了，巨大的岩石间壁承担了上部传递的荷载而联络通道又保证了车站人流和换乘的需求。

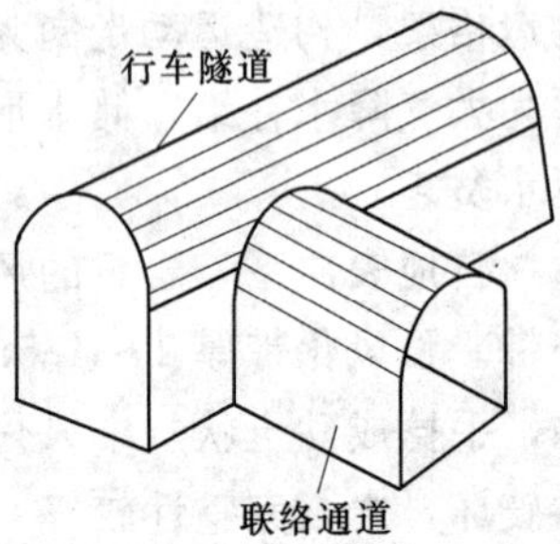

为了便于直观上审视，图 3-34 给出了一个行车隧道和联络通道的交叉局部透视图。

图 3-34　行车隧道与联络通道交叉局部透视示意图

三、模型简化与计算参数

计算的对象是由两个行车隧道和一系列联络通道组成的空间洞群。由于车站洞室很长，可从中截取一段有代表性的区域作为分析对象，考虑到洞室的对称性，如图 3-35 所示，被切去的 1/4 就是三维有限元分析的对象。三维有限元网格示于图 3-36。计算范围仍采用传统的人为截取的办法处理，以大约 2 倍洞宽的范围作为计算域，外边界用连杆支座约束，洞顶距地面 10m 即地铁埋深。

计算时岩石的力学参数按较低的Ⅳ类围岩的指标确定如下：

容重　　$\gamma = 24 \text{kN/m}^3$；

弹模　　$E = 1.5 \times 10^4 \text{MPa}$；

泊松比　$\mu = 0.25$；

单轴极限抗压强度　$\sigma = 110 \text{MPa}$。

荷载工况规定：不考虑构造运动产生的构造初应力，只将重力按体积力 P_γ 考虑，上边界（计算范围上边缘）作用的外荷载为

P_s——中风化带上表面以上的表土（包括微风化带的岩石）的重度，取平均厚度 4m，则 $P_s = 24 \times 4 = 96 \text{kN/m}^2$；

P_d——考虑四级防护的等效静载，为 300kN/m^2；

P_b——地面楼房荷载，取 P_b 为 60kN/m^2。

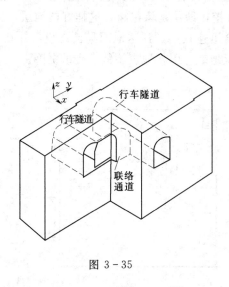

图 3-35

图 3-36 三维计算网格示意图

荷载组合如下：

(1) 和平时：$P_s + P_b + P_\gamma$；

(2) 战时：$P_s + P_d + P_\gamma$。

由于 $P_s + P_d > P_s + P_b$，故按最危险工况 $P_s + P_d + P_\gamma$ 计算。

四、计算结果分析与初步结论

按图 3-33 (a) 取典型剖面 1—1、剖面 2—2、剖面 3—3 计算结果加以分析。

(1) 图 3-37～图 3-39 分别给出了三个剖面处洞周变形图，其中所有位移均扣除了洞室开挖前已由自重形成的历史位移。洞室顶拱、直墙、底部均明显有向临空面法线方向不均匀移动的趋势，即截面有收缩之趋势，这是由于洞室开挖卸载，洞周表面应力释放的结果。其中较大的径向位移都发生在拱顶边墙中部及两洞室交界点处，洞底中心处稍有隆起。所有径向位移均随离开洞室的距离而减小，位移普遍不大。竖向位移最大值发生在拱

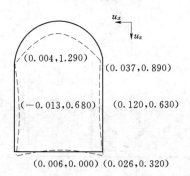

图 3-37 剖面 1—1 洞周变形图（单位：mm）
括号内的两个值分别为（u_x, u_z）

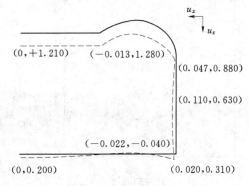

图 3-38 剖面 2—2 洞周变形图（单位：mm）
括号内的两个值分别为（u_x, u_z）

顶为 1.29mm，横向位移最大值发生在侧墙中部为 0.13mm（见图 3-37），其分布符合硬岩洞室变形一般规律。值得注意的是，侧墙中部不仅有 0.13mm 的内倾横向位移，还有 0.68mm 的向下的竖向位移，这说明地表以下开挖，即使是像花岗岩这样好的地层，也会引起向下的竖向位移，只是这个位移离开洞周会迅速减小，到达地面早已终止，并减至 0 值，但在土层中开挖，这个位移有时会一直传至地表，引发地表不能接受的沉降。

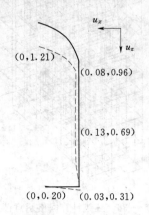

图 3-39　剖面 3—3 洞周变形图（单位：mm）
括号内的两个值分别为 (u_x, u_z)

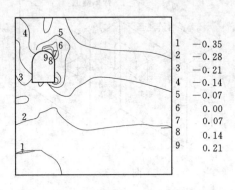

图 3-40　剖面 1—1 σ_{max} 应力
等值线图（单位：MPa）

（2）图 3-40～图 3-42 给出了不同剖面应力的等值线，右侧标示了各等值线的应力值（负号表示压应力）。其中图 3-40 和图 3-41 给出的是最大主应力 σ_{max}，而图 3-42 给出的是竖向应力 σ_z。可以看出洞室开挖后，洞周附近围岩压应力逐渐减小，并在洞周处下降为零，甚至会产生拉应力，这种应力集中现象，特别是在直墙顶部和拱脚处与初始应力场比较，应力集中系数为 2～3。最大拉应力为 0.21MPa，发生在拱脚（见图 3-40），行车隧道拱部和联络通道底板也出现了小范围的拉应力区，但拉应力都很小。虽然洞室转角部位出现应力集中，局部出现拉应力，但整个洞室围岩的应力分布是比较有规律的，应力普遍不大，不可能出现由拉应力引起的脆性破坏，因此车站洞室是整体稳定的。

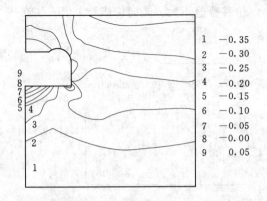

图 3-41　剖面 2—2 σ_{max} 应力
等值线图（单位：MPa）

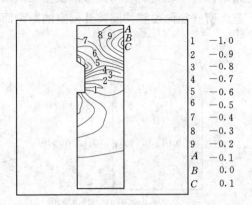

图 3-42　剖面 3—3 σ_z 应力
等值线图（单位：MPa）

(3) 由于联络隧道的影响，剖面 2—2 成为最危险断面。设计时，联络通道与行车隧道在拱部的搭接高度不宜超过拱高的 1/3。

(4) 通过本次三维有限元计算可以看出该工程区域岩石的自支承载能力是很强的，对于洞室跨度与高度接近的情况完全可以不做衬砌而充分发挥围岩的自稳定能力，施工过程中应尽量避免干扰原岩应力和损坏围岩原有强度。当然，从防止开挖造成围岩松动、调整应力和安全储备等角度考虑，必要并及时的支护构造处理（锚杆、喷混凝土等）仍是需要的。

(5) 空间洞群的三维有限元计算相当费时、费力，在满足工程精度的前提下和在一定数量的三维有限元计算的基础上，寻求为设计人员所需要和喜欢的简化计算方法（如降为二维处理等），是十分有现实意义的，文献［44］对这方面做了讨论。

第六节　钢筋混凝土抗裂

对于人流比较频繁的地下结构例如地铁车站，对裂缝的控制往往更为严格。因为它破坏了结构的自防水性能，特别是我国南方降雨量大的地区，地下水位高，地下水夜以继日地内渗，既影响观瞻，又影响地下空间的正常使用。所以减少和防止地下结构混凝土的开裂，特别是防止大的裂缝具有特别重要的意义。

一、裂缝是不可避免但可以尽量减轻的灾害

一般来说混凝土出现裂缝在采取一定的修补措施后通常不至于造成明显破坏，据美国公路研究部的一项调查，在美国和加拿大的所有公路路桥结构中，混凝土的收缩裂缝并不是影响结构耐久性的主要原因或唯一原因。

世界各国对混凝土都有一个允许裂缝宽度的限值，如对干燥环境下的允许裂缝宽度新西兰规范为 0.4mm；我国为 0.2～0.3mm。美国 ACI224 委员会规定的裂缝允许宽度为干燥空气中 0.4mm；潮湿空气或土中 0.3mm；有除冰盐作用时 0.175mm；受海水溅射、干湿交替时 0.15mm；挡水结构（不包括无压力管道）0.1mm。

裂缝是可以自行愈合的，其机理是硬化水泥浆体中的氢氧化钙可与周围空气或水分中的二氧化碳结合（碳化）生成碳酸钙，碳酸钙与氢氧化钙结晶沉淀并积聚于裂缝内，这些结晶相互交织，产生力学黏结效应，同时在相邻结晶、结晶与水泥浆体、结晶骨料表面之间还有化学黏结作用，结果使裂缝得到密封，但是过宽的或还在发展的裂缝特别是裂缝还有水在流动就很难自愈合了，一般认为宽度小于 0.15～0.20mm 的裂缝是可以自愈合的。

二、温差和约束是混凝土开裂的主要原因

混凝土水化过程要释放出相当可观的水化热，见下式：

硅酸盐水泥 ＋ 水 —→ 水化硅酸钙(CSH)＋氢氧化钙(CHO)＋水化热(500kJ/kg)

水化后除生成水化硅酸钙（CSH）和氢氧化钙（CHO）以外，每千克水泥还要释放 500kJ 的热量，热量导致混凝土的温升，在大体积混凝土内部可高达 80℃以上，这个温度总要降至环境温度才能稳定，于是在一段时间内，至少在验收以前混凝土结构大都存在两个温差：一个是混凝土结构本身内部与表面的温差；另一个是混凝土与环境的温差。温差是导致温度应力的根源，温差越大温度拉应力越大，一旦超过混凝土龄期强度那一时刻的极限拉应力混凝土就开裂了。这种由于温度升降引起的收缩称之为温度收缩，图 3-43 给出了施工阶段（验收前）混凝土结构收缩方块图。收缩的过程是一个包含多种因素的复杂的物理化学过程，几乎可以说混凝土的收缩是不可避免的。

这里需要说明的是只有收缩即自由收缩是不会引发开裂的，问题是几乎所有实际工程中的混凝土结构或构件都毫无例外地存在约束，约束限制混凝土收缩，因而产生收缩拉应力，这个拉应力达到或超过了混凝土凝结硬化过程那一时刻的极限拉应力就开裂了。

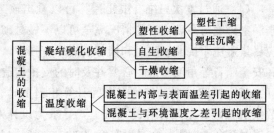

图 3-43　混凝土收缩类型方块图

混凝土凝结硬化过程的极限拉应力是一个变量，随着时间的推移这个量的变化趋于平缓直到稳定。一般人们认为达到 28 天龄期之后混凝土的极限抗拉强度约为抗压强度的 1/10，在凝结硬化过程当然还达不到 1/10。

图 3-44 给出了混凝土结构构件约束无处不在的方块图，可以看出除非不采用混凝土这种材料，只要采用就应该考虑并预防由于约束的存在限制收缩而产生的裂缝。

图 3-45 给出了验收前混凝土开裂的原因方块图，据此可以归纳出减少混凝土开裂的基本原则不外乎在各个环节减少收缩和约束，而引发收缩最严重的是温度收缩。

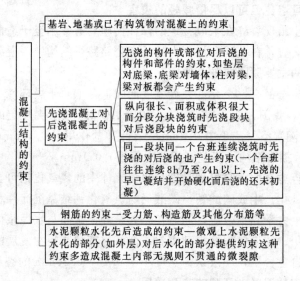

图 3-44　混凝土结构约束无处不在方块图

三、控制凝结硬化收缩裂缝的主要措施

由图 3-43 和图 3-44 可知控制收缩是防止开裂的一个重要环节，这里先讨论如何控制凝结硬化收缩产生的裂缝。

（一）配制低收缩量的混凝土

减少拌和水的用量对于减小收缩最为重要，其次是加大粗骨料的最大粒径和骨料含量，挑选刚度大的骨料品种。不论是哪种强度等级的混凝土，尽量减少水泥用量应作为配比设计的一个重要原则。

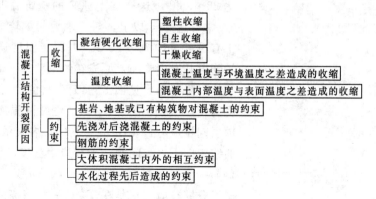

图 3-45　混凝土结构开裂的原因方块图

（二）降低混凝土的干燥速度，延缓表层水分损失

混凝土有显著的应力松弛特性，任何能够降低收缩速率的措施都对防裂有好处。正确的养护对于延缓混凝土收缩十分重要，尤其是早期头几个小时和浇筑当天的养护。模板外侧应保持湿润，木模宜浇水，钢模则可外铺保水的覆盖层，在保证混凝土达到一定强度的前提下，宜尽早松开模板，并将养护注入。拆除模板后，仍应该保证暴露的混凝土表面不受阳光和风的直接作用并使之潮湿。在达到规定的养护时间（至少 7 天，以 10 天为好）后，覆盖层仍应保留若干天（如 4 天）但不再浇水，使混凝土表面能缓慢干燥。对于地下隧道结构，在浇筑混凝土后，在隧道端部应加以封闭，尽可能防止干燥空气流入。

（三）采用补偿收缩混凝土和后浇带施工

混凝土中加入膨胀剂或应用膨胀水泥配制补偿收缩混凝土可以防止开裂。加入膨胀剂后，压应力的量级可达 0.2～0.7MPa。当混凝土干燥收缩时，原来的受压状态逐渐消除。一般膨胀剂只有在充足的水分条件下才能起反应，如果养护不合适，膨胀量就会不足。

对于较长的混凝土墙、板，采用分段间隔浇筑也有利于减少约束应力。较好的办法是在段与段之间留下 0.5～1m 宽的后浇带，每段长度约 30m，待已浇的混凝土已有相当程度的收缩以后（如一个月后），用膨胀混凝土填充后浇带。与后浇带同一概念的还有伸缩缝，差别是伸缩缝事后不再封堵，工程界用的很多，不再赘述。

四、对温度收缩裂缝的认识和分析

准确地说温度问题是伴随混凝土凝结硬化过程同时发生的，而且在混凝土硬化之后因温差引起的裂缝远未终止，甚至比早期硬化过程更甚。

（一）正确认识混凝土硬化过程的温度变化和应力变化

若混凝土浇筑后处于理想绝热情况，其内部温度变化过程和拉压状态大体如图 3-46 所示：图 3-46（a）为温度（T）-时间（t）曲线；图 3-46（b）为应力-时间曲线。图中 T_0 为浇筑温度，至时间 t_1，温度升至 T_1 时，混凝土硬化。此时如混凝土处于约束状态则在继续升温的过程中受压，见图 3-46（b），曲线在压应力一方。内部温度升至峰值 T_m 的时间 t_2 视水泥品种、浇筑温度，特别是构件的厚度、形状和散热条件而定。对于地下结构的墙、板构件，一般在浇筑后 1～2 天内部温度达到峰值，如墙板很厚超过 1～2m，则达到峰值温度时间在浇筑后 3～4 天。水化热引起的内部混凝土温升在较厚的墙板中可

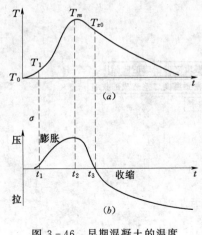

图 3-46 早期混凝土的温度
变化与应力变化

达 25～35℃，这样加上原来的浇筑温度，峰值温度 T_m 常可达 60℃ 以上，对于水泥用量较多的高强混凝土有时可超过 70～80℃。混凝土温度通过峰值后开始降温并发生收缩，原先在约束状态下形成的压应力很快下降至零，见图 3-46 (b) 的 t_3 点，此时的温度为 T_{Z0}，见图 3-46 (a)。继续降温冷却在混凝土内引起拉应力，在图 3-46 (b) 内表示为应力时间-曲线走向下方。问题在于零应力温度 T_{Z0} 的大小通常仍与峰值温度相近，见图 3-46 (a)，而混凝土中的温度收缩拉应力正是在 T_{Z0} 这一相当高的温度作为基准下冷却后产生的。零应力温度越高，冷却时的拉应力愈大，也愈容易开裂。混凝土内部温度冷却到接近周围气温的时间在几十厘米厚的墙板中可达 10～15 天。

混凝土的热膨胀系数一般在 $10 \times 10^{-6}/℃^{-1}$ 左右。从表面上看，如发生 10℃ 的温差，温度收缩应变达到 100×10^{-6}，这在弹性状态下引起的拉应力已足能使早期混凝土发生开裂。但是实践证明，结构温差达到 20～30℃ 时往往还不至于开裂，其原因是结构混凝土并没有受到完全的约束，以及早期混凝土具有较大的塑性变形和徐变能力所致。考虑徐变变形后，混凝土的计算弹性模量降低，例如早期混凝土的短期计算弹性模量若为 E，则长期作用下（如几月或 1 年）的计算弹性模量将降为 $E/4 \sim E/5$。

混凝土实际的升温过程和达到的峰值温度值以及随之而来的降温过程取决于许多因素，主要有环境大气温度，混凝土的入模温度，模板的类型（热学性能）及拆模时间，混凝土外露表面与其体积的比值，混凝土浇筑后的截面厚度，水泥类别与水泥用量，拆模后是否有隔温措施，以及养护方法等。

（二）温度控制分析

温度控制一般包括以下几个环节：①控制混凝土的浇筑温度 $T_0 \leqslant 25 \sim 30℃$；②控制混凝土浇筑后因水化热升温等原因达到的内部最高温度 $T_m = T_{max} \leqslant 55 \sim 80℃$；③控制混凝土体内的温度梯度，使表面温度与中心温度的最大温差 $\Delta T_1 \leqslant 15 \sim 25℃$；④控制混凝土表面温度与外界相连介质（大气、保温层或老混凝土、基岩等）之间的温差 $\Delta T_2 \leqslant 15 \sim 20℃$。这里所指的表面温度是混凝土表皮若干厘米内的混凝土表层温度。

1. 浇筑温度（T_0）的控制

美国标准规定浇筑温度应低于 32℃，

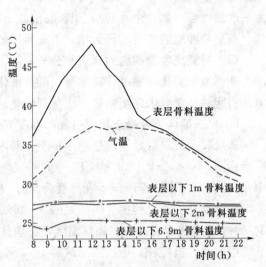

图 3-47 骨料堆受日气温变化温度过程线

日本建筑学会标准规定应低于35℃，但一般认为不宜超过30℃。德国等欧洲国家多规定混凝土拌制温度（不同于浇筑温度）不超过25℃。混凝土从拌制出料到浇筑，其间要经过运输、入模以及振捣等环节，加上水泥遇水后升温，如果混凝土原材料未经过特殊冷却处理，则浇筑温度一般可高出拌制温度5℃甚至更多。

为了控制浇筑温度，首先是要控制混凝土原材料的温度。骨料的温度受日照的影响很大，图3-47是葛洲坝工程施工中测得的骨料堆表层温度受日照的变化情况，在有日照的情况下，骨料的温度高于气温，加上水泥遇水后发热，拌料的温度可比气温高出5~7℃。气温的影响深度为1m左右。所以夏季的骨料应该遮阴堆放。热天使用风冷骨料或水冷骨料可使骨料温度降低约5~7℃，此外可用凉水或加冰作拌和水。根据原材料的温度可按下式计算混凝土拌制温度 T：

$$T = \frac{0.22(T_a W_a + T_c W_c) + T_w W_w + T_{ua} W_{ua}}{0.22(W_a + W_c) + W_w + W_{ua}}$$

如拌料中加冰，则为

$$T = \frac{0.22(T_a W_a + T_c W_c)}{0.22(W_a + W_c) + W_w + W_i + W_{un}} + \frac{(W_w + W_i)T_w + W_{ua}T_a - 79.6W_i}{0.22(W_a + W_c + W_w + W_i + W_{ua})}$$

式中　T_a、T_c、T_w、T_{ua}——分别为骨料、水泥、水和骨料所含自由水的温度；
　　　W_a、W_c、W_w、W_{ua}、W_i——分别为骨料、水泥、水、骨料自由水和冰的重量。

为减少新拌混凝土的温度回升，应尽量缩短输送时间和缩减转料次数，应边浇筑、边覆盖隔热被。在工作面现场采用凉棚并喷雾以降低工作面气温。

2. 内部最高温度（T_m）控制

重要工程在施工过程中应该进行温度监控测量，图3-48为江水河桥铁路箱梁（壁厚1.3m，高3m）浇筑后内部和表面混凝土测点温度的变化情况。由于采用高强混凝土，在气温为10~15℃的情况下混凝土内部最高温度达72℃。多数资料认为混凝土内部的最高温度不应超出70~75℃，否则将会降低混凝土的强度。

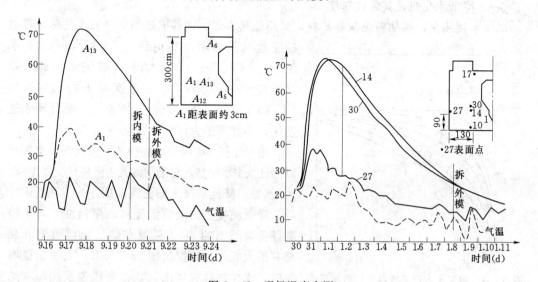

图 3-48　现场温度实测

降低最高温度的主要途径包括：① 降低浇筑温度；② 降低水化热释放值和释放速度，包括采用低热水泥，减少水泥用量和使用外加剂；③ 及时散热，减少水化热积聚，并通过合理的施工顺序和施工方法加以实现；④ 人工冷却，如在大体积混凝土内部埋入冷却水管降温。降低水化热及其释放速度是控制温升的关键。在绝热状态下，混凝土的温升 T_m 与水泥用量 W、水泥水化热量 Q、混凝土比热 C 及混凝土质量密度 ρ 有关，在绝热状态下满足 $T_m = WQ/C\rho$。由于散热，实际结构中所能达到的最高温度要低于这个计算值。

3. 温差（ΔT）控制

温差控制主要是限制混凝土中心温度与表面温度之差 ΔT_1 以及新浇混凝土与环境温度之差（ΔT_2）。由于温度和温度应力之间不存在线性关系，所以基于经验的温差控制在多数情况下，仍可作为一种简单的防范规则。事实上，如果沿截面的温度梯度与零应力温度梯度相等，则温度应力等于零，这时即使表面温度低于内部温度也不会开裂。零应力温度及其梯度主要决定于混凝土开始硬化时的温度，即浇筑后第一天的温度。如果混凝土表面初期时在较低的温度下硬化，其零应力温度较低，显然将对防裂有利。试验也证明，混凝土浇筑后初期（约 1 天内）保持表面冷却（如铺上吸水毯，通过蒸发降温）对防裂有效，而一旦混凝土的弹性模量已发展较高时，则必须防止继续冷却而转为保温。如果混凝土表面的零应力温度比中心高（如表面在阳光照射下开始硬化），即使表面温度与内部相近，也会导致开裂。

温差控制的具体量值在不同国家和不同资料中并不一致，但多数要求混凝土表面温度（或环境温度）与截面内部最高温度之差不大于 20℃，或表面温度与截面平均温度之差不超过 15℃。此外，在新浇混凝土与邻接混凝土之间的温差也要求小于 20℃。考虑到温度膨胀系数的差异，也有人认为 20℃ 的经验温差比较适用于膨胀系数偏大的卵石混凝土（约 $12 \times 10^{-6}/℃^{-1}$），如骨料为石灰石，其热膨胀系数低，则 20℃ 的限值偏于保守。

五、温度收缩裂缝的防治措施

（一）降低水化热及其释放速度

减少水泥用量，掺加粉煤灰等矿料，采用低热水泥，这些措施都能降低水化热。普通硅酸盐水泥的水化热值约为 380kJ/kg（425 水泥）和 460kJ/kg（525 水泥），矿渣水泥的水化热约低 40kJ/kg 左右，一般混凝土的比热约为 1kJ/kg·℃，早强水泥的发热量大，而且释放速度快，不宜用于大体积混凝土中。

用粉煤灰、矿渣等矿物掺和料取代部分水泥可以明显减少水化热，对早期混凝土防裂有重要作用。

（二）降低混凝土的浇筑温度

降低混凝土的浇筑温度（入模温度）对于提高硬化混凝土的 28 天强度和防止温度收缩开裂都有很大好处，宜控制在 18～25℃。入模温度增加时，水化热释放速度加快，升温速度加剧（见图 3-49）。混凝土温度过高造成的负面影响是多

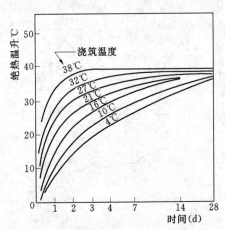

图 3-49 混凝土入模温度对大体积混凝土（水泥用量 223kg/m³）温升的影响

方面的：① 混凝土的用水量随之增加，否则不能满足原有的坍落度要求；② 坍落度损失加快，增加了工地现场加水的可能性；③ 凝结时间加长，导致输送、抹面、养护上的困难，并增加施工缝成为冷接缝的可能性；④ 使混凝土水分蒸发加快，塑性开裂的可能性增加；⑤ 含气量的控制趋于困难。

为降低混凝土拌制温度，首先要控制投料时的原材料温度。在混凝土各个组分中，水的比热为水泥和骨料的 5 倍，对混凝土温度的影响最大，而且水温也比骨料的温度容易控制和调节，所以工程上多首先采用冷水［见图 3-50（a）］或冰水［见图 3-50（b）］来降低混凝土的温度。以一般的混凝土配比（水泥 336kg，水 170kg，骨料 1850kg）为例，如果将水温降低 4℃，就可将混凝土温度降低 1℃，而若将 50% 的拌和水用冰取代，则单靠冰的融化（吸热 335J/g）就可将混凝土温度降低 11℃，而融化后的零度水还可继续将混凝土的温度再降低约 4℃。

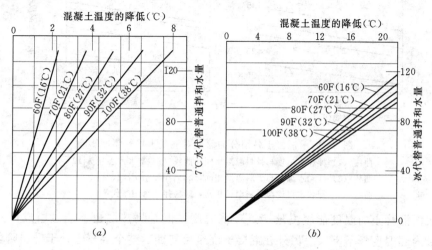

图 3-50　水温对混凝土拌料温度的影响
(a) 用 7℃凉水代替一般拌和水对混凝土拌料温度的作用；
(b) 用冰水代替一般拌和水对混凝土拌料温度的作用

骨料在混凝土配比中用量最大，因而降低骨料温度所带来的效果比较显著。骨料温度每降低 2℃，可将混凝土温度降下 1℃。水泥温度对拌料温度的影响相对较小，水泥的温度每降低 8℃才能使混凝土温度下降 1℃。图 3-51 给出了骨料温度分别为 32℃、27℃、21℃和 16℃时 4 种拌和水温度及 4 种水泥温度时的混凝土温度曲线，充分说明降低骨料和拌和水温度是最合算的。

为了降低混凝土的入模温度，还要尽量减少混凝土在输送过程中由于环境影响造成的温升，如将搅拌运输车的滚筒表面漆成白色可以减少阳光直射引起的温升。据测定，在夏天的 1h 输送过程中，白色滚筒中的混凝土温度可比红色滚筒低 1.4℃，比奶油色低 0.3℃。从搅拌到输送的时间间隔应尽量缩短，因为时间一长，水泥水化、温升、坍落度损失、骨料磨细作用以及含气量消失程度都会增加。

（三）控制散热过程并防止混凝土表面温度的骤然变化

为防止温度骤然变化，混凝土冷却时的降温速度不宜超过 0.5～1℃/h，否则就很有可能开裂。在表面设置隔热层，隔热层材料的热导率可在 3.6～0.5kgcal/m²/h℃ 之间选

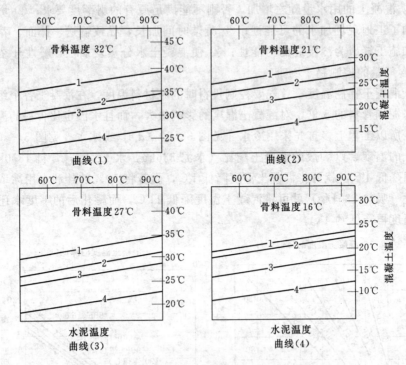

图 3-51　混凝土各组分的温度对混凝土拌料温度影响
曲线（1）拌和水温度与骨料温度相同；曲线（2）拌和水温度为 10℃；
曲线（3）拌和水温度与骨料温度相同，25%拌和水用冰代替；
曲线（4）拌和水温度与骨料温度相同，25%拌和水用冰代替

用。使表面混凝土的温度能缓慢地接近环境温度，但是隔热层也不能过厚或设置时间过长，导致内部温度降不下来。另外在混凝土浇筑后初期，整个混凝土处于升温阶段，这时表面混凝土可能受压，此时设置隔热层可能反而有害。

钢模的热传导系数远高于木模，钢模的散热量可高出木模（厚 20mm）20 倍。在模板选择上也要考虑这个特点因工程需要而定。

在浇筑大体积混凝土时，可采用分层浇筑的施工方法，待下一层混凝土的水化热基本释放后（如每隔 5~7 天）再浇筑上一层，同时控制每层混凝土的厚度不使热量过于积聚。

（四）改善混凝土的强度和热学性能

提高混凝土的抗拉性能和降低混凝土的热膨胀系数均有利于防止温度收缩开裂。混凝土的热膨胀系数约在 $(6.3~11.7)\times10^{-6}/℃^{-1}$ 的范围内，平均约为 $9\times10^{-6}/℃^{-1}$。10m 长的混凝土如温度变化 30℃ 约可收缩 3mm。热膨胀系数与不同骨料类型有关，用石灰岩时偏小，用砂岩时偏大。用石灰岩骨料的混凝土热膨胀系数约为 $7.5\times10^{-6}/℃^{-1}$。

（五）设置构造钢筋

在构件中配置构造钢筋可以控制裂缝的宽度并限制其发展，其实质是通过减少裂缝间距，使裂缝宽度能够控制在可以接受的范围内。同样的配筋率，采用较细的钢筋能对抗裂起到更好的作用。

我国习惯采用的用于控制收缩的钢筋配筋率在 0.2% 左右，美国 ACI 规范为 0.25%。

根据经济和适用性的折中考虑，认为 0.4％的配筋率（相应的钢筋屈服强度标准值为 420MPa）比较适当。图 3-52 引自日本土木学会大体积混凝土温度应力委员会提出的一份报告，图 3-52（a）表明了配筋率（p）与裂缝宽度的关系。可以看出配筋率 p 为 0.2％时裂缝宽度可以达到 0.4mm，而配筋率为 0.9％时则裂缝宽度可以控制在 0.2mm 以下，我国采用的配筋率 0.2％显然是偏小了，但配筋率达到 0.9％是否能为投资者所接受也是一个值得考虑的问题。图 3-52（b）则表明了钢筋应力与裂缝宽度无关，既然如此采用低应力钢筋更经济些。

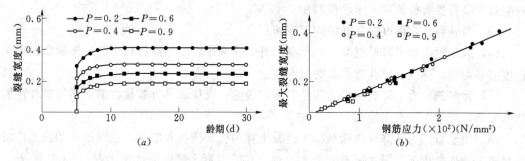

图 3-52　构造筋的配筋率（P）及钢筋应力对裂缝宽度的影响

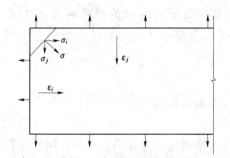

图 3-53　受约束混凝土板在温度收缩
的作用下开裂示意图

图 3-54　加温度构造筋后
开裂示意图

对于针对局部防裂设置的构造筋要注意钢筋的长度。例如地下室或地铁车站纵横墙面和顶（底）板相交的角点处先浇筑的墙面对后浇的顶板产生约束，造成 45°的收缩裂缝，见图 3-53。其中 σ_i，σ_j 分别代表纵横墙的约束拉力，其合成的主拉应力 σ 导致裂缝与墙面成 45°开裂。这个现象在广州一号线地铁车站顶板的裂缝中相当普遍（顶板分槽段施工横向约束主要来自先浇的槽段），传统的解决办法是在角点处铺设沿主拉应力方向的构造筋以使钢筋去承担拉应力而缓解混凝土的受拉，这固然不失为一种尚属有效的措施，但如果铺设不当，则不一定收到预期的效果。广州一号线杨箕车站就在角点处铺设了直径 ϕ15，长度 2～3m 不等的温度构造筋，见图 3-54，结果铺设钢筋的范围内裂缝减少且变得十分细小，而在构造筋外部却出现了一条更为粗大的、不能接受的裂缝，除非把构造筋铺的较密较长（有的工程甚至在保护层下皮铺设一个钢筋网），否则局部铺设构造筋很可能最终只是起了一个将裂缝转移及合并的作用，而合并后的裂缝更加不能接受。

六、裂缝控制要采取综合技术措施

（一）充分重视原材料选用及配合比设计

（1）胶凝材料。宜采用水化热较低的水泥，不宜采用早强水泥，以降低早期温升。每立方米混凝土中水泥用量不应过多，对于 C25 混凝土宜少于 300kg。为了降低混凝土的水化温度和改善混凝土拌和物的工作性能，应掺加适量的粉煤灰等掺和物，粉煤灰应符合Ⅱ级灰的要求，掺量为胶凝材料总量的 20%～25%。

（2）细骨料。宜采用级配良好的中、粗砂，细度模数大于 2.6。砂率过大容易收缩，砂率过少又容易离析泌水，建议控制在 40% 左右。

（3）粗骨料。宜用级配良好的碎石或卵石。

（4）减水剂。为了降低混凝土的早期温升，应采用缓凝型高效减水剂，掺量应根据工作度需要而定，并应注意其与水泥的相容性。

（5）膨胀剂。为了降低混凝土收缩引起的裂缝，宜掺加具有补偿收缩，增强抗裂性能的膨胀剂，掺量为水泥用量的 10% 左右。

（6）用水量。为了降低收缩和减少混凝土拌和物的离析和泌水，在保证拌和物工作度满足施工条件的情况下用水量不宜过大，对于 C25 混凝土建议取水灰比为 0.45 左右。

（二）做好温度控制

要求浇筑温度不大于 30℃，热天可放宽至 35℃；混凝土内部的最高温度不大于 65℃；混凝土内部与表面（或环境）温差不大于 20℃；混凝土表面与养护水的温差不大于 15℃。施工过程要进行测温监控。

（三）控制开裂的手段和措施

充分并合理利用控制缝、后浇带、滑动层、构造配筋等控制开裂的手段和措施。

（四）严格施工技术要求

（1）称重应严格按配比要求，注意砂子、石子含水率测定，并在用水量中扣除砂、石中的含水。严禁拌料出机后外加水。

计量允许误差，砂、石为 ±2%，其他为 ±1%。

（2）混凝土拌制应使用强制式搅拌机，砂＋石拌 5s 后，投入胶凝材料（水泥＋膨胀剂＋粉煤灰），加水及减水剂拌和 30～40s。

（3）搅拌车运到现场后，应快速搅拌 10s 并测定坍落度，如因堵车运输时间过长可再掺入一定量的外加剂，但一定要有技术人员计量加入，不能加水。

（4）浇筑与捣实。混凝土自由倾落高度不宜超过 2m，必须用振捣器垂直插入捣实，不得使用振捣棒，不得抛送以免离析，不得漏振和过振，振捣间距 40～50cm。

（5）支模。支模应牢固，变形小。钢模板用对拉锚固筋，切断时间应尽量短，否则混凝土易开裂。浇筑前用水湿润溜槽和模板。

拆模，侧墙宜在 2 天后拆模。

（6）养护。顶、底板蓄水养护，先浇筑的混凝土初凝后，立即覆盖湿麻袋养护，待混凝土全部初凝后蓄水养护 9 天，侧墙挂草帘或麻袋淋水养护，每隔 2～4h 淋一次水，养护时间应超过 1 周。

（五）设计和施工部门都要给予关注

在国外，设计和施工都隶属于一个公司，设计和施工是不分家的，而中国则不然，长期以来往往不自觉地把裂缝问题归咎于施工部门，这是不公平的也是不全面的，我们认为裂缝控制应是设计和施工单位共同考虑的问题。

根据我国目前的现状，在控制裂缝方面，设计单位至少应对下列问题予以考虑：

（1）降低约束。主要是采取构造措施，设置各种连接缝（伸缩缝、控制缝、后浇带和施工缝）以及在约束界面上设置滑动层或缓冲层等，并规定具体的构造细节。

（2）降低混凝土的收缩量与收缩差，包括干燥收缩和温差收缩。设计单位应该提出混凝土施工温度控制的具体规定以及混凝土施工养护和现场温度监控的基本要求。

（3）提高混凝土的抗裂性能。除规定构造配筋的数量和布置方法外，设计单位应在施工图或施工文件中提出对混凝土配比的具体要求，必要时在某些区段采用膨胀混凝土或纤维混凝土。

此外，设计单位应该对结构的温度场和收缩应力进行必要的估算，以确认所采取的裂缝控制措施是适宜的，并要求施工单位结合具体情况进行相应的验算。设计单位还应提出必需的试验内容，以确认所采用材料的抗裂性能是合乎要求的。

表 3－22 列出了设计方面对裂缝控制作的规定。

表 3－22

裂 缝 控 制 措 施	设 计 规 定
混凝土性能及配比	混凝土强度等级、最大水灰比、最高水泥用量、矿物掺料量 对膨胀混凝土：膨胀剂品种、掺量、限制膨胀率； 对纤维混凝土：纤维品种及掺量
伸缩缝、控制缝、施工缝、后浇带、滑动层等	施工详图及施工要求
构造配筋	施工详图
施工温度控制	混凝土浇筑温度、最高温度、内表温差、降温速率； 现场测温监控要求
施工养护	养护方法要求，包括早期养护及拆模后养护

第四章 地下工程几个特殊问题❶

第一节 地下工程设计计算上的特殊性和发展历程

一、困难和特殊性

（一）荷载不明确

地下工程与地上工程两者最主要的区别是所处的环境不同，亦即周围的介质不同。这种不同给地下工程的计算分析带来了一定的困难。首先是荷载不明确，浅埋明挖的还比较容易确定，深埋暗挖的则很难确定有多少荷载、呈什么形态作用在结构上，即主动荷载不明确。此外结构在主动荷载作用下产生变形，这个变形受周围岩土介质的约束和限制，这种约束和限制是以力的形式提供的，常称为抗力或约束抗力，这个力是被动荷载。无论是主动荷载还是被动荷载，不仅与结构本身的造型、刚度和工作状态有关而且与周围的岩土介质的特性有关，而岩土介质又是千差万别的，且不去仔细区分它的物理化学性质，仅由于软硬的不同就会产生不同的主动和被动荷载。探讨这种荷载的特性，一直是地下结构设计计算方法发展的动力之一。就被动荷载而言，目前工程上用的最普遍，数学上也比较容易处理的是把介质视为弹性体，抗力与变形成正比的温克尔假定，照此假定求得的抗力常称为"弹性抗力"，类似于弹性地基梁的地基反力。然而就是这种简单的处理方法，在地下工程中也远比一般计算地基梁地基反力要困难一些，原因是弹性地基梁的变形方向是明确的，大都垂直于地表，而埋设于岩土介质的地下工程，其变形的形态和方向大都是未知的。20世纪初叶，从事矿山开采和隧道建设的学者都曾针对不同的结构形式，根据实测结果分别假定它们的变形和抗力分布图，以期在地下结构设计中较好地反映被动荷载。

（二）岩土介质自承能力的估计及其与结构的共同作用

不做任何支护明挖之后再做结构的地下工程不存在也不考虑岩土介质与结构的共同作用问题，而对于暗挖施工的地下工程由于总是先成型然后再做结构，工程上亦称内衬，从成型到做好内衬，时间往往很长，这期间洞室的稳定是靠岩土介质的自承能力维持的，许多岩石洞室、黄土洞室开挖之后长期不进行支护乃至永久不予支护都是非常稳定的，这个现象告诉人们：①某些岩土介质在一定条件下具有很强的自承能力；②在地下工程兴建中要认识和利用这种能力；③要分析做好内衬之后岩土和内衬之间的作用机理以及岩土在多大程度上分担了内衬的受力。归纳起来就是如何估计岩土介质的自承能力及与结构的共同作用问题，这是一个极其复杂的课题，吸引了众多学者在这个领域里开展研究，至今长盛不衰。

---

❶ 本章内容参见文献［1~15，22~15，28~33，35~37，44，46，48~50，64~69，82~89，97~108，118~124，133~139］。

与此有关的还有一个自然延伸的问题，就是对于不具备自承能力的岩土介质能否通过人为的干预使其具备一定的自承能力。答案是肯定的，20世纪50年代以来广泛采用的锚喷支护、管棚注浆超前加固等就是针对这个问题兴起的技术并在地下工程建设中得到了广泛的应用，这种充分考虑岩土介质自承能力的设计方法与施工技术被称为"新奥法"。

　　（三）分析方法随施工方法而异

　　不同的施工方法，其计算分析方法也不同。浅埋明挖的地下结构，其分析方法与地上建筑的差别不大，而深埋暗挖者其受力状态更接近于在岩土介质中开孔时所遇到的问题，因而用开孔应力场的概念来分析似乎显得更贴切些。

　　地铁由于处于城市的地下，其环境条件复杂，地面、地表建筑、人流和管网等均给地铁建设尤其是车站的建设带来很大的困难。考虑上下乘客的方便，车站埋深不宜太大，在繁忙地段照顾路面交通又不宜明挖施工，这种情况下，盖挖施工常常是最好的选择。盖挖不同于明挖，也不同于一般意义上的暗挖，其计算分析方法也与两者有所差异。就是明挖也有一个开挖时的支护结构与随之后浇的内衬结构共同受力的问题，多年来在力学与结构界吸引了众多的学者从事这种共同作用的研究。

　　（四）地下水的存在

　　地下工程的环境条件，除了一般意义上的岩土介质以及由此引起的一系列困难，还有一个特点，就是地下水的存在，防水、防渗、防漏是必须考虑的。单是从结构分析的角度，就有侧向水压、抗浮以及渗流对地基的影响等问题，更不用说有些特殊功能的地下工程，如水封油气库就是靠周围的地下水来封存油气的，渗流场的分析尤其重要。另外，从使用功能的角度，建立一个满足人们正常活动的地下空间，防水历来是一个举足轻重的问题，其意义不亚于结构分析，理论上要解决不同岩土介质地下水的渗流规律，设计上要给出防水方案，选择防水材料，确定施工工艺。

　　现在已经有多种注浆手段、注浆材料、注浆机具、防水卷材、堵漏措施，防水已经成为地下工程中一个专门的行业，出现了一批专职的技术队伍和学术机构。

　　（五）围护结构的选型及其与内衬结构的共同作用

　　用于民用交通目的城市地下工程大都埋深较浅，暗挖有一定难度，明挖又受周围建筑及各种城市固有设施的影响，不能像在野外那样可以放大坡，因而常常要采用连续墙或护壁桩等作为开挖时的侧向挡土结构，称为围护结构。围护结构的形式与地质条件、人流状况以及施工队伍、施工机具有关，广州地铁一号线16个车站围护结构的类型就有6种之多，如表4-1所示。围护结构虽然首先是为了开挖的需要而设置的，但做好内衬之后又能与内衬共同承担外力，亦即与内衬共同作用，这种共同作用首先是两者各自承担总荷载的比例，其次是两者之间的传力方式。不同的围护结构和不同的内衬结构（包括两者的形式、材性和刚度等）及它们的相互连接方式是决定两者共同作用的主要因素，设计计算中应视不同情况选用不同模式，以使计算分析更符合实际。本书第三章图3-29～图3-32就是这方面的一些尝试。

　　（六）其他如偏压和上部建筑对地下工程形成的特殊荷载等也都属于地下工程特殊问题

　　二、设计计算方法的三个发展阶段

　　如上所述，长期以来人们努力探求结构与介质的共同作用以及介质自承能力的规律并尽可能充分地利用它。这种认识上的逐步深化，是构成设计计算方法沿革和发展的一个重大思想动力，而其他学科如计算机的问世，数值方法的发展又在客观上为地下结构分析计算方法的发展提供了强大的物质技术基础。

表 4-1 广州地铁围护结构类型表

围护结构形式		车 站 名 称	所占比例（%）
放坡开挖		广州东站、花地湾、芳村（37.8%）	17
连续墙复合结构		黄沙、长寿路、芳村（62.2%）、公园前（27.7%）	20.7
灌注桩组合结构	顺作法	东山口	55.2
	逆作法	农讲所	
人工挖孔桩组合结构		中山七路、烈士陵园、杨箕、体育西路、体育中心、公园前（72.3%）	
矩形人工挖孔桩		西门口	7.1

地下结构分析计算方法就其主线来说可以粗略地划分为以下三个发展阶段：

（一）结构力学方法

这种方法的基本思路是依照地面结构的计算方法，首先确定作用在结构上的荷载，然后再进行结构内力分析。因此，有的文献也把这种方法称为荷载结构法，浅埋明挖的地下结构荷载比较容易确定，困难的是埋于较深的地层内而且是暗挖成型的，这种荷载常称为地层压力。

1. 普氏与太沙基的受力分析

前苏联学者 M. M. 普罗托吉雅可诺夫于 1909 年出版了他的名著《岩层作用于矿井支架的压力》，创立了塌落拱理论（又称为压力拱理论，以下简称为普氏理论），首次提出了工程界普遍能够接受的地层压力的计算方法。

他引入"似摩系数 f"的概念，来反映地层介质中实际存在的黏结力。把软土、硬土（岩石，下同）等各种地层都视为具有不同的摩擦系数 f 的松散介质。f 的大小由介质的构造及坚固程度来确定，所以 f 亦称为地层坚固系数或称为普氏系数。普氏建议，对松散土及黏性土 $f=\tan\varphi$，对岩石 $\varphi=R/100$ 为介质的内摩擦角，R 为岩石极限抗压强度，kg/cm^2。对沙土及软弱土层 φ 值可从一般教科书上查到。

普氏认为洞室开挖后，在上方形成一个抛物线形状的压力拱圈，拱内的介质就是作用在衬砌上的地层压力，是开挖后要塌落的部分，称塌落拱。一些书上把压力拱与塌落拱混为一谈是不确切的，至少容易造成概念上的混乱。

1946 年，太沙基从土力学应力传递的概念出发，导出了作用在衬砌结构上的垂直压力的公式，理论上较普氏理论严密一些，当太沙基公式中的系数取某些特定值时（如令 $K=\tan\varphi=f$）则得出与普氏理论完全相同的结论，因而有的文献也把普氏理论看成是太沙基公式的一个特例。

2. 围岩分类法

围绕荷载的确定，后来许多学者都相继做了大量的工作，试图对上述两种方法予以简化和修正，力求使其更符合实际一些，采用的方法大抵都是将围岩进行分类，依据不同种类的围岩给出作用在衬砌结构上的垂直压力和水平压力的经验公式。如《中国铁路工程技术规范》(1975) 依据 100 多条铁路隧道、400 多个塌方资料给出了用于铁路系统的围岩分类表。建设部（当时称国家基本建设委员会），同期也制定了"人工岩石洞室围岩分类法"，水电部也在《水工隧洞设计规范》中规定了水电系统的围岩分类，各种围岩分类所提供的信息不仅给出了不同种类围岩的地层压力，还有一些别的可供地下结构设计者参考的资料数据，如支护形式、施工方法、结构措施等。正因为如此，自 1909 年普氏在他的塌落拱理论基础上首次给出了粗浅的围岩分类之后，近 90 年来，这种方法有了很大的发展，也越来越详尽和完善。迄今为止，国内外已有的围岩分类法不下几十种，而且有着众多的分支。工程界比较熟悉的有美国伊利诺伊大学狄尔（Deere）等人 1964 年所提出的 RQD（岩石质量指标）判别法，他认为岩体质量的好坏，可根据每米钻孔长度内 10cm 以上岩芯的累计长度所占的百分数来评价。1974 年，挪威岩土工程所（NorWegian Geotechnical Institute）的巴通（Barton），在狄尔等人工作的基础上，提出了一个反映围岩节理情况和应力状态的称为 NGI 的隧道质量指标。需要指出的是上述方法大都是针对硬土（即岩石）介质的。

3. 软土介质实测结果

早期人们把软土地层内结构上方的全部土柱和水柱（有地下水时）都视为作用在结构上的荷载，现在工程界普遍认为随着埋深的增加无论是土压还是水压都较理论值（土柱或水柱高）为小。我国煤矿系统的实测与研究表明：① 土压力并不像理论值所表述的压力与深度成线性关系，而是呈指数函数或幂函数的关系，见图 4-1；② 不同的地质条件均存在一个极限深度 H_c，埋深超过该值后，土压力几乎不再增加，图 4-2 给出了按两种函数关系算得的土压力分布曲线，极限深度 60～80m 左右，H_c 对于竖井来说可取为竖井半径 R_0 的函数，即 $H_c = (20～25) R_0$；③ 在含水砂土层中，地压值中占主要比重的是静水压力，约占 85%，表 4-2 给出了煤矿竖井的实测结果，同样的结论在日本的三池煤田及上海的隧道工程测试中均得到证实；④ 深埋竖井实际水压大约为理论水压的 80%～90%，其折减系数为 $\eta = 0.8～0.9$。表 4-3 给出了几个煤矿竖井的实测结果。由表 4-2 和表 4-3 可以看出一个规律，即随着深度的增加土压有较大的折减而水压折减不大，不会超过 20%，当埋深较浅时水压基本不折减。

表 4-2 实测水压及地压值

井　别	红阳一井副井	某煤矿副井	兴隆庄主井
土层性质	粗砂	砂	砂砾
深度 H (m)	61	88	118
测点至静水位高 H_w (m)	57	84	115
全水柱理论水压 P_w (t/m²)	57	84	115
实测水压值 P'_w (t/m²)	46	75	96
水压折减系数 $\varphi = P_w / P'_w$	0.81	0.89	0.84

井　别		红阳一井副井	某煤矿副井	兴隆庄主井
实测地压值（t/m²）		53	81	104
土压力	t/m²	7	6	8
所占比重	%	13.2	7.4	7.7

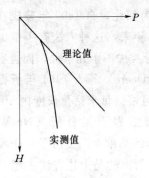

图 4-1　土压力随深度的变化

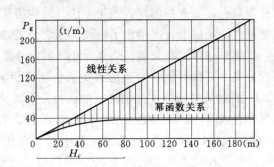

图 4-2　土压力分布曲线

表 4-3　　　　　　　　　　　　水压实测结果综合表

序号	1		2	3	4
井筒名称	红阳一井副井		兴隆庄主井	日本有明立井等	上海隧道等
土层性质	粗砂	砂砾	砂砾	砂、砂质黏土	淤泥质黏性土
折减系数	0.81	0.89	0.84	0.8～0.9	0.8～0.9

　　荷载确定之后就要做内力分析了，分析方法基本上是结构力学的超静定分析，这种分析大都比较复杂，一个重要的原因为在主动荷载的作用下结构变形，岩土介质又阻止这种变形而产生弹性抗力，这是一种被动荷载，其大小和规律与变形状态及介质的物性关系密切有关，其困难不仅是计算上的繁杂还有一个对岩土介质本构关系难以准确表述的问题。

　　（二）弹塑性力学方法

　　该法亦称地层结构法。大量地下工程实践证明，地层本身有天然的承载能力，开挖以后长期不进行支护乃至永久不予支护都是非常稳定的。这个现象，用弹性半无限介质中开孔问题来分析也许容易说得明白些，或许这个名称的由来也与此有关。文献［1～5］以及一般弹塑性力学教科书上均对这个问题有不同程度的讨论，这里不再叙述。需要说明的是按弹性力学方法来分析地下结构较之结构力学方法是更进一步了，但由于地层并不是典型的弹塑性体，更不是单纯的弹性体，也不是连续体，而是被很多节理裂隙所切割，为了解决这个问题，许多学者对岩土介质的本构关系进行了研究，并取得了很好的成绩。

　　开挖引起地层原始应力场的再分布，其分析方法现在已很多了，目前用得最普遍的还是有限单元法（包括边界元等一系列离散计算数学方法），这种方法可以处理很多复杂的岩土力学和工程问题。不仅可以求出不同形状的洞室弹性状态下的围岩应力场和位移场，还可反映围岩介质的非线性性能、节理裂隙、地下水渗流以及衬砌与地层的相互作用等问题。边界单元法也是求解洞室围岩应力场很有效的数值计算方法，而且较有限元法对洞室周边的计算结果更为精确，在原始数据准备等方面又表现出了更为简洁的优点，缺点为对各类问题的适应性和灵活性比较差。近年来，不少研究者致力于有限元—边界元相耦合方法，使两者互为补充，取长补短。

弹塑性力学方法获得发展的重要原因之一是在一定程度上可以判别地层本身的承载能力，在承载力欠缺时又期望通过某种加固使其发挥结构作用，20世纪50年代兴起的锚喷支护就是这种期望的一种体现。对开挖的洞室不做钢筋混凝土衬砌，而直接在毛洞围岩上打入锚杆、喷射混凝土或两者联合使用，以加固开挖后的洞周围岩，提高围岩的自承能力。

（三）收敛反馈分析法

新奥法的实践，促进了收敛反馈法（Convergence – Confinement Menthod，CCM）的诞生与发展。其基本思想是认为地层具有一定的自承能力，在地层十分良好的地段，不予任何支护。地层差些的地段，则采用一定的方法如锚喷支护对围岩予以加固，并与围岩一起保持洞室的稳定。这就要求对围岩变位及受力情况建立一种监控手段，并及时将监控结果反馈给设计和施工人员，以便调整和改进设计方案、施工方法和支护手段。图4-3示意性地描述了这种收敛反馈设计理论的方法和步骤，经过"反馈"进行的再设计，它提出的支护形式应该是与地层变形一致而可以达到收敛的，当然有可能要循环几次。

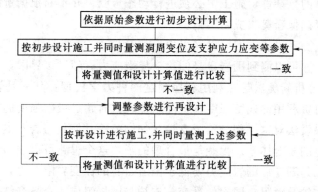

图 4-3

这里所论及的内容远不能完全代表地下结构设计中碰到的全部问题，更不能认为早期建立起来的经典结构力学方法过时了。恰恰相反，这种方法以它明确的设计思路和工程界比较熟悉的特点，有着强大的生命力。迄今为止，仍然是地下结构分析中使用最普遍的方法，随着计算机的引入和各种岩土介质本构关系研究的深化，这种方法无论就其反映实际情况的程度还是计算工作量的简化上都有了长足的发展。

第二节 新奥法与光面爆破

一、新奥法

新奥法（New Austrian Tunnelling Method – NATM）作为一种先进的修筑技术是奥地利专家 L. V. Rabcewicz（L. V. 拉勃斯维兹）教授 1948 年提出并于 1963 年正式命名注册专利的，其基本思路是在保证安全的前提下最大限度地利用围岩自身的承载能力以降低人工构筑的成本，是一项集设计施工并通过量测不断修正施工方法的完整的技术，有人把它视为是一次在岩石中修筑地下工程的革命。

在 L. V. Rabcewicz 教授之后经过众多学者和工程师多年的研究和工程实践，我们可以对新奥法做如下的概括：

（1）新奥法把围岩作为承载的基本部分，人工支护是为了与围岩共同形成一个自身稳定的承载圈或承载体，因此，掘进方法应尽量减少破坏或不破坏岩体的强度及整体性以保护围岩自身的承载能力，如矿山法施工则必须采用光面爆破，否则应采用掘进机钻进。

（2）人工施作的支护既要适应围岩的变形又要防止围岩松动塌落，因此支护的刚度要适度并要控制支护时间，许多资料都倡导柔性支护以给围岩提供一个合理变形的空间。支护时间往往更为敏感，早了，围岩允许的合理变形尚未完成，支护负载过大，容易发生超出柔性支护所允许的变位而塌落，晚了，一旦围岩变形过大产生松动，不待支护就塌毁。所以给围岩一个允许合理变形的时间是选择支护时机的关键，这个时机因岩体而异，一般来说完整性强且具有一定塑性的岩体支护可晚些，反之则应强调及时支护。

（3）迄今为止，人们普遍认为发挥围岩自身承载能力最好的支护手段为锚杆和喷射混凝土，当然需要时也不排除二次衬砌。

（4）由于岩体的复杂性，施工中必须进行动态量测，并不断根据量测数据调整施工方法和支护参数，以确保新奥法成功实施。

（5）现代的量测手段使人们可以测出岩石的全应力-应变曲线，可以大致判定曲线下降段的残留强度，亦可以测到围岩自身的徐变界限应力（超过该界限，岩石即迅速变形而破坏），从力学上分析新奥法是在利用和控制这两种力学机理：其一是岩石在超过强度极限之后还有一段可资利用的残留强度，实际岩体开挖时超过极限强度的部分大都在紧挨临空面的区域，如果设法对这一部分给予支护（如锚喷等）使其与岩石本身的残留强度共同作用形成一个稳定的复合体系，无疑是最合理的了，这个思路可以视为是新奥法产生的理性思维之一。其二是开挖后围岩应力要低于围岩自身的徐变界限应力，一旦高于这个应力就必须迅速给予支护及时阻止围岩的徐变，支护与围岩组成一个复合结构，这个新的结构体有一个高于围岩自身的徐变界限应力而使徐变稳定下来，新奥法在软岩中施工大都强调及时支护，其理论基础概出于此。

二、光面爆破[6,8,153]

（一）光面爆破的力学机理

采用爆破暗挖的地下工程，新奥法施工首先要求的就是光面爆破。

如图 4-4 所示取 40cm×40cm×40cm 的花岗岩方块，中间打孔，孔深 12cm、直径 3.5cm，孔内密实装药，引爆后破坏大都如图 4-4（b）所示成无规则开裂。如在装药孔的两侧再各打一孔，见图 4-5，爆破后产生劈裂现象，岩块沿孔口方面被规则地劈成两半，见图 4-5（b）。显然两侧的孔对爆破在岩石内产生的应力起了有效的组织引导作用或者说对爆破应力波的传播起了一定的干扰和引导作用，这两个孔常称为引导孔。如果我们在装药孔内改变装药方式将炸药做成长方形，两侧孔隙用水泥砂浆填满，见图 4-6，即使不在两侧打引导孔，爆破后仍能产生规则的劈成两半的现象，见图 4-6（b）。可见炸药的形状及密实度对爆破的效果也很重要。

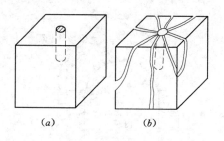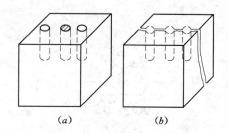

图 4-4   图 4-5

炮孔与装药直径的不一致称为不耦合,我们把炮孔直径 D 和炸药直径 d (如药卷呈非圆形可用面积等效换算成圆形)的比值 D/d 定义为不耦合系数。试验证明不耦合系数越大炮孔内壁上的最大切向应力越小,小的切向力可以缓解甚至避免产生垂直于孔壁的随机爆破裂纹,使应力沿引导孔方向集中以达到光爆效应。

引导孔的作用用波的传播解释最为浅显易懂,以纵波为例,如图 4-7 所示,装药孔起爆,应力波(或称为爆炸波)在岩石内以压力波的形式一疏一密地向外传播,在碰到空孔之后,波有一个从密实介质向空气中传播反射的过程,压力波立即变成拉伸波,引导孔边 a 点的应力产生同向叠加,该点的岩石有被拉向引导孔形成的临空面的趋势。由于沿 $O_1 O_2$ 线上的应力都出现这种同向叠加现象,导致有引导孔的方向岩石要呈现一种左推(来自 O_1 孔的压缩波)右拉(来自引导孔 O_2 的拉伸波)的位移倾向,破坏自然首先发生在这一方向上。

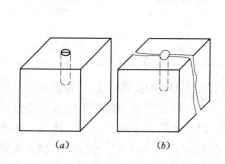

图 4-6

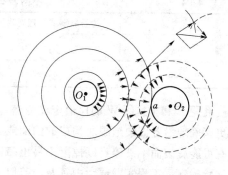

图 4-7　引导孔的力学效应

O_1—爆炸孔;O_2—引导孔

注意:实际工程中对周边层的爆破大都不设引导孔,以期取得更好的劈裂效应。如图 4-8 所示,取两个相邻的周边孔,孔距为 E,两孔均装药,炸药同时起爆,就每个孔而论其压缩应力波向炮孔周围呈球形(平面波则呈圆形)均匀传播,其主应力方向垂直于波阵面,可以看出在两孔之间应力波叠加,在波阵面相交的点应力都按力的合成的规律得到一个合力,其方向以孔的中线 $O_1 O_2$ 分界,上面的指向岩体内部,下面的指向临空面,正好形成一组垂直于 $O_1 O_2$ 线产生光滑的合拉力,另外在 $O_1 O_2$ 线上的交点,其应力波同样有叠加效应,造成 $O_1 O_2$ 线的劈裂效应,于是沿 $O_1 O_2$ 线就产生光滑的劈裂了。

(二)光爆参数的选择

光爆参数主要有炮孔间距、抵抗线、炮孔深度、炸药及装药结构、不耦合系数等,在

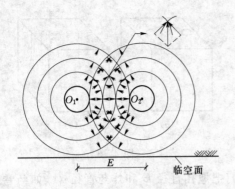 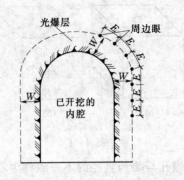

图 4-8 周边孔爆破的劈裂效应　　　　　图 4-9 光爆层 W 和周边眼距 E

光爆设计时这些参数要针对具体工程优化组合。

1. 孔距 E 和抵抗线 W

如图 4-9 所示，在开挖至光爆层时有两个尺度（E 和 W）需要确定，周边眼的孔距 E 是沿劈裂面炮眼的中心距，抵抗线 W 是劈裂面离开临空面的距离即光面层（亦称光爆层）的厚度，一般孔距 E 要小于或等于抵抗线，以使相邻两孔产生的应力波相遇之后再达到抵抗线的边缘以取得更好的爆破效果，需要注意的是，这仅是一般意义上的考虑，在实际工程中这种考虑对软岩是正确的，而对硬岩，根据试验结果则正相反。表 4-4 给出了可供选择的参考数据。

表 4-4　　　　　　　　　　　　不同岩石 E、W 的选用值

岩石类别	岩石软弱或节理裂隙较多	中等硬度岩石	岩石坚硬完整
E（mm）	300~400	400~500	450~600
W（mm）	450~700	350~600	300~500

孔距 E 和抵抗线 W 的比值定义为密集系数 N，即 $N=E/W$，理论上 N 值愈小，岩石就能更精确地沿各周边炮眼所构成的曲面或平面爆裂开，这样对围岩的破坏小但不经济且光面层有可能震裂而不破碎难以掉落不易出碴，所以对不同的工程，不同的地质条件，N 值要经过试验确定。工程实践认为中等及中等以下的岩石多取 $N=0.6~1.2$，坚硬完整岩体则可取 $N=0.8~1.2$。有人还把孔距 E 和炮孔直径 D 的比值做为一个参考值，在日本《新奥法设计施工细则》中推荐取 $E/D=15$。我国实践有人推荐取 $E/D=8~15$，这些关系用于选择 E 和 W 时均可参考，并通过试验给予调整。我国位于山西宁武境内的朔黄铁路长梁山隧道，在软弱围岩内用密集系数 N 作为依据经试验选用的参数是 $N=E/W=1.0~1.5$。

2. 炮孔深度 L

炮孔越浅爆生气体从孔口处释放量越大，既浪费炸药对围岩稳定也不利，一般情况下炮孔深度不宜于小于 1.2m，表 4-5 给出了三种孔深的大致界限。

表 4-5　　　三种孔深的大致限界　　单位：m

浅孔爆破	中深孔爆破	深孔爆破
$1.2 \leqslant L \leqslant 1.8$	$1.8 \leqslant L \leqslant 2.5$	$L \geqslant 2.5$

3. 不耦合系数

实际工程中实现不耦合只要做到炮孔直

径（D）大于药卷直径（d）即可，我国普通硝铵炸药药卷直径为 32～35mm，直接放大炮孔直径或将药卷改为小直径药卷（20～22mm），均可达到不耦合的目的。我国常用的不耦合系数为 $D/d=1.5～2.0$。

4. 炸药及装药结构

（1）炸药。炸药宜选择爆速低、温度低、密度低、稳定性强的低级或低中级炸药亦称低猛度炸药，我国符合这些标准的炸药有硝铵类炸药，胶质类炸药，也有专门配制的光爆炸药，见表 4-6。

表 4-6　　　　　　　　　　　光面爆破专用炸药

序号	炸药名称	药卷规格直径×长度（mm×mm）	爆　速（m/s）	密　度（g/cm³）	线装药密度（kg/m）
1	1号岩石硝铵	20×（200～600）	2900～3200	0.85～1.05	0.35
2	2号岩石硝铵	20×（200～600）	2600～3000	0.85～1.05	0.35
3	2号岩石硝铵	25×（200～250）	3000～3200	0.85～1.05	0.50
4	低爆速炸药	20×200	1800		
5	2号煤矿水胶炸药	25×500	3650		
6	T-1水胶炸药	25×1250	5800		
7	35号中威力硝铵	35×500	3400		
8	37号高威力硝铵	35×500	4250		
9	40%难冻硝铵	切成 1/2 或 1/4 纵向药条，用导爆索串状装药			
10	2号岩石硝铵炸药	标准药卷 0.5～1.0 卷，空气柱间隔装药或串状装药			
11	导爆索束	用单根、两根、三根导爆索束，或眼底加入少量小直径硝铵炸药，在含沼气矿中用煤矿导爆索			
12	浆状炸药	高灵敏度，小直径品种			

（2）装药结构。与装药结构有关的器材除炸药之外尚有：① 导火索，用于传导火焰引爆雷管，燃烧速度较慢，约 1～1.25cm/s，水中亦可燃并传导火焰；② 雷管，用于起爆导爆索或炸药的，大都靠导火索引爆；③ 导爆索，用于传爆炸药，大都靠雷管引爆，一个雷管可以起爆 1～6 根导爆索，引爆后以 6500m/s 爆速传爆炸药。其自身亦可做爆炸源代替炸药，在弱爆中用得较多，安定性较好，明火不能引爆；④ 导爆管，是比较先进的非电导爆系统必用的一种线材，常用塑料做成管状，内装传爆药物，传爆速度为 1000～2000m/s，本身无爆炸危险性，使用时一端伸入孔内与雷管相连，另一端在孔外与引爆雷管相连，由于一个引爆雷管最多可引爆 48 根导爆管，所以使用时常呈图 4-10 所示的连接方式。

装药结构有细长管装药、小管装药、空气间隔装药以及普通药卷装药，图 4-11～图 4-13 提供了一些不同的装药结构可以参考。

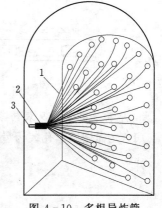

图 4-10　多根导炸管
共同引爆的连接
1—导爆管；2—引爆雷管；
3—引爆导火索

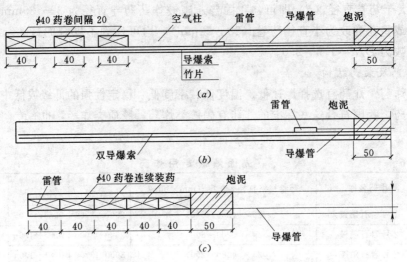

图 4-11　Ⅲ类层状围岩装药结构（单位：长度 cm，药卷直径 mm）

(a) 周边眼用于厚层状围岩间隔装药结构；(b) 周边眼用于薄层状围岩双导爆索装药；

(c) 内圈眼连续装药结构

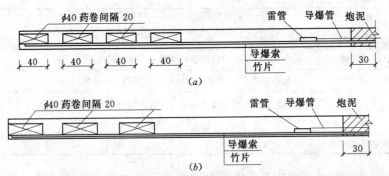

图 4-12　Ⅳ类围岩周边眼不同部位的装药结构（单位：长度 cm，药卷直径 mm）

(a) 拱腰部位周边眼装药结构；(b) 一般周边眼装药结构

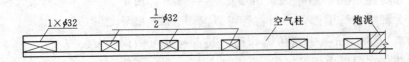

图 4-13　花岗岩体内周边眼的装药结构[152]

5. 单孔装药量 q 及装药集中度 l

(1) 光面爆破单孔装药量 q 基本计算公式为

$$q = \frac{[(E+W)L + EW]R_t}{ZK} \tag{4-1}$$

其中

$$K = \sqrt[3]{d/D}$$

式中　E、W、L——分别为周边炮眼距、抵抗线和炮孔深，mm；

　　　　R_t——岩石抗拉强度，N/mm²，一般沉积岩、变质岩等较软的岩石抗拉强度为抗压强度的 1/14～1/17，而岩浆岩及较硬的沉积岩则取为 1/35；

K——不耦合影响值；

Z——千克炸药产生的（压）力，N/kg；

d、D——分别为药卷直径和炮孔直径，mm。

长期工程实践人们总结出计算装药量的实用经验公式为

$$q = 10(E + W)L \sqrt{R_c} \qquad (4-2)$$

式中　R_c——岩石抗压强度，MPa。

其余符号的意义与式（4-1）相同，只是长度单位为 m，计算出的装药量的单位为 g。

（2）装药集中度 l 又称为线装药密度是指单位长度的装药量（g/m 或 kg/m）即

$$l = \frac{q}{L} \qquad (4-3)$$

l 是一个工程上常用的爆破参数，视岩体的坚硬程度而定。

为了便于读者选择，表4-7根据不同围岩条件归纳了一些常用的光爆参数。

表4-7　　　　　　　　　常用光面爆破参数

围岩条件	巷道洞室宽度（m）		周 边 眼 爆 破 参 数				
			孔径（mm）	孔间距（mm）	光面层厚度（mm）	密集系数（m）	线装药密度（kg/m）
稳定性好的中硬和坚硬岩石	拱部	<5	35～45	600～700	500～700	1.0～1.1	0.20～0.30
		>5	35～45	700～800	700～900	0.9～1.0	0.20～0.25
	侧墙		35～45	600～700	600～700	0.9～1.0	0.20～0.25
稳定性一般的中硬和坚硬岩石	拱部	<5	35～45	600～700	600～800	0.9～1.0	0.20～0.25
		>5	35～45	700～800	800～1000	0.8～0.9	0.15～0.20
	侧墙		35～45	600～700	700～800	0.8～0.9	0.20～0.25
稳定性差裂缝发育的松软岩石	拱部	<5	35～45	400～600	700～900	0.6～0.8	0.12～0.18
		>5	35～45	500～700	800～1000	0.5～0.7	0.12～0.18
	侧墙		35～45	500～700	700～900	0.7～0.8	0.15～0.20

第三节　地下工程防水

一、地下水的存在形态

防水对地下工程来说，是非常重要的。这是因为地下水渗入结构内部，不但影响使用，而且会使混凝土溶蚀、钢筋生锈，直接危及地下工程的安全。

地下水存在形态广义讲有六种，分别为气态水、吸着水、薄膜水、毛细管水、重力水以及固态水（冰），这六种水对地下工程防水而言真正有意义也是最重要的为重力水。重力水按埋藏条件又分三大类。

（一）上层滞水

上层滞水是季节性存在于局部隔水层之上的重力水。大气降水或地表水向地下渗透

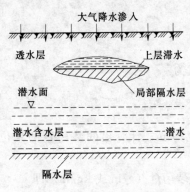

图 4-14 上层滞水及潜水

过程，因受到局部隔水层的阻挡而滞留并聚集在该隔水层之上，见图 4-14。滞水具有一定的自由水面和水头，当然也不能产生水压。上层滞水主要靠大气降水和地表水下渗直接补给，因而滞水量受季节变化影响较大。

应该指出的是，上面所说的隔水层，是一个相对的概念，并非绝对不透水（在天然地壳中一般也没有绝对隔水的地质构造）。比如，在渗透性很小的黏土层中（$K<0.001\text{m}/昼夜$）夹有一层亚砂土（$K=0.1\sim0.5\text{m}/昼夜$），相对来说，亚砂土即为透水层，而黏土即为隔水层。但若是在透水性良好的粗砂层中（$K=20\sim50\text{m}/昼夜$）夹有一层亚砂土，该处的亚砂土层即可看作是相对的隔水层。不但如此，就是在人工回填的土层中，由于回填材料不同、夯实程度不同，也会出现相对的隔水层。

（二）潜水

潜水是埋藏于地下第一稳定隔水层之上具有自由表面的重力水。其自由表面称之为潜水面。地表距潜水面的垂直距离，称为潜水的埋深。潜水面任一点距基准面的绝对标高称为地下水位，见图 4-14。

潜水在重力作用下，可以由高水位流向低水位。当其向集水构筑物流动时，水位逐渐下降，并形成降落曲线，中间出现无重力水的漏斗形成疏干区（简称疏干漏斗区），见图 4-15。

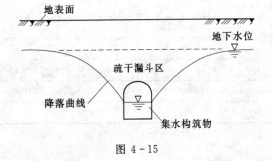

图 4-15   图 4-16 承压水埋藏示意图

（三）承压水

承压水是充满上下两个稳定隔水层之间的含水层中的重力水，见图 4-16。这种水多出现在盆地或临近高原的冲积平原带，前者为济南，后者为北京。北京北部承德、张家口等高原地区大气降水渗入地下，在北京地区的两个隔水层之间形成了一股压力颇大的承压水。新中国成立初期，海淀一带钻孔经常喷出一股水柱（常称为自流井），水柱的高度就是当地的承压水头。近年来，由于地下水的大量开采，这个现象早已不复存在，这不能不说是一种严重的水土破坏。

承压水没有自由水面，水体承受一定的静水压力。

二、地下工程防水

由于地下工程所处位置不同，所遇地下水的类型不同，因而防水要求也各不相同。一般来说，地下工程的主要防水作法有以下几种：

（一）隔水法

隔水法是利用不透水材料或弱透水材料，将地下水（包括无压水、承压水以及毛细管水等）与结构隔开，起到防水防潮作用，见图 4-17 和图 4-18。其防水层的主要类型有卷材防水层、涂料防水层以及金属板防水层等。

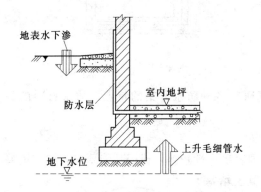

图 4-17 地下水位以上的工程防水

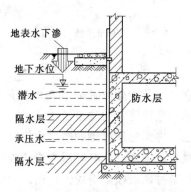

图 4-18 地下水位以下的工程防水

（二）结构自防水法

结构自防水法是利用结构本身的密实性、憎水性以及刚度提高结构本身的抗渗性能，平常也称刚性防水，见图 4-19。其防水材料主要有防水混凝土和防水砂浆等。

（三）注浆止水法

洞室周围的土体或岩石中存在很多的孔隙，渗透系数 K 值较大。通过压力注浆（包括水泥注浆、化学注浆等），堵塞了土体中的可灌性孔隙，从而大大减少了工程周围土体的渗透系数，也就减少了毛洞的渗水量，借以达到防水目的。

关于灌浆防渗的资料很多。例如法国的罗斯兰—拉巴特（Roselend Labathie）隧道，原始渗透系数为 12×10^{-6} cm/s，经过灌浆处理后，渗透系数为 8.9×10^{-7} cm/s，洞内渗水量大大减少。

注浆法适用于地下水位以下的地下工程，可与疏水法配合使用。

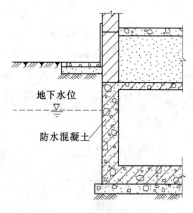

图 4-19 刚性防水

（四）疏水法

疏水法是在地下工程外侧设置集水管沟或夹层，用人工降低地下水位或排水的方法，使洞室处于疏干漏斗区内，以消除地下水对工程的影响，见图 4-20 和图 4-21。

（五）综合法

为了提高地下工程防水的可靠性，有时在同一工程中既采用疏水法又辅之以其他防水措施，这种方案称之为综合法，见图 4-22。

上面只是简略地介绍了几种类型的防水方案。在具体工程设计时，必须根据工程的防

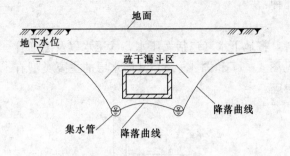

图 4-20　人工降水法

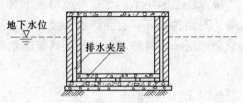

图 4-21　夹层排水法

水要求，以及所处位置的水文地质条件，认真研究各种防水方案的特点，防水材料的性能，选择经济可靠的防水做法。

三、岩洞贴壁衬砌的防排水措施

在岩石洞库中，有时因为岩体强度较低，围岩稳定性较差，或因功能要求，洞室需要采用贴壁衬砌或喷射混凝土衬砌。由于现浇混凝土堵塞了岩体中地下水的排泄通路，而普通混凝土的抗渗性能不佳，因而在衬砌外层滞水水压的作用下，常使洞室出现渗漏。因而，贴壁衬砌的防水方案就成为人们所关心的问题。

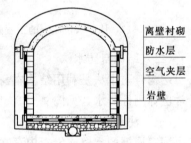

图 4-22

目前，常用的贴壁衬砌的防水方案主要有以下几种。

（一）横向排水环方案

该方案的特点为沿洞室纵轴间隔布置横向排水环，其主要类型有：弹簧圈排水环（见图 4-23）、纤维束排水环（见图 4-24）、秸秆束排水环（见图 4-25）以及块石盲沟排水环（见图 4-26）等，其做法不再叙述。

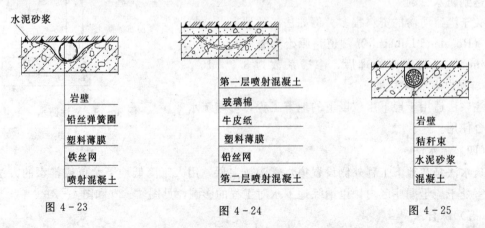

图 4-23　　　　　　　　图 4-24　　　　　　　　图 4-25

排水环的防水原理是利用间隔布置环管收集滞留在衬砌外侧的地下水，并通过排水环将水排入底部的排水沟，防止地下水直接渗入洞室。较为客观的结论是：排水环的确排走一定数量的地下水，但洞室仍有渗漏，尤其在两条排水管之间的区域，渗漏并无明显减弱。

　　山体的地质构造十分复杂。地下水存在于岩体裂隙之中，但并非所有的裂隙都含水。其含水状况受大气降水、地表径流以及地形、地貌、地质构造等多种因素影响。其运动状态既非垂直运动，又非水平层流，也不符合达西定律，情况更加复杂。同一毛洞的不同部位，滴水情况就有很大不同，甚至同一部位的不同组裂隙，渗水情况也有很大差异。例如，当毛洞位于陡峭的山坡之下，那么地表径流十分畅通，很少渗入岩体，沟通该区的裂隙含水甚微，洞室就少有渗漏现象。反之，在沟谷地带，它是地表水的聚集和排泄的通路，则该区裂隙容易充水，当毛洞遇到与沟谷沟通的裂隙时，洞室的渗漏量就比较大，见图 4-27。

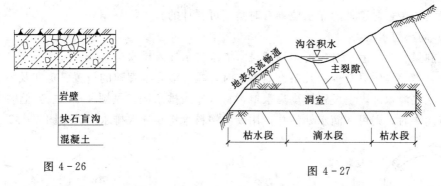

图 4-26

图 4-27

　　通过分析不难发现，排水环的作用主要有两个：其一是排除与排水管直接接触的含水裂隙中的地下水；其二是排除与排水管直接沟通的部分衬砌外侧的滞水，见图 4-28。如果裂隙与排水环不能沟通，裂隙水便在衬砌外侧形成滞水，沿着衬砌孔隙渗入洞室。这也就是排水环方案渗漏的原因之一，见图 4-29。

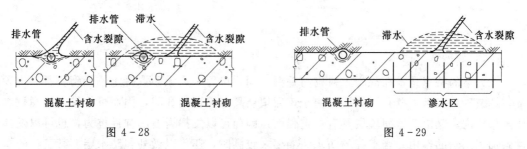

图 4-28

图 4-29

　　注意：为了更有效地发挥排水环的作用，保证工程防水效果，布置排水环时应考虑以下几个问题：

　　(1) 根据地形、地貌及断裂构造，判断洞室中滴水区段。

　　(2) 观测并记录毛洞内主要滴水裂隙的位置、数量及滴水量。

　　(3) 当毛洞滴水点较多，分布较均匀，且滴水量较小时，集水管应尽量垂直于主要渗水裂隙走向，间距 5～10m，并应保证渗水裂隙均能与排水管相交，见图 4-30。

　　(4) 当遇到渗水量较大的断裂，则排水管应加密布置，并对准该断裂沿其走向布置，见图 4-31。

　　(5) 为保证排水畅通，集水管排水纵坡应大于 3%。

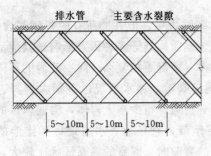

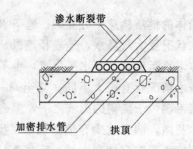

图 4 - 30   图 4 - 31

应该指出的是，排水环防水方案只适用于防水要求不高的地下工程。这是因为山体断裂构造极其复杂，衬砌外的滞水位置有时是不可预计的。

（二）局部引水法

当毛洞只有几处渗水时，可用局部排水措施将水导入排水沟。

例如，当毛洞中只有少数几条裂隙渗水时，在弄清渗水裂隙的位置、走向及渗水区段后，即在主要渗水区段上设置铁皮集水罩，将水导入排水沟，见图 4 - 32。当毛洞中只有少数几点滴水时，则可在滴水处钻孔，用硬质塑料管将水导入排水沟，见图 4 - 33。

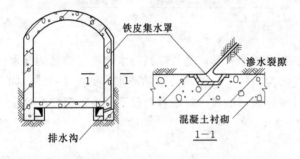

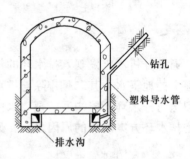

图 4 - 32   图 4 - 33

（三）回填疏水层

该方案的特点是，在混凝土衬砌与毛洞之间，设置一道无砂混凝土或干砌块石（用砂浆勾缝或砂浆砌水平缝）回填层。由于该回填层具有连通的孔隙，因而可将渗入的裂隙水导入排水沟。又由于该回填层具有一定强度，因而可以发挥岩石的弹性抗力，也可以发挥衬砌加固围岩的作用。当工程的防水防潮要求较高时，还可以做外包防水层。某工程的精密仪表实验室即采用该方案防水，效果甚佳，见图 4 - 34。

四、饱水地层中地下工程的防水设计

处于饱水带中（即地下水位以下）的洞室不但长期被水浸泡，而且要承受地下水的压力。特别是当洞室埋置较深时，一旦出现渗漏，在高压水流的冲刷下，使水泥中的 $Ca(OH)_2$ 溶解，至使混

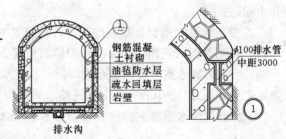

图 4 - 34

凝土溶蚀。这不但会使渗水量日趋增多，而且也会使混凝土丧失强度，破坏结构。

目前在饱水带中的地下工程，经常采用的防水方案仍为外包式隔水法，即在工程结构的外面严密地包上一道隔水层，用以防水。其防水层做法及防水材料的种类很多，这里不再一一介绍。总而言之，工程越重要，防水作法越复杂，消耗材料越多，施工越繁琐，投资也就越大。尽管如此，其防水性质仍不完全可靠。这是因为目前常用的防水材料，有的因年久而老化，有的并非绝对不透水，有的不耐高压，有的抗震性能较差。因此，"以疏为主，疏堵结合"的方案，对水位以下的洞室来说，不失为一项经济、可靠的防水措施。对于这种方案，其堵水作法，类同一般的隔水方案，故本文不再叙述。

其主要的疏水方案有如下几种。

（一）集水隧道法

在主体洞室下面，设置水平集水隧道（或集水管），在水压作用下，地下水流入集水隧道，并形成地下水的降落曲线，而主体洞室正处在两条降落曲线间的疏干漏斗区内，见图4-35。流入集水隧道中的地下水，通过水泵排出。

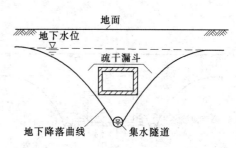

图 4-35

应该指出以下几点：

（1）该方案只适用于潜水层中的地下工程的人工降水。在包气带中，地下水并未构成连续水流，其运动没有一定规律。因而，某些工程企图用一、两条集水管排除包气带中地下工程周围的地下水，其方案在理论上是错误的，在实践上是徒劳的。

（2）该方案适用于地下水位埋藏较深、岩体渗透系数较小、涌水量不大的地质构造。如果涌水量过大，则应采用注浆止水法，否则大量的地下水涌进集水隧道，不但增加了水泵的运行时间，而且还会使附近地段地下水位降低，危及临近地区的工农业生产用水，并可能引起地表塌陷，建筑物基础下沉，道路破坏，因此城市中不宜采用。

前苏联一些地下铁路在穿越地下水位以下的岩（土）层时，采用了两条集水隧道。为了充分发挥隧道的疏水作用，在隧道顶部还设置了疏水钻孔，见图4-36。目前，国外正在探讨和试验的地下核废料库，为了防止地下水量涌入储库，在废料库的底部设置了集水坑，用以收集地下水，并使洞库处于疏干区内，流入集水坑中的地下水用泵排出洞外，见图4-37。

（3）有些工程虽然也设置了集水管，但既未进行认真的计算又未进行合理的设计，集水管的位置、断面及填充料的选择极不合理。其结果是，不是管内涌水量过大，水泵不能应付，就是进水量甚微，根本没有形成疏干漏斗区，要不就是集水管被泥砂堵塞，不能起到排水作用，而使洞室被水浸泡造成渗漏，见图4-38。

对于集水管的断面、位置、涌水量以及预期降落曲线的轨迹的设计与计算，各种水力专著中都有论述，本文不再重述。

（二）疏水盲沟法

疏水盲沟法是在地下洞室的四周设置排水沟，沟内充填透水性良好的级配砾石，而形成疏水盲沟。由于盲沟排水，截断了在工程范围内的地上水的水平流动通路，并使工程处

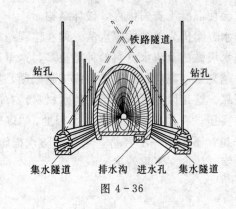

图 4－36

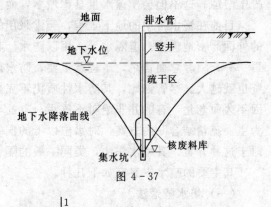

图 4－37

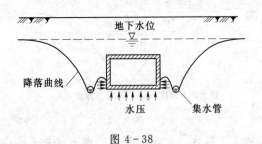

图 4－38

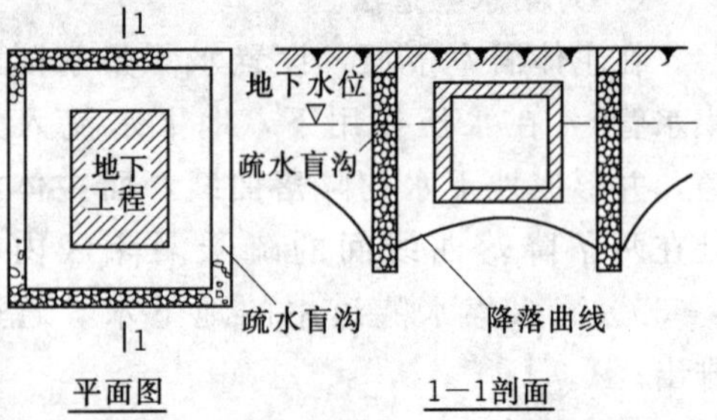

图 4－39

于保险的疏干区内，见图 4－39。

当工程底板埋置较浅、水位距地表较近，或当工程位于渗透系数较小的软土层中，一般水平集水管不能满足疏干要求时，则宜采用盲沟疏水方案。盲沟的常见做法见图 4－40。

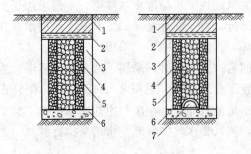

图 4－40　集水盲沟

1—黏土层；2—草垫层；3—粗砂；4—豆石；
5—卵石；6—混凝土垫层；7—孔管

盲沟的宽度不限，但其深度一般应超过工程底板并应进行计算。

（三）地下渗井法

潜水和承压水虽属两种不同类型的地下水，但它们之间往往相互转化和相互补给。当承压水面比潜水面高时，承压水则可能成为潜水的补给源。反之潜水则可能直接向承压水排泄，见图 4－41。相邻两个含水层的排泄作用，是由于相邻含水层之间存在水头钻孔联通，以降低潜水水位，达到地下工程的排水、防水目的。

例如，北京某高校地下工程，底板位于潜水面以下。其水文地质条件为潜水离开地表埋深 2m，含水层为粉砂，厚度 $H_1 = 10m$，排水影响半径 $R_1 = 100m$，渗透系数 $K_1 = 5m/d$；承压水位比潜水位低 5m，含水层为砂砾石，厚度 $H_2 = 5m$，注水影响半径 $R_2 = 300m$，渗透系数 $K_2 = 100m/d$。为了降低工程周围的地下水位，在洞室的底板下设置了 $\phi100$ 的排水井管，联通两个含水层，使潜水通过井管排入承压含水层中。实践证明工程长期处于疏干漏斗区内，排水效果良好，见图 4－42。

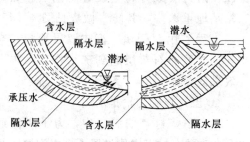
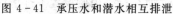

图 4-41 承压水和潜水相互排泄

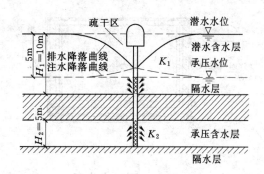

图 4-42 渗井法排水

应该指出以下几点：

（1）当潜水含水层的渗透系数较大，而承压含水层的渗透系数较小，即 $K_1 > K_2$ 时，这种渗井对于降水几乎没有作用。

（2）当承压水位高于潜水水位时，承压水成为潜水的补给源，不但不能降低潜水水位，反而会使潜水位升高，因此不能采用渗井降水。

（3）因潜水层直接受地表水补给，水质污染较为严重，因而渗井降水容易污染承压水，因此应慎重选用。

（四）夹层疏水法

夹层疏水法是在毛洞内设置衬套，见图 4-43。其内衬套做法可采用一般的离壁衬砌或轻型衬套结构。该方案将毛洞与衬套间的空气夹层作为疏水空间，收集并排泄涌入洞内的地下水，而内衬套却不再受地下水的直接浸泡。然而，人们可能会担心洞室内的渗水量过大。其实对一般完整岩石来说，由于它的渗透系数很小，因而渗水量也是很小的。

在岩石较好的地下洞室中，采用夹层疏水法，不但排水可靠，而且比集水隧道法节约石方开挖量，因此是一种经济合理的排水方案。

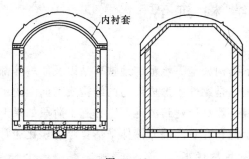

图 4-43

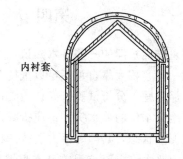

图 4-44

对围岩稳定性较差，或处于软土之中的洞室，一般采用衬砌支护，以保证洞室稳定。在这种贴壁类型的洞室中，还可以再设内衬套，利用空气夹层进行防水、排水，见图 4-44。这样把贴壁衬砌作为第一道防线，只允许少量地下水进入洞内，而空气夹层则彻底将地下水与内衬套隔开，保证室内的防水效果。其实，目前许多越江地下隧道，就采用这种防水方案。

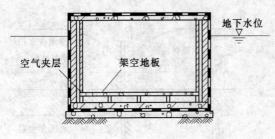

图 4-45

当工程防水防潮要求较高时，还可以在内衬套或外衬套设置防潮层。如北京某地下医院，其防水做法见图 4-45。该工程采用双侧墙、筏式双层地板，空气夹层及卵石垫层起到疏水作用，防水效果良好。

（五）衬砌沟槽排水法

在贴壁衬砌的洞室中，为了降低地下水对衬砌的压力，同时也为了有组织地疏导地下水，而在衬砌内侧设置了排水沟槽，并在沟槽的相应位置设置通向岩体的钻孔。衬砌周围的地下水，由排水钻孔流向衬砌内表，经过排水沟槽，流入隧道排水沟，排出洞外。经过人为地组织疏导，地下水不会任意浸渗衬砌，从而保证了洞室的防水效果。

图 4-46 为瑞士 VINGELZ 铁路隧道排水沟槽设计示意图。

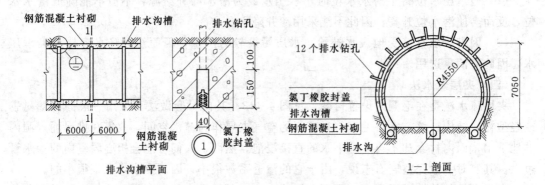

图 4-46　VINGELZ 铁路隧道排水沟槽示意图

第四节　地下结构抗浮

一、锚固抗浮的一些基本知识

对一些容积大靠自重不足以抵抗浮力的地下结构如地下水池、地铁车站以及船坞等都存在抗浮问题。分析试验研究认为无论是砂质土还是黏性土形成浮力的结构底部向上的水压等于地下水位的静水头，不应折减。而且发现一般高层建筑的地下室在施工阶段如果土体出现泥浆状态，其即时浮力要按一种近似等于饱和容重的混合液体来估算浮力，比通常的水浮力要大许多。抗浮的基本思路除了压重、盲沟排水等措施之外就是采用抗拔桩或锚杆（索）将结构锚固在稳定地层上，见图 4-47。一般地下结构大都不用桩来抗浮，因为桩利于抗压而不利于抗拉，在结构上不尽合理，除非该桩同时用来承受压力和拉力，比如船坞的桩基，当坞内放空时在浮力作用下受拉，当坞内充水或有船只时则受压，前者需要桩来抗拔，后者则需桩来承压。

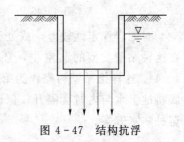

图 4-47　结构抗浮

134

锚杆和锚索有施加预应力与不施加预应力之别。从计算方法的角度来看差别不大，最大的差别是杆索强度及截面的差别，对施加预应力者只需附加考虑预应力的效果就是了，故本文讨论时常常不加区别。本节除特别指明者外，所用符号的物理意义均列于表 4-8。

表 4-8　基本符号

符号	物理意义	符号	物理意义
T_f	锚杆（索）极限锚固力，抗拔桩极限摩阻力，kN	φ'	岩层有效内摩擦角
D	锚固段钻孔直径，m	k_f	锚固系数，见表 4-13
L	锚固段或摩阻段长度，m	D_1	B 形尾部扩孔直径，即有效直径，m，见表 4-12
τ_r	岩体与注浆界面黏结抗剪强度，kPa	C_u	锚固段不排水抗剪强度平均值，kPa
T_w	锚杆（索）设计锚固力，kN	d	锚杆（索）直径，m
m	安全系数	n	锚杆（索）根数
n_1	系数，见表 4-11	τ_g	握裹力，kPa
P_u	锚杆（索）材料的断裂强度，kPa	L_g	黏结长度，m
a	锚杆（索）间距，m	r	岩体或土的容重，kN/m³
p_y	材料屈服强度，kPa	r_w	水的比重，kN/m³

（一）破坏形态

　　锚杆（索）不外乎以下的几种破坏形态：① 锚杆（索）断裂；② 沿锚杆（索）体与注浆体界面破坏；③ 沿注浆体与地层界面的破坏；④ 埋入稳定地层深度不够使地层呈锥体拔出，见图 4-48；⑤ 锚固段注浆体被地压等原因压碎丧失锚固能力；⑥ 群锚失效。

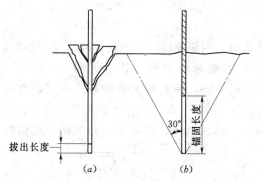

图 4-48　岩石拔出的范围和状态
（a）全黏结锚杆；（b）下部黏结上部不黏结锚杆

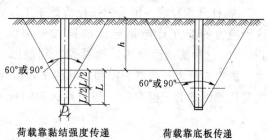

图 4-49　锥体的几何尺寸

　　锚杆（索）锚固力的大小，除了锚杆（索）体及钻孔等因素之外，更取决于地层受锚杆（索）拉力时所能提供的抗力，这种抗力只有在大于锚杆（索）锚固力时才能保证稳定。就是在良好的地层中如果埋置深度不够也会出现如图 4-49 和图 4-50 所示的破坏，在均质材料中倒锥形的锥顶角呈 90°，非均质材料这个角可降至 60°。如果锚杆（索）设

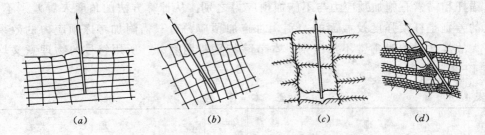

图 4-50　不同产状的岩石锚杆拔出的破坏形态

置不考虑地层产状因素有可能会出现如图 4-50 所示的破坏。

（二）锚固类型

为了增加锚力，在锚固段的尾部常采取扩大头的办法，如图 4-51B 型，如果机械设备允许，这种形式的优越性是显而易见的。但由于造价低廉和施工简单的原因我国仍然是以图 4-51A 型为主。

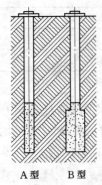

A 型　B 型
图 4-51　锚固类型
示意图

仅就锚杆而论，分全黏结型和端头锚固型两种，前者是一种不能对围岩施加预应力的被动型锚固，要依靠地层变形为代价来发挥作用，仅用于变形量较小的岩土地层，且锚杆长度不大；后者如图 4-51A 型所示，是可以施加预应力的。

端头锚固型，我国加固围岩松动圈常用楔缝式、胀壳式等以机械锚固作用为主和快硬水泥卷、树脂卷等以黏结作用为主的两种端头锚固。其锚固段都不长，约在 300～500mm 之间。且钻孔直径不能过大，否则楔缝式和胀壳式的尾部不能提供足够的摩阻力甚至锚不住。在水工结构或加固边坡等大型锚固工程中，其锚固段就不仅是 300～500mm，而是多采用预应力锚索。

（三）群锚

锚杆（索）群一根受到张拉或处于工作状态时，相邻锚杆（索）锚固段将受到影响。这种应力的交互传递是导致群锚的效率低于单锚效率的主要原因（见图 4-52、图 4-53）。这种影响因距离、地层硬度和地层构造而不同，距离越大影响越小；而硬度越大，影响亦越大；构造裂隙和缺陷越多，影响越小。锚杆（索）群相互影响的研究被公认为是比较困难的，但专家们都一致认为锚杆（索）群的总体锚固效率总是低于单根锚杆

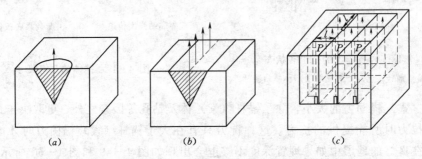

图 4-52　单锚、排锚、群锚的应力传递范围

（索）的锚固效率，见图 4-53。

锚杆（索）群设计在德国工业标准（DIN4125）中规定采取一个折减系数来反映这种低效率的影响，有的研究结果认为锚杆（索）群钻孔间距应大于 4 倍的钻孔直径，否则每根锚杆（索）的加固区严重地相互叠合，导致锚杆（索）群出现更低的效率就不经济了，见图 4-53。

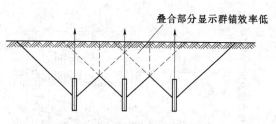

图 4-53　群锚破坏锥体的相互作用

（四）锚固段长度

锚固段并不是越长越好，一般来说不同地层有一个较为合理的最优锚固段长度，锚固段太长有时还会破坏和扰动希望予以加固的地层。如图 4-54 所示，开始加载时锚固作用主要发生在外端部，以后继续增加荷载，端部的黏结抗剪强度超过极限强度就退出工作，使提供黏结强度的区域内移，内部的锚固段开始起作用。依此类推，外部这部分被锚固的地层势必会由于黏结力的破坏受到扰动，至少钻孔周围的黏结力被破坏了。

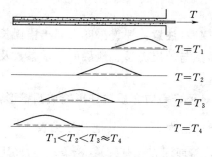

图 4-54　随荷载的增加黏结力内移示意图

在非黏性土中有人做过不少试验，结论如下：

（1）高密砂层中，最大界面黏结力仅分布在很短的锚固长度内。

（2）松散及中密砂层接近于理论假定的均匀分布。

（3）随着外荷载的增加，界面黏结力的峰值点向锚固段的远端即深部转移。

（4）界面黏结力平均值较短的锚杆（索）大于较长的锚杆（索）。

（5）锚杆（索）的锚固力，对地层密实度变化反应敏感，从松散到密实地层中平均界面黏结强度值要增大 5 倍。

因此，在锚杆（索）正常工作状态下存在一个有效锚固长度的临界值。超过这个值后增加锚固段长度对锚杆（索）承载力的增加并不产生显著影响，有时甚至是有害的。研究认为在非黏性土中锚固段的有效长度最优值为 6～7m，根据不同的密实度可按图 4-55 选用。黏性土对锚固来说是比较恶劣的地层，地层蠕变和钻孔软化给锚固带来的不利影响，可通过缩短钻孔及注浆时间来弥补。尤其当地下水较丰富时，几个小时的时间拖延，其后果将造成预应力的减小和锚固力的明显降低。有的资料披露在裂隙充填砂子的情况下，3～4 天足以使土的不排水抗剪强度 C_u 减小到接近软化值。当 C_u 值小于 0.05MPa 和塑性指数小于 20 时，尾部扩孔几乎是不可能的，因此黏性土中如采用锚杆（索），其锚固段长度应以现场试验确定。

工程实践表明，当其他条件不变时，锚固力与锚杆（索）直径 D 与钻孔直径 D_1 成正比。锚杆（索）设计控制多数破坏发生在砂浆与岩土界面最为有利，因此 D_1 过小是不合算的，尤其在土层内。孔径至少要比杆径多 15～50mm，但孔径 D_1 过大，浆体的径向收缩越多，使黏结减弱也是不利的。

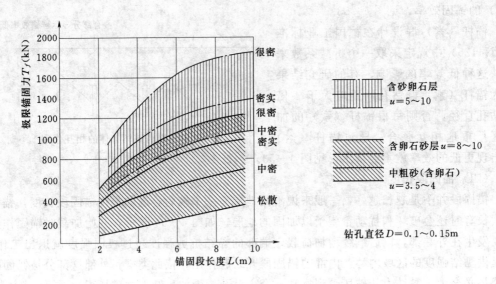

图 4-55 非黏性土中锚固段长度与极限锚固力的关系

（五）锚固段埋深

保证稳定的关键因素之一是埋置深度 h，见图 4-49（**注意：埋置深度不同于锚固长度**）。无疑对任何一种地层埋置深度越大越稳定，它显然与地层类型、地层的力学参数及锚杆（索）的布置有关。

有人提出单根锚杆的埋入深度应符合以下要求，对硬岩等向介质锚杆影响成圆锥形，所需埋深 $h = \sqrt{S_f T_w / (\sqrt{2}\tau_r \pi)}$，$S_f$ 为安全系数，一般取值为 2～4，其他符号见表 4-8，下同。若锚杆排成一行，间距 a，则需考虑一起拔出，需埋深 $h = S_f T_w / (\sqrt{8}\tau, a)$，对间距为 a 的群锚，$h = S_f T_w / (\gamma a^2)$，$\gamma$ 为岩体容重，如在地下水位以下应取浮容重，该式考虑了安全系数后的锚固力与岩体平衡。

需按群锚拔出计算的条件为间距 $a \leqslant h_i \tan\varphi$。L. Hobest 和 Zajic（1983）[1] 等人在大量研究的基础上，归纳了三种不同岩体内的埋置深度，示于表 4-9 可供设计参考。

表 4-9 　　　　　　　　　锚固段的埋置深度　　　　　　　　　单位：m

岩体类型	深度		备　　注
	单根锚索	锚索群	
良好均质岩体	$\sqrt{\dfrac{S_f T_w}{4.44\tau_r}}$	$\sqrt{\dfrac{S_f T_w}{2.83\tau, a}}$	1. S_f 为抗破坏安全系数一般取 2～4； 2. 锥顶角假设为 90°
不规则断裂岩体	$\sqrt[3]{\dfrac{3S_f T_w}{\gamma \pi \tan^2\varphi}}$	$\sqrt{\dfrac{S_f T_w}{\gamma a \tan\varphi}}$	
侵入性不规划裂隙岩体	$\sqrt[3]{\dfrac{3S_f T_w}{(\gamma - \gamma_w)\, \pi \tan^2\varphi}}$	$\sqrt{\dfrac{S_f T_w}{(\gamma - \gamma_w)\, a\tan\varphi}}$	

❶　L. Hobst and J. Zajic, Anchoring in Rock and Soil, 1983, Eleven Scientific Pub.

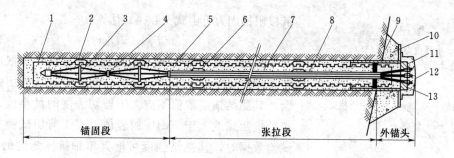

图 4-56　双层防护锚索结构示意图

1—端盖；2—对中支架；3—隔离架；4—束线环；5—波纹管；6—对中支架；7—注浆体；
8—套管；9—密封球；10—垫墩；11—油脂；12—防护帽；13—锚具

（六）防腐蚀问题

防腐蚀是永久性锚固最敏感的问题之一，首先要在构造上采取措施，图 4-56 给出双层防护锚索结构示意图。其中注浆体、波纹管和油脂均起防腐作用，毫无疑问在防腐蚀问题上锚固段更为重要。

关于锚杆耐久性问题，我国地基基础规范中加固地基的锚杆是作为永久性材料使用的，港工建筑中也把锚杆用于岩石边坡支护及锚固船坞中。据资料披露，在港工中钢筋的锈蚀率为每年 $0.1\sim0.2$mm，据此估计每 10 年可锈蚀 2mm。法国运输部规定对于土中加筋结构，钢筋锈蚀值按表 4-10 控制。

表 4-10	钢筋锈蚀值	单位：mm
使用年限	70 年	100 年以上
干燥陆地	$1\sim3$	$1.5\sim4.0$
淡水	$1.5\sim4.0$	$2.0\sim5.0$
海水（含盐）	5	7.0

注　高值为无涂层的钢材，低值为镀锌钢材。

英国运输部则规定：永久性结构埋入土中的镀锌钢材在回填土内的锈蚀量为 0.75mm；黏性土内为 1.25mm。不少早强剂易引起钢筋锈蚀，因此在采用早强剂时要加以选择，并事先进行试验。

如果按照一般钢筋混凝土设计规定，如果地下水无侵蚀性有害物质，则 $3\sim4$cm 的保护层对于地下混凝土中钢筋的耐久性是需要的，混凝土一般在 150×10^{-6} 的拉应变下就要开裂，允许裂缝宽度可到 0.2mm，此时相应的钢筋应力约为 30MPa。混凝土或砂浆的裂缝宽度不仅与钢筋应力大小有关，而且取决于裂缝间距，对于抗拔锚杆，这种裂缝可能会集中出现在顶部的薄弱界面上，在其上下因有周围混凝土共同工作，不大可能出现另外的开裂以缓解开裂区的不利状态，因此设计时有必要对钢筋应力加以限制，例如限为 $100\sim150$MPa 以下。

（七）预应力

是否施加预应力是控制地层位移的关键因素，对地层位移有严格要求的工程则必须施加预应力，否则会发生过大的位移，图 4-57 给出了两者的应力-位移曲线，对应同样应力水平两者的位移差别十分悬殊。

二、锚杆（索）抗浮设计

（一）控制地层与注浆体界面破坏的计算

1. 岩体中锚固段设计

（1）极限锚固力 T_f。岩体中由于施工上的方便锚杆（索）多采用 A 型锚固（见图 4-51），

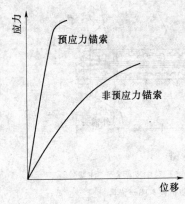

图 4-57 应力-位移特征曲线

其极限锚固力可由式（4-4）估算。

$$T_f = \pi DL\tau_r \qquad (4-4)$$

黏结抗剪强度 τ_r 的取值可由有关手册中选取，但对于单轴抗压强度小于 7MPa 的软岩，应进行剪切强度试验，其黏结强度取值不应大于剪切强度的最小值；对于单轴抗压强度大于 7MPa 的岩体，在无剪切试验或拉拔试验数据时，其黏结强度可取其单轴抗压强度的 10%，且不大于 4.2MPa。

（2）锚固段设计长度 L。锚固段设计长度可由图 4-55 中预选，用式（4-5）校核，且应满足下列条件：

$$L = mT_w/\pi D\tau_r \qquad (4-5)$$

1）当锚杆（索）锚固力 $T_w < 200$kN 时，锚固段长度可为 2m。

2）当锚杆（索）锚固力 $T_w > 200$kN 时，锚固段长度不宜小于 3m。

3）锚杆（索）锚固段最大长度不宜大于 10m。

T_w 可参照《锚杆喷射混凝土支护技术规范》（GBJ 86—85）要求，同时满足 $T_w \leqslant T_f$ 和 $T_w \leqslant T_{f\min}$，$T_{f\min}$ 为同批试验的最低值，kPa。式（4-5）中 m 为单根锚索设计安全系数，取值范围 $m = 2 \sim 3$，服务年限小于 6 个月的取小值，超过 6 个月或永久服役的应取大值，如地层极软已接近黏性土则取 $m = 4$。

2. 非黏性土中锚固段设计

非黏性土中锚杆（索）宜采用 B 型锚固（见图 4-51），其极限锚固力 T_f 可由式（4-6）或式（4-7）估算；采用 A 型锚固时，其锚固力应用式（4-8）估算。

$$T_f = n_1 L\tan\varphi' \qquad (4-6)$$

$$T_f = \eta\sigma'_v\pi D_1 L\tan\varphi' + \xi\gamma h\pi/4(D_1^2 - D^2) \qquad (4-7)$$

$$T_f = \sigma'_v\pi DLK_f \qquad (4-8)$$

式中　η——锚固段中土层界面上接触压力与平均有效土压力之比值，一般为 1~2，对于致密砂砾层（$\varphi' = 40°$），$\eta = 1.7$，细砂（$\varphi' = 35°$），$\eta = 1.4$；

σ'_v——锚固段处平均有效土压力，kPa，对于垂直锚索 $\sigma'_v = \gamma(h + L/2)$；

ξ——承载力系数，$\xi = N_g/1.4$，N_g 是内摩擦角 φ' 的函数由图 4-58 确定；

其他符号见表 4-8 或分别从表 4-11~表 4-13 中查取，非黏性土中锚固段长度 L 的确定方法与岩体中锚固段设计相同。

表 4-11	n_1 的取值	
地层类型	渗透系数（km/s）	n_1（kN/m）
粗砂、卵石	$>10^{-4}$	400~600
中细砂	$10^{-4} \sim 10^{-6}$	130~165

注　该表中钻孔直径为 0.1m，注浆压力小于 1MPa，当钻孔直径明显增大或减小时，n_1 值按相同比例增减。

表 4-12	非黏性土中有效直径 D_1		
土的类型	D_1（m）	注浆压力 P_g	备注
粗砂、砾石	$\leqslant 4D$	低压	渗透作用
中密度砂	$(1.5 \sim 2.0)D$	< 1.0MPa	局部压缩、渗透
密砂	$(1.1 \sim 1.5)D$	< 1.0MPa	局部压缩

土的类别	密 实 度			土的类别	密 实 度		
	稍密	中密	密实		稍密	中密	密实
粉土、粉砂	0.1	0.4	1.0	中砂	0.5	1.2	2.0
细砂	0.2	0.6	1.5	粗砂、砾石	1.0	2.0	3.0

3. 黏性土中锚固段设计

黏性土中采用 A 型锚固（见图 4-51）时，可采用式（4-9）估算其极限锚固力：

$$T_f = \pi DL\alpha C_u \tag{4-9}$$

式中 α——与黏性土不排水抗剪强度有关的折减系数（见图 4-59）。

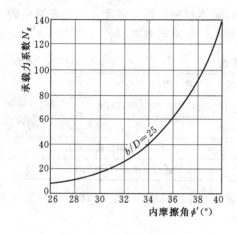

图 4-58   承载力系数与内摩擦角的关系   图 4-59

黏性土的锚固段长度 L 可由式（4-9）考虑安全系数后反复验算求得，但实际长度应控制在 3～10m 之间，过小偏于危险，过大亦不利。

（二）控制注浆体与锚杆（索）体界面破坏

对于岩体中锚索，除应按式（4-5）估算锚固段长度外，还应用式（4-10）估算锚杆（索）在注浆体中的黏结长度 L_g，实际锚固段长度应取 L 或 L_g 中的较大值。

$$L_g = mT_w/n\pi d\tau_g \tag{4-10}$$

式中 m——与式（4-5）中取法相同；

        τ_g——握裹力，kPa。

τ_g 按下列要求取值：①干净光面钢筋或钢丝，$\tau_g \leqslant 1.0$MPa；②干净波形钢丝，$\tau_g \leqslant 1.5$MPa；③干净的钢绞线或变形钢筋，$\tau_g \leqslant 2.0$MPa；④局部有枣核状的钢绞线，$\tau_g \leqslant 3.0$MPa；⑤波纹套管，$\tau_g \leqslant 3.0$MPa。

在无现场试验资料时，其黏结长度 L_g 尚应符合下列要求：①在现场安装时，$L_g \geqslant 3$m；②在孔外人工控制条件下，$L_g \geqslant 2$m；③全长黏结式锚索可采用较短的黏结长度。

（三）控制锚杆（索）体断裂计算

控制锚杆（索）体断裂即求取锚杆（索）体截面积，应按式（4-11）确定，

$$A = mT_w/P_u \tag{4-11}$$

m 的取法与式（4-5）相同。

（四）防止群锚破坏的锚固段相互作用的控制

对锚固段相互作用的控制本质上是减少各锚杆（索）间的相互影响。大量工程实践表明对预应力锚杆（索）要遵循：① 相邻锚固段间距大于 1.5m，且大于锚固段最大直径（有效直径）的 4 倍；② 锚固段的埋深 h 不得小于 5m。此外尚应注意与相邻基础或地下设施离开 3m 以上。

（五）预应力的确定

预应力可按设计锚固力的 50％～80％确定。张拉后，停 48 小时若发现预应力损失大于设计预应力的 10％应进行补充张拉。

预应力的大小在地层、锚固深度以及锚固长度等条件已满足的条件下，实际取决于锚杆（索）体材料的工作允许强度。表 4-14 给出了锚索体材料的许用强度，这个表给出的数值就是预加应力控制值的最好借鉴。对于锚杆，表 4-14 亦可参考。

表 4-14　　　　　　　　　　锚索体材料许用强度　　　　　　　单位：MPa

锚索状态	锚索类别	
	永久锚索	临时锚索
在工作状态下	$[\sigma] \leqslant 0.6P_u$ 或 $0.75P_y$	$[\sigma] \leqslant 0.65P_u$ 或 $0.80P_y$
在张拉时	$[\sigma] \leqslant 0.70P_u$ 或 $0.85P_y$	$[\sigma] \leqslant 0.70P_u$ 或 $0.85P_y$
在试验时	$[\sigma] \leqslant 0.80P_u$ 或 $0.9P_y$	$[\sigma] \leqslant 0.80P_u$ 或 $0.9P_y$

考虑到预应力损失，有的文献推荐预应力锁定值 T_0 可比锚固力 T_w 大 10％，即 $T_0 = 1.1T_w$，亦有采用 $T_0 = 1.2T_w$ 者。

三、工程实例

东山口车站是广州地铁一号线一个规模较大的车站，长 292m、宽 22m、高 15m、顶板覆土厚 1.5m 左右（覆土太薄，如果埋深大些覆土有足够厚度时就不存在抗浮问题了）。地层自上至下依次为黏土、粉质黏土、强风化、中风化、微风化红色砂岩。地下水属基岩裂隙水，无侵蚀性，水位与结构顶板上皮齐平。

车站围护结构为 $\phi1200$ 间距 1800mm 的钻孔灌注桩，内衬为厚 500mm 的框架结构，

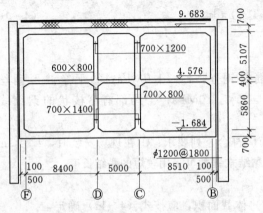

图 4-60　东山口车站典型断面

见图 4-60，内衬与护壁桩间考虑了两种连接方式：① 两者中间设防水层滑动连接；② 两者通过某种构造方式紧贴在一起，显然后者可以提供摩阻抗力，有利于抗浮。分析时按平面应变问题的概念，截取一典型宽度，即一个柱距的宽度 $b = 8.5$m 作为计算宽度。计算了抗拔桩和锚杆两种抗浮方案，最后选用锚杆抗浮的方案，它们的参数为锚杆孔径 130mm，Ⅱ 级螺纹钢 $\phi32$。

针对上面提到的两种连接方式进行计

算证明只有连接方式①需要抗浮，扣除结构自重等因素尚余浮力 24500kN，需要采用锚杆抗浮。经计算分析最后确定为间距 1.6m，长 2.5m 和长 2m 两种锚杆插花均匀布置，每计算宽度（$b=8.5$m）内总数 75 根，采用 $\phi 32 \, \mathrm{II}$ 级螺纹钢全黏结砂浆锚杆，见图 4-61 和图 4-62。

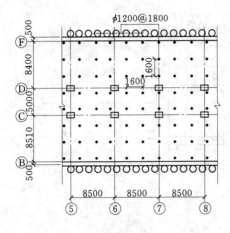

图 4-61 锚杆布置平面示意图

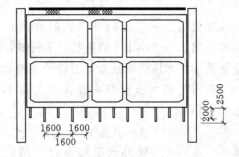

图 4-62 锚杆断面布置图

东山口车站原方案为导滤层排水，基坑开挖后基岩裂隙水涌水量为 152m³/d，即便广州市政部门允许这样长期抽取排放地下水，50 年的排水费就是 154 万元，当采用锚杆抗浮时一次基建费多些，但省去了排水费最终是合算的（见表 4-15），更何况常年抽取地下水对水资源也是一个很大的浪费。

表 4-15　　　　　　　　东山口站两种抗浮方案经济比较　　　　　　　　单位：元

方案	方　案　特　征	基建费用	排水动力费用（不计水价）			总计
			第 1 年	第 50 年	排水费合计	
一	底板下设 30cm 厚砾砂导滤层并纵横导水管排水	721608.02	30802.28	30802.28	1540114.0	2261722.02
二	底板布设锚杆抗浮，不需排水	1960305.79				196.0305.79

注　基建、排水费均按 1995 年单价计算。

第五节　地下结构外水压力

一、水压折减系数

地下结构的外水压力是地下水通过土层孔隙作用到结构外壁的，所以地下结构的外水压力就是孔隙水压力，是垂直于结构表面的外荷载，又称外水荷载。在地下水位静水头作用下，如果土体是透水的，这时孔隙水压力就是该处的水头高度，浮力就是结构底面水压与顶面水压和结构自重的差，见图 4-63，侧墙 Z 点受到的压力就是下式表示的土压与水压二项之和。

$$p = K[\gamma(z - z_w) + \gamma' z_w] + \gamma_w z_w \tag{4-12}$$

式中　　　　　　K——土的侧压系数；

$\gamma(z-z_w)+\gamma'z_w$——深度 Z 处的有效应力，可称为土压项；

　　　　　　　　　γ——地下水位以上的土体重度，一般取湿重度（在靠近地下水位处由于毛细作用，黏性土的 γ 应取饱和重度 γ_{sat}）。

在地下水位以下，由于浮力的作用，此时土体的重度应为 $\gamma'=\gamma_{sat}-\gamma_w$，即所谓有效重度或浮重度。水压项 $\gamma_w z_w$ 就是静水头。

在使用上水工部门常将实际地下水位的水压乘上一个小于 1 的系数给予折减，这个系数称为水压折减系数，用符号 β 表示。

董国贤把水压折减系数表达为三个系数的乘积

$$\beta=\beta_1\beta_2\beta_3$$

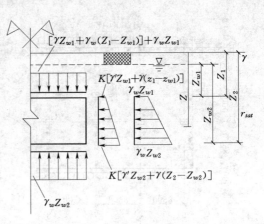

图 4-63

式中　β_1——反映外水压传递过程的损失（可能指地质条件早已形成的传递路径上的损失，而这个损失在确定场地地下水位时就已反映了，作者注）；

　　　β_2——考虑结构处于岩土中，水对结构作用面积的减少；

　　　β_3——反映排水卸载情况的水压降低。

三个因素中，β_1 和 β_2 这两者对外水压的影响是很小的，可以忽略不计，影响最大的为反映排水卸载情况的 β_3。β 采用三个系数表达的观点潘家铮也有论述，不同的是他把 β_1 定义为地下水位可能有变化而加的系数，称之为变幅系数（这个定义似乎更为确切，作者注），其值可能大于或小于 1，而且可以主观地加以调整，当勘测资料不足时调整幅度可大些；β_2 为外水压力作用面积系数，这个系数是实际反映衬砌混凝土与围岩接触面积的，如果 100% 的紧密结合水渗不到两者的界面中去则不予考虑，实际情况在施工现场很难做到这一点，常常是完全或大部分不能紧密接触，所以一般设计中大都取 $\beta_2=1$；β_3 为渗流水头损失的影响，这个值潜力最大，只要在衬砌外壁加设导排水盲沟，外水压就会大幅地下降。

尽管两人对 β_1 的解释稍有差异，但都一致认为造成水压折减的主要原因是排水卸载，采取一定的导排水措施并保证其畅通，使水处于渗流状态就可以使结构外壁的孔隙水压获得一个长久而稳定的降低，这个降低后的水压（p_s）与原静水压（p_w）之比就是水压折减系数，记作 $\beta=p_s/p_w$。

二、孔隙水应力（u）与有效应力（σ'）

图 4-64、图 4-65 和图 4-66 分别表示静水、有向下渗流和有向上渗流时的孔隙水应力与有效应力关系，其中土面（B 平面）至水面距离为 h_1，土面至测压管下部弯颈处的（A 平面）高差为 h_2，测压管内测得的水头 h_w 就代表 A 平面的孔隙水应力。

众所周知 A 平面上的总应力是个定值，可表达为

$$\sigma=\gamma_w h_1+\gamma_{sat}h_2 \tag{4-13}$$

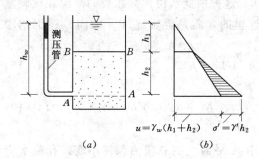

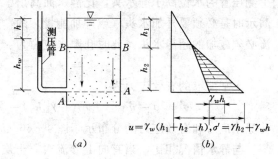

图 4-64 在静水情况下的孔隙水
应力和有效应力的分布

图 4-65 向下渗流时的孔隙水
应力和有效应力

静水时图 4-64 (a) 中 A 平面测压管水头为 h_w，该面上的孔隙水应力为

$$u = \gamma_w h_w = \gamma_w (h_1 + h_2) \tag{4-14}$$

根据效应力原理，A 平面上的有效应力为

$$\sigma' = \sigma - u = (\gamma_w h_1 + \gamma_{sat} h_2) - \gamma_w (h_1 + h_2) = (\gamma_{sat} - \gamma_w) h_2 = \gamma' h_2 \tag{4-15}$$

其中
$$\gamma' = \gamma_{sat} - \gamma_w$$

式中 γ' ——土的有效重度。

式 (4-15) 表明，在静水以下土层中的有效应力，实际上就是考虑了水对土体的浮力作用以后，由土的有效重量所产生的自重应力。

在静水条件下，孔隙水应力等于研究平面上单位面积的水柱重量，与水深度成正比，呈三角形分布，见图 4-64 (b)。而有效应力等于研究平面上单位面积的土柱有效重量，与土层深度成正比，也呈三角形分布，且与土面以上静水位的高低无关。

向下的渗流使 A 平面上测压管水头 h_w 低于静水头，比静水面低了 h 的高度，见图 4-65 (a)。这个高度就是由于水的渗流造成的水头损失或称水头差。A 平面上的孔隙水应力应表达为

$$u = \gamma_w h_w = \gamma_w (h_1 + h_2 - h) \tag{4-16}$$

由于总应力不会改变，根据有效应力原理，A 平面上的有效应力为

$$\sigma' = \sigma - u$$
$$= (\gamma_w h_1 + \gamma_{sat} h_2) - \gamma_w (h_1 + h_2 - h)$$
$$= \gamma' h_2 + \gamma_w h \tag{4-17}$$

孔隙水应力与有效应力的分布，见图 4-65 (b)。

与静水的情况相比，当有向下渗流时，土层中 A 平面上的总应力保持不变，孔隙水应力减少了 $\gamma_w h$，而有效应力相应地增加了 $\gamma_w h$，孔隙水应力的减少等于有效应力的等量增加。

向上渗流［见图 4-66 (a)］使 A 平面

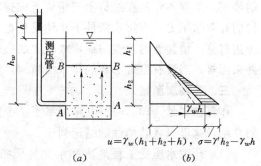

图 4-66 有向上渗流时的孔隙水应力
和有效应力

上测压管的水位高于静水头，比静水面高出了 h。这种由低水位向高水位的渗流在试验室演示时是必须要外加水头（或外加能量）的，这里的 h 就是要实现 A 平面向 B 平面的渗流必须施加的超静水头。此时孔隙水应力为

$$u = \gamma_w h_w = \gamma_w (h_1 + h_2 + h) \tag{4-18}$$

A 平面上的有效应力为

$$\sigma' = \sigma - u = (\gamma_w h_1 + \gamma_{sat} h_2) - \gamma_w (h_1 + h_2 + h) = \gamma' h_2 - \gamma_w h \tag{4-19}$$

孔隙水应力和有效应力的分布示于图 4-66（b）中。

与静水情况相比，当有向上渗流时，土层中 A 平面上的总应力保持不变，孔隙水应力增加了 $\gamma_w h$，而有效应力相应地减了 $\gamma_w h$。因而又一次证明了在总应力不变的条件下，孔隙水应力的增加等于有效应力等量减少的有效应力原理。

从上述分析可以看出，孔隙水应力按照其起因可以分为两种：一种是静水位引起的，通常把它称为静孔隙水应力；另一种是由超过静水位的那一部分水头所引起，通常把它称为超静孔隙水应力。而渗流情况下的孔隙水应力即为上述两种孔隙水应力之和，向下渗流时的超静孔隙水应力为负值，向上渗流时的超静孔隙水应力为正值。另外，还可以从比较中发现，所谓孔隙水应力与有效应力可以互相转化，都是指超静孔隙水应力而言的，而静孔隙水应力一般并不存在转化的问题。因为它主要是由静水位决定的，而通常在讨论孔隙水应力与有效应力的关系时，均把静水位当作定值。

结构的外水压就是孔隙水压，而孔隙水压又受渗流的影响，当渗流向下时孔隙水压减小，渗流向上时则孔隙水压增加。由于地质条件极端复杂，在看来似乎稳定的地下水位中，仍然有可能出现地下水渗流，仅是由于施工导致结构外壁土层的扰动都会带来不容忽视的渗流，而为了结构防水的需要增加的排水设施，则会引起结构附近长期人为地由上至下由远至近的渗流场，这个渗流场对结构的外水压是有利的，它将引起结构外壁孔隙水压力的减小。看来所谓水压折减并不意味着静水位的降低，实际是一个地下水渗流的动力学效应。

但渗流并不总是由上而下，在许多情况下是相反的，甚至是不确定的。如承压水自流井的外溢，附近施工井点降水，丰水期排水以及地质构造（如地震）等多种因素均会引起地下水的渗流，且方向不定，这时作用在结构外壁的孔隙水压就不是减小而是增加或不稳定的。导致渗流的原因是多种多样的，由于工程地质和水文地质条件极端复杂常常很难预测和控制，再加上许多人为的原因，如地下工程施工采用的井点降水就足以引发相当可观的渗流。工程界经常在结构上壁构筑盲沟排水设施，人为地制造一个渗流场以降低结构所受的孔隙水压力。不排水条件下土体受压也常会引起孔隙水压力的增加，如在已有结构物旁边打桩，增建新的建筑物或堆放较重的临时荷载等都是土体受压的外来因素，面对这些外来因素，当没有设置必要的排水措施时，土体内的孔隙水压就会产生不容忽视的增量。

三、现场实测结果

作者在文献 [103，123] 中列举了 7 个国内外实测的工程实例，并逐一作了较为详细的介绍，这里只将总结性的结论列出：

（1）孔隙水压受工程地质和水文地质条件的影响很大，在兴建项目特别是重大项目时，地质勘探工作是十分重要的。

（2）无论采取什么施工方法，都会引起孔隙水压的变化，明挖前的打桩可能会使附近

孔隙水压增高，但开挖又使其降低，结构做完之后，孔隙水压回升。由于开挖使原状土受到扰动，回升的快慢和幅度会稍有差异，极个别的还可能高于施工前的孔隙水压，这种情况则应查明原因。

（3）7个实例中有两例明确可以折减，并给出了各自的折减系数，不同的是一例作者在文献中反复强调折减的前提是采取导排水措施，且折减很少；另一例则是一个不同于一般民用地下建筑的水工隧洞，关于水工隧洞在第五节还要重点讨论。

（4）7个实例中有两例明确表示不能折减。一例是砂层地基，工程界对于在砂层中孔隙水压不能折减的看法是比较一致的，基本上没有什么分歧；另一例是在上海这样的淤泥质软土地层测定的，这个结论告诉我们，如果不采取人工排水措施，即使在软土地区孔隙水压也是不能折减的。

四、室内模型试验

崔岩[1]采用图4-67所示的模型对砂土和黏土做了水压能否折减的试验。

模型材料选用钢材，底面为600mm×600mm的正方形，高1000mm，为了防止变形影响试验精度，壁板选用8mm的厚钢板，下部一侧开有一个直径为300mm的圆孔，供试验后排放砂土介质所用，试验时该圆孔是用法兰盘密封的。模型上部顶板处也开有一个直径为300mm的圆孔，用于添加砂土介质和注水，该孔也设有一个可以密封的法兰盘，试验如需要加大水压，只需在法兰盘中间的开孔处接一个水管，将水头提高即可。模型的两则，自下而上在高度为100mm、400mm和800mm处开有直径为10mm的小孔，供安设测压管用，见图4-67。小孔内部贴有透水石，以保证

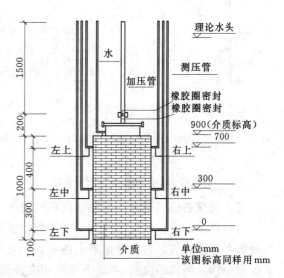

图4-67 模型测压管及注水加压管布置示意图

只有水可以渗透而任何砂土介质均不能透过的试验要求。测压管自下而上分别称左下、左中、左上；右下、右中、右上，两边的孔是对称的以便于求和后取平均值。规定下孔中心线的高程为±00，中孔、上孔则分别为300mm和700mm（**注意**：这里高程是用mm表示的）。

试验采用中砂和黏土两种介质分别进行，之所以选用这两种介质是因为砂孔隙率大，孔隙水连通性好，黏土则正相反，这样两种性质完全不同的材料如果在试验中能得到一致结论，那么试验结果将具有较好的代表性和说服力，如果结论不一致还可选取介于上述两种介质之间的某一种介质补充试验。

试验结果显示砂土由于水力联系畅通各测压管的水头很快升至理论水柱高度，这个过程在10分钟就可以完成，见图4-68。黏土由于颗粒细微，水上升的很慢，但一般在1～3天也相继升至理论水柱，见图4-69。崔岩认为无论是砂土还是黏土，无论颗粒如何小，

❶ 崔岩，地下结构外水压力试验研究及理论分析，硕士学位论文，中国矿业大学北京研究生部，1997.6。

只要介质内的水呈自由水状态，总有一天水压会升至理论水压，亦即长期运营状态的地下结构其外水压应按静水压计算不能折减。

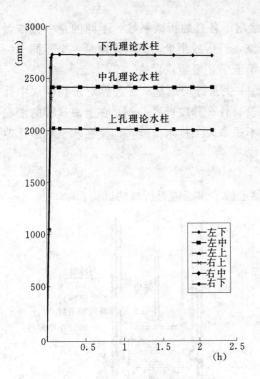

图 4-68　砂土介质试验水压上升曲线

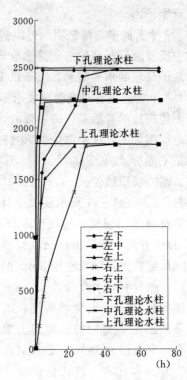

图 4-69　黏土介质试验水压上升曲线

五、我国各部门对外水压的观点和态度

(1) 铁道部门。铁道部门的地下工程主要是铁路隧道，在设计时是不把外水压力作为外荷载考虑的，其原因是对地下水的处理。在《铁路隧道设计规范》(TBJ 3—85) 的条文说明中作了明确的说明："地下水作用在隧道衬砌上的压力亦属主要荷载，但由于铁路隧道采取防、截、排、堵结合，基本上消除了作用在衬砌上的外水压力，通常可不考虑此种荷载，故本规范未列"。水处理掉了，自然就没有水压了。

(2) 交通部门。交通部的公路隧道和铁道部持同样的观点和做法，也不把外水压力视作外荷载，详见《公路隧道设计规范》(JTJ 026—90)。

(3) 市政部门。城市市政设施有水池、泵站以及管渠等地下和半地下结构，他们更关心浮力问题，关于浮托力能否折减一直也存在争论。1984 年编制《给排水工程结构设计规范》(GBJ 69—84) 时，在第 2.2.12 条中关于浮托力的计算中加上了一项浮托力折减系数，记作 η_w，规定仅限于完整基岩地区可以考虑，但没有给出具体的折减值。据了解我国四个大的市政设计院尚没有在设计中给予折减的工程。

(4) 民用与人防部门。民用与人防工程包括地下室、地下商场、地铁车站、人防通道以及防空掩蔽所等工程，这些工程大都是供人在其内活动或生活的，一般对通风、照明和温湿度等环境要求较高，自然也不能漏水。这些工程均将外水压力作为主要荷载考虑，而且都不折减。北京城建院承担的北京和上海地铁的有关车站，作为使用阶段的外水压力，无论是洪积层（砂层为主）还是冲积层（如软黏土）均按当地静水位计算，外水压力不予折减。

上述四个部门都承认外水压应属地下结构的主要荷载，不同的是如果能将水全部排走自然就不予考虑，铁路公路部门在规范中作了规定；市政部门抗浮的措施之一也是盲沟排水降低浮力；民用部门的工程由于大都建在市区，排水受客观条件的限制较多，故采用排水降压的地下室或地下商场尚不多见，外水压大都按当地静水压计算，不予折减。

六、煤矿竖井

煤矿竖井设计中人们最关心的问题之一为井壁压力的确定，煤大都生成在沉积层中，矿井建设很难避开地下水，探讨含水地层中水压力在全部地压中所起的作用，占多大的权重，能否折减，又折减多少一直为国内外采煤专家们所关注。

表 4-16 给出了三个井的实测结果，从表中可看出：①水压值远大于土压值，实测水压占实测地压比例很大，红阳一井接近 87%，其余两井竟高达 92%；②实测水压均较理论水压低，其折减系数 β 分别为 0.81、0.89 和 0.84。

表 4-16 实测水压和土压各占的比例

井筒名称	土层性质	深度 H (m)	静水位高度 H_w (m)	理论水压 P'_w (t/m²)	实测水压 P_w (t/m²)	折减系数 $\varphi = \dfrac{P_w}{P'_w}$	实测地压（水压+土压）(t/m²)	土压值 (t/m²)	水压占地压的百分比 (%)
红阳一井	粗砂	61	57	57	46	0.81	53	7	86.7
副 井	砂砾	88	84	84	75	0.89	81	6	92.5
兴隆庄主井	砂砾	118	115	115	96	0.84	104	8	92.3

既然以水压为主，土压占的份额很小，能否将作用于井壁的压力统一视作一种比水重的液体进行衬砌设计呢？重液公式就是在这种设想下诞生的，表达为

$$p = \gamma_s H \tag{4-20}$$

其中 γ_s 即为重液的重度，由于它是综合了水土两种介质的作用，故又称"似重度"。重液概念50年代已在欧洲各国使用，开始时取重液的重度为 $1.3 \sim 1.7 \mathrm{t/m^3}$，后来一律用 1.3，并写进前联邦德国的设计原则（规范）。但据了解，最近对 150m 以上的深井，前联邦德国又从 1.3 减至 1.15。我国自 20 世纪 60 年代起在矿山建设中广泛采用重液概念，并规定重液的重度随井深而逐渐取小值，见图 4-70。分别为

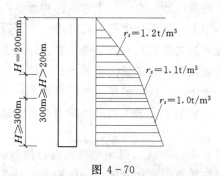

图 4-70

$$H < 200\mathrm{m} \quad \gamma_s = 1.2\mathrm{t/m^3}$$
$$200\mathrm{m} \leqslant H < 300\mathrm{m} \quad \gamma_s = 1.1\mathrm{t/m^3}$$
$$H \geqslant 300\mathrm{m} \quad \gamma_s = 1.0\mathrm{t/m^3}$$

其中 H 为从地表算起的深度。随着深度的增加 γ_s 变小，当深度大于 300m 以后，$\gamma_s = \gamma_w = 1.0\mathrm{t/m^3}$，亦即认为当井深大于 300m 之后作用在井壁上的地层压力完全是水压，土压

不再存了。从这个意义上讲重液概念的引入是土压折减的需要。达到一定深度（≥300m）可以完全不考虑土压。

重液公式的适用条件以含水砂层为宜。当地层情况复杂时，应采用其他计算方法。需要说明的是煤矿竖井大都很深，上述规律不适于浅埋（深度小 50m）地下结构，浅埋地下结构中土压所占的比重还是很大的，不宜简单地套用煤矿竖井的计算方法。

七、水工结构

1966 年《水利水电部水工隧洞暂行规范》对水压折减系数在附录二中作了如下详细说明：

"折减系数（β），这是一个综合指标，主要考虑地下水渗流过程的水头损失以及其他排水、补水条件等的影响，因而使作用于衬砌上的外水压力低于地下水位线的水柱压力……"。1966 年规范建议 "……在设计混凝土或钢筋混凝土衬砌时，如围岩裂隙发育时 β 宜取较大值，反之则宜取较小值。……在有内水压力的荷载组合计算时，β 值应进一步降低。……充分论证时也可不计外水压力的抵消作用"。

这是我国关于外水压折减见诸规范条文的最权威的论述，多年来水工部门在水工隧洞设计计算中也基本上是这样采用的，就是这段早在 20 世纪 60 年代的叙述，对水压折减系数的概念理解远比后来有些人的理解更为准确：①折减系数 β 主要是由渗流过程的水头损失及其他排水、补水条件决定的，这等于明确指出了折减是地下水动力原因造成的；②β 是一个综合指标，它的选用应综合水文地质特点及工程防渗、排水措施分析选择；③强调了设计衬砌围岩裂隙发育时 β 取大值，有内水压组合时取小值，甚至不折减，裂隙发育渗排水条件好，水压自然应予降低，有内水压的衬砌，外水压是个抵消因素，β 不仅不能取大值甚至不予折减，这是结构设计中常用的最直接的考虑安全储备的思路之一。

尽管设计计算中一直在采用，但 30 年来学术界和工程界对水压折减的问题有着不同的看法和争论，张有天[1]认为水压折减系数 β 是地下工程界长期争论中公认为最棘手的三个系数（围岩弹性抗力系数 K，坚固系数 f 以及水压折减系数 β）之首。他明确提出了外水荷载（即外水压，作者认为称外水荷载更准确）是渗透压力场形成的场力，亦即是一种体积力，而不是边界力，并进一步解释 "只有当衬砌是不透水材料或是隧洞突然充水时才能形成边界力。对地下结构而言，场力是水荷载的一般形态，而边界力是它的特殊形态。"作者认为一般来说由于地下水的流动要损失一部分水头，因而衬砌外缘处的水柱压力要低于地下水位线，但将后者简单地乘一个折减系数 β 来确定衬砌外缘水压的做法，不仅在理论上模糊了渗透压力是体积力而不是边界力的基本概念，而且在实践上并不总是安全的，它会带来很大的误差。

1984 年，当时水电部在修订规范时肯定了 "地下水压力实际上是在渗流过程中渗透水作用在围岩和衬砌中的体积力，有条件时可通过渗流分析决定相应的水荷载"（请读者注意 "衬砌中" 的说法，这等于说明许多水工结构衬砌允许甚至是希望渗漏的）。考虑到工程技术人员设计上的方便仍然保留了水压折减数 β 的概念，但对 β 值的选用则给出了一个更为详细的选用表，且仅限于 "对一般水文地质条件较简单的隧洞"。强调 "对于无压

---

[1] 张有天，张武功，隧洞水荷载的静力计算，水利学报，1980.6。

隧洞，应考虑设置排水设施，减少地下水压力"。对于水文地质条件复杂的隧洞，在规范（SD 134—84）修订说明中给出了一个渗流场分析的计算方法。

水工部门对这个问题如此关心除了水工结构本身的重要性之外，主要还在于水工隧洞和地下水电站等工程大都修建于岩石之中，而在衬砌外部往往构筑排水措施或者衬砌允许有一定渗漏并设有内排水措施。

八、大瑶山隧道"底鼓"和长委界面接触试验的启示

铁路隧道由于采取防、排、堵、截的原则，因而不把外水压力当作荷载考虑的，但大瑶山是个例外，隧道通过的 F9 断层带（DK1994＋065～＋630）长达几十米，呈破碎结构、岩溶发育、涌水量大，外水头平均高达 600m 左右，采用在围岩 5m 厚度的范围内注浆堵水，并令该注浆固结圈与衬砌共同承受地压和水压。施工后作为结构的整体稳定性是良好的，但没有解决水的渗透问题，孔隙水沿着没有堵塞的缝隙渗入到围岩与衬砌的界面薄弱处，使其承受很大的水头，甚至可与静水头 600m 大体一致，最后导致"底鼓"破坏（见图 4-71），水大量涌出。

长江水利规划委员会为探讨消能池和护坦抗浮问题，在一块完整的基岩上浇筑混凝土观察两者界面的结合情况，结果发现 75% 的混凝土与基岩接合不好，只有 25% 做到了紧密结合，也就是说在理想的试验条件下也才仅仅达到 1/4 的紧密结合，有 3/4 的范围地下水是可以渗入的。

图 4-71　大瑶山隧道底鼓
破坏示意图

这两个例子给我们如下几点很重要的启示：

（1）注浆堵水并将注浆固结圈考虑与衬砌共同承担外荷载（地压和水压）可以满足结构的整体稳定性，但不能保证孔隙水渗入到两者界面薄弱处形成高水压区而"鼓破"。

（2）在理想的条件下衬砌与围岩的紧密结合率只有 25% 左右，大部分不能做到紧密结合，在条件恶劣的施工现场更难实现，何况注浆是"暗"作业，几乎无法判定注浆后的堵实率。

（3）现场实测的离散性大，一个重要的原因是测量点如果处于紧密结合区，那么测到的水压就是较低的亦即可以折减；如果测量点处于没有紧密结合仍保持有水压联系的区域，测到的水压一定是较高的，甚至和静水柱一样，那就不能做任何折减。室内模型试验可以创造条件克服这种离散性。这就是为什么第三节中现场实测的 7 例有着完全不同的结论，而第四节室内模型试验只有一个"不能折减"的结论的原因。

（4）比较科学合理的做法应是既要注浆又要适当排水，注浆形成的固结圈不仅可以与衬砌共同作用而且可以大大减少渗水量，渗入界面薄弱处的有限的孔隙水又通过排水设施被排走，排水量不大又不至于形成高压水的鼓破。这个方法的难点是渗水的位置不容易判断。

九、结论

（1）地下结构的外水压力就是孔隙水压力，在一般情况下，稳定地下水位形成的静孔隙水压是一个定值，等于从计算点算起的静水柱高度。

（2）地下水渗流可以引起超静孔隙水压或称孔隙水压增量，当渗流向下时增量为负，即孔隙水压力降低；渗流向上时增量为正，即孔隙水压升高。结构周围设置排水措施或允许结构有一定程度的渗漏，均能引发地下水向下的渗流而导致孔隙水压力下降。

（3）我国规范中明确规定外水压力可以折减的为《水工规范》(SD 134—84)，这是水工结构使用要求和环境条件决定的，其他工程不宜简单套用。况且规范还谨慎地强调"地下水压力是在渗流过程中渗透水作用在围岩和衬砌中的体积力"，仅对一般水文地质条件较简单的隧洞才采用边界力的概念，对外水压乘以折减系数 β 进行计算，否则应作渗流场分析。

（4）城市浅埋地下结构的水压是否折减值得商榷。按照地下空间的划分，埋深在 50m 以内的属浅层地下空间，埋深在 50~100mm 称为中层，大于 100m 的则属深层，后者即使在国际上也不多，越深碰到的问题越复杂，太深了则不适于人类正常活动。目前我国尚处于开发地下空间初期阶段，亦即大都在地表以下 50m 内开发，除军事指挥所等战略设施以外，我国似乎还没有超过 50m 深的地铁车站或地下商场等民用地下空间。城市浅埋地下结构有下面一些重要特点：

1）城市浅埋地下结构处于人口集中且物流、车流频繁的城市，设计、施工乃至以后的维修都要受城市条件的制约，地下水是城市资源，不宜大量排放，何况盲沟需要维护并且一旦堵塞维修起来又有困难，附近施工和增建新建筑的几率高，影响地下水渗流的因素多等。

2）地下结构都带有较强的服务性，人流比较频繁，甚至人要在其内从事一定业务活动。一般对环境要求较高，不能渗漏水。

3）城市大都处于江河下游平原地区或山脚下，从地质上看不是冲积层，就是洪积层，总之多为第四纪沉积层（青岛、重庆等城市例外）。因此地层不是以砂质为主就是以软黏土为主，前者如北京，后者如上海。这种地层地下水的连通渠道密如蛛网，远不如基岩地区那样容易判定和处理。

4）城市地下结构大都是浅埋的，浅埋结构一般来说无论是土压还是水压，折减的潜力都不大，还没有见到像煤矿竖井那样系统的实测资料，足以提出像重液公式那样的以水压为主的计算方法。至今还没有人敢于对浅埋明挖结构（不包括暗挖）的土压进行折减的，而对水压折减的前提则是必须采取引排水措施才行。

总之，城市浅埋地下结构，既不同于建于山区环境的水工隧洞，也不同于深达几十~几百米的煤矿竖井，其地理位置、地质条件以及使用功能不同，其外水压力是否折减是值得商榷的。笔者认为以不折减更为科学和稳妥。

第二篇　城　市　防　灾

　　燃气爆炸和火灾被公认为是当今城市中频率最高随机性最大且与人类生活联系最紧的两个灾种，而对它们的研究又相对滞后，特别是燃气爆炸。本篇第五~七章讨论城市民用燃气爆炸的机理及防治，第八~十章讨论城市火灾的预防及对策。

第五章　燃爆日益成为一个严重的城市灾害[●]

第一节　全球灾害的严重性

一、灾害定义及其严重性

　　世界卫生组织将灾害定义为"任何能引起设施破坏、经济严重受损、人员伤亡、健康状况及卫生服务条件恶化的事件，如其规模已超出事件发生社区的承受能力而不得不向社区外部寻求专门援助时，就可称其为灾害。"联合国 1989 年成立"国际减灾 10 年（1990~2000 年）委员会"，该委员会的专家组将灾害定义为"灾害是指自然发生或人为造成的，对人类和人类社会产生危害后果的事件与现象。灾害是一种超出受影响社会现有资源承受能力的人类生态环境的破坏。"

　　灾害的损失是很严重的，世界每年因各类灾害而造成的损失大约 2000 亿美元，中国占 1/4~1/5。2003 年初，中国民政部副部长发布声明，中国在 2002 年各类自然灾害损失总计达 1500 亿元人民币，2003 年又上升为 2800 亿元，值得注意的是这还不包括非安全生产事故。由于中国非安全生产事故频繁，国务院于 2003 年 11 月成立"安全生产监督委员会"，据该委员会 2003 年 11 月 14 日披露，我国近年来发生各类非安全生产事故 100 万起，死亡 13 万人，损失 4000 亿人民币。2004 年 4 月，中国科协举办的"科学和技术发展研讨会"关于安全科学技术的专题报告披露 2003 年全国工矿企业工伤事故死亡 16484人，其中煤矿死亡 7000 多人，建筑业死亡 1512 人，是事故死亡率最高的两个行业。灾害损失占国民经济的比例，因地域和发达程度而异，大约美国为 0.06%，日本为 0.08%，中国为 2%~3%。这些统计的准确性固然有其值得质疑的一面，但有一点是肯定的，就是根据历史资料（见表 5-1）和中国所处的地域来看，中国是一个多灾害的国家。灾害多而国民经济又相对不够发达，灾害损失占的比例高就是很自然的了。我国每生产百万吨煤的死亡率高达 6 人，是美国的 100 倍，印度的 10 倍；百万吨钢的死亡率是美国的 20倍，日本的 80 倍；建筑业每百亿元产值的死亡率 2002 年为 6.9 人，2003 年为 6.7 人，

　　[●]　本章内容参见文献［54~62，76，92，109~112，117，127，154，155］。

为世界之首，这些充分说明了我国生产环节的落后和安全生产形势的严峻。这些非安全生产方面的死亡和事故是被归入人为灾害之列的。

二、灾害的分类

灾害按大类分自然灾害和人为灾害两种，地质灾害（地震、火山爆发、地下毒气与海啸），地貌灾害（山崩、滑坡、泥石流、沙漠化与水土流失），气象灾害（暴雨、洪涝、热带气旋、冰雹、雷电、龙卷风、干旱与低温冷害），生物灾害（病害、虫害与有害动物灾），天文灾害（天体撞击、太阳活动与宇宙射线异常）等均属自然灾害；而生态灾害（自然资源衰竭、环境污染与人口过剩），工程经济灾害（工程塌方、爆炸、工厂火灾、森林火灾与有害物质失控），社会生活灾害（交通事故灾害、非安全生产灾害、火灾、战争、社会暴力与动乱与恐怖袭击）等均属人为灾害。

三、灾害的分级

灾害等级的划分缺乏统一规范的度量方法。一般来说，地震和台风以释放的能量计算。

地震的震级 M 分 9 级，一说 10 级，它是根据里氏地震仪在距震中 100km 记录到的最大地震动位移 A 的对数值，即 $M = \lg A$（当测定位置不在震中 100km 处时，A 值可通过修正求得），图 5-1 给出了 9 级地震大致分界，一般来说 5 级以下多为小震而 5 级以上则为大震，每升一级释放的能量大约相当于前一级的 30 倍。迄今为止所测到的最大的地震为 1990 年的智利大地震，震级 9.5 级。在判定地震震害的程度确定不同城市的设防标准时，还有一个度量称为烈度，共有 12 度，这在一般抗震教科书上均可查到，这里就不赘述了。

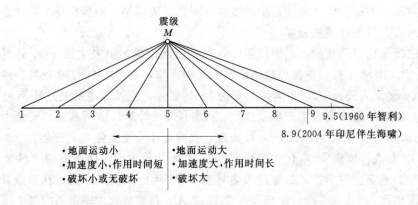

图 5-1　震级示意图

表 5-1　　　　　　近 300 年来世界死亡人数大于 10 万人的大灾害的目录

时　间	受灾地区	灾　型	死亡人数（万人）
1696 年 6 月 29 日	中国上海	风暴潮	10
1731 年 10 月 7 日	印度加尔各答	热带气旋	30
1731 年 10 月 11 日	印度加尔各答	地震	30
1770～1772 年	孟加拉	饥荒	800～1000

时　　间	受灾地区	灾　型	死亡人数 （万人）
1782～1786 年	日本津轻藩	饥荒	20
1786 年 6 月 1 日	中国四川泸定	地震	10
1810 年	中国	饥荒	900
1811 年	中国	饥荒	2000*
1812 年 10 月 19 日～12 月 13 日	法国	冻害	40
1845～1836 年	日本本州北部	涝、饥荒	～30
1837 年	印度北部	饥荒	100
1845～1846 年	爱尔兰	饥荒	150
1846 年	中国	饥荒	28
1849 年	中国	饥荒	1500*
1847 年	中国	饥荒	500
1862 年 7 月 27 日	中国广东广州	风暴潮	10
1865 年	印度东北部	饥荒	100
1876 年 10 月 31 日	孟加拉巴卡尔甘杰	热带气旋	20
1876～1878 年	中国山东、河南、河北等	旱灾	1300*
1879 年	中国新疆喀什	冻害	
1881 年 10 月 8 日	越南海防	台风	10
1882 年 6 月 5 日	印度孟买	热带气旋	10
1888 年	中国	饥荒	350
1896～1905 年	印度	饥荒、黑死病	1000
1897 年	孟加拉	热带气旋	17
1908 年 12 月 28 日	意大利墨西拿	地震	11
1915 年 7 月 2～9 日	中国广东	洪水	～10
1918～1919 年	印度	饥荒、流感	1500
1920 年	中国山东、河南、山西	旱灾	50
1920 年 12 月 16 日	中国宁夏海原	地震	24
1923 年 9 月 1 日	日本东京	地震	14
1923 年	中国十二省	火灾	～30
1923～1925 年	中国云南东部	霜冻、饥荒	～30
1923～1925 年	中国四川	旱灾、饥荒	10
1929～1932 年	中国四川、甘肃、陕西等	旱灾、饥荒	1770*
1931 年 7 月 3 日	中国湖北、湖南、安徽	水灾	14
1931～1939 年	中国	水灾	698
1932 年 7 月	中国吉林、黑龙江	水灾	60

时　　间	受灾地区	灾　　型	死亡人数 （万人）
1935 年 7 月 3～8 日	中国湖北、湖南	水灾	14
1937 年	印度加尔各答	飓风	30
1942～1943 年	中国河南	旱灾	～300
1943 年	中国广东	旱灾	300
1943～1944 年	孟加拉	洪水、饥荒	350
1946 年	中国湖南	饥荒	300
1968～1973 年	非洲萨赫勒地区	旱灾	150
1970 年 11 月 12 日	孟加拉	飓风	50
1971 年	越南	洪水	10
1976 年 7 月 28 日	中国河北唐山	地震	24*
1984～1985 年	埃塞俄比亚	旱灾	＞100
1988 年	苏丹	饥荒、疾病	56

风灾又称为热带气旋，过去一直沿用英国人蒲福（Beaufort）于 1850 年拟定的风力等级，自 0 至 12 共 13 个等级（1946 年扩大为 18 个等级），小于 7 级的风（风速 50～61km/h）破坏力很小或基本不构成破坏，故我国规定 8 级以上的风才称为台风，表 5-2 给出了 7 级以上风的征象及参数。12 级台风大都在太平洋上空形成，气旋向西移动时有可能出现极端风速，接近大陆时风速就降低了。我国东南沿海每年夏季有大约 20 次台风登陆，大都在 10 级以下，近年来最严重的一次可能是 2000 年 8 月第 10 号台风了，台湾全岛损失新台币 40 多亿元；大陆福建 1100 多栋房屋被毁，铁路中断，山体滑坡；浙江乐清市毁坏房屋近 700 栋。

2006 年 6 月 2 日，中国气象局与国家标准化管理委员会在北京联合举行新闻发布会，给出了中国划分热带气旋的等级，与蒲福风力等级有着相应的对应关系，可参见文献 [12] 或文献 [155]。

表 5-2　　　　　　　　　　　7 级以上风的征象及参数

风力等级	陆 地 地 面 征 象	自由海面浪高 （m）	距地 10m 高处风速 （m/s）
7	全树摇动，迎风步行感觉不便	4.0 (5.5)	13.9～17.1 (50～61km/h)
8	微枝折毁，人向前行感觉阻力甚大	5.5 (7.5)	17.2～20.7 (62～74km/h)
9	建筑物有小损（烟囱顶部及平屋顶摇动）	7.0 (10.0)	20.8～24.4 (75～88km/h)
10	陆上少见，见时可将树木拔起或使房屋损坏较重	9.0 (12.5)	24.5～28.4 (89～102km/h)
11	陆上很少见，有则必有广泛损坏	11.5 (16.0)	28.5～32.6 (103～117km/h)
12	陆上绝少见，摧毁力极大	14.0	32.7～36.9 (118～133km/h)

地质地貌灾害以快速移动物质的体积计算，如崩塌、滑坡、泥石流和洪水流量等。《灾难医学》根据我国国情参考人口的直接死亡数和经济损失数将灾害划分为五个等级，分别为

E级：死亡人数小于 10 人，或损失小于 10 万元人民币——微灾；

D级：死亡 10～100 人，或损失 10 万～100 万元人民币——小灾；

C级：死亡 100～1000 人，或损失 100 万～1000 万元人民币——中灾；

B级：死亡 1000～1 万人，或损失 1000 万～1 亿元人民币——大灾；

A级：死亡 1 万人以上，或损失大于 1 亿元人民币——巨灾。

中国国务院安全生产管理局及公安部消防局常把死亡 10 人以上的事故称为特大事故，如煤矿瓦斯爆炸及火灾事故等。上述的医学分级可能更适用于瘟疫流行病，如 2003 年春季那场可怕的 SARS 瘟疫，从 3 月初～6 月 24 日世界卫生组织宣布北京撤销旅游警告为止，中国内地因 SARS 共死亡 347 人，连同中国香港的 296 人及中国台湾的 84 人，这场瘟疫中国共死亡 727 人。全世界主要非典地区（越南河内，新加坡、中国内地、中国香港特别行政区、中国台湾，加拿大多伦多六个地区）共死亡 798 人，中国占 91%。按照上述灾难医学分级可以列入 C 级。

四、灾害的属性

在自然界中灾害几乎是与生俱来的，准确地说从宇宙诞生的那一天起就伴随着灾害，可以说"只要有物质的运动和运动的物质就一定有灾害"，全面分析灾害具有下述的 7 个属性：

(1) 灾害的普遍性和恒久性。

(2) 灾害的多样性与差异性。表现为复杂、模糊、起源不同、轻重不同等。

(3) 灾害的全球性与区域性。总体上是全球的，不同区域灾种和程度不同。

(4) 灾害的随机性与预测的困难性。表现为时间、地点、强度、范围都是随机的，随机事件预测都是困难的。

(5) 灾害的突发性与缓慢性。如地震是突发的，沙漠化、水土流失等则是缓慢的。

(6) 灾害的迁移性、滞后性与重现性。加拿大酸雨来自美国的污染，是空气流动造成的迁移；人口膨胀，生态失衡则表现为滞后；至于重现性则更多了，单是台风我国几乎每年都要面对这个现实，有的年份多达 20 多次。

(7) 灾害的人为性和可预防性。人为性既表现为自觉地施加灾害如恐怖主义，又表现为人类认识上的局限性和滞后性导致的被动灾害，如生态失衡、核泄露、交通事故及燃气爆炸等。这些灾害大都在一定程度上是可以预防的。

承认并正确认识和对待灾害的这 7 个属性是非常重要的，它在本质上是哲学层次上的一个认识论和世界观问题。如果你承认世界是物质的，物质又是运动的，那么就必然要承认灾害的永恒性和普遍性，有人认为随着人类社会的进步科学的发达灾害可以减轻甚至消灭，这是很天真的。事实上进步和发达的同时，有些灾害特别是自然灾害由于预测和救助措施的先进可以在一定程度上得到减轻，但却不能消灭，至少目前我们还看不到消灭地震的前景，更何况科学发达的同时一些人为性强的灾害反而产生并多起来了。如汽车多了道路交通事故就多起来，据统计，2003 年全世界交通事故死亡 50 万人，其中中国 10.4 万、印度 8.6 万、美国 4 万、俄罗斯 2.6 万。中国每年因道路交通事故死亡人数排在脑血管、呼吸系统、恶性肿瘤、损伤与中毒及消化系统疾病后面居第七位，而全世界道路交通事故

死亡人数在总死亡人数中居第十位，这显然和中国人口多、道路状况差、私家轿车发展过快有关。核能的利用就有可能出现核泄露，化肥、杀虫剂的发明在大幅度提高粮食产量同时也带来了食物中的某些对人类不利的成分。最能说明问题的是抗生素的发明，它救治了千百万人的生命，功不可没，据媒体报导在大量使用抗生素的同时人类细胞中又滋长了一些抵御抗生素的细菌，不仅原来的抗生素失效了而且产生了一种新的抗生素病，这种现象在发达国家尤其严重。还有信息技术被认为是现代科技发展的骄傲，但同时也暴露了它在安全方面的脆弱性，在互联网上对 TCP/IP 的攻击将导致服务性能下降、中断、数据泄露或篡改，特别是恶意用户或敌意用户发布错误信息，干扰甚至破坏全网的联通性，于是一个新的防灾领域诞生了。2001 年 911 事件对美国世贸大厦的恐怖袭击死亡接近 3000 人，可算近代人为施加灾害最严重的了，建筑师们不像政治家那样关心恐怖袭击的动因，但对高层建筑和钢结构的耐火性能提出了质疑。我们无权责备建筑师们不关心政治或者看问题不得要领，倒是应该肯定他们这种想法的直观性和针对性。作为现代社会发达标志之一的超高层建筑，如此风起云涌般的兴建是否在设计时就应考虑，万一产生恐怖袭击时如何做到损失最小。飞机、超高层建筑都是现代科学高度发达的产物，正是这些产物在特定的社会环境和政治氛围下竟然构成了一场惊人的人为灾害。

在我国还有一些缺乏组织性纪律性甚至是因为落后无知引发的灾害，比较典型的有 2004 年 2 月 5 日，密云密虹公园举行第二届迎春灯展，由于人流过大而又缺乏疏导造成因拥挤、摔倒、踩踏死亡 40 余人；2004 年 2 月 15 日，浙江海宁五丰村的无知妇女搭棚进行迷信活动，蜡烛点燃草棚烧死 40 多人。这一类灾害经过教育和加强组织管理也许是可以避免的，但从总体上说，灾害是普遍的、永恒的，是需要全人类共同长期与之斗争的怪物。

五、抗灾和减灾是全人类共同的任务

1989 年 12 月 22 日，联合国第 44/236 号决议建议成立了"国际减灾 10 年委员会"，宣告 20 世纪最后 10 年为"国际减轻自然灾害 10 年"，其目标是使下一个世纪中因自然灾害导致的人的生命损失减少 50%，经济损失减少 10%～40%。

1994 年世界减灾大会前夕，联合国公布了 1963～1992 年 30 年间世界重大灾害分类统计资料，分别按有效损失（SD）、受影响人数（AF）和死亡人数（ND）作为界定指标进行统计，见图 5-2～图 5-6。三个界定指标的含义如下：① 有效损失（SD），指损失等于或大于受灾地区或国家的国民生产总值 1%者；② 受影响人数（AF），指受影响人数等于或大于总人数的 1%者；③ 死亡人数（ND），指死亡人数等于或大于 100 人者。满足上述条件者才作为一次灾害予以统计。这种界定是必要的，它排除了一些普通的小事故掺杂进去干扰灾害统计的科学性和准确性。

图 5-2～图 5-6 显示如下的规律：

（1）无论用哪个指标统计，全球灾害都呈上升的趋势，见图 5-2 和图 5-5。

（2）各种自然灾害中，最严重的几个灾种为水灾、干旱、热带风暴、地震、流行病以及饥荒，见图 5-3 和图 5-4。

（3）全球灾害的分布情况，欧洲、北美灾害次数最少，而东亚、南亚次数最多，我国处于东亚地区是灾害比较严重的国家，见图 5-6。

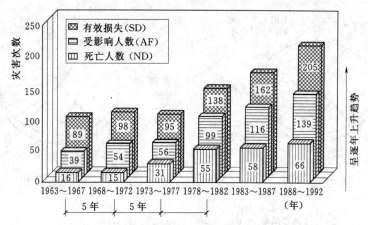

图 5-2　不同时段按三个界定指标统计的灾害次数

（其中前面、中间、后面的标牌分别为按 SD、AF 和 ND 统计的次数，图中显示灾害呈逐年上升趋势）

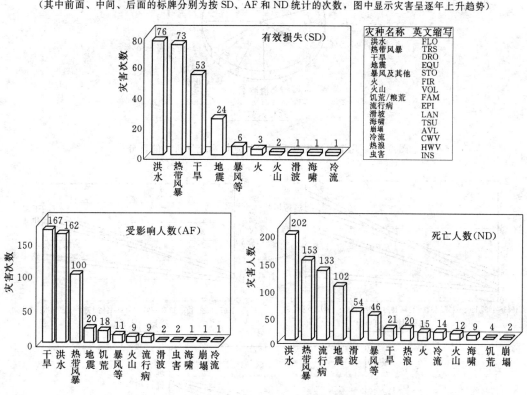

图 5-3　不同灾种按三个界定指标统计的灾害次数

（图中显示最严重的几个灾种为水灾、干旱、热带风暴、地震、流行病、饥荒等）

六、中国要高度关注发展中的人为灾害

灾害作为一种物质的运动形态从唯物主义观点来说是永远也不能消灭的，只要有物质的运动和运动的物质就有灾害。过去有一种似是而非的说法，似乎只要有了先进的社会制度，灾害就可以减少甚至消灭，从我国建国后的实践来看并非如此。表 5-3 给出了我国历史上各个不同时期灾害的情况，由于各个时期经历的年限不同，具有可比性的应是年均

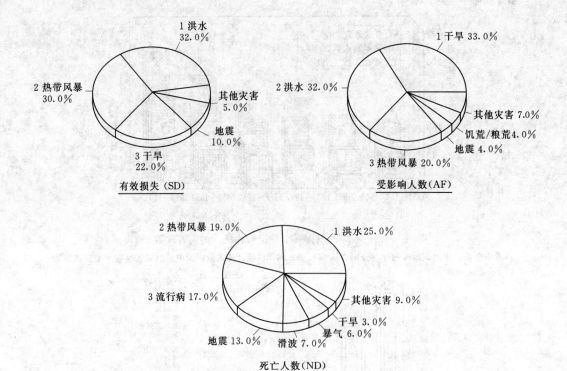

图 5-4　几个主要灾种按三个界定指标统计所占的百分比

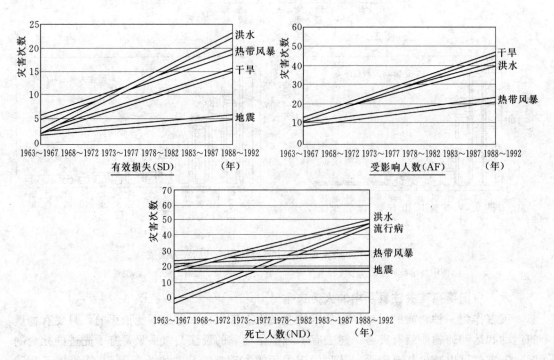

图 5-5　几个主要灾种随时间的增长趋势（横坐标每 5 年一个时间段）

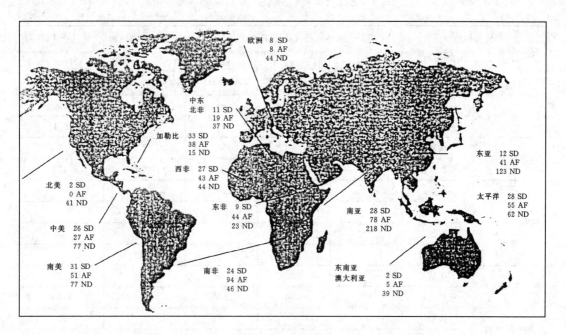

图 5-6　世界不同地区按三个界定指标统计所发生的灾害次数
（图中显示欧洲、北美次数最少，而东亚、南亚次数最多，我国处于东亚地区）

值。表中显示就灾害的死亡人数而论，半封建半殖民地时期最多，封建社会的第三期（大约是明初～清末）和第二期次之，社会主义阶段居第 4 位。需要说明的是，由于种种原因，我国的统计数字经常是不全面的，特别是"文革"以前尤其严重，至今没有看到官方关于 1960～1962 年三年自然灾害期间，中国因干旱饥饿致死的统计数字，如果把这个数字考虑进去，平均死亡人数要远大于表 5-3 中给出的数值。就灾害的次数而论，社会主义阶段高居第二，这指的还仅是自然灾害，尚不包括建国后的那些围湖造田、毁林种地、随意排放、盲目开采等所造成的生态失衡。这一类人为灾害，在我国有一个时期应该说是很严重的，单就随意排放为例，我国 1979 年全年排放废水 283 亿 t，1980 年排放 310 亿 t，其中只有很少一部分是经过处理的。有资料披露我国每年排入长江的污水中含酚 21000kg，氯化物 14000kg，汞 360kg，砷 6100kg，铬 3200kg。早在 20 世纪 70 年代，调查长江下游经济鱼类的汞检率为 100％。

表 5-3　　　　　　　公元 22～1987 年我国不同时段自然灾害情况　　　　　　单位：万人

社会性质		封建社会（共 1890 年）			半封建半殖民地	社会主义
灾害情况	时段	一期 22～618 年	二期 619～1368 年	三期 1369～1911 年	1912～1949 年	1949～1987 年
干旱、饥饿	次数	3	4	15	7	
	死亡人数	22.5	1003	1547.43	284.79	
洪水涝灾	次数	5	20	24	15	8
	死亡人数	8.25	17.13	143.48	96.97	1.05

社会性质		封建社会（共1890年）			半封建半殖民地	社会主义
灾害情况	时段	一期 22~618年	二期 619~1368年	三期 1369~1911年	1912~1949年	1949~1987年
地震	次数	10	20	61	18	9
	死亡人数	0.59	31.59	189	39.65	28.11
海啸灾害	次数	1	8	56	1	3
	死亡人数	0.1	11.68	68.45	0.08	3.2
瘟疫	次数			16	1	
	死亡人数			63.15	10	
寒冻	次数				2	
	死亡人数				11	
风暴	次数		2	16	5	2
	死亡人数		1.01	27.25	15.4	0.11
泥石流滑坡	次数					2
	死亡人数					0.05
自然灾灾	次数				1	1
	死亡人数				1	0.32
合计	次数	19	54	191	47	25
	死亡人数	31.44	1064.40	2050.76	446.89	32.84
年平均	次数	0.03	0.07	0.35	1.27	0.67
	死亡人数	0.05	1.42	3.74	12.08	0.89

随着改革开放的深入和社会主义建设的飞速发展，面对一片欣欣向荣的景象，要时刻注意我国的基本国情是"地大物不博，人多素质低"（素质指健康、教育、文明等指数）。灾害学家把人口的过度膨胀归入人为灾害，不管这种归类是否合理，但人口问题确实是我国最重大的问题之一。对此本书在第一章第一节中有较详细的讨论，从表 1-1～表 1-3及图 1-1中可见一斑。几年以前我国统计在册的残疾人就达 6000 多万，比英国的总人口5000 万还多 1000 万人，2006 年 12 月，中国残联主席邓朴方披露，中国在册残疾人更上升为 8000 多万，这是一个引起人们高度注意的问题。我国目前有 7.5 亿壮劳力，其中只有 2 亿多人实现充分就业，有 5 亿多人基本上是处于不正规的就业状态，也得不到充分的医疗、住房以及养老等基本保障。进城务工的农民逐年增多，从 1999 年 2704 万人增加到2002 年的 13288 万人，2006 年更高达 2 亿。我国能源短缺，2000 年人均可采储量石油只有 2.6t，天然气 1074m³，煤炭 90t，分别为世界平均值的 11.1%，4.3%和 55.4%。石油安全越来越突出，我国石油的对外依赖度从 1995 年的 7.6%增加到 2000 年的 31.0%，预计到 2020 年可能接近 60%，这不能不引起我们的高度重视。我国水资源总量 28 万亿 m³，占全球水资源的 6%，仅次于巴西、俄罗斯和加拿大，居世界第 4 位，但按 13 亿人口一平均，人均占有的水资源仅为世界平均值的 31%，是美国的 1/5，加拿大的 1/50。由于

降雨在时间和空间上的不均衡，全国有 1/4 国土面积缺水，有 3.6 亿农村居民饮水达不到应有的卫生标准。2000 年以来，全国每年用水量 5500 亿 m³，其中农业占 68％，工业占 21％，城市生活占 11％，人均综合用水量 430m³。按目前正常用水要求每年缺水近 400 亿 m³，其中农业缺 300 亿 m³，导致每年因干旱粮食减产 200 多亿 kg；工业缺水 60 亿 m³，影响工业产值 2300 多亿元，全国 668 座城市有 400 多座缺水，其中 108 座严重缺水，多集中在北方少雨地区，水资源的供需矛盾已成为我国经济发展、粮食安全、社会安定和环境改善的制约因素。本来就缺少的水资源还在不断地遭受污染，全国工业废水和城镇生活污水的排放总量从 1949 年的 20 多亿 t 猛增到 2000 年的 620 亿 t，50％的城市地下水遭到污染，118 座大城市中约有 98％的浅层地下水受到不同程度的污染，近岸海域劣等Ⅳ类海水占 32％。全国水蚀和风蚀面积占国土面积的 38％，严重水土流失导致每年平均流失土地 100 万亩以上，流失 50 多亿 t 沃土，还引起河湖淤积，加剧了洪水灾害。

工业和建设事业的高度发展，近 20 年来我国一直是世界上水泥生产的第一大国，年产 8 亿多 t。但水泥是一项高能耗、高污染的行业，平均每生产 1t 水泥，消耗 1t 石灰石，150kg 标煤，110kW·h 电力，而 8 亿 t 水泥将要消耗 8 亿 t 石灰石，120 亿 t 标煤和 880 亿 kW·h 电力，且不说煤和电，单说被人们认为遍地都是的石灰石，我国探明的储量为 450 亿 t，而可开采的约 250 亿 t，就是保持现在每年生产水泥 8 亿 t 的水平，31 年以后就会出现石灰石的资源枯竭。还有钢，我国年产已达 3 亿多 t，居世界之首，且不说铁矿资源和能源的紧缺，单是对环境的污染就已经到了不堪重负的程度了，燃煤排放的 SO_2 及可吸入颗粒物等有害物质使我国环境受到严重污染，2003 年监测的 340 个城市中有 91 个（占 26.7％）达不到环境三级的标准。

上述问题都属于发展中的问题，不发展是不行的，否则人这么多人失业问题怎么办？"发展是硬道理"不容动摇，但发展中的问题也是不能忽视的。近期中央提出的"科学的发展观"以及"走可持续发展的道路"是正确而及时的，所以当前我国要高度关注发展中的人为灾害。

第二节　燃爆——一个不容忽视的城市灾害

一、随着燃气用户的增加燃爆事故日趋严重

随着生产建设的发展，城市燃气的使用特别是民用燃气的日益普及，燃气爆炸事故也越来越多，燃气爆炸又容易引发火灾，给人类的生产和生活带来了极大的威胁和危害。

在城市燃气使用和普及推广的历史上，国内外都经历了一段不寻常的经历。一方面城市煤气（Town Gas），天然气（Natural Gas）和液化石油气（Liquied petroleum Gas）方便了生活、促进了生产，但也引发了一系列燃爆事故。国际上最为著名的例子就是 1968 年伦敦 Ronan point 公寓，因居住在 18 层的一户不慎引发燃气爆炸造成整个 22 层的公寓一角连续倒塌。

伴随燃气用户的增加，燃气爆炸的事故也越来越多，表 5-4 给出了一些燃气爆炸事故及破坏的实例。

表 5-4   燃气爆炸事故及破坏

序号	时　间	地　点	损　失	原　因
1	1968 年	英国 Radon Point 公寓	墙体及楼板连续倒塌	18 层一厨房天然气泄漏
2	1970 年	格陵兰 Godthab	建筑物全部倒塌	地下室管道煤气泄漏
3	1972 年	美 国 Richmansworth Groxdey Green	局部破坏严重	
4	1973 年	法国 Perpingnan	建筑物中部塌毁	无纵向墙约束，节点无抗拉措施
5	1975 年 8 月	英格兰兰开斯特郡 Mersey 公寓	房屋严重倒塌	预制楼板与外墙拉结不好，缺少约束
6	1990 年 2 月	盘锦	主体倒塌	餐厅燃气泄漏，横墙与楼板拉结不好
7	1991 年 11 月 30 日	深圳一纸品厂	厂房烧毁	液化气输送管道破裂
8	1992 年 4 月 22 日	墨西哥城	2000 余人死亡，路面炸毁	管网泄漏
9	1992 年 8 月 22 日	北京南沙滩	爆炸处楼板与墙板破坏严重，但整体结构尚好	一户天然气爆炸
10	1993 年 2 月 11 日	太原市和平南路焦炉煤气输配干管	地下输配干管、阀门、管井不同程度破坏	路面荷载导致地下煤气管道泄漏
11	1993 年 11 月 16 日	江苏徐州市铜山县液化气公司装配站	死 4 人，重伤 16 人	
12	1995 年 1 月 3 日	济南市和平路电缆沟	路面及周围建筑物破坏	煤气管道破裂
13	1995 年 5 月 4 日	青海省石油管理局西部炼油厂招待所	死 3 人，重伤 4 人	天然气泄漏
14	1996 年 2 月 20 日	哈尔滨市液化工程建设总指挥部供气管理处永和街 5 号楼	死 3 人，轻伤 12 人	煤气管道破裂，进入居民楼地沟
15	2001 年 4 月 12 日	北京百万庄某宿舍楼	结构破坏 2 人烧伤	私自装修移动天然气的管路
16	2003 年 8 月 31 日	北京京顺路	道路中断 5 小时，死 3 人，毁 2 车	一辆富康轿车撞击油罐车起火，死亡 3 人，道路中断
17	2003 年 9 月 1 日	陇海路甘肃山西境内	大量石油流失，铁路中断 10 小时，3000 旅客滞留	22 节油罐车脱轨翻倒
18	2003 年 8 月 30 日	北京京顺路马连店附近	死 3 人，车毁，油品燃烧并流失	轿车与油罐车相撞

　　政府消防部门的统计，最能说明随着燃气使用普及率的提高燃爆事故增加的事实，图 5-7 为英国 1957～1976 年 20 年来随燃气消耗量的增加燃爆事故上升的曲线。可以看出 20 年来燃气消耗量增加了 3 倍多，燃爆事故也相应增加了 3 倍以上。

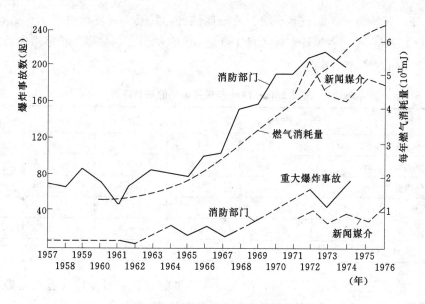

图 5-7　英国燃爆事故随燃气用量增加的统计曲线

图 5-8 为日本昭和 40～49 年液化石油气与爆炸事故上升曲线，可以看出 10 年来液化石油气用户由 1200 万户增至 1600 万户，增加了 400 多万户，相当于基数的 1/3，但燃爆事故却由每年 70 起增至每年 500 起左右，增加 7 倍之多。

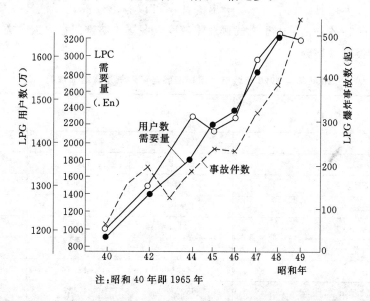

注：昭和 40 年即 1965 年

图 5-8　日本液化石油气（LPG）事故随用量增加的统计曲线

我国由于燃气普及的较晚，至今许多中小城市的居民还用不上燃气，但大城市则发展的快些。表 5-5 给出了我国 1985～1997 年民用燃气增长的趋势，可以看出随着人口增加和城市面积的增大，用气的人口由 1985 年的 3000 万增至 1997 年的 1.5 亿，12 年间增加了 4 倍，其中煤气和天然气增加了 4 倍而液化石油气则增加了将近 10 倍。我国举世瞩目的西气东输工程从新疆的塔里木至上海总长 3900km，自 2002 年 7 月第一期开工，2004

年 1 月 1 日，开始向沪、浙、苏、皖、豫等地供气，截至 3 月底已供气 1.5 亿 m^3，预计 2007 年可供 74 亿 m^3，占设计年输入量 120 亿 m^3 的 62%。所供燃气价格适中，末端用户平均 1.27 元/m^3。[1]

表 5-5　　　　　　　　　我国 1985~1997 年民用燃气的增长情况

年　　份	1985	1990	1995	1996	1997
城市人口（亿人）	2.1	3.3	3.8	3.6	3.7
城市面积（万 km^2）	44.8	116.6	117.2	98.7	84.5
煤气用量（亿 m^3）	24.5	174.4	126.7	134.8	126.0
天然气（亿 m^3）	16.2	64.2	67.3	63.8	66.0
液化石油气（万 t）	60.2	203.0	488.7	575.8	578.2
用气人口（亿人）	0.3	0.6	1.3	1.4	1.5

　　燃爆事故尚无系统的统计资料，但从一些零星的资料中可概略地看出趋势，北京市 1991 年燃爆事故 19 起；而 1992 年 1~9 月就已多达 29 起，全年 30 多起；2000 年 45 起；2001 年 57 起；2002 年 70 起；2003 年截至 10 月已达 50 多起[2]。这些事故中，有一些是较严重的爆炸事故。

　　进入 20 世纪 90 年代以后，我国城镇化的发展速度大大加快，随着城镇人口的增加，家庭用气量也大大增加，由表 5-6 给出的数字可以看出仅液化石油气一项，2000 年较 1990 年增加了 419%。正是由于燃气普及得较晚，我国消防部门在火因分类上没有单独将燃爆作为一个类别来划分。

表 5-6　　　　　　2000 年与 1990 年城市（镇）发展与可燃气用量增加情况*

项　　目	2000 年底	1990 年底	同比数（%）
城市数（个）	690	464	+48.7
建制镇数（个）	20312	11060	+83.7
城镇人口数（万人）	45844	25094	+53.3
建成区面积（km^2）	22439	12856	+74.5
人口密度（人/km^2）	441	279	+58.1
房屋建筑面积（亿 m^2）	76.6	39.8	+92.5
住宅面积（亿 m^2）	44.1	19.6	+125.0
家庭煤气用量（万 m^3）	630937	247127	+130.2
家庭天然气用量（万 m^3）	247580	115662	+114.1
家庭石油液化气用量（万 t）	1053.7	203.0	+419.1

＊　此表与表 5-5 的数字有所差异，盖出于不同的统计源。

[1]　资料来自北京青年报 2004.3.21 及 2003.10.4。
[2]　资料来自北京青年报 2004.3.21 及 2003.10.4。

几乎所有燃爆都伴随着火焰的产生与传播,许多火灾往往直接起源于燃爆,尤其是恶性大火。我国1993年下半年的三起大火都与燃爆有关,8月5日,深圳清水河危险品仓库爆炸起火,伤亡逾百人,出动1万余名消防战士,1000多辆各种灭火车,才制止了火势的蔓延;9月22日,北京燕化公司化工一厂高压车间乙烯爆炸起火,死3人,整个高压车间连同设备几乎全部被毁,损失极为惨重,殃及附近房屋多处;10月21日,南京炼油厂1万m³的储油罐大爆炸,调动扬州、镇江、无锡和上海等近10个城市的消防车前往灭火,南京军区及省军区也派出部队及飞机协助扑救,并先后派6名少将赶赴现场指挥。上述爆炸均是由于可燃物挥发为可燃气体达到一定浓度遇明火引发并进一步加剧蔓延的。

燃爆不仅是一个火灾源,往往又是一个火灾的伴生灾害。上述深圳清水河危险品仓库的第二次大爆炸就属于这一种。8月5日13点25分,4号库爆炸起火,由于火势猛烈,没有得到及时的制止,1小时后,即14点28分,由于大火的烘烤导致附近的6号库又发生了更强烈的爆炸,人员伤亡大都是这次爆炸造成,而且几乎全是在现场灭火的消防干警,情景十分惨烈悲壮。

二、燃气从生产到使用各个环节都可能发生爆炸

可燃气体与空气混合后,经点燃即具猛烈的爆炸性,民用燃气的组分决定了它具有一般可燃气体爆炸的特性。日常生活中,一些闪点较低的可燃液体,如汽油、乙醚等在常温下极易挥发成可燃蒸气,甚至一些闪点较高的可燃液体,遇热后同样挥发成可燃蒸气,这些蒸气达到一定的浓度,遇明火即发生爆炸。

燃气一般要经过生产、输送、储配和使用四个环节才能获得能量转换即使用效果,其中每一个环节都可能发生爆炸酿成灾害,除表5-4提供的那些事故以外下面针对这些环节分别给出若干典型的燃爆灾害实例:

(一)生产环节的爆炸

1. 某市石油六厂合成车间

时间:1970年7月21日

爆因:高压釜油气喷出,离地1m高内充满可燃气,配电间开关打火引爆。

简况:该车间聚异丁烯装置试运行,7号釜石棉垫片被冲破,油气喷出。

损失:死14人,伤36人,直接损失17万元。

2. 某市石油五厂

时间:1974年2月2日

爆因:液化石油气泄漏,充满了室内空间,拉电闸开关时引爆。

简况:因冬天过冷,厂区地下液化气管道所用的铸铁阀门冻裂,导致石油气外泄。

损失:死5人,毁坏房屋多栋。

3. 某厂聚氯乙烯车间

时间:1976年4月30日

爆因:聚氯乙烯气体外溢,遇明火引爆。

简况:生产聚氯乙烯的某生产线发生故障,导致聚氯乙烯外溢,蒸气自一楼逐渐升至正在烧水的茶炉附近,遇明火引爆。

损失：死 2 人，伤 6 人，损失 30 万元。

4. 巴西圣保罗库巴坦炼油厂

时间：1984 年 3 月 25 日

爆因：输油管故障破裂，遇明火引爆。

简况：流出大量油品，使附近贫民区上空充满雾气，爆后火焰温度达 1000℃，可将人牙烧成灰。

损失：死 508 人，伤 127 人，死亡中有 300 名是 3 岁以下婴儿和 6 岁以上幼儿，2000 名幸存者无家可归，毁房无数。

5. 中国川东北气矿井喷事故

时间：2003 年 12 月 23 日

起因：忽视安全生产。

简况：正在钻探的天然气矿井，在接近气层处突然喷发，大量有毒气体喷出。

损失：死亡 198 人，数万名村民紧急疏散，事后赔付颇巨，直接责任人包括公务员受到不同程度的处罚。

（二）输送（车、船或管路）环节的爆炸

1. 美国伊利诺伊州横穿克利圣特城市中心街的铁道上（火车运输）

时间：1970 年 6 月 21 日

爆因：牵引 10 节液化石油气（LPG）槽车的列车脱轨，槽车开裂爆炸。

简况：每节车装 LPG75t，脱轨后翻倒碰撞爆炸，车皮飞到 200m 远并撞毁楼房，部分爆片飞至 500m 以外。

损失：伤 66 人，毁 16 栋大楼，25 栋民房，中心街 90% 设施被烧毁。

2. 中国远洋运输公司货轮爆炸（轮船运输）

时间：1981 年 9 月 26 日

爆因：装聚苯乙烯树脂的货轮停在新加坡锚地，树脂内戊烷外泄充满船体上空，水手关闭桅杆荧光灯时打火引爆。

简况：戊烷爆炸的上下限为 1.4%～8.3%，闪点：－40℃，点燃能量仅 0.28mJ。4 号舱首先爆炸，继而 3 号、2 号舱，超过 2000t 可挥发性聚苯乙烯树脂毁于一旦。

损失：1 亿元以上。

3. 意大利中部佩鲁贾省托迪市古董展览会（管路输送）

时间：1982 年 4 月 25 日

爆因：煤气管路泄露，遇明火爆炸。

简况：在场的观众及饮酒者慌乱逃生，互相挤压，踩死多人，文物大量毁坏。

损失：死 34 人，伤 60 人，毁大批珍贵美术绘画、古董、文物。

4. 墨西哥近郊工业区煤气汽车爆炸（汽车运输）

时间：1984 年 11 月 19 日

爆因：装满煤气的汽车遇明火引爆。

简况：该车煤气爆炸时正处于油气库区 20m 左右，导致整个库区爆炸。为了防止扩散，政府下令，切断了全国向首都的输气管。

损失：死 600 人，伤 3000 人，120 万人搬迁，35 万人无家可归，震惊全世界。

5. 中国太原市焦炉煤气干管爆炸（管路输送）

时间：1993 年 2 月 11 日

爆因：干管埋置于自行车道下，埋深较浅，由于道路翻修，汽车改走自行车道，在汽车重载压力下，干管破裂泄漏，遇明火爆炸。

简况：干管破裂后，通过污水管道进入邻近厨房，遇明火爆炸后，火焰波阵面沿污水管在地下传播，导致通信管路等多次继发性爆炸。

损失：全市一半居民中断煤气供应十几小时，部分地区通信及交通中断。

6. 俄罗斯西北部乌赫塔地区

时间：1995 年 4 月 27 日

简况：该地区一条重要的天然气管道于 4 月 27 日晨突然爆炸，巨大的火球直冲天空，迅速引燃几公里长的防护林，据日本飞行员当日报告腾空的火球高达 7600m。

7. 韩国大邱市地下煤气大爆炸

时间：1995 年 4 月 28 日，当地时间晨 7：50

爆因及简况：大邱为韩国第三大城市，煤气管道泄露，在一座地铁的建筑工地引爆。

损失：至少死 90 人，伤 180 人（据当天发稿）。

8. 湘黔线朝阳坝二号隧道大爆炸

时间：1998 年 7 月 13 日上午 10：09（正值长江洪水的年份）

爆因：1913 次货车拉着 13 节液化石油罐车液化气外泄，因车轮与铁轨磨擦起火引爆，部分车体脱轨又连续引爆。

简况：13 日上午 10：09，第一次爆炸，14 日上午 7：55 又爆，10 分钟后又连续爆炸，液化气大量外流形成一条深 0.5m 的小河，长约 400m 的蒸气云。15 日 9：30 再次爆炸，16 日晨又爆两次。不断向洞内鼓风喷水，22 日晚 11：00，有人进去挂钩使火车以每小时 1km 极慢的速度（为防止车轨与车轮磨擦爆出火花）将 6 辆已裂的液化车体拖出。25 日设法扶正 6 号车并拉出隧道。7 月 22 日，浓烈的死尸味充满隧道，是冷藏车内冻鸡、冻鱼等因高温腐烂所致，一时苍蝇飞满隧道，地面白色蛆虫厚达 30mm，连续消毒 7 天至 7 月 30 日才把 300t 臭鱼冷藏车拖出深埋，7 月 31 日晨，最后一节液化气车拉出洞外。抢险历时 20 天，8 月 2 日 15：20，隧道才正式投入使用。

损失：13 节车体液化气漏失，400t 左右冷冻鱼鸡腐烂，列车中断 20 天，死亡 20 多人（其中有 4 人违章爬乘货车），伤 40 多人，出动川黔两省 2000 名铁路职工和武警部队官兵。

9. 中国京沪高速路上汽车运输泄露爆炸

时间：2004 年 3 月 20 日

爆因：一辆运送二硫化碳的货车后轮爆裂，车体内三个二硫化碳储罐碰撞破裂，气体泄露，遇火花爆炸。

简况：车速太快，后轮爆裂，车内罐体失稳碰撞破裂，气体外泄爆炸。

损失：14t 二硫化碳流失并燃烧，京沪高速路中断 14 小时。

（三）储配环节的爆炸

1. 某市煤气公司

时间：1969 年 2 月

爆因：煤气储罐泄漏，遇明火引爆。

简况：该煤气公司一个 28000m³ 的煤气储罐，年久失修腐蚀穿孔，煤气逸散升至 20m 高的一个烟囱口，遇明火引爆。

损失：极其惨重（1969 年我国统计工作不健全，故数字不详）。

2. 中国某市煤气公司液化气储配站

时间：1979 年 12 月 18 日

爆因：102 号球罐焊缝开裂，液化石油气（LPG）喷出，气雾扩及整个厂区、罐区，当气雾到达一个杀猪脱毛烧水处，遇明火引爆。

简况：102 号球罐连续引爆 101、202、206 号球罐，撞倒 103、104 号球罐。30km 以外可以看到火光，50km 能听到爆炸声。不仅球罐炸毁，已装好的 3000 支钢瓶也爆炸，5000 支空瓶被烧坏。

3. 中国某钢厂液化石油气储罐区

时间：1977 年 2 月

爆因：检修时钢尺碰撞量油孔盖板产生火花引爆。

简况：该罐区共 8 个罐，每罐 8~10m³，储量不大，且顶部覆土；储罐区设有围墙，起了一定阻挡作用。

损失：死 8 人，气化间及其附近厂房被毁。

4. 中国某起重设备厂液化石油气钢瓶站

时间：1976 年 9 月 10 日

爆因：打开钢瓶倒残液，燃气蒸发至加热炉附近，遇明火引爆。

简况：全站共 100 个液化石油气（LPG）钢瓶，幸而只有 5 个是充气的。

损失：死 2 人，伤 1 人，毁 230m² 房屋。

5. 某市油库

时间：1977 年 7 月 21 日

爆因：汽油蒸发充满上空，遇雷击引爆。

简况：该油库部分油罐未盖严，使罐区上空散发了大量石油气，附近又有一铁丝，雷击时铁丝放电引爆，导致大火及连续爆炸，抢救 5 天才扑灭。

损失：死伤 10 人，损失 60 万元。

（四）使用环节的爆炸

1. 韩国汉城大然阁旅馆爆炸

时间：1971 年 12 月 25 日

爆因：二楼咖啡厅液化油气瓶漏气，遇明火引爆。

简况：当日圣诞节，大楼内约有 290 人，爆炸引起大火。

损失：死 163 人，伤 60 人，从底层烧至顶层，旅馆的家具、陈设、装修全部烧毁。

2. 中国某县氮肥厂职工宿舍

时间：1982 年 12 月 1 日

爆因：管道漏气，遇明火引爆。

简况：该职工宿舍使用管路天然气，由于管道维护不善，腐蚀漏气充满空间，当达到一定浓度，居民用火时引爆。

损失：死 14 人，伤 14 人，受灾户 43 户，损失 12 万元。

3. 中国某市街道居民户

时间：1983 年 6 月 31 日

爆因：用煤气烧水，水沸熄火，煤气继续外溢，充满室内，发现炉灭后再次点火引爆。

损失：死 9 人，伤 8 人，烧毁附近制鞋厂、球拍厂以及针织品商店等，损失 41 万元。

4. 中国东北盘锦某招待所

时间：1990 年 2 月 11 日

爆因：底层餐厅厨房天然气管道漏气，遇明火引爆。

简况：2 月 11 日晚，厨房天然气漏气扩及整个招待所，翌晨厨师进厨房做饭，发现气味不对，关闭总阀门，打开窗户通气约 20min（冬季通气快），并绑好管道漏气部分，照常点燃做饭。约半小时以后招待所上班，有人进入与厨房相隔一大餐厅的会议室，开门后划火柴点烟立即爆炸，整个楼房连续倒塌。

损失：整个楼房连续倒塌，损失惨重。

5. 武汉铁四院家属宿舍

时间：1998 年 8 月正值长江抗洪高潮

爆因：室内密闭，空调降温。烧水扑灭火焰，煤气炉外泄。

简况：该院原党委书记韩某夫妇两人带一小孙子，天热室内几个空调均打开，故整个单元是密封的，但厨房通向室内的门敞开着。厨房烧着水，水沸将火扑灭，主人已忘记烧水事，并安然睡下，半夜小孩被煤气味熏醒叫爷爷，韩起来开灯，打火爆炸。

损失：两老人烧伤 98%，当场死亡，小孩烧伤 60%，救活。

6. 中国北京玉泉路一青年燃爆泄愤

时间：2004 年 3 月 29 日

爆因：32 岁的屠某因父亲不同意他学开汽车，父子争吵，屠某将一桶汽油浇到家里的煤气罐上，并打开阀门，用打火机引爆。

损失：一家五口大火烧身，屠某本人、妻子及母亲当场死亡，父亲和姨父烧成重伤达 90%以上。

7. 墨西哥餐馆煤气泄漏爆炸

时间：2004 年 4 月 9 日

爆因：餐馆用气不慎引爆外泄的煤气。

简况：该餐馆与美国毗邻，管路年久失修煤气外泄，点火时引爆。

损失：死 14 人，餐馆周围相邻建筑被毁，门口停的车辆有十几辆被炸毁，美国方面亦出动消防车协助救援。

2004 年我国还有两起因煤气泄露险些酿成大祸的事故，一起是 3 月 29 日葫芦岛市中海石油公司位于葫芦岛龙湾新区的天然气分厂一个 50t 的储气罐突然大量外泄多达 40 多 t，周围上空充满了达到爆炸浓度的天然气，旁边还有 7 个装满石油的储罐，幸亏消防部门协助射水降温，在不用明火的情况下堵住漏点。另一起是 4 月 23 日哈尔滨市野蛮施工，用挖沟机将水管、气管挖断，5 万 m³ 的天然气大面积泄露，充满上空，1300 户居民紧急疏散，在消防部门协助下堵漏、散气，防止了一场燃爆灾害。

三、燃爆灾害原因

（一）生产环节

（1）违章作业。虽然有安全制度，但部分工作人员素质低或对安全认识不够，未能按规章制度进行操作。

（2）设备老化。液化气储备装置如液化气罐属重复利用的设备，罐上阀门等部件很容易老化，如检查不够彻底即会发生泄漏事故，最终导致爆炸事故。

（3）操作规程不合理。设备不断更新和新装置不断投入使用，但操作规程不能及时制定或更改，也是引起事故的原因。

（二）运输环节

（1）城市管网管理混乱。没有一个统一的主管部门，没有随管网建设制定相应法制和法规，责任划分不明，在管道投入使用后又缺乏日常的维护和检修，导致管道破裂，形成事故。

（2）无统一规划，不能互相协调，而是相互影响。各种市政管线互相交错，道路等经常改建或扩建，路面荷载加大，使管道破裂而引起事故。

（3）各种管道间隔不够，无安全防护措施和警报装置，市民普遍缺乏防灾意识，发现问题不知如何处理，也不及时向有关部门报告。

（三）使用环节

（1）居民对燃爆起因缺乏起码的认识，存在侥幸心理或没有对可能引发的事故认真对待，如烧水将火焰浇灭，发现后不通风立即点燃引起的爆炸，漏关阀门，为利用残液倾斜罐体或用热水浸泡，甚至在罐底烧火等引发的爆炸。

（2）房屋结构构造不够合理，施工质量不过关。承重构件分布不合理或与其他部件拉结强度不够，使局部爆炸演变成为连续倒塌。这方面的事故，更多的是属于设计、施工部门的问题。

第三节　燃爆机理及其物理力学特性

一、我国民用燃气的分类及其组分

（一）民用燃气分类

民用燃气按来源可分为天然气（NG）、人工煤气（TG）和液化石油气（LPG）三类。现分述如下：

（1）天然气。一般天然气可分为气田气、油田伴生气和矿井气三种，它们分别是纯天然气、石油开采时的石油气、含有石油轻质馏分的气田气和矿井瓦斯气等。纯天然气甲烷含量超过 90%，其他为少量二氧化碳、硫化氢、氮气和微量的惰性气体如氦、氖、氩气等。油田伴生气甲烷含量约在 80%，乙、丙、丁和戊烷等含量约 15%。矿井气的主要成分为甲烷，具体含量与集气方式有关，变化范围较大。

（2）人工煤气。人工煤气亦称城市煤气。按制取方式和原料又分为下列几种：

1）干馏煤气。利用焦炉、直立炉或立箱炉对煤进行干馏而得。干馏煤气是我国城市煤气的主要来源，其甲烷和氢气的含量高，热值较大。我国目前大多数城市的管道煤气多属于这一种，为我国城市煤气的主要来源，其甲烷和氢气的含量高，热值较大。

2）气化煤气。可以用两种方式制取。一是利用高炉、煤气发生炉将煤氧化制成，主要成分为一氧化碳和氢气，毒性较大，热值较低，需与干馏气掺混方可使用，一般作为城市煤气的补充；另一种则是利用高压制取的气化煤气，其主要成分为甲烷和氢气，可以直接使用。

3）油制气。利用重油为原料制取煤气。可分为重油蓄热催化裂解煤气和重油蓄热热裂煤气两种，前者主要组分为氢气、甲烷和一氧化碳，可以直接供城市使用；后者则以甲烷、乙烯和丙烯为主，需掺混干馏煤气或水煤气等才能供应城市。

（3）液化石油气。液化石油气为开采和炼制石油过程中的副产品，其主要组分为丙烷、丙烯（异）丁烷等，既可作为城市煤气，同时又为重要的化工原料。

（二）民用燃气组分

燃气的组分与燃气的种类，产地、原料及生产方式有密切关系，表 5-7 给出了几个城市及主要气田生产的燃气的组分。

表 5-7　　　　　　　　　我国主要民用燃气的组分

序号	燃气种类 名称			产地	燃气组分（体积%） H_2	CO	CH_4	C_mH_n C_2H_4	C_2H_6	C_3H_6	C_3H_8	C_4H_8	C_4H_{10}	C_5^+	O_2	N_2	CO_2	备注
1	人工煤气	煤制气	炼焦煤气	北京	59.2	8.6	23.4	2.0							1.2	3.6	2.0	65 年
2			直立炉气	东北	56.0	17.0	18.0	1.7							0.3	2.0	5.0	70 年
3			混合煤气	上海	48.0	20.0	13.0	1.7							0.8	12.0	4.5	65 年
4			发生炉气	天津	8.4	30.4	1.8	0.4							0.4	56.4	2.2	63 年
5			水煤气	天津	52.0	34.4	1.2	—							0.4	4.0	8.2	65 年
6		油制气	催化制气	上海	58.1	10.5	16.6	5.0	—	—	—	—	—	—	0.7	2.5	6.6	72 年
7			热裂制气	上海	31.5	2.7	28.5	23.8	2.6	5.7					0.6	2.4	2.1	72 年
8	天然气		气田气	四川	—	—	98.0		0.3			0.3	0.4			1.0		65 年
9			油田伴生气	大庆	—	—	81.7		6.0			4.7	4.9			0.7	0.7	65 年
10			矿井气	抚顺	—	—	52.4								7.0	36.0	4.6	65 年
11	液化石油气			北京			1.5		1.0	9.0	4.5	54.0	26.2	3.8				73 年
12				大庆			1.3	—	0.2	15.8	6.6	38.5	23.2	12.6		1.0	0.8	73 年
13			概略值								50.0	50.0						

注　1. 表中是干煤气组分，实际上煤气中往往含有水蒸气。
　　2. 由于多种因素的影响，各种煤气组分是变化的，上表为平均组分。

二、燃爆机理及其物理力学特征

（一）凝聚相与分散相爆炸

爆炸是能量突然释放并产生压力波向周围传播的现象。燃气爆炸与一般化学爆炸不同，如火药爆炸属化学爆炸，不需要氧化，爆炸的引发与周围环境无关，爆炸物高度凝聚，多成固态，爆炸波的传播速度较快，称为凝聚相爆炸。燃气爆炸则需要氧气助燃，且爆炸的引发与周围环境密切相关，爆炸介质分散在周围介质之中，且与浓度有关，压力波的传播速度较慢，称为分散相爆炸，燃气爆炸、粉尘爆炸多属于这种爆炸。

（二）爆轰与爆燃

多数化学爆炸是一个爆轰过程，这类爆炸特点是，爆炸过程即已爆炸药向相邻未爆炸药起爆过程非常快，永远大于爆炸物质的声速，可达每秒数千米（一般 1000～7000m/s），其作用主要为力学的高压冲击。燃气爆炸属于爆燃，已爆介质向相邻未爆介质起爆过程较慢，且永远低于爆炸物质的声速，其作用主要依靠热学效应。需要说明的是物理学家是用声速作为分界点（而不是爆炸物）来区分两类爆炸的，因为无论是火药还是燃气，在特定的条件下都可以显示出上述两种爆炸形态。如燃气在管路内的爆炸，且沿管路传播时，其速度有时会超过声速而形成爆轰。不过这种情况在燃爆灾害中比较少见。

（三）燃烧速度，爆炸的上、下限

如上所述，燃气爆炸需要氧的参与，亦即是一个燃烧过程。正常燃烧，其速度都小于 1m/s，燃爆的燃烧速度又与可燃气体在空气中的浓度有关，图 5-9 给出了一般可燃气体不同浓度下的燃烧速度曲线。对任一种燃气来说，在空气中总存在一个使其燃烧速度最快的最优浓度值。这个最优浓度表征了该种燃气在化学等当量情况下与氧气充分反应的能力，一般来说这个最优浓度也就是最容易发生爆炸的浓度。偏离最优浓度（过高或过低）一定程度之后，其燃烧速度都会明显降低，因而也不再自发地传播爆炸，这个范围称为爆炸范围，范围的两个端点分别称为爆炸的上、下限。

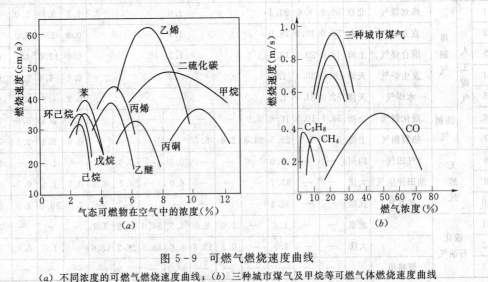

图 5-9　可燃气燃烧速度曲线

（a）不同浓度的可燃气燃烧速度曲线；（b）三种城市煤气及甲烷等可燃气体燃烧速度曲线

燃气的爆炸上限与空气中的含氧量关系很大，但下限则无关。因此，一般总是用燃气与空气而不是氧气的混合比例来规定爆限。表 5-8 给出了不同燃气的爆炸极限，表 5-9 给出了三种常用民用燃气的爆炸极限。由表中可知，焦炉气爆炸范围最宽，最容易发生爆炸。表 5-10 进一步给出了一些可燃气体与空气混合后在不同浓度下爆炸参数。

174

表 5 – 8		部分可燃气体爆炸浓度的上、下限（体积比%）			
燃烧物	下 限	上 限	燃烧物	下 限	上 限
乙 烷	3.5	15.1	戊 烷	1.4	7.8
乙 烯	2.7	34	丙 烷	2.4	8.5
一氧化碳	12.5	74	甲 苯	1.2	7.0
甲 烷	4.6	14.2	氢 气	4.0	76
甲 醇	6.4	37			

注 燃气成分的爆炸极限是在标准压力、常温、点燃能量为 10J 时测定的。

表 5 – 9		三种民用燃气爆炸极限（体积比%）			
燃 气	上 限	下 限	燃 气	上 限	下 限
焦炉气	44	36	液化石油气	2.1	7.7
天然气	4.5	14			

表 5 – 10			一些可燃气体/氧化剂的爆炸参数				
混合物	燃料浓度（%）	爆 轰		定容爆炸 ΔP_d（MPa）	定压燃烧 V_b/V_u	基本燃烧速度（m/s）	燃烧热（MJ/kg）
		爆速 D（m/s）	爆压 ΔP_d（MPa）				
C_3H_8 – Air	4.00	1.80	1.75	0.845	7.98	0.46	2.791
C_2H_4 – Air	6.54	1.86	1.80	0.843	7.48	0.79	2.772
C_2H_2 – Air	7.75	1.87	1.82	0.892	8.38	1.58	2.095
CH_4 – Air	9.51	1.80	1.65	0.770	7.25	0.45	2.570
H_2 – Air	29.60	1.96	1.48	0.711	6.88	3.10	2.354

注 浓度百分比指体积百分数。

　　通常根据爆炸极限将可燃气体分为两级：一级可燃气体的爆炸下限不大于 10%，如氢气、甲烷、乙烯等大部分气体均属此类；二级可燃气体的爆炸下限大于 10%，如一氧化碳等少数可燃气体。在生产和储存可燃气体时，将一级可燃气体划为甲类火灾危险，二级可燃气体划为乙类火灾危险。爆炸极限受多种因素的影响，主要有初始温度、初始压力、点火源、氧气含量和惰性气体及杂质的含量。

表 5 – 11		爆炸威力
名 称	爆炸压力（MPa）	爆炸压力升压速度（MPa/s）
氢气	0.62	90
甲烷	0.72	
乙烯	0.78	55
苯	0.80	3
乙醇	0.55	
丁烷	0.62	15
氨	0.60	

　　通常以爆炸威力指数（最大爆炸压力×爆炸压力上升速度）来衡量爆炸的破坏性。表 5–11 给出一些常见的气体的爆炸压力及爆炸升压的速度，表中显示通常的可爆气体其最大爆炸压力都不足 1MPa。就升压速度而言，氢气升压速度最快。

　　（四）压力-时间曲线

　　图 5–10 所示为核爆、化爆和燃爆三种不同的压力-时间曲线，核爆升压时间很快，在几毫秒甚至不到 1ms 压力波即可达

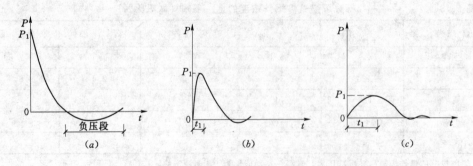

图 5-10　三种不同爆炸的压力-时间曲线示意图

(a) 核爆；(b) 化爆；(c) 燃爆

到峰值，峰值压力 P_1 很高，正压作用以后还有一段时间的负压段；化爆则升压时间慢些，峰值压力较核爆为低，正压作用时间短（约几毫秒～几十毫秒），负压段更短；燃爆升压最慢，升至峰值约 $100～300ms$，峰值压力也更低。就是在密闭体内测得燃爆的理想最大压力也才 $700kPa$，见图 5-11。日常的燃爆灾害其压力峰值一般都达不到这个值。燃爆正压作用时间较长，是一个缓慢衰减的过程，负压段很小，有时甚至测不出负压段。

图 5-12 和图 5-13 给出了两位学者 Van Wengerden 和 Dragosavic 模拟室内燃爆实测得到的燃爆升压曲线。

可以看出燃气爆炸作为一种分散相爆燃（不是爆轰）的特征，其升压过程较慢。图 5-12 横坐标上显示，其第三次峰值（大多由于多次反射造成）到达时间已经长达 400ms 了。

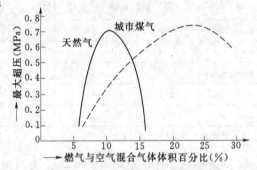

图 5-11　燃气爆炸的理论最大压力

（五）泄压（爆）保护

燃气爆炸大都为分散相爆炸，升压时间慢，压力峰值低，这种爆炸又多发生在室内，如生产厂房或居民的厨房，一旦发生爆炸常常是窗户和屋盖等薄弱环节被鼓破导致压力下降，这种现象常称为泄压保护。

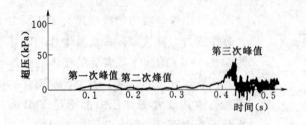

图 5-12　Van Wengerden 实测液化石油气爆炸升压曲线

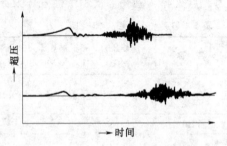

图 5-13　Dragosavic 实测燃气爆炸升压曲线

Mainstone 给出了他的实验曲线，见图 5-14。其中图 5-14 (a) 是在泄压比较小的情况下测到的，而图 5-14 (b) 则是在泄压比较大的情况下测得的，两者都显示在泄压后，压力没有按原升压曲率一直上升，而是很快达到一个峰值点即开始下降，其中图 5-14（b）还产生了一些高频震荡，可能是反射造成的。

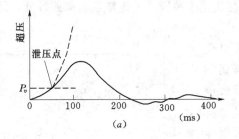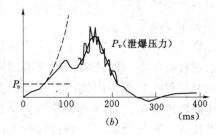

图 5-14 Mainstone 的压力-时间曲线

Dragosavic 在体积为 $20m^3$ 的实验房屋内测得了压力-时间曲线，经过整理描绘了室内理想化的理论燃气爆炸的升压曲线模式见图 5-15，人们分析燃气爆炸特性和机理多乐于采用这个模式。其中 A 点是泄爆点，压力从 0 开始上升到 A 点出现泄爆（窗玻璃被压破等），压力稍有上升后即下降，下降的过程有时甚至出现短暂的负超压。经过一段时间，由于燃气的端流及波的反射出现高频振荡。图中 P_v 为泄爆时压力，P_1 为第一次压力峰值，P_2 为第二次压力峰值，P_w 为高频振荡的峰值。该实验是在空旷房屋中进行的，如果室内有家具等障碍，则振荡可能会大大减弱。

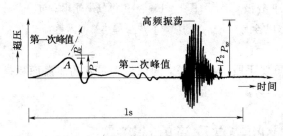

图 5-15 Dragosavic 理论燃气爆炸升压曲线模式

综合上述，可见易爆空间有足够的泄压口是多么重要，生产可燃气体的化工车间，储存室乃至民用厨房在设计上都应考虑这个泄压保护因素。最简单易行的，就是把窗户做得大一些，多一些。对大型易爆车间甚至整个屋盖都可考虑为泄压口，万一发生爆炸，在压力上升不大的情况下，屋盖即被掀翻，压力外泄，使厂房内的人员和重要设备得以保护。

（六）冲击波与压力波

所有爆炸都压缩周围的空气而产生超压，通常所说的爆炸压力均指超过正常大气压的超压，核爆、化爆、燃爆都产生超压，只是幅度不同。核、化爆由于是在极短的时间（几毫秒）压力即可达到峰值，周围的气体急速地被挤压和推动而产生很高的运动速度，形成波的高速推进，称之为冲击波。冲击波所到之处，除产生压力升高即超压以外，还有一个高速运动引起的动压。超压属静压，它是向有超压空间内各个表面的挤压作用，而动压则与物体的形状和受力面的方位有关，与风压类似可以把物体吹翻吹走。燃气爆炸的效应以超压为主，动压很小，可以忽略不计。所以燃爆波属于压力波。

三、小结

综上所述，燃气爆炸的物理力学特征可以概括如下：

（1）燃气爆炸属分散相爆炸，要有氧助燃，与周围环境、燃气的组分和浓度密切相关。

（2）燃气爆炸多为爆燃过程，爆炸的扩大和延伸主要依靠热学效应，已爆介质向未爆介质的传播较慢，低于爆炸介质声速。

（3）每种燃气均存在一个上限和下限，超出这个范围，无论浓度过高或过低，即使点燃，也不会引发爆炸。

（4）燃气爆炸过程，本质上是一个快速氧化即燃烧的过程，压力波的传播伴随火焰波阵面的传播，这种"伴随"性在燃气泄漏严重扩及范围很大的空间内极易引发恶性大火，而大火又会促使周围其他一些燃气设备（如储罐等）再次爆炸而形成连锁反应。

（5）燃气爆炸相对于核爆和化爆升压时间较慢，约为 $100\sim300ms$，密闭体内测得的理论最大压力峰值为 $700kPa$，实际生活中一般室内燃气爆炸都远低于这个值，约低 $1\sim2$ 个数量级。从图 5-16 给出的统计曲线可以看出，以往发生的燃爆其超压值都在 $5\sim50kPa$。超压大于 $70kPa$ 就是很严重的了。

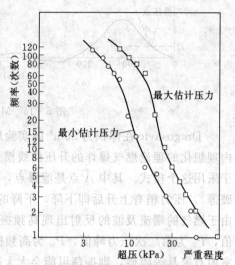

图 5-16　一般燃气爆炸频率与严重程度（超压）的关系

（6）燃爆波基本上是压力波而不是冲击波，它的破坏作用以超压为主，动压作用很小以至于可以忽略不计。

（7）泄爆是减少室内燃气爆炸峰值的重要手段，在易爆空间内设置足够的泄瀑面积是防爆设计中最廉价而又最现实的措施。

第四节　燃爆灾害的特点及简单对策

一、特点

根据我们对燃爆机理及其物理力学特征的了解可以看出，燃爆作为灾害领域的一个灾种相对于其他灾害如地震、洪水、飓风等具有以下一些特点：

（1）频率高，偶然性大。千家万户都使用燃气，而燃气和空气混合到一定浓度，一遇明火就发生爆炸。将燃气输送到千家万户，又需要经过许多环节，任何一个环节都有可能发生爆炸。

（2）常与火灾伴生，既是火灾的引发源，也是火灾的次生、伴生灾害。由于燃爆的动力效应和可燃介质的传播、蔓延，因而常比一般单纯火灾严重。

（3）灾害具有显著的人为特征。与其他灾害相比，少了"自然"特征（如地震及风暴潮等其自然特征很强），多了人为特征，因而预防的可能性强，人为干预能力强。

（4）灾害相对来说是比较局部的。如局限于一个单体建筑，某一个小区，某一段管路等；爆炸对承载体（如结构）破坏的程度也较一般化学爆炸为低，且多为封闭体（如室内）内的约束爆炸，因而对泄爆非常敏感。泄爆成为减轻室内燃爆的重要手段之一。

（5）与其他灾害相比抗灾措施较易实施。

二、对策

根据燃爆灾害的特点，预防的办法除在建筑结构设计上要考虑防止连续倒塌的问题之外，还有一些软科学包括普及教育方面的工作，概括如下：

（1）对城市储罐区，主要燃气干管等要进行危险性评估。这些部位一旦发生燃爆大都破坏性较大，要防患于未然。针对安全距离、防爆墙、操作规程、人员素质、装置寿命和施工质量等多种因素，统一进行量化评估，给出危险性指标，并督促有关部门改进。这是一项很复杂的工作，涉及的面也很广，而且许多因素具有很强的模糊性，难以准确量化，要给出一个实用而有效的评估模型和软件，尚需做很多工作。

（2）积极开展关于燃气泄漏检测方面的研究，研制灵敏度高并能及时报警的装置，使泄漏的燃气达不到浓度就可以提醒人们注意并加以控制。

（3）社会各界特别是消防部门要加强对燃爆灾害的重视。既要注意预防燃爆引发的火灾，又要注意由火灾引发的燃爆。特别是在灭火现场，由火焰及高温导致附近容器受热，内部可燃物急剧挥发、膨胀而爆炸或容器局部泄漏可燃气充满上空达到一定浓度而引发的再次爆炸。现场扑救的消防队员往往是在这种情况下伤亡最大，深圳危险品仓库第二次爆炸就类似这种情况。

（4）对城市居民要广为宣传，使人们了解一些预防燃爆的基本知识。例如厨房要注意通风，即使在严寒的冬日也应留有一定的通风口，使得万一出现燃气泄漏也达不到爆炸浓度。间断起动打火的电冰箱不要放在厨房内，使得即使燃气泄漏并达到了爆炸浓度，由于没有引爆的明火也不会爆炸。1993年北京南沙滩职工宿舍及地质学院北楼的煤气爆炸起火事故，均是由于主人出差在外，室内门窗关闭，燃气泄漏达到爆炸浓度后，电冰箱起动打火引爆的。再如厨房烧水将火浇灭不要马上点燃，要先通风后点燃或者更换"叫壶"，水一开就听到叫声，防止水开后浇灭了煤气火焰而煤气继续外溢的可能。这些只要注意是容易办到的。

179

第六章　民用建筑防燃爆设计及
灾后分析与加固[1]

第一节　燃爆对建筑结构的影响

一、燃爆对房屋破坏的实例

燃爆引起房屋破坏大多数发生在使用过程中，用户使用中的爆炸占爆炸总数的比例很大。但真正引起人们重视的是 1968 年英国 Ronan Point 公寓大楼因天然气爆炸造成其角部一塌到底的连续倒塌事故。

（1）1968 年英国伦敦 Ronan Point 公寓的爆炸。该公寓 22 层，位于 18 层的一角厨房天然气泄漏发生爆炸，爆炸产生强烈的火焰和压力波使起居室的外墙板（系承重墙板）飞出，致使以上各层垂直荷载失去支承，墙及楼板塌落下来，并砸穿第 18 层楼面，发生连锁反应，破坏直至底层，见图 6-1。

（2）1970 年格陵兰 Godthab 发生一起管道煤气泄漏引起的爆炸。发生爆炸的建筑为一在建四层公寓，已建成三层，爆源在地下室，爆炸使整个建筑被掀起，地面建筑全部倒塌，见图 6-2。

图 6-1　Ronan Point 公寓天然　　　图 6-2　格陵兰 Godthab 某公寓煤气爆炸
气爆炸及连续倒塌

（3）1972 年美国 Richmansworth 的 Croxdey Green 爆炸。爆炸在倒数第二层，楼板为预制楼板，且与外墙拉结措施不好。由于缺少约束，房屋塌毁情况严重，见图 6-3。

---

❶　本章内容参见文献［54～62，80，92，96，111，112，117，127，129，130，131，141，142，154，155］。

（4）1973年法国的Perpignan爆炸也发生在倒数第二层，发生在建筑物的中部，构件既没有纵向墙板约束，也没有端部墙的约束，在结点处没有采取抗拉措施来保证其整体性，建筑中部塌毁，见图6-4。

图6-3　美国Croxdey Green燃
气爆炸楼房塌毁情况

图6-4　法国Perpignan燃气爆炸楼房塌毁情况

（5）1975年8月，英格兰兰开斯特郡Mersey公寓大楼被炸。爆炸发生在底层，没有造成结构的全部倒塌，但局部破坏十分严重。图6-5中所示的是外圈梁和墙角细部和柱头的破坏情况。

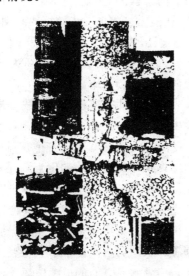

图6-5　英格兰Mergey公寓
爆炸破坏情况

图6-6　盘锦某办公楼天然气
爆炸及连续倒塌

（6）盘锦爆炸。1990年2月，东北盘锦市一座五层砖混结构楼房发生爆炸。该楼分主体和附属建筑两部分。大部为五层，楼梯间为六层，局部为一层，一层为会议室和餐厅，仅餐厅有天然气设施。燃气发生泄漏后弥漫至会议室并与空气充分混合，遇明火发生爆炸，长 43m 的主体五层全部塌毁，六层楼梯间残存，见图 6-6。发生倒塌的主要原因为横墙与楼板拉结不好，爆炸受超压房间横墙上部为大空间，没有重量约束楼板，拉结又不好，很容易地被推倒，下坠的楼板在水平方向上削弱了支承墙，造成上部进一步塌落，致使整个主体结构全部倒塌，地面塌落堆积高度达 5～6m。

（7）南沙滩爆炸。1992 年 8 月 22 日，北京南沙滩小区一座六层大板住宅，有一户发生天然气爆炸。楼板、墙板破坏十分严重，周围各户也损失惨重，爆炸户结构破坏难以修复。但因该楼结构整体性较好，除楼板、墙板破坏严重外，没有造成倒塌事故。图 6-7 所示为被炸户正立面。

（8）莫斯科居民楼爆炸。2004 年 3 月 7 日晨，莫斯科南郊一栋高层居民楼的第 12 层厨房一侧因天然气管路泄漏引发爆炸，与 12 层相连的上下多层楼的厨房的一角连同相邻的居室连续坍塌，死亡 8 人。

图 6-7 北京南沙滩小区居民楼天然气爆炸的正立面

二、连续倒塌问题

对房屋建筑来说，燃气爆炸如果不引发连续倒塌其危害是比较轻的，而一旦产生了连续倒塌情况就严重了。

（一）连续倒塌的概念

连续倒塌即为连续发生的破坏，导致结构的整体倒塌。更为严格的定义，按 B. Elling-wood 的建议为非良好设计的结构或构造，由于意外荷载发生，导致结构"连锁反应"式地使主体丧失承载力的过程。实际上，结构或构件的局部破坏为"源头"，是导致相邻构件缺少支承或丧失工作能力构成进一步破坏的"动力"，引起主体结构发生倒塌。J. E. Breen 等曾经总结了各类定义，指出连续倒塌定义的共性主要有①大面积的破坏过程；②相对较小的局部破坏；③破坏的发展以局部破坏为"中心"，向四周扩展。典型的倒塌方式有两种，一是垂直方向上的连续倒塌，结构某一部分退出工作，使上部结构失去支承而塌落，下部结构受塌落物的动力冲击超过设计荷载，进一步引起下部结构塌毁，这种相互影响并逐步加剧的"连锁反应"导致结构在垂直方向上连续塌落，上面提到的那栋英国 Ronan Point 公寓燃爆引发的连续倒塌就属这一种，见图 6-1。另一种则是水平方向的连续倒塌，可以形象地称为"多米诺"骨牌式的倒塌，见图 6-8。辽宁盘锦市一栋办公大楼即是水平方向上的连续倒塌（见图 6-6）。水平构件的破坏导致竖向结构构件的削弱，引发了竖向的倒塌，竖向倒塌又使水平传力失调引起其他竖向结构构件失衡和破坏，如此反复，整个办公大楼几乎全部塌毁。其特征是从破坏源头沿水平方向（侧向）发展，水平构件的变形使竖向支承受到破坏和削弱，改变了水平和竖向两向的各自作用，再加上水平方向上强度、刚度等的不足，引发水平方向的连续破坏。

据各类调查报告，偶然荷载作用由局部破坏继而发生连续倒塌的结构，有钢筋混凝土结构、砌体结构和钢结构等。

很多实例表明连续倒塌与建筑材料的特

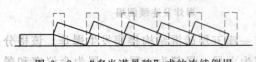

图 6-8 "多米诺骨牌"式的连续倒塌

性有关，有些缺乏延性的材料所建造的结构，如砌体结构，易于发生连续倒塌。但连续倒塌不仅仅依赖于建筑材料，还在很大程度上依赖于结构的机动特性，即结构布置和传力方式。此外，还依赖于结构的细部构造。在结构设计中，应当具体分析，而不仅仅拘泥于结构选型，尽管这方面的工作也是至关重要的。

（二）连续倒塌问题国内外研究现状

我国目前尚没有关于防止因燃爆造成结构连续倒塌的规范或规程，也没有人在这一方面作过系统研究。原因是多方面的。一个重要原因是使用民用燃气的历史不长，尚未发生过足以使社会震惊的室内民用燃气爆炸事故，影响面还很小，不能够引起足够的重视。世界上许多发达国家也是在大面积普及燃气多年，而且发生了大的爆炸之后，才逐渐重视起来的。英国也是在 Ronan Point 公寓爆炸并且发生连续倒塌引起公众的极度恐慌和对结构安全的很大疑虑之后，才系统地对这一类灾害进行了一些研究，制定了一系列规范条款，以防止因燃气爆炸等意外荷载破坏造成连续倒塌事故再次发生。

美国 ACI318 建筑规范委员会曾就是否需要制定一个专门的规范成立过一个研究小组，负责研究这一课题。结论大致认为北美（包括美国和加拿大）规范中由于大多数建筑结构把风力和地震荷载作为常规荷载考虑，其设计荷载值远高于把室内燃气爆炸荷载作为非正常荷载而考虑进去的设计值，结构和构件已经具备较好的整体性，能够在一定程度上抵御连续倒塌。

我国是一个多自然灾害的国家，许多地方的结构设计必须考虑结构抗震或者需要考虑抵抗大风荷载等。因此规范都规定地震荷载和风载作为正常荷载而不是意外荷载。只要正确遵守设计规范，建筑结构一般也具有较好的整体性。然而这些建筑物能够抵抗什么形式和大小的燃气爆炸，结构和构件能够提供多少抗力，整体和细部设计中应当注意什么，都需要仔细研究。必要时应做些规定和采取局部措施。本文在以后将给出一些可供参考的结构构造措施。

（三）防止连续倒塌的总体策略

燃气爆炸荷载是民用建筑中的意外荷载，常能引起结构的局部破坏，有时也会造成严重的连续倒塌。预防连续倒塌的方法归纳起来不外有①事故控制；②直接设计；③间接设计。

图 6-9 给出了总体策略框图，其中，事故控制主要是指控制燃气爆炸，如避免燃气泄漏扩散，防止达到爆炸浓度，杜绝引起爆炸的明火等。这些应当从工艺和使用管理方面入手，并采取措施。有的国家甚至采取极端措施，如法国规定居民不得使用燃气设备。这些已不属本文内容，不做赘述。

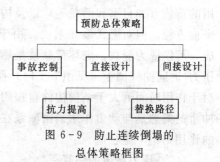

图 6-9　防止连续倒塌的
总体策略框图

直接设计要求设计人员在设计过程中考虑如何抵抗连续倒塌。可采取两种措施：一为替代路径，即某一支承发生破坏，存在有替代路径，使正常荷载沿此路径传递，分担原属已破坏部分承担的正常荷载，避免结构发生连续倒塌；另一则为在设计过程中，提高构件承担意外荷载的抗力，避免主要结构构件在爆炸荷载作用下失效。

间接设计指专门制定规范，在规范中规定构件和节点强度、刚度及稳定性的最小阈值和构造要求，方便了工程技术人员遵循，但却限制了设计人员的主观能动性，容易忽视连续倒塌的概念。

直接设计要求结构工程要有较多的经验，而且认识上因人而异，采取的措施也会有所差异，但由于它是用于某一具体工程的方法和措施，因此，针对性强，效率可能会高些。间接设计由于要权威部门汇总归纳各种可能的破坏情况，制定规程和规范，即使尚无充分经验的结构工程师设计时只要遵照执行就是了。但其对具体工程的针对性差，有时采取的措施不是过分保守造成浪费，就是有的部位可能考虑不够而偏于危险，效率和效益相对可能差些。

图 6-10 给出了这两个设计思路的示意图，可以看出当把燃爆视为非正常荷载时，一些国家都制定有专门的规程和规范，设计人员照章办事就是了。我国由于抗震问题远较防燃爆问题要严重，而一般抗震设防又较防燃爆设防更为严格，所以我国至今没有制定（似乎也没有必要）专门针对防燃爆的设计规程。为此，我们建议可以采用抗震规范的一般构造方法及国内外的有关资料，结合燃气爆炸的特点，从结构选型、结构布置和细部构造等诸方面对结构提出防止连续倒塌的措施，第七节对此将做较详细的讨论。

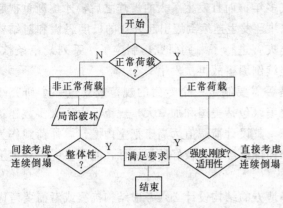

图 6-10　预防连续倒塌设计思路示意图

三、荷载性质及压力峰值的估算

（一）从升压时间来判定荷载性质

民用室内燃气爆炸的升压时间为 $100\sim300ms$，而民用居住建筑墙板构件都在弹性范围内工作，根据我国民用建筑设计通则给定的尺度，文献［62］经过计算，确认钢筋混凝土板及砖墙板的基本自振周期大约在 $20\sim50ms$ 范围内，即使板内存有弹性压应变，其基本周期的变化甚微。

通常在爆炸荷载作用下，结构构件要产生加速度，由加速度定义的惯性力连同结构作用的荷载（如自重和活载等）以及构件的抗力处于动力平衡状态，这就是所谓的牛顿动力平衡方程。但对燃气爆炸来说，由于升压时间与结构构件的性能，基本上不产生动力效应，可以视为静载，破坏荷载就是燃爆压力波的峰值压力。也有的文献认为破坏荷载是由压力-时间曲线图上（见图 5-14）所包络的面积来定义的，这实际是一个冲量的概念，对于作用时间远大于结构构件自振周期的情况，用冲量来描述并不是很恰当的。作者认为冲量的概念是与动力作用紧密联系在一起的，如撞击问题多用冲量来描述，而相对比较慢的作用则不一定合适。

（二）压力峰值的估算

爆炸事故发生后，对技术鉴定工作者来说，首先是要推算爆炸产生的压力峰值，除了为测定爆炸压力而专门做的试验可以从仪表上量到它的数值以外，一般的爆炸事故大都是灾后估算的。另外，化工厂房以及民用燃气厨房在设计时也需要有一个压力峰值的估算，作为确定窗户面积，屋盖轻重等的依据，以使得一旦发生燃爆能及时获得泄爆的效应。

在各自试验的基础上，许多学者给出了关于压力波峰值的计算方法，以及根据峰值计算泄爆面积的公式[62]。他们基于不同的假设和基本理论，给出的公式也不一样。

（1）Rasbash 通过验证建议使用以下正常燃烧速度下的爆炸压力最大值的计算公式，该公式没有考虑湍流的影响：

$$P = 10P_v + 3.5k \qquad (6-1)$$

其中

$$k = A_c/A_v$$

式中　　P——最大爆炸压力，kPa；

P_v——泄压时的压力，kPa；

k——泄压比；

A_c——房间内最小正截面积；

A_v——泄压总面积。

公式的应用条件：①$k = 1 \sim 5$；②房间的最大尺寸与最小尺寸的比值不大于 3；③泄压构件面密度不大于 24kg/m²；④$P_v \leqslant 7$kPa。不满足这些条件时，应用有很大误差。

（2）Dragosavic 根据实验给出的计算公式为

$$P = 3 + 0.5P_v + 0.04/\varphi^2 \geqslant 3 + P_v \qquad (6-2)$$

其中

$$\varphi = 房间体积 / 泄压面积$$

式中　　P——爆炸压力，kPa；

φ——泄压系数；

P_v——泄压时压力，kPa。

试验是在 20m³ 的空间里作出的，不适用于大体积空间中的爆炸压力估计和泄压计算。

式（6-1）和式（6-2）要求泄压时的压力 P_v 是已知的，这在化工厂房及有防爆要求的生产车间是不言而喻的，因为设计时 P_v 就是作为一个设计参数界定的，但对民用住宅至少在我国尚无此要求。今后随着燃气的普及应给出针对厨房的 P_v 限值，作为确定厨房窗户面积的依据，当然现在可以通过已有窗户等可泄压构件来估计 P_v 值。

（3）Simmonds 和 Cubbage 依据稳定和不稳定燃烧给出了爆炸压力公式为

$$P = V^{-1/3} u_v (0.3kP_v + 0.4) \qquad (6-3)$$

式中　　V——燃气爆炸空间的体积，m³；

k——泄压面积系数，空间断面积/泄压面积（无量纲）；

P_v——出现泄压时的压力，kPa；

u_v——燃气的燃烧速度，m/s。正常燃烧时，u_v 等于正常燃烧速度；出现不稳定燃烧，u_v 取正常燃烧速度的 2 倍。

（4）美国消防协会（NAFA）建议使用 Runes 1972 年提出的关于泄压面积的经验公式为

$$A_v = \frac{CL_1L_2}{\sqrt{4.8825P}} \qquad (6-4)$$

式中　　A_v——通风面积，m²；

C——燃烧常数（参见表 6-1 中 C 的推荐值）；

表 6-1　　C 值 表

燃　料	C 值
丙烷	6.8
乙烯	10.5
氢	17.0

L_1——房间最小尺寸，m；

L_2——房间次最小尺寸，m；

P——最弱结构构件所能承受的最大超压，kPa。

应用该公式尚需满足下式要求：

$$L_3 \leqslant 3\sqrt{L_1 L_2} \tag{6-5}$$

式中 L_3——房间最大尺寸，m。

式（6-4）为美国消防协会（NAFA）推荐使用的关于泄压面积的公式，作为显函数的为泄压面积，但式右端有一个变量是爆炸范围最弱结构构件所能承受的最大超压，在建筑结构中如果泄爆面积已知（如厨房窗户），那么利用公式求取压力则是轻而易举的事了。

Runes 公式对于较大的 A_v，较低的 P 值成立。当 P 值偏高时则有较大的偏差，计算值约高于实际情况 20kPa。由于该公式简单且美国已使用多年，故至今仍颇受欢迎。

（5）根据构件的抗力来估计超压。

任何已完成的建筑，其各部位的构件是既定的，因而它的抗力（由构件的材料尺寸和支座条件等决定）也是已知的。爆炸后又可以直接观察到它的破坏形态，那么根据构件的抗力和它的破坏形态自然可以近似推求作用在它上面的超压值。

这里有两个前提，第一，燃爆对结构的作用可以近似视为静载；第二，结构构件达到极限屈服状态时的外荷载是可以推求的。前者在本节开始就说明了，后者也不困难。一般房屋的建筑结构构件，如墙和楼板均为四边支撑，根据板的弯曲屈服理论，在不考虑板大变形和边界约束带来的薄膜效应时，其极限弯矩分别为

$$m_x = A_{sx} f_{xk} \gamma h_{0x} \tag{6-6}$$

$$m_y = A_{sy} f_{yk} \gamma h_{0y} \tag{6-7}$$

板出现破坏屈服机构的均布荷载为

$$q = \frac{n+\alpha}{3n-1}(1+\beta)\frac{24m_y}{l_x^2} \tag{6-8}$$

式中 m_x——沿短跨塑性铰线上单位宽度内的极限弯矩；

m_y——沿长跨塑性铰线上单位宽度内的极限弯矩；

α——长、短跨方向极限弯矩比；

β——支座、跨中极限弯矩比；

n——矩形双向板长边边长与短边边长的比；

l_x——短边边长；

f_{xk}、f_{yk}——均为材料强度的标准值；

q——板出现破坏机构的均布荷载值。

将算得的 q 值减去板的设计荷载 q_d 就是燃爆时作用在板面上的超压 p，即

$$p = q - q_d \tag{6-9}$$

亦即

$$p = \frac{n+\alpha}{3n-1}(1+\beta)\frac{24m_x}{l_x^2} - q_d \tag{6-10}$$

四、厨房泄压分析

我国北方地区多数居住建筑为多层建筑，一般采用混合结构，另有一部分为内浇外挂

（砌）式的高层结构。厨房大都是独立厨房，窗户与户外相通，亦有厨房与客厅以轻质墙体隔断的（多以玻璃为主）。厨房的面积多在 $4 \sim 10 m^2$，厨房净空高度为 2.6～3.0m，玻璃在爆炸作用下的破坏压力为 3～12kPa。为比较方便，取厨房空间尺度为 2m×3m×2.7m，厚度为 3mm 和 5mm 的玻璃爆炸破碎压力分别为 5kPa 和 10kPa。按照式（6-1）及式（6-2）提供的关系式计算独立厨房发生燃爆时两种玻璃厚度（3mm 和 5mm）在两种面积（450mm×900mm 和 900mm×1200mm）下的泄爆压力，示于表 6-2。可以看出按式（6-1）算得的值远大于式（6-2）的计算值，概出于两个计算公式是在不同条件不同状态下各自独立试验认证的结果，由此可以看出气体爆炸的复杂性及试验的离散性。更说明民用燃气爆炸的研究还有许多空白需要去填补和深入。Rasbash 公式的计算结果似乎体现了更为正常的一般规律，即厚玻璃泄压时的峰值压力大，同一厚度的玻璃窗户面积小的峰值压力大。这告诉我们厨房的窗户设计要面积大些且采用薄型玻璃，使得在较低的超压下就能泄爆以减少损失。表 6-3 为与客厅以玻璃隔断的厨房的计算结果，可以看出由于与客厅相连，玻璃面积的大小对泄压就不敏感了，因为爆炸时玻璃外凸的一面是一个近乎密闭的空间（客厅），延缓了玻璃的爆裂，所以压力峰值的变化只体现在玻璃的厚薄上，即 5mm 厚的玻璃较 3mm 厚的玻璃泄爆压力要大，而同一厚度的玻璃窗户面积大的其泄爆压力却没有什么降低。

表 6-2　　　　　　　独立厨房在不同窗户参数下泄爆时达到的峰值压力　　　　　　单位：kPa

窗户参数 公式	玻璃厚度 3mm		玻璃厚度 5mm	
	450mm×900mm	900mm×1200mm	450mm×900mm	900mm×1200mm
Rasbash 公式（6-1）	76.7	47.5	146.6	117.5
Dragosavic 公式（6-2）	8.0	8.0	13.0	13.0

表 6-3　　　　　　　与客厅以玻璃隔断的厨房爆炸泄压时达到的峰值压力　　　　　　单位：kPa

窗户参数 公式	玻璃厚度 3mm		玻璃厚度 5mm	
	450mm×900mm	900mm×1200mm	450mm×900mm	900mm×1200mm
Rasbash 公式（6-1）	35.0	34.5	105.0	104.5
Dragosavic 公式（6-2）	8.0	8.0	13.0	13.0

　　一般说来，泄爆总是导致压力的降低，能够保护爆炸空间主体结构的完好。窗户与室外相通对厨房而言，是一个良好的泄爆通道，而且尽量选择面积较大的窗户，且使其玻璃厚度较薄为宜。对于那种与客厅相连的厨房由于起不到良好的泄爆作用，建议今后废止这种方案，更何况它还有一些污染室内环境等令人不快的缺点。

　　五、小结

　　由于燃爆升压时间慢（升至峰值以几百毫秒计，约 100～300ms），远大于一般混凝土及砌体构件的振动周期（以几十毫秒计，10～50ms），两者约有一个数量级之差，所以燃爆对建筑结构来说可以视为静载或准静载。而在我国几乎绝大部分城市都规定有不同程度的地震设防标准，在确保房屋建筑的整体稳定性方面都有比较成熟和明确的抗震分析和结构构造措施，因此专门的抗燃爆要求似乎不必要，但厨房部位例外。

无论是高层建筑还是多层建筑各家各户的厨房必须有一面墙是外墙，并在该墙上设置面积较大的窗户安置较薄的玻璃，以利于万一出现燃爆时能在较低的超压下就泄爆了。建议在建筑设计平面布置时要明确规定不允许"暗"厨房。厨房与其他房间相连的墙或柱要适当加大截面，配置必要的拉筋，使厨房在燃爆坍塌时荷载能较好地得到传递，防止整个楼房的坍塌，这对一般的结构工程师是不困难的。

第二节　防爆设计与建筑结构构造措施

一、防爆设计的一般原则和要求

对于建筑结构工程技术人员来说，燃爆事故的预防最重要的就是贯彻防燃爆设计的思想。在国家标准《建筑设计防火规范》（GBJ 16—87）（1995 年修订版）第二章厂房和第三章仓库的有关条目中均对防爆问题作了详细的讨论，另外在《石油库设计规范》（GBJ 74—84）（1995 年修订版），《石油化工企业设计防火规范》（GB 50160—92）中对防爆问题则作了更为详细的阐述和规定。本章仅对民用燃气爆炸的预防及灾后加固进行讨论。

（一）防爆设计的一般原则

（1）拉开距离。亦可称为防爆间距，如民用建筑要与具有爆炸危险性的厂房、库房以及液化石油气的储罐保持一定的距离，表 6-4 给出了液化石油气储罐区与建筑物的防火间距，这个防火间距实际已考虑了液化石油气储罐爆炸的影响。

表 6-4　　　　　　液化石油气储罐或罐区与建筑物、堆场的防火间距

总容积（m³）		<10	11～30	31～200	201～1000	1001～2500	2501～5000
防火间距（m）　单罐面积（m³）　名称		1	≤10	≤50	≤100	≤400	≤1000
明火或散发火花地点		35	40	50	60	70	80
民用建筑，甲、乙类液体储罐，甲类物品仓库，易燃材料堆场		30	35	45	55	65	75
丙类液体储罐，可燃气体储罐		25	30	35	45	55	65
助燃气体储罐，可燃材料堆场		20	25	30	40	50	60
其他建筑	一、二级	12	18	20	25	30	40
	三级	15	20	25	30	40	50
	四级	20	25	30	40	50	60

注　1. 容积超过 1000m³ 的液化石油气单罐或总储罐量超过 5000m³ 的罐区，与明火或散发火花地点和民用建筑的防火间距不应小于 120m，与其他建筑的防火间距应按本表的规定增加 25%。
　　2. 防火间距应按本表总容积或单罐容积较大者确定。

防爆间距在建筑设计上实际是一个规划和总平面布置问题。

（2）隔断。隔断一般是靠防爆墙来实现的，如需要观察或通行，常在防爆墙上安装防爆窗和防爆门，这些构件都是为隔断爆炸波而设置的。在化工厂房及储存易爆物品的库房

设计中这些也是常用的防爆手段，在民用建筑中用得较少，仅在公共建筑（大型宾馆、饭店）中用于隔断厨房和就餐间或厅堂之间爆炸波的传播。

（3）泄爆。亦称泄压，对于生产可燃气体的厂房，泄爆是必须要考虑的，不但门窗设计要提供足够的泄爆面积，乃至厂房和车间的屋顶亦应考虑设计成一旦发生爆炸整个屋盖能被掀翻吹走的轻质屋盖，对于多层和高层民用建筑，使用燃气的每户的厨房就只能靠开设较大的窗口来满足泄爆的要求了。为此必须明确规定多层、高层民用建筑可以有暗厕所，但却不能有暗厨房，亦即至少有一面墙是外墙，而且要开设较大的窗户且玻璃厚度不宜大于 3mm，以利于在不太大的压力下即可鼓破泄压。

（4）防止连续倒塌。从结构形式上看采用钢筋混凝土框架结构是可以防止连续倒塌的，但对砌体结构和墙体承重的大板结构则需采取必要构造措施，如加设防止连续倒塌的构造柱和圈梁，并加强节点的连接性能等。

（二）防爆构件的一般要求

（1）泄压轻质屋盖。泄压轻质屋盖是为满足泄压要求而设置的，因此要求：①材料要轻、耐水、不燃烧，且爆裂后能裂成碎块掉落不易伤人；②重量不宜大于 100kg/m²。

（2）防爆墙。防爆墙是为了达到隔断目的而设置的，一旦易爆空间发生爆炸后，能够有效地阻挡爆炸波向其他空间传播，因此要求：①材料强度要高，足够承受爆炸压力和气浪冲击；②稳定；③选用不燃烧材料。

（3）防爆窗。多用于防爆墙的观察窗口，要求：①窗框和玻璃选用抗爆强度高的材料，如窗框可用钢材，玻璃用夹丝玻璃或夹层玻璃（层间夹有聚乙烯类的塑性材料）；②窗口在满足使用要求的情况下越小越好。

（4）防爆门。多用于防爆墙上开设的人流孔，要具有开启和密闭功能，要求：①材料多用钢材，门板钢材厚度不宜小于 6mm；②具有密闭性，多采用橡皮条或橡皮垫圈压紧密封。

二、防止连续倒塌的结构构造措施

（一）防止连续倒塌的结构设计原则

1. 结构选型

（1）应选择抗爆性能良好的结构形式。如现浇钢筋混凝土框架、剪力墙、筒体结构或钢框架结构，它们具有良好的延性，结构上勿需再采取特殊措施。由于它们整体性能较好，发生局部破坏时，完好部位可以分担塌落荷载和部分因正常荷载被迫改变传力路径所带来的额外荷载，从而防止连续倒塌。许多事故调查分析表明，现浇钢筋混凝土结构具有良好的抗爆能力。避免采用混合结构，如装配式壁板结构，这种结构类型的结点延性较差，在发生局部破坏时，易于出现倒塌的连锁反应。

（2）选择能较好地抗竖向冲击荷载的结构形式。防止大量爆炸碎片塌落冲击引起的连续倒塌。应避免采用无梁楼盖、装配式结构和混合结构。

2. 民用居住建筑的结构布置原则

我国民用居住建筑，尤以混合结构和钢筋混凝土大板为多，针对这种结构进行分析，具有较强的典型性和实用性。不论是水平还是竖向连续倒塌，究其原因，都是局部破坏引起了另一些局部的破坏，使本来合理的传力路径中断，导致整体倒塌。如果增加拉结或构造一些新的传力路径情况就会好转。为简化问题，并结合实际，这里把混合结构分解成砌体墙＋楼板（分预应力空心板、预制大板和现浇板等）＋圈梁＋构造柱等构件与结点组成，而把大板结构视作板通过结点（线）连结而成。

（1）墙体布置原则。避免出现孤立的直墙，即墙尽量有连续的转折避免出现薄弱墙体，如图 6-11 中黑实体墙所示。

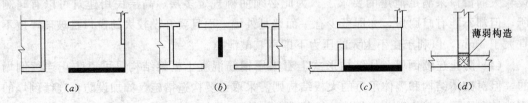

图 6-11　墙体布置时应当避免的结构布置方式

（2）楼板布置原则。楼板的刚度和整体性的好坏与其形式有关。按施工方式分，以现浇板为最好，它具有较好的整体性；其次为大板预制楼板、迭合楼板等与结构连结成装配整体式，也具有较好的整体性；最不利的情况为预应力空心板。按传力方式分，板以双向传力为好，一边或两边失去支承后可由其余边继续承担正常荷载，而不致完全丧失支承，发生倒塌。如果单向空心板承重端破坏，支承一旦丧失，垂直方向的连续倒塌则不可避免。

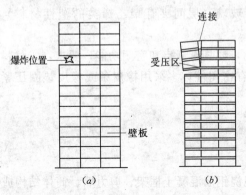

图 6-12　失去支承结构可能出现的机构

（3）整体薄弱环节的构造。当结构出现某些局部破坏之后，是否会出现整栋建筑物的倒塌，除依赖于材料特性外，还依赖于材料的分布和整个结构的机动特性。在如图 6-12（a）所示的结构中，当某些支承失去之后，出现图 6-12（b）所示的机构。在这个机构中，某些地方的内力或变形过大，超过材料的抗力，导致房屋的倒塌。为此，必须加强某些位置的强度和延性，以防止结构的连续倒塌。如图 6-13 所示，通过增设垂直连接和水平连接，可在一定程度上达到这个目的。图 6-13（b）形象地表述了由于增加了水平连接，中间支撑被破坏退出工作之后的"悬吊"状态，这就避免了两边楼板的突然塌落。

3. 必要的内力校核和储备

如图 6-14 所示的楼板爆炸后有可能导致板的支撑条件改变，这种改变如果设计时有一定的储备往往不一定引发连续倒塌，而过多的储备会造成浪费也不可取。民用燃爆事故多发生在厨房部位，因此，这些局部地方适当加一点储备或采用现浇楼板增加它的拉结功能是必要的，文献［62，117］针对这种情况做了较为详细的内力校核可供参照。

（二）防止水平连续倒塌的构造

（1）圈梁构造。为防止局部破坏源的发生和抵抗挤压推力，在每道承重横墙设置混凝

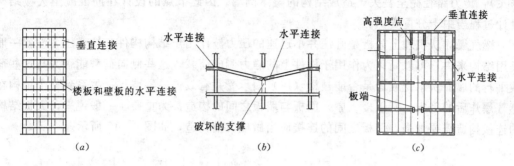

图 6-13 结构整体需要加强的部位

土后浇带，此后浇带要与圈梁做在一起。

（2）结构布置纵向现浇带。在实际应用中可结合阳台和走廊等处的处理。

图 6-14 板支承破坏时可能变化的支撑条件

加纵向墙体的抗剪能力。

（3）每隔一段距离（单元），纵向加设止推构造，把可能的水平连续倒塌局限在一个较小的范围内。止推构造的做法可在房间平面布置时视具体情况增

（4）每隔一定距离将一副预制板改为现浇板带。如图 6-15 所示，现浇板带要与横向承重墙做好拉结。

（三）防止垂直连续倒塌的构造

垂直连续倒塌多为在发生局部破坏后切断了正常的传力途径所致，而对民用建筑又常常发生在厨房或与厨房相连的房间的一角，因此这些部位的竖向构件的布置和相互拉结尤其重要，本文将在下两节对结构大板结构与砌体结构做具体论述。

三、大板结构防燃爆节点构造

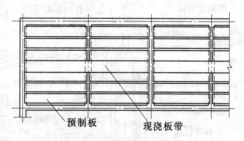

图 6-15 防止水平连续塌的构造措施

钢筋混凝土大板结构的构件在一般的燃气爆炸情况下，由于钢筋混凝土构件本身的相对坚固性，尤其是有抗震要求的地区，钢筋混凝土大板结构不会发生完全的连续倒塌，特别是难以发生水平方向上的连续倒塌。但大板结构由于在燃气爆炸等意外荷载作用下，发生局部的破坏进而发生比较大的竖向连续倒塌（塌落物作为冲击荷载）的例子也并不少见。最著名的当属 Ronan Point 公寓大楼一隅竖向上的局部倒塌。而 Ronan Point 公寓大楼的结构正是钢筋混凝土大板结构。

钢筋混凝土大板结构在一般的情况下节点刚性较好，其塌落的方向是典型的竖向连续倒塌。即初始破坏产生后，支承上部结构的破坏面退出工作，使破坏面上部结构失去支承而塌落。下落的塌落物如果很多的话，也会造成竖向塌落的进一步发展。

就爆炸荷载而言，节点的受力往往使墙板向外撕裂，如图 6-16 所示。对于某些处于重要地位的构件，必然因节点的破坏完全丧失其承载力（如由于爆炸而把直接承重的构件炸飞），传力路径完全丧失，造成结构的整体倒塌。因此节点的设计在筋混凝土大板结构设计过程当中十分重要。

燃气爆炸从机理上分析是升压并不迅速的压力波作用于结构构件，这个压力波就一般民用结构来讲，可以简化为作用于构件上的静力侧向荷载，这些侧向荷载能否为与这些荷载平行的墙面所承受或者是否能被楼（屋）面承受并有效传递给墙板，关系到整个结构在燃气爆炸后的稳定。所以楼（屋）面板与墙板之间的构造甚为重要。一般说来，大板结构的连接构造需要加强，墙板之间的连接应当做成齿槽构造，如图 6-17 所示。

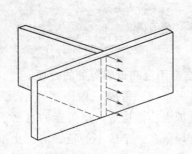

图 6-16　连接竖缝受力

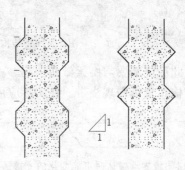

图 6-17　齿槽连接

意外荷载作用下直接产生的破坏称初始破坏，如果初始破坏发生在结构竖向支承体系墙板上，那么墙板所支承的楼板将遭受"次生"的破坏或损坏。竖向的连续倒塌与横向倒塌相比，常常是可以接受的，因垂直方向上的破坏常常被墙板与楼板的刚性连接构造而阻止。应当特别注意的为角部构造，应当在两个（正交的）方向上刚结，布置足够的、均匀的钢筋。

图 6-18～图 6-24 给出了各种连接的大样图。侧向支座与墙连接处的节点构造的刚性是为了保证不发生节点（支座）破坏，人为地控制将板（墙）的突然破坏转化为缓慢的屈服破坏，以便为抢救提供时间，为修复提供方便。

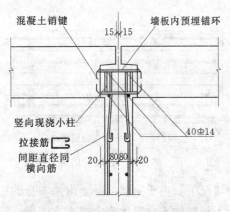

图 6-18　预制外纵墙与现浇内横墙连接

除了节点设计之外，有时也要考虑整体设计。此时可以考虑在设计过程当中，移走某个重要的承重构件（相当于爆炸损坏，不能继续承重）进行分析和校核，以保证缺少该构件时结构不会坍塌。

四、砌体结构防燃爆节点构造

砌体结构由于取材方便，价格低廉，在我国乃至世界各国都有很重要的地位。近年来为保护国土资源，减少对可耕地的破坏，改善环境，节约能源，走可持续发展的道路，我国已经逐步强制采用一系列措施，减少传统的黏土砖的使用，并探索各种可能的、价格低廉的结构形式取代传统的砌体结构，主要的成果有盒子结构以及空心砌块结构等。

经验表明，砖砌体结构具有天然的承受冲击的能力并能抵抗连续倒塌。砌体墙体发生局部损坏（可能形成孔洞）后，结构能够依靠拱效应跨越这些孔洞的损坏区域，不致发生

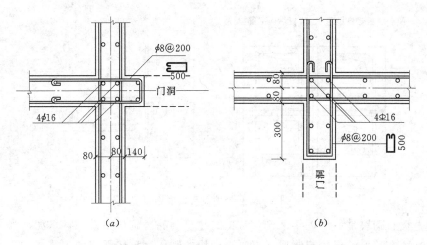

图 6-19　现浇横墙与现浇纵墙的连接用于纵、横墙同时浇灌时

(a) 门洞位于内纵墙；(b) 门洞位于内横墙

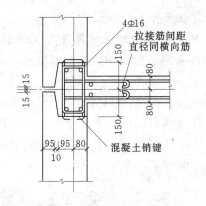

图 6-20　预制山墙板与现浇内纵墙连接

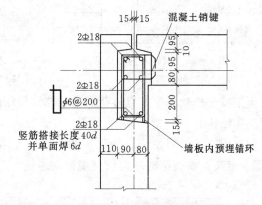

图 6-21　角部节点

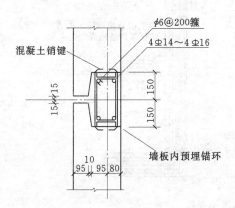

图 6-22　预制山墙板之间连接

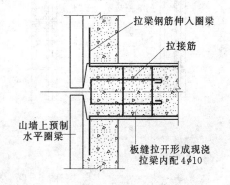

图 6-23　楼板标高处增设水平拉梁的平面

完全的破坏（见图 6-25）。例如，在战争中很多砌体结构遭受轰炸、爆破和大火等的损坏后常常可以看到尽管千疮百孔，但它们并未倒塌。

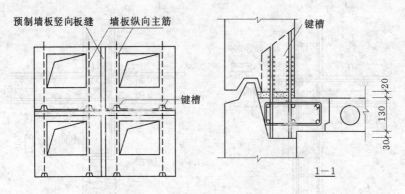

图 6-24　外墙板与楼板连接

混凝土空心砌块是一种近年来日益常见的建筑制品。砌块由硅酸盐水泥、水及适当的骨料，有时还有其他材料一起制成。混凝土砌块的制作有比较严格的工艺要求，可以满足多种建筑结构的要求。空心砌块以砂浆作为黏合剂，把砌块组成一个整体，用来承接外界的荷载。为了保证空心砌块结构的整体性，空心砌块的某些空心部分用浆体灌注并配以钢筋，有些地方还采用了拉结构件，把砌块连结得更牢固。如图 6-26 和图 6-27 所示。

图 6-25　砌体结构抵抗意
外荷载的优越性

为了减轻燃气爆炸等意外荷载造成结构损坏的影响，维护结构的完整，国外有关规范只对砌体结构有一些建议性的规定，如要求设计人员应当对结构的平面布置、墙端的拐角、相交墙、板等部位予以特别注意，以保证结构的稳定与牢固，但没有给出数量化的"牢固"定义。而我国的结构设计规范则连这种建议性的规定也未专门交代。

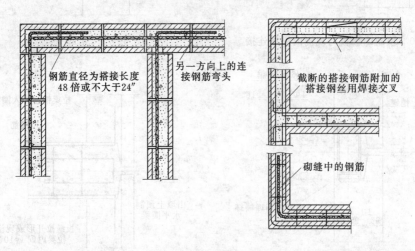

图 6-26　典型墙体连接

燃气爆炸可以简化为作用于构件上的法向静力荷载，这些荷载能否为墙面楼（屋）面承受并有效传递，或者这些荷载能否为斜撑或其他构件所抵抗，关系到整个砌体结构在燃气爆炸后的稳定。楼面、屋面与墙体之间的连接甚为重要。墙体与墙体或柱的连接应当满

194

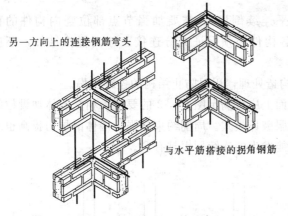

图 6-27 相交墙配筋示意

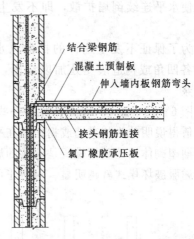

图 6-28 砌体墙上预制板

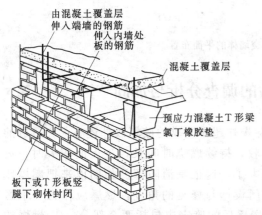

图 6-29 支承于砌体墙上的预制 T 形梁

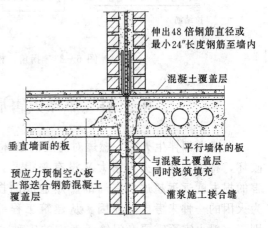

图 6-30 砌体墙与预应力预制空心板，
板上部迭合钢筋混凝土面层的连接

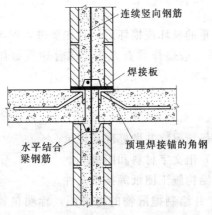

图 6-31 预制混凝土板以焊接
连接件与砌体墙的连接

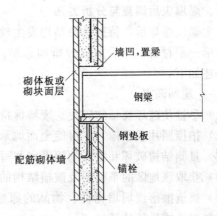

图 6-32 支承于砌体墙上的钢梁

195

足不使水平连续倒塌扩散，即不发生由于竖向承重构件的直接破坏而导致的水平连续倒塌。

为了保证不发生这样的扩散（水平连续倒塌），需要加强节点部位竖向构件的稳定，各凹角或构造改变处加以锚固，各构件必须保证充分连接。除设置拉结外，还应当灌浆。

图 6-28～图 6-32 是常见的一些构造处理，用以防止结构的连续倒塌。

值得说明的为相交墙或拐角墙在平面上应该满足图 6-33 的要求，相交墙体加设拉结筋是期望砌体墙的破坏模式是墙体的屈服破坏模式。周围约束越强，墙体的抗力提高也越大，屈服破坏模式就越明显。对防止可能发生的连续倒塌越有利。

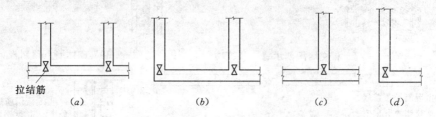

拉结筋

(a)　　　　　　(b)　　　　　　(c)　　　　　(d)

图 6-33　拐角、相交墙体的平面布置

第三节　燃爆灾害后的调查分析与加固

燃爆大都伴生火灾，燃爆对房屋的破坏除爆炸超压造成的破坏以外还有火灾造成的破坏，特别当伴生火灾很大又没有来得及扑救，持续燃烧时间长，过火面积大时，灾害的损失就远远超过仅有局部燃爆造成的损害了，这也是消防部门长期以来把燃爆作为火因的一种来考虑的原因。从建筑工程部门设计与修复的角度，燃爆应作为一个区别于一般火灾而需要专门给予考虑的灾种。燃爆后的鉴定应包括两个部分：① 燃爆的调查与分析；② 火灾的评判与鉴定。如果燃爆没有引发火灾或火灾很小，则只需做第①部分工作就够了。

一、燃爆灾后调查与分析方法

发生燃气爆炸后，特别是使结构发生较为严重的破坏或损坏后。首先要进入现场调查以获取第一手材料，然后加以分析和总结。参考一般爆炸调查方法，结合燃气爆炸的特点，分述如下。

（一）现场调查

（1）尽量使破坏现场的碎片、废墟保持原状。

（2）拍摄照片或录像，尽可能全面地录制现场情况，并做好现场记录。

（3）量测结构破坏和损坏的程度，并写（绘）出文字材料和图纸等。

（4）获取该地区的平面图及破损结构的建筑结构施工图纸等技术文件。

（5）搞清散落或坍塌构件、物品的原始位置并绘制抛散物的抛掷图，标明位置、尺寸、材料以及重量等特征。

（6）取得目击者的证词等材料。

（7）取得事故发生前后当地的气象资料。

（二）分析和总结

（1）分析确定事故的全程，包括爆炸前后的现象、爆源的类型与位置、现象出现的顺序等。

（2）分析爆炸性质和作出超压估算。

（3）分析事故原因，写出完整结论。

这里仅是提纲性地简述了调查与分析方法，具体执行可参照下列某起爆炸事故的调查与分析。

二、北京南沙滩居民楼燃爆事故——天然气爆炸

（一）现场调查

1. 事故基本情况描述

南沙滩小区位于北京市德胜门外北大街东侧。建筑总平面如图6-34所示。该区供应天然气，发生爆炸的是4号楼，该楼为预制壁板结构，建于1982年，高6层，层高2.9m，同年竣工。各部位预制板厚分别为内墙140mm，外墙280mm，楼板厚120mm。施工为现场装配焊接并浇筑节点混凝土。

1992年8月23日凌晨1点35分，4号楼1单元2层106号（见图6-35）发生爆炸，当晚家中无人。由气象部门得知当时的气象情况为少云，气温22℃，相对湿度为87%，气压为1000.9hPa［气象常用单位为百帕（hPa），1hPa＝100Pa≈0.75mmHg］。爆炸时附近居民听到爆炸声，4号楼的居民有地震感，特别是106号上下左右的住户。

该楼1单元1层101号，周姓居民反映说："当时感觉以为是地震，床和家具乱响，因为天热，睡地铺，觉得地板震颤不已。爆炸过后，发现门扇已经没有了，拿毯子一包床上的孩子，光着脚就冲出门外，满地碎玻璃，把脚都扎破了，脸也被飞散的碎玻璃划伤。""大火从二楼窜到五楼，五、六楼的人从上面往下浇水。"另

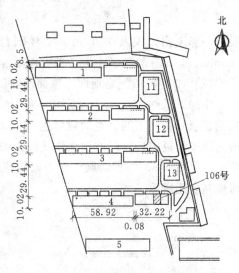

图6-34 南沙滩小区总平面图

一姓傅居民说。许多人以为是地震，在房间找个角落一趴就不敢动了，当时106号北边窗户都打到对面楼下。还有一位姓李的居民说，他听到两声爆炸，也有人说就听到一声。该区行政科反映，该单元共18户，除106号外，共换玻璃4（标准）箱。这个单元的窗户几乎全都碎了，有很多人受外伤。

2. 结构构件的破损情况

（1）从结构或非结构构件的损坏和破坏情况来看，爆炸比较猛烈，该室玻璃飞至30～50m外对面的路上和楼下，见图6-36。楼梯间受到振动，致使平台梁出现小的破损和一些非结构构件的破坏。106号阳台的破坏较为严重，两侧的混凝土隔板均有水平裂缝，

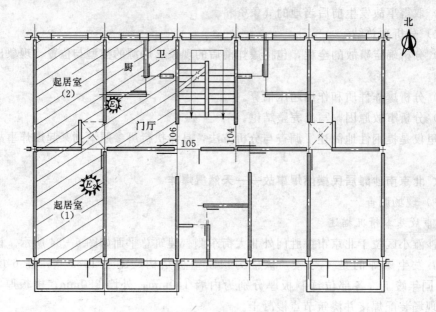

图 6-35 爆炸户 (106) 平面图
E_1 第一次引爆,冰箱打火引爆;E_2 第二次引爆,火焰波阵面引爆

栏板一部飞出,殃及 2 单元 204 号阳台栏板,而且把中间隔断板扯出一块 200mm×500mm×10mm 的混凝土板,悬垂在阳台板外。

(2) 106 号 (1) 室地面、顶面及墙面破坏比较严重,地面板呈漏斗状下沉,见图 6-37,中间下沉约 100mm,个别地方漏筋,裂缝宽达 20~30mm,该地面板的反面(即 103 号的顶板)中间下凹,宽的裂缝达 100mm,并严重漏筋,见图 6-38。板的裂缝与均载下四边固支板极限破坏时的塑性铰线惊人的一致,106 号顶板的开裂情况看上去似乎较地板好些,见图 6-39。但其破坏状态则与地面板一致,板的中心呈一个下凹的漏斗,经分析可能是负压所致。

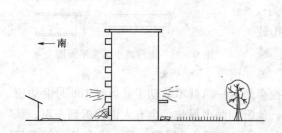

图 6-36 南沙滩 4 号楼 106 室爆炸抛掷示意图

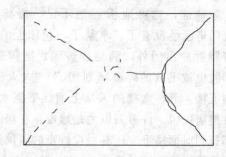

图 6-37 106 号 (1) 室地面板破损状况

(3) 106 号 (1) 室西墙面中心裂缝掉块,剥落严重,见图 6-40。106 号 (1) 室东墙面的破坏见图 6-41。东墙面的反面,即 105 号的西墙面,见图 6-42。各墙面裂缝宽度都在 30mm 左右,个别可达 50~70mm。漏筋严重且呈明显的塑性铰线的极限破坏状态。

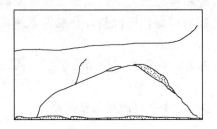

图 6-38　103 号（1）室 ［106 号（1）室的楼下］顶板破损状况

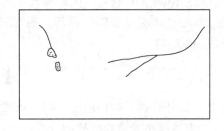

图 6-39　106 号（1）室顶板破坏状况

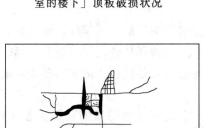

图 6-40　106 号（1）室西墙面破损状况

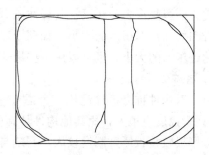

图 6-41　106 号（1）室东墙面破坏状况

（4）106 号（2）室东墙面和南墙入口处的破坏情况示于图 6-43 和图 6-44。裂缝最宽可达 30mm 左右。但该室地面无明显的裂缝。

（5）106 号厨房结构无肉眼可见的破坏。外窗有变形，外倾达 150mm，与门厅相隔的窗框和门都没有损坏，甚至玻璃还有几块是完整的。菱苦土制作的通风道 200mm×150mm×10mm，破坏严重，有贯通裂缝，大部已跌落。

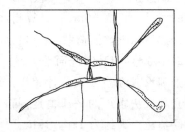

钢筋

漏筋局部放大

图 6-42　105 号西墙 ［即 106 号（1）室东墙反面］破损状况

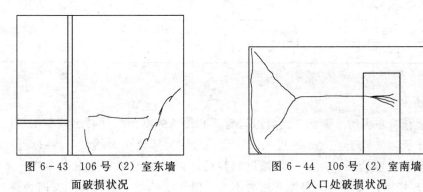

图 6-43　106 号（2）室东墙面破损状况

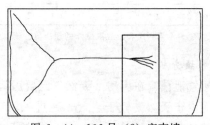

图 6-44　106 号（2）室南墙入口处破损状况

1 单元楼梯间损坏不大，仅在梯段板与平台梁相接处及上下几层通往楼梯间的门框处，由于振动产生裂缝和部分损坏。通往一、三层的楼梯栏杆倾斜，分别为 5°和 4°，即外倾 200mm 左右。

邻居 104、105 号外门及部分内门移位或被击破，其他相邻户结构都有不同程度的破坏。

此外，爆炸荷载对结构的整体影响，也使许多家庭中易碎的物品被振碎。

（二）南沙滩小区爆炸事故的分析

南沙滩小区 4 号楼居民发生天然气爆炸，造成的损失比较严重。除直接经济损失外，用于修复破坏结构的投资也十分惊人。

灾害性爆炸事先无法预知其爆炸压力，往往需要靠灾后的现场情况、结构的破坏形态来反推和估计爆炸压力的大小。如利用玻璃碎片和一些破坏构件的飞行距离及其散布来推测和估计压力的大小，也可以用一些爆炸理论或经验公式估计压力的平均值或峰值。

1. 超压估算

（1）以构件抗力估计超压。考虑 106 号（1）室楼板呈现明显的屈服状态（见图 6-37）。残余挠度也很大，比其他构件具有更强的典型性。其他构件如墙板也出现塑性铰线，但由于墙板较楼板厚，刚度较大，裂缝与挠度离散性大。如果选墙板来分析则有可能过高地估计超压的大小。为此我们选 106 号（1）室的楼板作为估算超压的构件。

楼板轴线尺寸 4800mm×3300mm，混凝土等级为 C18；下部配筋：短跨 $\phi 8@200$，长跨 $\phi 6@200$；上部配筋：$\phi 8@200$；楼板厚 90mm。不考虑板大变形和边界约束带来的薄膜效应，由式（6-6）～式（6-8）。计算得 $q=19.6$kPa，按照 GBJ 9—87 取楼板标准荷载，恒荷载 $q_{dk}=2.65$kPa，活荷载 $q_{1k}=2$kPa，设计荷载为 $q_d=5.98$kPa。代入式（6-9）可得发生破坏时 106 号（1）室地面平均超压 $p=19.6-5.98=13.62$kPa。

（2）以爆炸理论或经验公式估计超压。按式（6-1）～式（6-3）计算结果示于表 6-5。根据这几种方法求得的超压值连同按构件抗力估计的超压值（13.62kPa）可以判断这次燃爆的峰值压力大约为 14～24kPa。

表 6-5 各类计算公式所得压力估计

公式	P_1 (kPa)	P_2 (kPa)	备 注
Rasbash 公式（6-1）	—	23.85	
Dragogavic 公式（6-2）	4.5<5 取 5	4.9<5 取 5	P_1 时公式不适用
Simmonds 公式（6-3）	7.8	19.0	

注 P_1、P_2 表示第一次和第二次爆炸的超压值。

2. 事故分析

天然气泄漏源在厨房。天然气经厨房门缝等处逐渐弥漫至门厅乃至散布至（1）室和（2）室。由于天然气轻于空气，在进入门厅后，门厅上部充满天然气，然后逐渐向下扩散。天然气与空气混合后，达到一定浓度，经门厅内的电冰箱启动点燃爆炸，见图 6-35E_1 点。由现场勘察表明这次爆炸波压力不大，但气浪推动火焰向各个方向传播，导致了第二次在（1）室发生的更为严重的爆炸，见图 $6-35E_2$ 点。

天然气在标准状况下（0℃，1atm）爆限为 $6\% \sim 16\%$（体积比）。天然气发生最大爆炸（即理想配比的当量爆炸）的环境条件为 20℃，1atm，相对湿度 50%，天然气占空气的体积比为 10.5%。当时除相对湿度略大，浓度不明外（但一定在 10% 附近），其他条件均接近于理想条件，爆炸是比较剧烈的。

门厅内发生爆炸后，气浪把内外门扇掀掉或打开，压力骤降，因此没有造成门厅的严重破坏。气体穿过各个狭窄洞口出现湍流，加速把混合气体输送到各个房间或室外。气流沿阻碍最小、路径最短的方向移动，在（1）室门内近地面处积聚到一定浓度时，门厅的火焰即已到达，在 E_2 处发生了第二次爆炸（见图 $6-35$）。现场有人说听到两声爆炸，这是正确的。前者轻，后者重，间隔很短。由于火焰传播速度约为 $5 \sim 10m/s$，通过这段距离只需约 $0.6 \sim 1.0s$。一般在清醒的情况下，人耳可以分辨得出。有的人可能因为已熟睡，没有听到两声，所以有人反映只听到了一声。根据超压分析，第二次爆炸在（1）室产生了 $14 \sim 24kPa$ 的超压。由于压力分布很不均匀，局部超压可能更高。（1）室墙面有局部破坏痕迹，墙的另一面呈明显的塑性破坏。其他地方压力稍弱，但足以破坏门窗等构件。

压力向各个方向作用，地面发生的破坏与预想一致，然而顶板为什么也与同一房间的地面破坏状态相似呢？笔者认为是因近地面处爆炸压力最大，上部压力较小，考虑湍流的影响，（1）室上部可能形成一个负压区。如负压区压力为大气压力的 90%，即低于常压 10%，相当于楼板附加向下的荷载约 $10kPa$，楼板面压力为 $q=$ 恒载＋活载＋向下的负压 $=2.65+2+10=14.65kPa$，（此值与底板极限状态估算的超压 $13.62kPa$ 十分接近）远超过楼板的设计荷载值，顶板因而表现出下凹的塑性状态。

从以上描述及分析也可以看出爆炸破坏是空气压力波的破坏，而不是冲击波的破坏。凡是单面超压所及的构件，均有较为严重的破坏。如外墙的窗及玻璃，与邻户相隔的内墙和楼板以及与室外大气相通的通风道等。室内外由于存在不同的压力，使分隔这两个不同压力环境的构件一侧受到超压压力，由压力引起的附加内力超过构件本身的抗力时，就会发生破坏，甚至被抛出。室内物品移动不大，是因为室内压力波从各个方向向物品施加相近的超压，室内物品不会被移动或摧倒。

三、东北某居民楼燃爆事故——液化石油气爆炸

（一）工程概况

某居民小区 9 号楼（施工号）为一栋六层砖混结构住宅，建于 1997 年，建筑面积为 $5655.57m^2$。房屋采用条形砖基础。主体结构的外墙厚度为 370mm，内墙厚度为 240mm，房屋每层设置现浇钢筋混凝土圈梁和构造柱。楼和屋盖板、过梁、阳台、雨罩、挑台和楼梯板等采用预制构件。厨房、卫生间和起居室局部采用现浇板。砖为 MU10；混合砂浆：一～三层为 M10，四层以上为 M7.5；现浇钢筋混凝土构件强度等级为 C20。该区使用液化石油气。2001 年 11 月 22 日 6 点 22 分，位于该楼西北角首层的五单元 102 号厨房发生燃气泄漏爆炸，随后起火，11 分钟后消防队赶到灭火。五单元 102、202 号和首层、二层的楼梯休息板的主要承重构件受损情况严重，不能满足继续承载的要求，局部构件成为危险构件。业主要求进行加固处理。爆炸户的单元平面图，如图 $6-45$ 所示，为三室两厅户型。

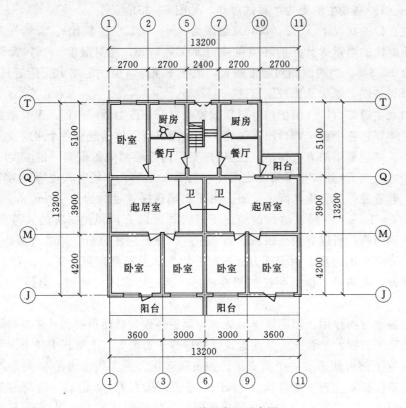

图 6-45 五单元房屋示意图

（二）结构的损伤状况分析

1. 结构的损伤状态描述

从结构或非结构构件的损伤和破坏情况来看，爆炸比较猛烈，爆炸使得该楼和周围房屋的多数窗户玻璃破碎，窗框变形，五单元首层和二层以及西北侧内纵墙外墙受损严重。

（1）现场检查五单元 102 号，发现餐厅、起居室和北侧卧室顶板全部塌落。起居室四周墙体严重开裂，西山墙外闪，与起居室北墙的交接处断开 150mm，与起居室南墙的交接处开裂 10mm。

西南卧室的三块预制板存在不同程度的露筋、露孔现象，以靠近阳台处最严重。该室的墙体抹灰全部脱落，砖墙爆裂深度 10mm，敲击声音发闷。东墙有多道竖向及斜向裂缝，最大裂缝宽度 1mm。

东南卧室的三块预制板向上拱起，最大处达 300mm，砖砌阳台栏板消失，阳台门窗过梁表面熏黑，局部抹灰脱落，且过梁底面个别部位顺裂，但过梁敲击声音清脆。

北侧卧室暖气沟坍塌。西山墙上部塌落，下部外闪达 400mm；该室北侧窗下墙塌落，北墙墙体外闪、开裂，最大处外闪 200mm，最大水平裂缝为 13mm，最大竖向裂缝为 10mm。西北角构造柱混凝土开裂露筋，向西北方向变形严重。

厨房现浇混凝土顶板严重上拱，最大处达 150mm，厨房与餐厅间隔墙塌落，烟道完全损坏，厨房东西墙体酥裂。卫生间轻质维护墙被炸毁，卫生间东墙瓷砖墙面熏黑、爆裂，通风道破损。

（2）检查 5—202 室发现：东南卧室的三块预制板存在不同程度的露筋、露孔现象。门窗框严重变形，室内家具已烧光。西南卧室顶板表面熏黑，局部抹灰面层脱落，门窗框变形轻微，木家具已成大孔木炭。起居室顶板表面装修面层全部脱落，露出的原结构板底未见受损，餐厅处顶板表面熏黑，厨房烟道破碎，铝合金窗框变形。北侧卧室西北墙的北侧大部分塌落，剩余墙体外闪约 400mm，在靠近内纵墙处有竖向裂缝，最大裂缝宽度 30mm。该室西北角墙体塌落，构造柱受损弯曲，北侧墙体存在水平、竖向裂缝，窗下墙的最大竖向裂缝宽度为 10mm。南侧阳台栏板外闪 20mm。

（3）检查五单元楼梯间梁和板发现：预制楼梯板以及休息板除五层西侧外，全部在与墙体交接处开裂；休息平台三层（含）以下，与内纵墙交接处均开裂，愈向下愈严重。楼梯板与楼梯梁交接处也有开裂。三层外墙处楼梯休息板中间横向开裂，裂缝宽度 0.3mm。二层顶板处休息平台板底斜裂、顺裂严重。一层顶板处休息平台板底有斜向、顺向开裂，开裂较二层轻。二层外墙处楼梯休息板受损严重，现已采取临时支顶加固，休息板边梁开裂 10mm。检查楼梯间墙体发现：二层东、西两侧外闪，一层顶板圈梁多处开裂，一层至三层楼梯间南、北纵墙竖向开裂，其中一层墙体受损较轻，四层以上墙体未见开裂。

2. 爆炸损伤分析

此住宅小区使用的燃气为液化石油气（LPG），液化石油气在标准状况下（0℃，1atm）爆限为 2.1%～7.7%（体积比）。当时现场的条件接近于理想条件，爆炸是比较剧烈的。液化石油气泄漏源在厨房，液化石油气经厨房门缝逐渐蔓延至餐厅、北侧卧室，由于液化石油气轻于空气在进入餐厅及北侧卧室后，上部充满液化石油气然后逐渐向下扩散，液化石油气与空气混合，达到一定浓度后，经电冰箱启动点燃。现场勘察表明，破坏严重的是北侧的卧室和厨房。因此爆炸点可判断为在北侧卧室。北侧卧室首先爆炸后，由于北侧卧室的泄压面积很小致使起居室与北侧卧室的顶板塌落，西侧山墙外闪断裂，外门与邻居的外门被挤到邻居的房中墙上。气体穿过各个狭窄洞口形成湍流加速把混合气体送到起居室。气流沿阻碍最小、路径最短的方向移动，在起居室达到一定浓度后，厨房火焰已达到，发生第二次爆炸，致使厨房顶现浇楼板向上屈服变形。

灾害性爆炸事先无法预知其爆炸压力，往往需要依靠灾后的现场情况和结构的破坏形态，来反推爆炸压力的大小。根据构件的破坏来计算爆炸产生的超压，因为厨房顶现浇楼板屈曲变形出现塑性铰线，可由此现浇楼板的破坏情况来计算爆炸产生的超压。厨房顶现浇楼板的轴线尺寸为 2700mm×2400mm，混凝土等级为 C20，下部配筋 $\phi 8@200$，上部配筋 $\phi 8@200$，楼板厚 120mm。

由式（6-6）～式（6-8）算得 $q = 27.3$kPa。按照 GBJ 9—87 取楼板标准荷载，恒荷载为 3.24kPa，活荷载为 2kPa。设计荷载为 $q_d = 6.68$kPa，由式（6-9）求得 $p = 27.3 - 6.68 = 20.62$kPa。由于爆炸条件的极端复杂性用不同方法估计的压力峰值有时会有很大差异，但从以上计算中可以大体认定这次爆炸的压力峰值在 20～30kPa 之间。

四、燃爆灾后的加固与修复

（一）概述

燃爆后的加固与一般建筑加固（如震后加固）基本上没有什么区别，而且比抗震加固可能还要轻微（燃爆波是压力波可视为静载）和局部，如果伴生很大的火灾则应做火灾后的评估与鉴定，并根据鉴定结果给出火灾后的建筑加固修复方案并辅以解决燃爆压力波局部破坏的加固方案，其综合考虑方法见图 6-46。

图 6-46 燃爆灾后加固的综合考虑

目前，国内外学者对灾后结构的加固修复技术都有一定程度的研究。对受损结构的修复问题，以往提出了许多修复技术和方法，如采用加大截面法、改变受力模式、预应力粘钢加固等技术。各种方法可单独采用也可以几种方法综合采用。但设计中都应考虑每一结构的损坏特点，因此建筑物的加固修复设计一定要因地制宜。

（二）加固改造方案的基本原则

（1）充分利用原有结构构件的承载能力，使新加构件与原结构协同工作，降低造价。

（2）加固后对主要构件的影响小，对其他部位的居民生活影响小，受力合理确保安全，便于施工。

（三）根据"现场破损情况详细调查结果"确定加固方案

（1）地坪加固。首先清除室内杂物，对于凹陷地坪，以回填土填平夯实，抹灰找平。

（2）墙体加固。西侧一至二层顶山墙与北侧①～②轴线间墙体破坏严重不能继续使用，需要拆除，换之以框架结构。先在地梁部分增一道混凝土梁，钢柱下脚落在新增地梁上，上部结构的荷载通过钢柱传到加混凝土梁上之后传到条形基础上。

原体加固部分的墙体，通过铺设钢丝网，喷射 50mm 的混凝土加固。

（3）楼梯加固。楼梯 1～4 层休息板，破坏裂缝严重，需拆除原有休息板，重新浇筑混凝土板；4 层以上铺设钢丝网，喷射混凝土对楼梯板进行原体加固，保证两者之间的连接。

（4）楼板加固。拆除 5 单元 102、202 号一、二层所有房间的原有预制空心楼板，改为现浇混凝土楼板。

（5）阳台加固。二层阳台与楼板考虑一同加固。

第七章 燃爆危险性评价及管网安全性分析[❶]

第一节 燃爆危险性模糊综合评价

燃爆危险性分析与评价是预防燃爆事故的发生和降低事故危险性的有效措施。将模糊数学引入燃爆危险性评价是客观的需要，因为系统的危险性本身是一个模糊概念，实际上并不存在一个清晰的界限。很多燃爆危险性评价方法将危险性的影响因素量化来确定系统的危险性，只是根据经验和统计的结果，并不十分确切。另外，系统的燃爆危险性受很多因素的影响，例如物质的性质和数量、系统的温度和压力、人员操作状态及设备的不可靠性等，诸多因素中既包括确定因素，也包括不确定因素，且它们的影响作用大小也不同，在模糊数学中可以通过赋予不同的权重来反映它们对整个系统危险性的影响大小，用评价矩阵反映单元和系统的危险状况，并提供了多种评价模型可供选择，最后可以根据评价结果确定系统的危险等级。

综合评价就是对受各种因素影响的事物作出一个总的评价。因此，应用模糊数学的方法进行综合评价将会取得较好的实际效果。模糊综合评价可分为一级综合评价和多级综合评价两类。一级综合评价只适合于较简单的系统，当评价因素较多时，每个因素取得的权重分配值将很小，一级综合评价将得不到满意的结果，而应该采用多级综合评价。对于系统的燃爆危险性评价应该采用多级综合评价。

一、评价方法、步骤及模型

为了叙述方便表 7 – 1 给出了本文模糊评价中用到的模糊数学符号。

表 7 – 1 本文模糊评价中用到的模糊数学符号表

符号	含义	符号	含义
E，$\underset{\sim}{E}$	进行评价的普通，模糊单元集	B，$\underset{\sim}{B}$	普通，模糊综合评价集
U，$\underset{\sim}{U}$	普通，模糊因素集	$\wedge$，$\vee$	取小，取大运算
V，$\underset{\sim}{V}$	普通，模糊评价集	$\oplus$	$\alpha \oplus \beta = \min\ (1,\ \alpha + \beta)$
A，$\underset{\sim}{A}$	普通，模糊权重分配集	$\cdot$，$+$	取乘，取加运算
R，$\underset{\sim}{R}$	普通，模糊评价矩阵		

（一）划分评价单元、确定单元因素集 U

根据系统的工艺流程，将其划分为多个单元，记作 E_1，E_2，$\cdots$，E_s。

设每个单元的因素集 U 都包括物质危险性（u_1）、容量（u_2）、温度（u_3）、压力（u_4）和操作状态（u_5）。即 $U = \{u_1, u_2, u_3, u_4, u_5\}$。

[❶] 本章内容参见文献 [70~81，91~95，112~114，155]。

（二）建立评价集 V

对于系统的爆炸危险性，设评价集为

$$V = \{ 很危险(v_1), 危险(v_2), 中等(v_3), 不危险(v_4), 很不危险(v_5) \}$$

（三）对每个单元 E_k（$k=1, 2, \cdots, s$）进行一级综合评价

设单元 E_k 评价因素的权重分配为 $A_k = \{a_{k1}, a_{k2}, a_{k3}, a_{k4}, a_{k5}\}$，$0 \leqslant a_{kj} \leqslant 1$，且 $\sum\limits_{j=1}^{5} a_{kj} = 1(j = 1, 2, \cdots, 5)$。$A_k$ 可由专家评分取均值确定，再归一化而获得。然后形成评价矩阵

$$R_k = \begin{bmatrix} r_{11} & r_{12} & \cdots & r_{15} \\ r_{21} & r_{22} & \cdots & r_{25} \\ \vdots & \vdots & \vdots & \vdots \\ r_{51} & r_{52} & \cdots & r_{55} \end{bmatrix}，R_k 表示了从论域 U 到 V 的模糊映射关系。于是得到一级综合$$

评价为

$$B_k = A_k R_k = (b_{k1}, b_{k2}, b_{k3}, b_{k4}, b_{k5}) \tag{7-1}$$

其中 $b_{kj} = \bigvee\limits_{i=1}^{5} (a_{ki} \wedge r_{ij})(j = 1, 2, \cdots, 5)$。如果 $\sum\limits_{j=1}^{5} b_{bj} \neq 1$，应将 b_{bj} 归一化。

（四）二级综合评价

将每个单元 E_k 作为一个元素，用 B_k 作为它的单因素评价，又可构成评价矩阵为

$$R = \begin{bmatrix} B_1 \\ B_2 \\ \vdots \\ B_s \end{bmatrix} = \begin{bmatrix} b_{11} & b_{12} & \cdots & b_{15} \\ b_{21} & b_{22} & \cdots & b_{25} \\ \vdots & \vdots & \vdots & \vdots \\ b_{s1} & b_{s2} & \cdots & b_{s5} \end{bmatrix} \tag{7-2}$$

它是 $\{E_1, E_2, \cdots, E_s\}$ 的单因素评价矩阵。还要根据各单元的重要度确定权重分配 $A = \{a_1^*, a_2^*, \cdots, a_s^*\}$，于是可得二级综合评价为

$$B = A R = \{b_1^*, b_2^*, b_3^*, b_4^*, b_5^*\} \tag{7-3}$$

如前所述，将其归一化。

如果将系统划分为二级模型还显得太复杂，还可以将单元细分，建立更多级的模型进行评价，步骤同上。

（五）模糊识别

得出系统的二级综合评价后，可以根据最大隶属度原则进行模糊识别或按择近原则归类，确定系统的危险等级。

（六）评价模型

在模糊综合评价中，采用的计算模型有很多种，比较常用的有以下 4 种。

1. 评价模型 1 $M(\wedge, \vee)$

$\wedge$、$\vee$ 分别为取小（min）和取大（max）运算。根据模型 $M(\wedge, \vee)$，式（7-1）和式（7-3）中的 b_{kj} 和 b_j^* 可分别表示为

$$b_{kj} = \bigvee\limits_{i=1}^{5} (a_{kj} \wedge r_{ij}), \quad b_j^* = \bigvee\limits_{k=1}^{s} (a_k^* \wedge b_{kj}) \tag{7-4}$$

模型 $M(\wedge, \vee)$ 为"主因素决定型"综合评价，其评价结果只取决于在总评价中起主

要作用的那个因素，其余因素均不影响评价结果。当评价因素较多时，因素的权重势必较小，取小运算可能会"淹没"很多评价因素，而使主要因素的控制作用更突出。此模型适应于单项评价最优就能作为综合评价最优的情况。

2. 评价模型 2 $M(\cdot, \vee)$

$\cdot$、$\vee$ 分别为乘法和取大（max）运算。根据模型 $M(\cdot, \vee)$ 可得

$$b_{kj} = \bigvee_{i=1}^{5}(a_{ki} \cdot r_{ij}), \quad b_j^* = \bigvee_{k=1}^{s}(a_k^* \cdot b_{kj}) \tag{7-5}$$

模型 $M(\cdot, \vee)$ 为"主因素突出型"综合评价，它与模型 $M(\wedge, \vee)$ 比较接近，但它不仅突出了主要因素，还考虑了其他因素的影响。

3. 评价模型 3 $M(\wedge, \oplus)$

$\wedge$ 为取小（min）运算，而 $\oplus$ 运算的含义为 $\alpha + \beta = \min(1, \alpha + \beta)$。根据模型 $M(\wedge, \oplus)$ 可得到

$$b_{kj} = \oplus \sum_{i=1}^{5}(a_{ki} \wedge r_{ij}), \quad b_j^* = \oplus \sum_{k=1}^{s}(a_k^* \wedge b_{kj}) \tag{7-6}$$

式（7-6）又可表示为

$$b_{kj} = \min\left[1, \sum_{i=1}^{5}\min(a_{ki}, r_{ij})\right], \quad b_j^* = \min\left[1, \sum_{k=1}^{s}\min(a_k^*, b_{kj})\right] \tag{7-7}$$

模型 $M(\wedge, \oplus)$ 也是"主因素突出型"综合评价，它与模型 $M(\cdot, \vee)$ 比较相似。在此模型中值得注意的是直接对隶属度作"有上界"相加，在一些情况下得到的评价结果并不令人满意，因为当评价因素的权重取值较大时，一些重要的 b_{kj}（或 b_j^*）值将等于上界1；当权重较小时，b_{kj}（或 b_j^*）值将等于权重之和，而隶属度的影响均得不到体现。

4. 评价模型 4 $M(\cdot, +)$

$\cdot$、$+$ 分别为乘法和加法运算。根据模型 $M(\cdot, +)$ 可得到

$$b_{kj} = \sum_{i=1}^{5}(a_{ki} \cdot r_{ij}), \quad b_j^* = \sum_{k=1}^{s}(a_k^* \cdot b_{kj}) \tag{7-8}$$

模型 $M(\cdot, +)$ 为"加权平均型"综合评价。它依照权重均衡地考虑所有因素，比较适应于要求总和最大的情形。

对于同一个系统，采用不同的评价模型得到的结果并不相同，但总的趋势应该基本一致。在实际应用中要根据具体情况选用适当的评价模型。

（七）程序的编制

上述运算是很复杂的，文献[78, 91]编制了一个方便实用的程序——"液化石油气燃爆危险性评价系统"（Evaluation of LPG Fire and Explosion Hazards System，简称为 ELFEHS）。它包括两部分："LPG 储配站危险性评价"（Evaluation of LPG Installation's Hazards，简称为 ELIH）和 "LPG 储罐危险性评价"（Evaluation of LPG Storage Tank's Hazards，简称为 ELSTH）。ELFEHS 采用 Borland C++ 3.1 编制而成，适应于 DOS 环境下运行。它采用下拉式菜单结构，具有良好的用户界面，并提供了丰富的帮助信息，操作简单方便。其主菜单流程图，如图 7-1 所示。这里只介绍 LPG 储配站的燃

图 7-1 主菜单

爆危险性评价，图 7-2 给出了它的框图。

二、液化石油气储配站危险性模糊综合评价

（一）液化石油气的特性及其爆炸

1. 性质

液化石油气（Lequified Petroleum Gas，简称 LPG 或液化气）是目前我国城镇燃气的主要气源之一，也是城镇燃气中燃爆危险性最大的气体，液化石油气与空气混合达到一定浓度，遇到火源就会发生燃烧或爆炸。液化石油气具有如下一些性质：

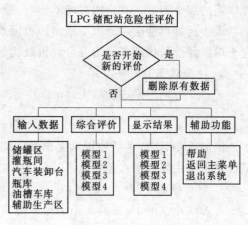

图 7-2　LPG 储配站危险性评价

（1）比空气重，比水轻。液化石油气的气态相对密度为 1.5～2，液态液化石油气与 4℃水相比，相对密度为 0.5～0.6。因此在液化石油气储配、运输和使用过程中，如果发生泄漏，气化后的气体会往低洼处流动并积聚，或者沿地面漂流，不易被风吹散。如果液化石油气在水面泄漏，则很容易浮在水面上，迅速扩散。

（2）挥发性强。在常温常压下，液态液化石油气极易挥发，1L 液态液化石油气经挥发，可变成 250L 气体。

（3）着火温度低。着火温度约为 430～500℃，火柴火焰、打火机火星以及电气开关火花等均可点燃。

（4）燃烧热值高。在标准状况下，1kg 液化石油气完全燃烧后，发出的热量可达46.1～50.2MJ，约为焦炉煤气的 6 倍之多，其温度可达 700～2000℃。

（5）沸点低。液化气组分中甲烷的沸点为 -161.5℃，乙烷的沸点为 -88℃，因此，在容器中储存的液化石油气，只要温度稍有升高，就会引起饱和蒸气压的升高。

（6）燃爆危险性大。液化石油气的爆炸极限为 2%～9%，可以看出其下限很低（天然气和煤气分别为 5% 和 4.5%），遇到明火极易燃烧和爆炸。

（7）体积膨胀系数大。因为液化石油气常以液态储存，在 15℃时，液化石油气的体积膨胀系数约为 0.003，为水的 16 倍。平常很多液化石油气气瓶发生爆炸都是因为液化石油气膨胀所致。

液化石油气各组分的物理化学性质，如表 7-2 所示。

2. 液化石油气爆炸的特点

（1）突然性。液化石油气泄漏到空气中，遇到火源燃烧或爆炸，在瞬间即可完成，使人们难以防范，所以液化石油气燃爆事故往往损失很大。

（2）复杂性。液化石油气储配站着火后，因为液化石油气储量大，燃烧将会持续很长时间，温度高，热辐射强度大，使消防设备和消防措施难以发挥作用。另外，液化石油气着火可能引起邻近储罐和管道着火，甚至爆炸。众多液化石油气钢瓶也极有可能发生多次重复爆炸。又因为液化石油气火灾爆炸会造成一些构筑物破坏，加快外围空气进入，加剧液化石油气燃烧，造成火灾蔓延。

（3）危险性。液化石油气容器金属壁受热后，材料强度降低，发生塑性变形，而容器内压力因液化石油气膨胀而剧增，造成容器物理爆炸。容器一旦破裂，除大量液化石油气冲出，造成更大火灾外，还会同时抛出金属碎片，足以危害人体、设备和建筑物。大量液化石油气发生火灾爆炸，产生的能量迅速释放出来，借助气体急剧膨胀转变为机械能，产生压力波，将造成巨大损失。根据计算，液化石油气爆炸破坏压力约为 0.78MPa，在某些条件下，爆炸产生的压力波可形成冲击波使局部压力高达 7.8MPa 并伴随着由动压产生的气浪作用，此时的火焰传播速度可达 1000～4000m/s。

表 7－2 　　　　　　　　　　液化石油气各组分的物理化学性质

物理化学性质		甲烷	乙烷	丙烷	正丁烷	异丁烷
分子式		CH_4	C_2H_6	C_3H_8	$n-C_4H_{10}$	$i-C_4H_{10}$
分子量		16.04	30.07	44.094	58.12	58.12
蒸气压（MPa）	0℃	—	2.43	0.476	0.104	0.107
	20℃	—	3.75	0.8104	0.203	0.299
气体密度（kg/m³）	0℃	0.7168	1.3562	2.02	2.5985	2.6726
	15.5℃	0.677	1.269	1.86	2.452	2.452
沸点（℃）（0.1013MPa）		−161.5	−88.63	−42.07	−0.5	−11.73
汽化潜热（kJ/kg）（沸点及 0.1013MPa）		569.4	489.9	427.1	386.0	367.6
临界温度（℃）		−82.5	32.3	96.8	152.0	134.9
临界压力（MPa）		4.64	4.88	4.25	3.80	3.66
临界密度（kg/L）		0.162	0.203	0.226	0.226	0.233
低热值（kJ/kg）	液 态	34207	60753	46099	45458	45375
	气 态	—		88388	115561	115268
气态比热 [kJ/（kg·K）]	定压比热	2.21	1.72	1.63	1.66	1.62
	定容比热	1.68	1.44	1.44	1.52	1.47
爆炸极限（V%）	下 限	5.3	3.2	2.37	1.86	1.80
	上 限	14	12.5	9.50	8.41	8.44

3. 液化石油气发生火灾爆炸的原因

液化石油气发生火灾爆炸的原因是多方面的，概括起来有下列几种情况：

（1）设备质量以及安装技术问题。储罐、管道以及阀门等设备质量不符合安全技术要求，角阀关闭不严，橡皮管老化、破损、开裂或安装太松，致使液化石油气外泄等。

（2）违章操作。罐区擅自动用明火或使用明火时无人看管，灌装液化气气瓶时，违章作业，灌装过量等。

（3）缺乏安全知识。不了解液化气的性质，对液化气的危害性没有足够的认识，使用不当。

（4）罐体受到外界高温作用或被火直接烧烤。

（5）车辆事故或有意破坏造成液化石油气泄漏等，都是造成液化气发生火灾爆炸事故的原因。

（二）液化石油气储配站

1. 储配站功能

液化石油气储配站作为液化石油气供应基地之一，储存量大，引起火灾爆炸事故的因素多，且火灾爆炸影响范围广，它在我国属于甲类火灾危险性企业。液化石油气储配站的主要任务是：① 自气源厂或储罐站接收液化石油气；② 将液化石油气卸入站内固定储罐进行储存；③ 将站内固定储罐中的液化石油气灌注到钢瓶、汽车槽车的储罐或其他移动式储罐中；④ 接收空瓶，发送实瓶；⑤ 倒残液；⑥ 检查和修理气瓶及站内设备的日常维修。

2. 储配站站址选择

一般宜选在距离城市较远的郊区，为了减少运输费用，储配站与供应站之间的平均运距不宜超过 10km。储配站宜选在城市常年主导风向的下风向或侧风向。站址场地必须满足运瓶车、汽车槽车（或火车槽车）和消防车的通行需要。址内不应有人防和地下通道，不得留有能窝气形成爆炸隐患的井、坑、穴等。站址应避免选在断层、滑坡、泥石流或泥沼等不良地质地段。

3. 站区简介

储备站分为生产区、辅助生产区和生活区，示于图 7-3。下面着重介绍危险性较大的 4 个环节（区站或车间）。

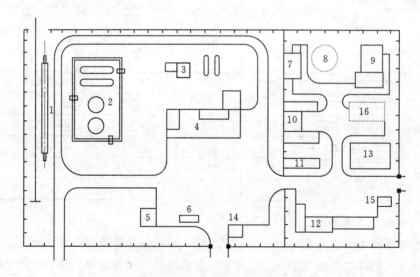

图 7-3　液化石油气储配站总平面布置示例

1—火车栈桥；2—储罐区；3—压缩机室、仪表间；4—灌瓶间；5—汽车槽车库；
6—汽车装卸台；7—变配电、水泵房；8—消防水池；9—锅炉房；
10—空压机室、机修间；11—休息室；12—车库；13—综合楼；
14—门卫；15—传达；16—钢瓶大修

（1）储罐区。液化石油气的储存方式通常有三种：储罐储存、地层储存和固态储存。目前我国城市中液化石油气的储存方式均采用储罐常温压力储存。常温压力储存的储罐压

210

力是随温度而变化的，其压力接近或稍低于常温下液化石油气的饱和蒸气压。常温压力储罐按形状可分为球形罐、卧式圆筒形罐和立式圆筒形罐；按安装位置可分为地上储罐和地下储罐。

储罐区宜布置在储配站常年主导风向的下风向或侧风向，四周应设防护墙，沿防护墙外应有环形消防通道及安全出口。通常地上储罐的安全间距应不小于相邻较大储罐的直径；地下直埋储罐应不小于相邻较大储罐的半径，且均不小于10m。几个储罐的总容积超过2500m³时，应分组布置，组内储罐宜单排布置，组与组之间的距离不小于20m。储罐与明火、散发火花地点和建（构）筑物的防火间距，如表7-3所示。储罐区的排水应经水封井排出。

表7-3　储配站的储罐与明火、散发火花地点和建（构）筑物的防火间距　　单位：m

项　　目	总　容　积　（m³）						
	≤50	50~200	201~500	501~1000	1000~2500	2501~5000	>5000
	单　罐　容　积（m³）						
	≤20	≤50	≤100	≤200	≤400	≤1000	>1000
明火、散发火花地点	45	50	55	60	70	80	120
民用建筑	40	45	50	55	65	75	100
灌瓶间、瓶库、压缩机室、仪表间、汽车库、机修间、新瓶库、门卫、值班室等	18	20	25		30	40	50
汽车槽车装卸台（装卸柱、口）	18	20	25		30		40
站内铁路槽车装卸线（中心线）	20						30
消防泵房、消防水池	40				50		60
站内道路	主要	10	15				20
	次要	5	10				15
站区围墙	10	15				20	

（2）灌瓶车间。灌瓶车间包括灌瓶间及附属的瓶库，其任务是接受空瓶、倒空残液、灌瓶和将实瓶运到瓶库或运瓶车上。灌瓶工艺分为手工灌装，半机械化半自动化灌装，机械自动化灌装。

灌瓶车间的建筑物为甲类火灾危险性防爆建筑物，耐火等级不低于二级。封闭式灌瓶车间应有防爆泄压措施，在非采暖地区可建开敞式或半开敞式灌瓶车间。门窗应向外开启，采用金属门窗时，应有防止产生火花的措施。非开敞式灌瓶车间，应通风良好。灌瓶车间与瓶库在同一建筑内，应有防火墙隔开，并各自有出入口。安全疏散应符合《建筑设计防火规范》的要求。灌瓶车间建筑应采用钢筋混凝土柱、框架或排架结构。设有钢柱时，应做防火保护层。地面应采用不发火花材料。

（3）瓶库。储存实瓶量不允许超过月平均灌装量的1~2天量。容量为15kg或以上的实瓶和空瓶要求单层码放；15kg 以下的实瓶和空瓶允许双层码放。实瓶和空瓶应分区码放，不得混杂。

（4）压缩机室和泵房。压缩机室和泵房的建筑防火要求与灌瓶车间相同。液化石油气灌装泵可露天放置在储罐区内。设置泵室时，它与储罐的间距不应小于 15m，面向储罐一侧的外墙采用防火墙时，其间距可减少至 6m。压缩机室与仪表间、灌瓶间合建成一栋建筑物时，其间应有防火墙隔开。压缩机室与仪表间、灌瓶车间的门窗水平开口之间距离不应小于 6m。压缩机室与泵房应配置干粉灭火器，每 $50m^2$ 设一个 8kg 的，且不得少于 2 个。

（三）液化石油气储配站危险性模糊综合评价方法

LPG 储配站的燃爆危险性是一个模糊概念，它受很多因素的影响，采用模糊综合评价的方法对其进行评价不失为一个有效的手段。通过仔细分析液化石油气储配站的安全状况，确定影响其危险性的主要工艺单元和主要因素，对其进行燃爆危险性模糊综合评价。

对于液化石油气储配站的燃爆危险性评价采用二级综合评价，其评价步骤如下。

1. 选取单元

根据液化石油气储配站的工艺流程，选取 6 个主要单元（E）分别为储罐区（E_1）、灌瓶间（E_2）、汽车装卸台（E_3）、瓶库（E_4）、油槽车库（E_5）、辅助生产区（E_6），记作（E_1，E_2，E_3，E_4，E_5，E_6）。

每个单元都考虑各自的燃爆危险性影响因素 U 如下：

（1）E_1 储罐区（U_1）＝｛LPG 储存量（u_1），LPG 泄漏状况（u_2），设备缺陷（u_3），人员操作状态（u_4），安全消防措施（u_5），防火间距（u_6）｝。

（2）E_2 灌瓶间（U_2）＝｛LPG 泄漏状况（u_1），通风状况（u_2），设备缺陷（u_3），人员操作状态（u_4），安全消防措施（u_5），防火间距（u_6）｝。

（3）E_3 汽车装卸台（U_3）＝｛LPG 泄漏状况（u_1），人员操作状态（u_2），安全消防措施（u_3），防火间距（u_4）｝。

（4）E_4 瓶库（U_4）＝｛存瓶量（u_1），LPG 泄漏状况（u_2），安全消防措施（u_3），防火间距（u_4）｝。

（5）E_5 油槽车库（U_5）＝｛LPG 泄漏状况（u_1），安全消防措施（u_2），防火间距（u_3）｝。

（6）E_6 辅助生产区（U_6）＝｛LPG 泄漏状况（u_1），安全消防措施（u_2），防火间距（u_3）｝。

6 个单元评价因素的数量分别为 E_1 的 $n(1)=6$，E_2 的 $n(2)=6$，E_3 的 $n(3)=4$，E_4 的 $n(4)=4$，E_5 的 $n(5)=3$，E_6 的 $n(6)=3$。以上单元和各单元影响因素是作者根据广泛深入调查和分析，并参考城镇燃气研究设计人员的意见而确定的，表 7-4 给出了单元及单元影响因素的权重值，该权重值获取的具体途径请见本节"（四）权重值获取途径简介"。

2. 建立评价集

对于液化石油气储配站的燃爆危险性，设评价集为

$$V = ｛很危险（Ⅰ），危险（Ⅱ），中等（Ⅲ），安全（Ⅳ），很安全（Ⅴ）｝$$

3. 对每个单元进行一级综合评价

设每个单元的评价因素的权重分配分别为

$$\underset{\sim}{A}_1 = (a_{11}, a_{12}, a_{13}, a_{14}, a_{15}, a_{16}) \quad \underset{\sim}{A}_2 = (a_{21}, a_{22}, a_{23}, a_{24}, a_{25}, a_{26})$$

$$\underset{\sim}{A}_3 = (a_{31}, a_{32}, a_{33}, a_{34}) \quad \underset{\sim}{A}_4 = (a_{41}, a_{42}, a_{43}, a_{44})$$

$$\underset{\sim}{A}_5 = (a_{51}, a_{52}, a_{53}) \quad \underset{\sim}{A}_6 = (a_{61}, a_{62}, a_{63})$$

其中 $0 \leqslant a_{kj} \leqslant 1$, $[k=1,2,\cdots,6; j=1,2,\cdots,n(k)]$, 且 $\sum_{j=1}^{n(k)} a_{kj} = 1$。然后形成评价矩阵为

$$\underset{\sim}{R}_k = \begin{bmatrix} r_{11} & r_{12} & \cdots & r_{15} \\ r_{21} & r_{22} & \cdots & r_{25} \\ \vdots & \vdots & \vdots & \vdots \\ r_{n(k)1} & r_{n(k)2} & \cdots & r_{n(k)5} \end{bmatrix} \tag{7-9}$$

要求 $r_{ij} \geqslant 0$, $\sum_{j=1}^{5} r_{ij} = 1$, $[i=1,2,\cdots,n(k); j=1,2,\cdots,5]$。$\underset{\sim}{R}_k$ 反映了从评价因素集到评价集的模糊映射关系。由于评价集中只有 5 个样本,即 5 种类型,故 $j=1,2,\cdots,5$。于是第一级综合评价为

$$\underset{\sim}{B}_k = \underset{\sim}{A}_k \underset{\sim}{R}_k = (b_{k1}, b_{k2}, b_{k3}, b_{k4}, b_{k5}) \tag{7-10}$$

如果 $\sum_{j=1}^{5} b_{kj} \neq 1$,应将 b_{kj} 归一化。

4. 二级综合评价

根据各单元的重要度确定权重分配为

$$\underset{\sim}{A} = (a_1^*, a_2^*, a_3^*, a_4^*, a_5^*, a_6^*)$$

且要求 $\sum_{k=1}^{6} a_k^* = 1$。将每个单元 E_k 作为一个元素,用 $\underset{\sim}{B}_k$ 作为它的单因素评价,又可构成评价矩阵为

$$\underset{\sim}{R} = \begin{bmatrix} \underset{\sim}{B}_1 \\ \underset{\sim}{B}_2 \\ \vdots \\ \underset{\sim}{B}_6 \end{bmatrix} = \begin{bmatrix} b_{11} & b_{12} & \cdots & b_{15} \\ b_{21} & b_{22} & \cdots & b_{25} \\ \vdots & \vdots & \vdots & \vdots \\ b_{61} & b_{62} & \cdots & b_{65} \end{bmatrix} \tag{7-11}$$

$\underset{\sim}{R}$ 是 $\{E_1, E_2, \cdots, E_6\}$ 的单因素评价矩阵。于是可得第二级综合评价为

$$\underset{\sim}{B} = \underset{\sim}{A} \underset{\sim}{R} = (b_1^*, b_2^*, b_3^*, b_4^*, b_5^*) \tag{7-12}$$

如前所述,将 b_j^* $(j=1,2,\cdots,5)$ 归一化。

5. 模糊识别

得到液化石油气储配站二级综合评价结果后,可根据最大隶属度原则确定其危险等级。

(四)权重值获取途径简介

1995 年 1 月,在"城市与工程减灾基础研究"第二次学术交流会上,作者和学生(见文献［91］)用表 7-4 和表 7-5 请 40 多位防灾专家针对单元和影响因素为权重打分,共收回 26 份表格。以此次调查结果为基础,并参考一些城镇燃气研究设计者的意见,对于"LPG 储配站危险性评价"选取 6 个主要工艺单元,对每个单元又考虑其对危险性起主要影响的因素,分别赋予了不同的权重值,示于表 7-6。

表 7-4　液化石油气储配站各单元的权重

序号	单元名称	权重（采用 5 分制）					
		5	4	3	2	1	0
1	铁路装卸栈桥						
2	储罐区						
3	灌瓶间						
4	瓶库						
5	汽车槽车装卸台						
6	油槽车库						
7	压缩机室						
8	烃泵房						
9	空压机室						
10	仪表间						
11	配电室						
12	锅炉房						
13	变配电间						
14	消防水泵房						
15	消防水池						
16	机修、电气焊						
17	仓库						
18	汽车库						
19	洗车台						
20	行政管理及生活用房						

表 7-5　储配站的火灾爆炸影响因素的权重

序号	影响因素	权重（采用 5 分制）					
		5	4	3	2	1	0
1	液化石油气的性质						
2	液化石油气的储存量						
3	储罐的最高工作温度						
4	储罐最大工作压力						
5	液化石油气的泄漏量						
6	空气中的液化气浓度						
7	储罐的防火间距						
8	灌瓶间的防火间距						
9	通风状况						
10	设备缺陷						
11	人为误操作						
12	储罐的充满率						
13	气瓶的灌装量						
14	监测及报警设备						
15	电气防爆措施						
16	防静电措施						
17	消防设备及消防措施						
18	其他防护措施						

表 7-6　　　　　　　　　单元及单元影响因素权重值

序　号	单元名称	单元权重值	单元影响因素	影响因素的权重值
1	储罐区	0.208	LPG 储存量	0.159
			LPG 泄漏状况	0.198
			设备缺陷	0.163
			人员操作状态	0.168
			安全消防措施	0.162
			防火间距	0.150
2	灌瓶间	0.203	LPG 泄漏状况	0.197
			通风状况	0.161
			设备缺陷	0.161
			人员操作状态	0.168
			安全消防措施	0.163
			防火间距	0.150

序　号	单元名称	单元权重值	单元影响因素	影响因素的权重值
3	汽车装卸台	0.170	LPG 泄漏状况	0.292
			人员操作状态	0.248
			安全消防措施	0.240
			防火间距	0.220
4	瓶库	0.148	存瓶量	0.237
			LPG 泄漏状况	0.296
			安全消防措施	0.244
			防火间距	0.223
5	油槽车库	0.155	LPG 泄漏状况	0.388
			安全消防措施	0.320
			防火间距	0.292
6	辅助生产区	0.116	LPG 泄漏状况	0.388
			安全消防措施	0.320
			防火间距	0.292

第二节　镇江太平圩储配站危险性评价示范

镇江市地处江苏省中部，位于长江下游南岸，是长江流域的重要港口城市和苏南地区中心城市之一。全市总面积为 343km²，其中市区面积为 215km²，城市建设用地面积约31km²；总人口约 260 万，市区人口 46 万。镇江市作为国家自然科学基金重大项目"城市与工程减灾基础研究"的示范城市之一，其主要灾种有地震、洪水、泥石流、火灾爆炸等。镇江是江苏省发展城市燃气较早的城市之一。随着石油化学工业的发展和人民生活水平的提高，燃气的使用越来越普遍，由此而引起的火灾爆炸事故也越来越多，成为减灾研究中一个不容忽视的问题。

一、太平圩储配站

太平圩储配站位于市区西侧，距市区中心约 5km，距金山公园 1.5km，位于城市主导风向东南风下风处。站处为 130m×65m 平坦矩形场地，东南侧为金山化工厂，西北侧为一池塘，东北侧为农田，西南侧道路边为水沟。储配站平面简图如图 7－4 所示（图中A、B 表示该点坐标值）。站内设如下工艺单元：

（1）储罐区，有 100m³ 卧罐 2 座、20m³ 残液罐 1 座、1m 高防液堤，储罐区与灌瓶间、槽车库净距为 25m。

（2）灌装区，包括灌瓶车间、槽车库、槽车装卸台。灌瓶间分别与槽车库、办公用房距 25m，压缩机房与灌瓶间相邻，墙外设槽车装卸台，槽车库距离水泵房 20m。

（3）辅助区，包括水泵房、配电室、办公楼、厕所、新瓶库等。

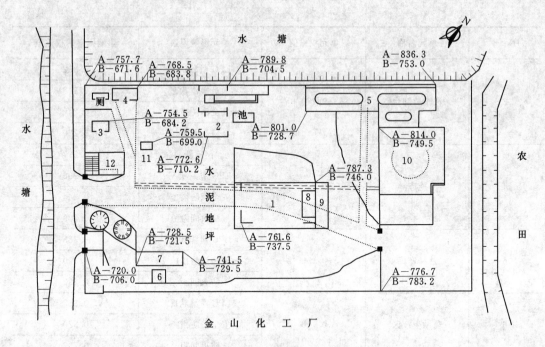

图 7-4　太平圩储配站平面图

1—灌瓶间；2—槽车房；3—配电房；4—水泵房；5—储罐区；6—地磅房；7—汽车衡；
8—空压机房；9—槽车装卸台；10—拟建储罐；11—隔油池；12—办公用房

（4）道路、围墙，站内主要道路宽为 5m，灌瓶车间东南侧及东南侧须保持 20m 宽的回车场地。

太平圩储配站主要满足卸车、灌装、储存、外运、倒罐及设备维护、保养以及检修等要求。LPG 自气源厂用汽车槽车运至站内，通过装卸台卸入储罐，罐内 LPG 在灌装间灌入钢瓶，经复检后送入实瓶库后用汽车运至市内各点。

二、评价参数的确定

通过仔细调查太平圩储配站的情况，广泛征求站内工作人员的意见的基础上，经过分析，选取太平圩储配站安全综合评价的评价单元及影响因素，如表 7-7～表 7-12 所示。其中单元和单元影响因素的权重是参考大量防灾专家的意见而选取的，并根据实际情况进行了少量调整。各危险性影响因素对每一个危险等级的隶属度是根据对站内工作人员的调查而确定的（见表 7-6）。表 7-7 的"LPG 储存量"一行中，0.159 表示 LPG 储存量在 6 个影响因素中的权重大小，分 5 个危险等级，分别为很危险、危险、中等、安全、很安全，在 LPG 储存量这一行中，中等这一栏的隶属度最高为 0.3。

三、评价结果

根据以上确定的参数 (E,U) 输入按照第一节介绍的方法所编的程序 ELIH 进行评价，结果示于表 7-13。根据最大隶属度原则，由评价结果可知储罐区、灌瓶间、汽车装卸台、瓶库、油槽车库、辅助生产区的危险等级分别为安全、安全、中等、中等、中等、安全，而整个储配站的危险等级为中等（参见表 7-13 中黑体数字）。

表 7-7 E_1 储 罐 区 评 价 参 数

E_1 单元权重：0.208

危险性影响因素 U_1	因素权重	很危险	危险	中等	安全	很安全
LPG 储存量	0.159	0.1	0.2	0.3	0.2	0.2
LPG 泄漏状况	0.198	0.2	0.2	0.2	0.3	0.1
设备缺陷	0.163	0.1	0.2	0.2	0.3	0.2
人员操作状态	0.168	0.1	0.2	0.4	0.2	0.1
安全消防措施	0.162	0.1	0.1	0.3	0.3	0.2
防火间距	0.150	0	0	0.3	0.4	0.3

表 7-8 E_2 灌 瓶 间 评 价 参 数

E_2 单元权重：0.203

危险性影响因素 U_2	因素权重	很危险	危险	中等	安全	很安全
LPG 泄漏状况	0.197	0.2	0.3	0.2	0.2	0.1
通风状况	0.161	0.1	0.2	0.3	0.2	0.2
设备缺陷	0.161	0.2	0.3	0.2	0.2	0.1
人员操作状态	0.168	0.1	0.2	0.2	0.3	0.2
安全消防措施	0.163	0.1	0.2	0.2	0.3	0.2
防火间距	0.150	0	0	0.3	0.4	0.3

表 7-9 E_3 汽车装卸台评价参数

E_3 单元权重：0.170

危险性影响因素 U_3	因素权重	很危险	危险	中等	安全	很安全
LPG 泄漏状况	0.292	0.1	0.1	0.4	0.3	0.1
人员操作状态	0.248	0.1	0.2	0.2	0.3	0.2
安全消防措施	0.240	0.1	0.1	0.3	0.3	0.2
防火间距	0.22	0	0	0.5	0.3	0.2

表 7-10 E_4 瓶 库 评 价 参 数

E_4 单元权重：0.148

危险性影响因素 U_4	因素权重	很危险	危险	中等	安全	很安全
存瓶量	0.237	0.1	0.1	0.3	0.3	0.2
LPG 泄漏状况	0.296	0.1	0.1	0.4	0.2	0.2
安全消防措施	0.244	0.1	0.2	0.3	0.3	0.1
防火间距	0.223	0	0	0.3	0.4	0.3

表 7-11 E_5 油槽车库评价参数

E_5 单元权重：0.155

危险性影响因素 U_5	因素权重	很危险	危险	中等	安全	很安全
LPG 泄漏状况	0.388	0.2	0.3	0.2	0.2	0.1
安全消防措施	0.320	0.2	0.2	0.4	0.2	0
防火间距	0.292	0	0.2	0.3	0.3	0.2

表 7-12 E_6 辅助生产区评价参数

E_6 单元权重：0.116

危险性影响因素 U_6	因素权重	很危险	危险	中等	安全	很安全
LPG 泄漏状况	0.388	0	0.2	0.3	0.4	0.1
安全消防措施	0.320	0.1	0.1	0.3	0.3	0.2
防火间距	0.292	0	0.1	0.4	0.3	0.2

表 7-13   评 价 结 果

评价步骤	单元名称	很危险	危险	中等	安全	很安全
一级综合评价	储罐区	0.1048	0.1538	0.2807	**0.2832**	0.1784
	灌瓶间	0.1208	0.2058	0.2311	**0.2631**	0.1792
	汽车装卸台	0.0780	0.1028	**0.3484**	0.3000	0.1708
	瓶库	0.0777	0.1021	**0.3296**	0.2927	0.1979
	油槽车库	0.1416	0.2388	**0.2932**	0.2292	0.0972
	辅助生产区	0.0320	0.1388	0.3292	**0.3388**	0.1612
二级综合评价	LPG 储配站	0.0967	0.1595	**0.2969**	0.2813	0.1656

四、结论与建议

（1）太平圩储配站在一级综合评价各列中，储罐区、灌瓶间、辅助生产区三个单元处于安全水平，而汽车装卸台、瓶库、油槽车库处于中等水平，二级综合评价认为整个LPG 储配站处于中等水平。评价结果与人们对它的定性分析及一般感性认识相吻合。

（2）采用 ELIH 对 LPG 储配站进行危险性评价是切实可行的。它运用模糊数学的方法，进行综合评价，根据评价结果可以确定储配站的危险等级。

（3）评价结果的正确性取决于评价参数选取的科学性，评价参数在实际问题中是比较难以量化的，应该根据实际情况并参考防灾专家和有关工作人员的意见来确定。

（4）对于根据评价结果确定危险等级属于"危险"和"很危险"的储配站，应该立即进行专家论证采取措施改善安全状况后再进行评价，使其危险等级至少达到"中等"或"中等"以上。

第三节　城市燃气管网系统的安全性分析

一、输气管网的分类及损伤问题

（一）分类

城市燃气输配系统中的主要组成部分之一为燃气管道。按输气压力一般可以分为 5 类，见表 7-14。按用途可以分为 3 类，即分配管道、用户支管和室内燃气管道。城市室外燃气管道的管材，按输气压力的要求，考虑到管壁的耐压强度，低压和中压管道一般采用铸铁管，次高压或高压管道宜采用钢管。管道的附属设备有阀门和凝水缸等。

表 7-14　　　　　　　　　　　　　　燃气管道分类

序号	燃气管道类别	管道内输气压力(kPa)	序号	燃气管道类别	管道内输气压力(kPa)
1	低压输气管道	≤5	4	高压输气管道	300~800
2	中压输气管道	5~150	5	超高压输气管道	>800
3	次高压输气管道	150~300			

按照各级输气压力管道的组合方式，输气管网的形式可以分为 4 类，见表 7-15。

表 7-15　　　　　　　　　　　　　　输配管网分类

序　号	类　别	组　　成
1	单级管网	通常为低压管网
2	两级管网	通常由低压和中压两级输气管道组成，有时由低压输气管道和次高压输气管道组成
3	三级管网	通常由低压、中压（或次高压）、高压输气管道组成
4	多级管网	通常由低、中、次高、甚至超高输气压力的输气管道组成

（二）损伤

管道及其附属设备的损伤一旦达到某种程度，就可能造成危险，不仅要停止供气，甚至可能会发生爆炸火灾之类的严重事故。实际生活中，因损伤而引起燃气泄露，继而发生爆炸火灾的事故已屡见不鲜。研究损伤是研究燃气输配系统安全性的一个重要方面。为了讨论方便，不妨把"管道及其附属设备"称之为"部件"，下文中出现的"部件"均是指二者的总称。

1. 管道的机械损伤

燃气管道的机械损伤是由于敷设管道时，施工安装不正确或草率施工造成的。如施工中的放线不当或施工荷载过大等。

2. 管道的腐蚀损伤

造成燃气管道腐蚀的原因很多。因燃气组分、管道材质、敷设条件以及土壤物理和化学性质的不同，燃气管道会受到不同程度的内外腐蚀。内表面腐蚀主要与燃气性质有关。内壁腐蚀的程度随着燃气中氧、水分、硫化氢和其他腐蚀性化合物含量的增高而加重。外表面的腐蚀主要是土壤腐蚀，就其本质来说，可分为化学腐蚀、电化学腐蚀和杂散电流腐蚀三类。

调查表明燃气管道的大量事故是由于土壤或杂散电流等的腐蚀作用引起的。燃气管道绝缘防腐层破坏的地方腐蚀最为严重。绝缘层是由于随机因素而遭到破坏的，这些随机因素发生在绝缘层的包扎、运输和管道敷设入沟过程中。绝缘层的缺陷在管道长度上的出现是局部的和随机的。沿管道周长造成损伤的可能性极小，因此绝缘层的缺陷可以认为是极小的随机事件。其概率与管道直径关系极小，而与长度成正比。

3. 管道的焊缝损伤与裂纹

管道的电焊连接用于大口径钢管的螺旋电焊和直焊。焊接管道质量的好坏取决于管材可焊性好坏，还受焊接工艺等的影响。在野外和复杂的气候环境中，复杂的施工方法和苛刻的技术要求不仅增大了焊接的难度和费用，而且不可避免地造成了对焊缝质量的不利影响，形成焊缝缺陷。为了发现缺陷，大都采用物理的检查方法，但不是对全部的焊口进行检查。在检查时没有发现的缺陷将是管道负荷工作时的隐患。

焊接结构的失效与设计、选材及焊接工艺有直接的关系。由于焊接工艺引起结构失效的因素大致有：① 焊接裂纹；② 焊缝中的杂质和气孔；③ 焊接接头的腐蚀及泄露；④ 焊接结构的应力与变形；⑤ 焊接结构的脆性破坏；⑥ 焊接结构的疲劳破坏。对于压力燃气管道还会在力学因素影响下发生腐蚀，产生焊缝损伤与裂纹。

管道的焊缝开裂常是因焊接缺陷使焊缝强度降低与管道负荷增大相重合的随机事件。焊口会在纵向力的作用下遭到破坏。这些作用力或者与管道的直径无关，或者与之关系极小。这一结论已由统计资料予以证实。

二、部件的可靠性分析

(一) 部件可靠性的基本概念

可靠性是指研究的对象（称之为"产品"）在规定的条件下，在规定的时间内，完成规定功能的能力或概率。通常也将前者称之为"可靠性"，将后者称之为"可靠度"。

1. 可靠度函数 $R(t)$ 与失效分布函数 $F(t)$

产品在时刻 t 的可靠度是 t 的函数，称为"可靠度函数"，用 $R(t)$ 表示。在时间 t 内丧失规定功能的概率即失效概率，也称之为"不可靠度"，用 $F(t)$ 表示。把产品从开始工作到首次失效前的一段时间 T 称为寿命，则有

$$R(t) = P(T > t) \qquad (7-13)$$
$$F(t) = P(T \leqslant t) \qquad (7-14)$$

且有

$$R(t) + P(t) = 1$$

P 是常用的概率函数符号。

2. 失效密度函数 $f(t)$

它是单位时间内的失效概率，用 $f(t)$ 表示，$f(t)$ 与 $F(t)$ 及 $R(t)$ 的关系如下：

$$F(t) = \int_0^t f(t)\,\mathrm{d}t \qquad (7-15)$$

$$R(t) = 1 - F(t) = \int_t^\infty f(t)\,\mathrm{d}t \qquad (7-16)$$

$$f(t) = \frac{\mathrm{d}F(t)}{\mathrm{d}t} = -\frac{\mathrm{d}R(t)}{\mathrm{d}t} \tag{7-17}$$

3. 失效率函数 $\lambda(t)$

已经工作到时刻 t 的产品，在时刻 t 后单位时间内发生失效的条件概率，称之为在时刻 t 的失效率函数，简称失效率，用 $\lambda(t)$ 表示。

$$\lambda(t) = \frac{F'(t)}{1-F(t)} = \frac{F'(t)}{R(t)} = \frac{f(t)}{R(t)} = -\frac{R'(t)}{R(t)} \tag{7-18}$$

$$R(t) = \exp\left[-\int_0^t \lambda(t)\mathrm{d}t\right] \tag{7-19}$$

大量统计表明多数产品的失效率函数曲线有图 7-5 所示的图形。这就是著名的失效特性浴盆曲线。

第 1 时段为 $0 \sim T_1$，它是由那些设计或制造上的缺陷导致的失效。第 2 时段为 $T_1 \sim T_2$，主要是由于偶然因素引起的失效。第 3 时段为 T_2 以后，主要是由于老化、疲劳和耗损等因素引起的失效。

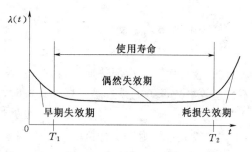

图 7-5 失效特性浴盆曲线

4. 失效通量函数 $\omega(t)$

对于可修复产品的失效，还可以定义一个与失效率相类似的函数 $\omega(t)$，即失效通量函数。$\omega(t)$ 近似地等于产品正常地工作到 t 时刻后，在微小单位时间内失效的条件概率。产品的可靠度函数也可定义为

$$P(t) = \exp\left[-\int_0^t \omega(t)\mathrm{d}t\right] \tag{7-20}$$

对于燃气管网系统，在系统投入运行之前都要经过严格的试验和调整。在调试过程中发现并消除部件存在缺陷，确信系统达到必要的可靠度，方可交付使用。因此，对燃气管网系统可以不考虑早期失效期 $0 \sim T_1$ 时段。系统正常工作时，已处于第二时段，因而，$\lambda(t)$ 可取常数值 λ，$\omega(t)$ 也可取常值 ω。可靠度函数为

$$P(t) = \exp(-\lambda t) \tag{7-21}$$

$$P(t) = \exp(-\omega t) \tag{7-22}$$

5. 维修特性

对于可维修（修复）的部件来说，除了工作时间（寿命）之外，还有维修时间 T_m 这个随机变量。描述维修特性的函数有维修度函数 $M(t)$、维修密度函数 $m(t)$、修复率函数 $\mu(t)$。

维修度函数 $M(t)$ 是指部件在规定条件下，规定时间 t 内，通过维修恢复正常功能的概率，表示为

$$M(t) = P(T_m < t) \tag{7-23}$$

维修密度函数 $m(t)$ 表示为

$$m(t) = \frac{\mathrm{d}M(t)}{\mathrm{d}t} \tag{7-24}$$

那么部件在 t 时故障的条件下，经过 Δt 时间能修复的概率，即定义为部件的修复率 $\mu(t)$（也称之为修复通量）。它是一个条件概率，表示为

$$\mu(t) = \frac{m(t)}{1 - M(t)} = \frac{M'(t)}{1 - M(t)} \tag{7-25}$$

则有

$$M(t) = 1 - \exp\left[-\int_0^t \mu(t)\,\mathrm{d}t\right] \tag{7-26}$$

若 $\mu(t) = \mu$ 为常数时，维修度函数及其密度函数为

$$M(t) = 1 - \exp(-\mu t) \tag{7-27}$$

$$m(t) = \mu\exp(-\mu t) \tag{7-28}$$

通常，部件的修复率比失效率及失效通量大，有数量级的关系。

（二）部件可靠性计算

1. 部件失效的定义

根据不同的要求，从不同的角度，这里对部件失效作出两级定义。

"一级失效"是指部件损伤达到一定程度，不能正常工作，即出现破裂、泄露、关闭不严密等事故，可能导致燃气爆炸火灾时，即认为失效。显然，这是研究部件安全性的一个苛刻条件，上限条件。能防止"一级失效"，部件和系统就绝对安全。

"二级失效"为安全分析的一个宽限条件。燃气输配系统是一个可修复的系统，可以通过修复使之迅速正常工作，不会导致系统供气的正常需要。可以近似地认为"二级失效"为安全性的下限条件。

2. 部件的可靠性

本文假设部件的失效（失去正常的工作能力）是满足上述 $\lambda(t)$ 与 $\omega(t)$ 讨论的，其失效特性曲线也类似于图 7-5 所示的失效特性浴盆曲线。

实际上，部件的工作与修理恢复过程如图 7-6 所示。可以通过大量的统计得到部件的失效通量。失效通量参数的倒数 $T = 1/\omega$ 描述了部件在两相邻失效之间的时间（以年或小时记），称为失效周期。T 是部件相邻失效之间平均工作时间。管道的失效通量参数 ω 通常是对长度 1km 而言的，此时 $\omega = \omega_L L$，式中 ω_L 为对 1km 管道的失效通量参数 $[1/(\mathrm{km \cdot a})]$，$L$ 为管道的长度（km）。

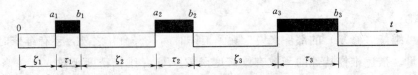

图 7-6　部件工作与修复过程的数学模型

a_1、a_2、a_3—失效时刻；b_1、b_2、b_3—修复后重新投入工作的时刻；

ζ_1、ζ_2、ζ_3—工作持续时间；τ_1、τ_2、τ_3—修理持续时间

燃气输配系统中部件的随机失效是属于随机事件的最简单失效或泊松单一过程，这种过程的特征具有不变性、无后效和普遍性，这些特征也体现在燃气输配系统中。在时间 t 内，对于最简单的事件流函数，其失效次数为 m 次的概率 $P_m(t)$ 由泊松分布决定：

$$P_m(t) = \frac{(\omega t)^m}{m!} \exp(-\omega t), m = 0, 1, 2, \cdots \qquad (7-29)$$

由式（7-29）在时间 t 内一个失效（$m=0$）都不发生的概率等于 $P_0(t)$。

$$P(t) = P_0(t) = \exp(-\omega t) \qquad (7-30)$$

这就是部件的可靠性函数。

部件的失效主要是由于损伤造成的。管道的机械损伤具有随机性。管道绝缘层的破坏也是随机的，一般来说与长度成正比。因此可以认为焊口开裂引起的燃气管道失效通量参数 ω 及燃气管风可靠性参数与直径无关，只与管网的图式（即结构）有关。

前苏联学者为了得到可靠性指标值，对大型城市和跨省州的燃气管网系统进行损伤情况分析，在系统可靠性计算的基础上，得到下列突然失效参数值：

腐蚀损伤：$\omega = 0.154 \times 10^{-3} / [1/(km \cdot a)]$；

焊缝损伤：$\omega = 0.92 \times 10^{-3} / [1/(km \cdot a)]$；

机械损伤：$\omega = 2.09 \times 10^{-3} / [1/(km \cdot a)]$。

管网补偿器及凝水罐附加失效通量 $\Delta\omega = 0.11 \times 10^{-3} 1/(km \cdot a)$，考虑到引起腐蚀损伤、焊口开裂、机械损伤、管道补偿器和凝水罐损伤的原因是各自独立的，所以管道失效通量为上述值的总和。

$$\omega_p = (0.154 + 0.92 + 2.09 + 0.11) \times 10^{-3} = 3.27 \times 10^{-3}/[1/(km \cdot a)]$$

阀门的失效通量参数按下述近似取值：

闸门阀：$\omega_p = 3.4 \times 10^{-3}/(1/a)$；

KC 型旋塞阀：$\omega_p = 0.64 \times 10^{-3}/(1/a)$；

钢制闸板阀：$\omega_p = 0.5 \times 10^{-3}/(1/a)$。

上述计算值适用于已经运行 60～70 年的管网系统的地下管道和设备，对于设计时的失效通量参数应考虑技术的进步、安装质量的提高、管理的改善等有利因素，可取下列值：

燃气管道：$\omega_p = 2.0 \times 10^{-3}/[1/(km \cdot a)]$；

铸铁闸板阀：$\omega_p = 1.7 \times 10^{-3}/(1/a)$；

钢制闸板阀：$\omega_p = 0.3 \times 10^{-3}/(1/a)$；

旋塞阀：$\omega_p = 0.2 \times 10^{-3}(1/a)$。

三、燃气管网系统安全性定义及安全性分析

（一）R^1、R^2 两级安全性

燃气输配系统是一个十分庞大复杂的系统，其环形结构及压力分级设置等特征给系统可靠的精确计算带来了较大的困难。因此，可以通过合理的假定，由此来定义其安全性。燃气输配系统又属于一个可修复的系统，部件失效后，可以把它自系统中断开予以修理，恢复后再次投入工作。

失效一般分为两级，与其对应的安全性也分为二级，这里定义：一级安全性 R^1 指燃气输配系统中任何部件均不发生"一级失效"时的可靠度；二级安全性 R^2 指燃气输配系统中任何部件均不发生"二级失效"时的可靠度。

当部件发生"二级失效"时，由于部件损伤的扩大，很可能发生事故。根据上述定

义，可以认为燃气输配系统的安全性介于"一级安全性 R^1"和"二级安全性 R^2"之间，即 $R^1 \leqslant R \leqslant R^2$ 称为安全性区间。

（二）系统安全性区间的计算❶

根据"一级安全性 R^1"的定义，此时系统的可靠度就是 R^1，其安全性要求是苛刻的，即避免发生一级失效的可能性，此时需要知道部件的"一级失效"失效率 $\lambda_1(t)$。根据"二级安全性 R^2"的定义，此时的系统相当一个"完全"可修复的系统，它的可靠度就是 R^2，此时需要知道部件的"二级失效"失效通量 $\omega_\pi(t)$ 和修复通量 $\mu_\pi(t)$。我们期望部件失效造成的损失不大，部件修复的时间足够的短，使其不会发生两个或两个以上部件的同时失效，即"双重失效"。实际上，若部件的修复时间远小于工作时间，则两个部件在同一时刻发生失效是特别稀少的事件。下面分析双重失效的概率，如图 7-7 所示。

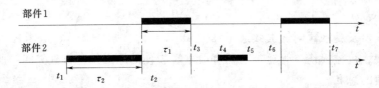

图 7-7　两个管段失效示意图（阴影部分为失效修理时段）

设部件 1 失效，其概率为 $1 - \exp(-\omega_1 t)$。此时双重失效的可能有两种情况：① 部件 2 在修理时间 τ_1 内失效；② 部件 2 在 $[t_1, t_2]$ 内失效。则部件 2 有效地工作到 t 时刻，在区间 $(\tau_1 + \tau_2)$ 内失效的概率为

$$\{1 - \exp[-\omega_2(\tau_1 + \tau_2)]\}$$

"双重失效"的概率等于两个事件概率的乘积：

$$P = [1 - \exp(-\omega_1 t)]\{1 - \exp[-\omega_2(\tau_1 + \tau_2)]\} \approx \omega_1 \omega_2(\tau_1 + \tau_2)$$

取 $t = 10$ 年（输配系统的近期规划期限为 5～10 年，长期规划为 20 年，取 10 年较为合理），$\omega_1 = \omega_2 = 5 \times 10^{-3}/(1/\text{年})$，$\tau_1 + \tau_2 = 10^{-3}$ 年 $= 8.76$ 小时（1 年按 365 天记），则

$$P = [1 - \exp(-5 \times 10^{-2})][1 - \exp(-5 \times 10^{-6})] = 0.24 \times 10^{-6}$$

它与一个管段的失效概率 $1 - \exp(-\omega t) = 4.9 \times 10^{-2}$ 相比，小 4～5 个数量级。由此可以得出：管网的双重失效是可以不予考虑的。便于计算安全，提出如下假定：

假定 1：管网系统是部件串联的可修复系统（可靠性角度）。

假定 2：管网系统中双重失效可以不予考虑。

假定 3：系统中各种状态的转化过程可以认为是马尔柯夫过程。

假定 4：管网系统中各部件的损伤是独立无关的。

假设管网系统中有 N 个部件，则它可表示为

$$X(t) = [X_1(t) \quad X_2(t) \quad X_3(t) \quad \cdots \quad X_N(t)]^T$$

$X_i(t)$ 描述系统中第 i 个部件状态的函数，当部件 i 正常工作时取 1，当第 i 部件失效

❶　煤气设计手册（下册），中国建筑工业出版社，1987；天然气工程手册，石油工业出版社，1984；王珍熙，可靠性·冗余及容错技术，航空工业出版社，1991。

时（包括一级失效、二级失效）取 0。$P_i(t)$ 表示系统处于状态 i 的概率。系统由完好状态 0 到失效状态 $1,2,\cdots,N$ 的失效通量参数为 $\omega_1,\omega_2,\cdots,\omega_N$，经修复，系统由失效状态 $1,2,\cdots,N$ 到完好状态的修复通量为 $\mu_1,\mu_2,\cdots,\mu_N$。这样，可以得到管网系统的状态微分方程组：

$$[P'] = [K][P]$$

其中

$$[P'] = [P'_0(t) \quad P'_1(t) \quad P'_2(t) \quad \cdots \quad P'_N(t)]^T$$

$$[P] = [P_0(t) \quad P_1(t) \quad P_2(t) \quad \cdots \quad P_N(t)]^T$$

$$[K] = \begin{bmatrix} -\sum\limits_{i=1}^{N}\omega_i & \mu_1 & \mu_2 & \cdots & \mu_N \\ \omega_1 & -\mu_1 & 0 & \cdots & 0 \\ \omega_2 & 0 & -\mu_2 & \cdots & 0 \\ \vdots & \vdots & \vdots & \ddots & 0 \\ \omega_N & 0 & 0 & \cdots & -\mu_N \end{bmatrix}$$

系统的初始条件为当 $t=0$ 时，$P_0(t)=1$，$P_i(t)=0$，$i=1,2,\cdots,N$。

$[K]$ 为状态转移率矩阵。对于完全可修复系统，状态转移率矩阵 $[K_2]=[K]$；对于完全不可修复的系统，$[K]$ 将退化为 $[K_1]$。

$$[K_1] = \begin{bmatrix} -\sum\limits_{i=1}^{N}\omega_i & 0 & 0 & \cdots & 0 \\ \omega_1 & 0 & 0 & \cdots & 0 \\ \omega_2 & 0 & 0 & \cdots & 0 \\ \vdots & \vdots & \vdots & \ddots & \vdots \\ \omega_N & 0 & 0 & \cdots & 0 \end{bmatrix}$$

根据系统"一级安全性"和"二级安全性"的定义，则由 $[K_1]$ 对应的 $P_0(t)$ 可以表示一级安全性 R^1，由 $[K_2]$ 对应的 $P_0(t)$ 可以表示二级安全性 R^2。

由此可以得到燃气系统的安全性区间 $[R^1,R^2]$。

（三）燃气危险量的确定

1. 燃气系统"安全性区间"的不足

燃气系统中不同部件失效可能造成燃气事故的燃气量是不同的，亦即部件可靠度的高低与燃气危险量并不成比例，可靠性高的部件失效造成的危险程度可能小于可靠性低的部件造成的危险程度。这就暴露了"安全性区间"的不足。

2. "燃气危险量"的确定

部件可靠度与其失效可能造成的燃气事故（泄露量）的乘积，称为"燃气危险量"。系统的"燃气危险量"等于系统在所有部分失效状态下，部件的燃气危险量与系统部分失效概率的乘积的总和。计算公式如下：

$$Q = [Q_1 \quad Q_2 \quad Q_3 \quad \cdots \quad Q_N][P_1 \quad P_2 \quad P_3 \quad \cdots \quad P_N]^T$$

$$Q_r = Q / \sum_{i=1}^{N} Q_i$$

式中 Q——燃气输配系统的燃气危险量；

                   Q_r——燃气输配系统的相对危险量；

$Q_i(i = 1,2,\cdots,N)$——部件 i 的燃气危险量，即系统处于状态 i 的燃气危险量；

$P_i(i = 1,2,\cdots,N)$——燃气系统处于状态 i 的失效概率。

根据上述公式，文献 [115] 编制了用于分析燃气管网系统的安全性计算程序。

第四节 鞍山市燃气管网安全性示范分析

鞍山是辽宁省的重工业城市，也是我国重要的钢铁工业基地，别名"钢都"。鞍山地处辽宁省中部，东依千山，西临辽河，属北温带半湿润季风气候，年平均气温 8.7℃，夏季最高气温 34℃，冬季最低气温 −25℃。鞍山市的地震设防标准为 7 度。全市辖海城市、台安县、岫岩满族自治县和铁东、铁西、立山、旧堡四个区，总面积 9251km²，其中市市区面积约 620km²。总人口约 330 万人，市区人口约 140 万人（含郊区）。

鞍山市是国家自然科学基金重大项目"城市与工程减灾基础研究"的子课题"典型中等城市综合减灾对策示范研究"的示范城市，鞍山又是我国燃气利用率最高的城市之一，燃气管道始建于 1919 年，随着城市建设的发展，已有的燃气供应设备日趋老化，燃气供应和燃气使用中的事故隐患日趋严重，如何减少灾害事故的发生，减少灾害事故造成的损失成为鞍山市减灾研究的一个重大课题。鞍山市的燃气种类有焦炉煤气、天然气和液化石油气三种，前两种为管道供应，后一种为瓶装散户供应。鞍山市民用供气总户数约 32.8 万户，机关团体用户约 3700 户，气化率为 97%，居全国大中型城市前列。正是由于历史悠久，用户又多，管路系统存在严重的隐患：① 设备老化极易泄露；② 年久失修，随时可能发生事故；③ 道路及居民堆占煤气管线更增加了危险性，违章操作问题屡禁不止。

一、鞍山市燃气管网数据库结构

管网库中的记录，共 26689 段管道，总长 997066m。按材质分两种：铸铁管和钢管，其中铸铁管 1986 段，长度 641938m；钢管 24703 段（其中 3 段为输气管道），长度 355128m。按作用分有两种：输气管道和配气管道，其中输气管道有 3 段，总长 7825m，见表 7-16。配气管道 26686 段，总长 989241m。24703 段配气钢管中，敷设年代在 20 世纪 70 年代之前的总长 357m，70 年代敷设了 36642m，80 年代敷设了 198498m，90 年代敷设了 111806m。引向住宅的配气钢管有 24676 段，总长 332441m，它们起源于 1231 段不同的支管。下文的计算均在这 1231 段支管中进行。

表 7-16   燃 气 输 气 管 道

管养单位	起 点	终 点	敷设年月	作 用	管 径	材质	长度(m)
鞍钢燃气厂	燃气厂四加压站	立山区自由街	1953.5	输气管道	ϕ700mm 以上	钢管	5377
鞍钢燃气厂	燃气厂四加压站	铁西区环钢路	1953.5	输气管道	ϕ700mm 以上	钢管	1948
鞍钢燃气厂	燃气厂宋三配气站	宋三天然气站	1972.10	输气管道	ϕ300～500mm	钢管	500

二、安全性分析

（一）计算假定

假定燃气输配管道的失效通量为 ω_L，管道的修复率为 μ_L。那么，一段长 L（km）的管道的失效通量为 $\omega = \omega_L \times L$，它的修复率为 $\mu = \mu_L \times L$。由于没有得到支管的长度 L，所以可以假设 L 即为它引出的所有管道的长度。由于没有现场的关于管道燃气危险量的数据，因此，不妨设管道的燃气危险量即为它引出的支管的数目。同时假定管网的安全计算中不考虑除管道以外配件的失效。

为了比较，取 3 组不同的参数进行计算，见表 7－17。

表 7－17 　　　　　　　　　　计 算 参 数（3 组）

参　数	第 1 组	第 2 组	第 3 组
ω_L ［1/（km·a）］	0.0002	0.0002	0.00002
μ_L ［1/（km·a）］	0.04	0.4	0.04

（二）计算结果与建议

计算从 1231 段支管中取出 200 段组成一个燃气输配管网，管道总长 57677m，采用数值微分 Runge－Kutta 方法进行计算，计算时间步长取 0.05，计算的时间跨度为 20 年。

（1）取表 7－17 中的第 1 组参数的计算结果见表 7－18 和图 7－8、图 7－9。

表 7－18 　　　　　　　　200 段管网系统的安全性 R^1、R^2 及危险量

时刻	一级安全性 R^1	二级安全性 R^2	燃气危险量	相对危险量（%）
0 年	1.000000	1.000000	0.000000	0.0000
1 年	0.9885309	0.9887654	0.8995401	0.0206
5 年	0.9439548	0.9491227	3.808861	0.0870
10 年	0.8910507	0.9088858	6.305557	0.1441
15 年	0.8411115	0.8760903	7.979447	0.1823
20 年	0.7939713	0.8486697	9.129233	0.2086

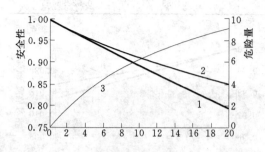

图 7-8　管网系统燃气危险量安全时程图

1——一级安全性；2——二级安全性；3——燃气危险量

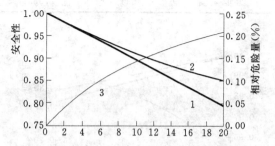

图 7-9　管网系统相对危险量安全时程图

1——一级安全性；2——二级安全性；3——相对危险量

（2）取表 7－17 中的第 2 组参数的计算结果见表 7－19 和图 7－10、图 7－11。

表 7－19　　　　　　　　200 段管网系统的安全性 R^1、R^2 及危险量

时　刻	一级安全性	二级安全性	燃气危险量	相对危险量（％）
0 年	1.000000	1.000000	0.000000	0.000000
1 年	0.9885309	0.9904424	0.6630734	0.0151525
5 年	0.9439548	0.9694089	1.435704	0.0328086
10 年	0.8910507	0.9554420	1.691412	0.038652
15 年	0.8411115	0.9466905	1.803424	0.0412117
20 年	0.7939713	0.9405952	1.863595	0.0425867

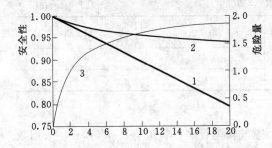

图 7-10　管网系统燃气危险量安全时程图
1——级安全性；2—二级安全性；3—燃气危险量

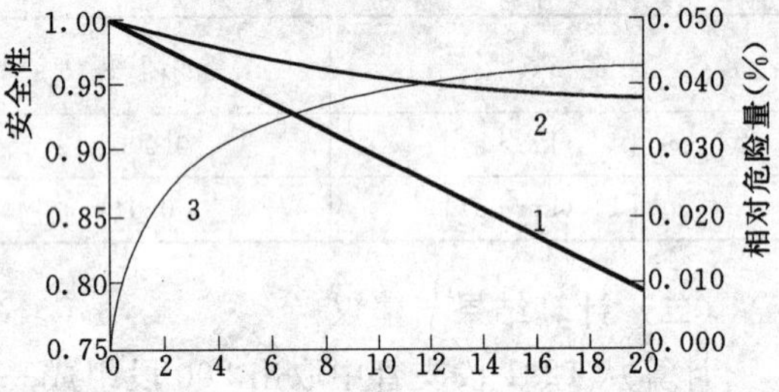

图 7-11　管网系统相对危险量安全时程图
1——级安全性；2—二级安全性；3—相对危险量

（3）取表 7-17 中的第 3 组参数的计算结果见表 7-20 和图 7-12、图 7-13。

表 7-20　　　　　　　　200 段管网系统的安全性 R^1、R^2 及危险量

时　刻	一级安全性	二级安全性	燃气危险量	相对危险量（％）
0 年	1.000000	1.000000	0.000000	0.000000
1 年	0.9988471	0.9988707	0.09042106	0.002066295
5 年	0.9942489	0.9947839	0.3907633	0.008929691
10 年	0.9885309	0.9904424	0.6630734	0.01515250
15 年	0.9828457	0.9867262	0.8590653	0.01963129
20 年	0.9771933	0.9834725	1.004933	0.02296465

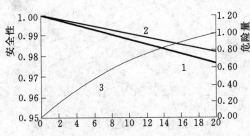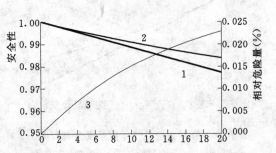

图 7-12　管网系统燃气危险量安全时程图
1——级安全性；2—二级安全性；3—燃气危险量

图 7-13　管网系统相对危险量安全时程图
1——级安全性；2—二级安全性；3—相对危险量

（三）结论

从上面的计算得出以下几个结论：

（1）提高管道的修复率（μ_L）或降低管道的失效率（ω_L）都可以提高管网系统的安全性，降低燃气的相对危险量。

（2）提高管道修复率的效果不及降低管道失效率的效果明显，但是，降低管道失效率付出的代价会明显地高于提高修复率付出的代价。

（3）为了得到合理的安全性和危险量指标，应当从两方面着手，使它们处于一个较为合理的水平，争取以最小的代价，获得最优的效果。

第八章 火灾及其对建筑材料和结构构件的影响[❶]

火灾对建筑结构的影响说到底是对建筑构件及建筑材料的影响。主动防火设计最主要的手段和措施是选择耐火性能强的材料及由这类材料所组成的构件。因此，本章除论及火灾的严重性和一般规律之外，重点讨论混凝土及建筑钢材的高温性能。

第一节 概 述

一、火灾的普遍性和严重性

火与人类生活和生产密不可分，火的利用是人类文明过程中的重大标志之一，但一旦失控则酿成灾害，世界多种灾害中发生最频繁、影响面最广的首属火灾。

据联合国"世界火灾统计中心（WFSC）"近年来不完全统计，全球每年约发生 600 万～700 万起火灾，全球每年死于火灾的人数约有 6.5 万～7.5 万人。表 8 - 1 给出了该统计中心按各大洲分别统计的数字；表 8 - 2 则是世界几个主要国家在 20 世纪 90 年代中期的火灾统计数字；表 8 - 3 给出了 1978～1980 年连续三年世界上几个重要发达国家火灾的情况。这些国家每年的火灾损失占国民经济总产值 0.2%～0.3%，是一个很可观的数字。

表 8 - 1　　　　　　　　世界各大洲火灾情况

地　区	人口 （百万人）	火灾起数 （百万起/年）	伤亡数 （万人/年）
欧　洲	695.4	2	22
亚　洲	3474.6	1	30
北　美	454.2	2.3	6.0
南　美	318.6	0.3	2.5
非　洲	735.0	0.7	7.5
澳　洲	29.7	0.1	0.3
合　计	5707.5	6.4	68.3

为了便于比较，将包括美国、英国、日本等几个发达国家与中国的火灾情况列在一起，见表 8 - 4，虽然各国统计的年份不同，但作为比较以供参考则是可行的。表 8 - 4 和前面的表 8 - 2 中均显示我国的火灾起数和直接损失都是较低的，除了统计数字尚欠完善之外，我国政府对火灾的干预能力以及群众性的宣传教育比一些发达国家具有更大的优势，很可能是一个主要原因。

---

❶ 本章内容参见文献 [33，80，96，115，117，154]。

表 8－2   世界若干主要国家火灾情况

国 名	人口 （百万人）	每年火灾起数 （千起）	每年死亡 人数	每千人的火灾 次数	每百万人的 死亡人数
中　国	1203.0	45	2300	0.04	1.9
印　度	936.5	200	17000	0.21	18.2
美　国	263.8	2000	4600	7.58	17.4
俄罗斯	148.3	300	15000	2.02	101.1
日　本	125.5	58	1900	0.46	15.1
德　国	81.7	215	700	2.63	8.6
英　国	58.3	460	850	7.89	14.6
法　国	58.1	290	600	4.99	10.3
澳大利亚	18.3	80	160	4.37	8.7
爱尔兰	3.6	32	45	8.89	12.5
总　数	2897.1	3680	43155	1.27	14.9

注　以 20 世纪 90 年代中期统计数字为准。

表 8－3   1978～1980 年世界几个主要国家火灾情况

年 份	国 名	火灾起数	火灾损失	死亡人数	国民经济总产值 （亿元）	损失占国民经济 总产值百分比（%）
1978	美　国	3070000	44.8 亿美元	8620	21600	0.21
	英　国	272000	3.09 亿英镑	909	1650	0.19
	法　国	121393	53.4 亿法郎	300	21500	0.25
	澳大利亚		2.75 亿澳元	160	900	0.30
	加拿大	75292	6.54 亿加元	844	2300	0.28
	日　本	70423	1305 亿日元	1854		
1979	美　国	2850000	5.75 亿美元	7780	24100	0.24
	英　国	303000	3.55 亿英镑	1063	1930	0.18
	法　国	11800	70.8 亿法郎	230	24500	0.29
	澳大利亚		1.98 亿澳元	157	1020	0.19
	加拿大	83107	7.56 亿加元	733	2620	0.29
1980	美　国	3000000	62.5 亿美元	8500	26300	0.24
	英　国	300000	4.69 亿英镑	1005	22500	0.21
	法　国	12400		319	27600	
	联邦德国	133000	2.89 亿马克		14900	0.19
	澳大利亚		2.58 亿澳元	155	1140	0.22
	加拿大	85530	9.79 亿加元	833	2900	

　　但是情况丝毫不容乐观，据不完全统计，1950～1966 年和 1973～1982 年（缺 1967～
1972 年的统计数字）总共 17 年间，全国因火灾被夺去生命的有 10.9 万人，受伤 20 多万人，

表 8 - 4　　　　　　　　　　　　　世界主要国家火灾情况

国　名	火灾起数	死亡人数	伤人数	直接损失	直接损失占国民生产总值（%）	统计年份
美　国	1964500	4730	28700	82.95 亿美元	0.14	1992
俄罗斯	331000	13500		2000 亿卢布	0.14	1993
日　本	56691	1838		1576.6 亿日元	0.04	1993
法　国	239603			166 亿法郎	0.68	1983
加拿大				10 亿加拿大元	0.22	1985
英　国	436000			4.75 亿英镑	0.16	1985
中　国	39337	2765	4249	12.4 亿元	0.028	1994

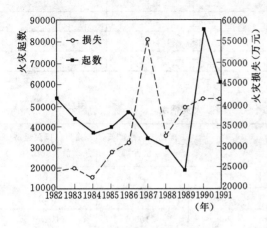

图 8-1　近年来我国火灾情况

直接经济损失 42 亿元。图 8-1 是作者及其研究生对我国 1982～1991 年火灾起数与火灾损失的统计曲线，其中 1987 年火灾起数较低，但损失却较大，其原因是黑龙江森林大火损失比较严重所致。据统计 1990～1992 年三年间，我国火灾所造成的直接经济损失以每年 20% 的幅度递增。1992 年，全国共发生火灾 39391 起，死 1937 人，伤 3388 人，直接损失 6.9 亿元；1993 年，共发生火灾 38094 起，死 2378 人，伤 5947 人，直接经济损失 11.2 亿（尚不含森林火灾）。较 1992 年，死亡人数上升 22.7%，受伤人数上升 75.5%，损失上升 62.3%，这种势头说明问题的严重性已经到了不容忽视的程度。

根据 1999 年《中国火灾统计年鉴》披露，从 1950～1998 年 49 年间共发生火灾 3078150 起，死 161866 人，伤 310083 人，直接经济损失共人民币 168 亿 4766.2 万元；表 8-5 和表 8-6 给出了我国近十年来群死群伤及公众聚集场所火灾情况。图 8-2 给出

图 8-2　20 世纪最后 10 年城市火灾趋势图

了近 10 年我国城市火灾趋势图。

我国国土面积大、人口多，干旱环境覆盖率高，火灾问题就更为严重，就以发生火灾较少的 2001 年为例，全国每天平均发生火灾 594 起，死 6.4 人，伤 10.4 人，直接损失 385 万元。图 8-3 直观地给出了每日火灾情况图。

综合上述，我国火灾形势，尽管由于政府重视，干预能力较强，仅从统计数字上看，相对一些发达国家似乎稍好些（见表 8-2 和表 8-4），但如果考虑到我国社会公众消防安全素质低，城市公共消防设施建设滞后，以及消防装备和警力不足（见表 8-7 和表 8-8）等这些不利因素，火灾形势仍然十分严重，是需要高度重视的。为此公安部于 2001 年 11 月 14 日发布第 61 号令《机关团体、企业事业单位消防安全管理规定》，以进一步规范消防安全管理、从源头上减少火灾的发生。

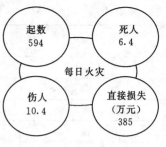

图 8-3　每日火灾情况图

表 8-5　　　　　　　　　　　　　近十年群死群伤火灾情况

年　份	火灾起数	死亡人数	伤 人 数	次均死亡人数
1992	11	164	84	15
1993	16	404	1133	25
1994	15	814	508	54
1995	11	210	153	19
1996	11	242	240	22
1997	19	433	304	23
1998	6	84	70	14
1999	14	192	113	14
2000	9	501	107	56
2001	3	48	1	16
合　　计	115	3092	2713	27

表 8-6　　　　　　　　　　　　　近十年公众聚集场所特大火灾情况

年　份	火灾起数	死亡人数	伤 人 数	直接财产损失（万元）
1992	17	18	0	3918.3
1993	33	129	101	10234.3
1994	50	653	210	14551.8
1995	33	172	82	10764.2
1996	24	63	17	10554.1
1997	23	124	179	11464.0
1998	20	48	49	12267.2
1999	24	67	59	11296.7
2000	27	418	55	12233.3
2001	9	21	9	3445.5
合　　计	260	1713	761	100729.4

表 8 - 7		世界各主要城市消防装备情况对比情况	
城　市	人口数（万）	消防车辆（辆）	消防车辆/每万人口
北　京	1057	193	0.18
天　津	890	139	0.16
上　海	1295	248	0.19
香　港	650	596	0.92
纽　约	800	867	1.08
伦　敦	750	599	0.80
东　京	1135	1189	1.05
巴　黎	650	741	1.14

注　国外的数据为20世纪90年代中期统计的数据。

表 8 - 8		我国与部分国家消防实力对照情况				
国　　家	人口（万）	专职消防员		每名消防员服务公民数	消防站（局）数	每消防站服务公民数
		人数	占人口比例（万分比）			
中国（2000 年）	126583	114927	0.91	11014	2493	507754
美国（1997 年）	26100	275700	11	946	30665	8511
英国（20 世纪 90 年代初）	5757	40299	7	2423	1929	29844
德国（20 世纪 90 年代初）	7900	26100	3	3026	32000	2469
法国（20 世纪 90 年代初）	5570	29810	5	1868	11086	5024
日本（1998 年）	12454	150626	12	826	3224	38629
俄罗斯（20 世纪 90 年代初）	14776	225000	15	657		
韩国（1997 年）	4406	23177	5	1900	671	65663

二、火灾有规律可循

导致火灾的原因很多，归纳起来不外乎电气事故、违反操作规程、生活用火不慎、自燃及人为放火等原因。图 8-4 和图 8-5 给出了 1994 年火因起数和火因损失统计图，可以看出因电气设施及生活用火不慎占的比例最高。历年的统计都反映这个规律，图 8-6为 2001 年火灾原因比例图，仍然是电气和用火不慎酿成的火灾最多，可见控制电气和用火不慎是降低火灾的关键环节。如果仔细对比图 8-4 和图 8-6，会发现 2001 年较 1994年因违章操作引发的火灾是明显减少了。

火灾与季节和时间有着密切关系，以中国所处的地域为例，一年 12 个月，由 11 月至第二年的 5 月气温比较干燥容易引发火灾，而 6～10 月气候湿润、降水量大，火灾就相对少些。图 8-7 是 2001 年 12 个月的火灾情况，图 8-8 是 1951～1958 年 8 年的统计结果，都显示上述规律。

人的活动状态不同，火灾的频次和损失也不同，一般午夜 0 点至第二天上午 8 点为低

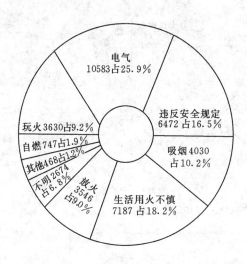

图 8-4　火灾原因起数统计图
（1994 年）单位：起数

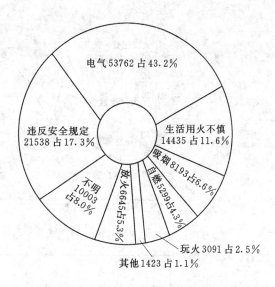

图 8-5　火灾原因损失统计图
（1994 年）单位：万元人民币

发段，而 10 点至午夜 23 点则为高发段，因为这个时段人的活动相对比较频繁，精神状态也比较亢奋，特别是夜生活时段，人的精神状态亢奋而生理机制已比较疲劳，这时用电集中且负荷大，容易引发火灾，图 8-9 和图 8-10 分别给出了2001 年我国火灾起数、损失 24 小时分布图及2001 年火灾伤亡人数 24 小时分布图，这个情况正好为以电气和用火不慎所占火灾比例最高找到了依据。

在我国还有一个重要的民族传统节日—春节，过去几乎家家户户都要燃放烟花爆竹，此时用火频繁又正值宜于发火的干旱少雨多风的季节，在讨论火灾的严重性时，不得不专门论及春

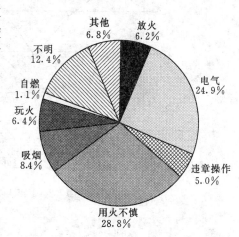

图 8-6　2001 年火灾原因比例图

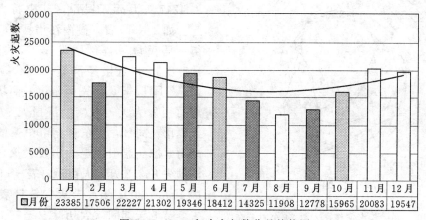

月份	1月	2月	3月	4月	5月	6月	7月	8月	9月	10月	11月	12月
	23385	17506	22227	21302	19346	18412	14325	11908	12778	15965	20083	19547

图 8-7　2001 年火灾起数分月趋势图

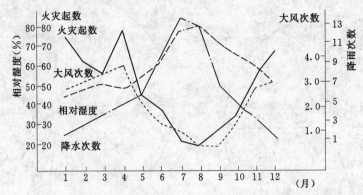

图 8-8 火灾次数与气象要素逐月变化情况（1951～1958年）

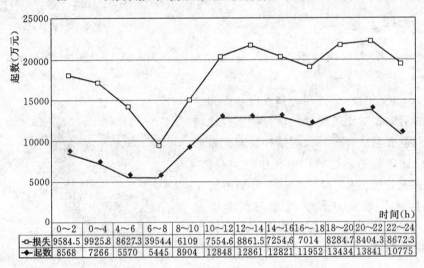

	0～2	0～4	4～6	6～8	8～10	10～12	12～14	14～16	16～18	18～20	20～22	22～24
损失	9584.5	9925.8	8627.3	3954.4	6109	7554.6	8861.5	7254.6	7014	8284.7	8404.3	8672.3
起数	8568	7266	5570	5445	8904	12848	12861	12821	11952	13434	13841	10775

图 8-9 2001年火灾起数、损失24小时分布图

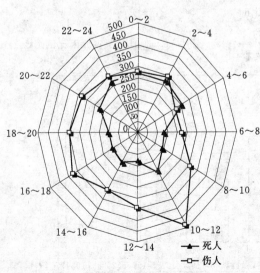

图 8-10 2001年火灾伤亡人数24小时分布图

节火灾。以1994年春节（2月9～14日）为例，在短短的6天之内全国共发生火灾3688起，死45人，伤37人，直接经济损失4247.1万元人民币，其中特大火灾8起。如2月10日，湖南江华县水口镇新华街一居民烧香拜佛引发火灾，烧毁建筑1.8万m²，直接经济损失750万元人民币。2月11日，湖南衡阳市一商场因烟花爆竹引发大火，直接经济损失97.3万元人民币；同日，广东东莞市中荣塑料厂因动力电源高温引燃毛尘引发大火，直接经济损失853.2万元人民币。表8-9给出我国1990～2001年春节火灾统计表。12年来春节6天期间（农历除夕至初五）因燃

放烟花爆竹引发的火灾起数占同年火灾的 51.8%，1992 年竟高达 69.7%，这是一个多么可怕的数字，可见许多城市规定节日禁放鞭炮是何等重要了。但对于一个民族的传统节日，象征喜庆的烟花爆竹完全禁放也不尽情理。2006 年春节，北京继全国许多城市之后，也采取了按地段有条件的燃放的政策，因为三环路以内人口稠密，所以执行禁放，而三环路以外人口相对较稀，则允许燃放。同时也相应地加强了消防的应急预案，以备紧急情况下的扑救。

表 8-9　　　　　　　　　　　1990～2001 年春节火灾情况

年　份	火灾起数	燃　放　爆　竹		死亡人数	伤人数	直接损失（万元）
		火灾起数	所占比例（%）			
1990	3442	2120	61.6	32	74	840.3
1991	4160	2797	67.2	39	94	1132.1
1992	3389	2360	69.7	48	37	1842.9
1993	3621	2492	68.9	62	70	2223.9
1994	3688	2439	66.1	45	37	4247.1
1995	3512	1823	51.9	60	70	3174.8
1996	4540	2259	49.8	76	61	3231.8
1997	4968	2113	42.5	39	86	2717.2
1998	6301	2625	41.7	77	91	3376.6
1999	12711	6808	53.6	97	98	7660.7
2000	7682	3282	42.7	109	76	3051.3
2001	6493	2315	35.7	86	57	2140.0
合　　计	64507	33433	51.8	770	851	35638.7

三、火灾事故举例

（一）国外实例

● 1972 年 5 月 13 日，日本大阪市千日百货大楼，由于电气施工人员边工作边吸烟，引发大火，又没有及时报警（起火后 37min 才报警），大火持续 40h，烧毁建筑面积 8763m²，死亡 117 人，受伤 82 人，是日本 20 世纪以来受灾最大的一起大楼火灾。

● 1973 年 11 月 28 日，日本熊本市太平洋百货商店，由于违章乱堆放纸箱，在第二层和第三层楼梯间堆放的纸箱处起火，起火时正值下午 1：30 左右，大楼内约有顾客 1400 人，浓烟烈火弥漫空中，导致 103 人死亡，119 人受伤。

● 1974 年 2 月 1 日，巴西圣保罗焦马大楼发生大火。起因于一办公室窗式空调器电线短路，火势发展很快。尽管出动了 12 辆消防车，3 辆云梯车紧急扑救，仍造成了极大损失，死亡 179 人，伤 300 人，该楼 12～25 层的全部室内陈设、家具、文档烧毁一空，按当时估计损失 300 余万美元。

● 1979 年 7 月 12 日，西班牙萨拉戈萨市罗那阿罗肯旅馆发生重大火灾。这一天早晨，地下室餐厅厨房内准备为旅客油炸早点食物，由于油锅内的油过热引起燃烧，扩及整个厨房、地下室直至第一、二层餐厅，又由于报警不及时，火势蔓延造成重大损失，死亡

85 人，餐厅及部分客房烧毁。

● 1980 年 11 月 21 日，美国内华达州拉斯维加斯市的米高梅（M. G. M）大旅馆发生重大火灾，起因于餐厅南墙的电气线路短路，旅馆内住有 5000 多旅客，且正值深夜，起火后楼内乱成一片，人们穿着睡衣到处呼救，许多人涌向顶层平台，等待直升飞机营救，该市出动消防警员 500 多名奋力抢救，大火扑灭后统计：死 84 人，伤 679 人，许多贵重陈设物品全部烧毁。这次火灾是美国历史上大饭店起火仅次于 1946 年的佐治亚州亚特兰大市的文考夫旅馆火灾（死 119 人）的又一重大火灾，曾引起新闻界普遍关注。

● 1982 年 2 月 8 日，日本东京赤坂闹市区的新日本饭店发生重大火灾。起因于一位房客酗酒后躺在床上吸烟，点燃被褥所致。东京消防厅出动各种消防车 120 辆，直升飞机两架，扑救 9 个小时，才基本扑灭。死亡 32 人，伤 34 人，失踪 30 多人，其中有的人最终也没有找到。

● 1984 年 1 月 14 日，韩国釜山市一旅馆发生大火，起因是一名男雇员违章用塑料管向正在燃烧的煤油炉上加油，引发火灾，而且伴随爆燃，火势很快扩大。釜山市出动 26 辆泵车，20 辆水罐车，8 步云梯，5 辆救护车，5 架直升飞机，消防警和治安警 733 人，经过 2 个多小时才将大火扑灭，死亡 38 人，损失惨重。

● 1984 年荷兰阿姆斯特丹游乐场，由于一赌徒报复纵火，大火席卷整个游乐场、持续 4 个多小时，死亡 13 人，受伤 25 人。

● 1984 年 9 月 17 日，日本自民党总部大楼发生严重火灾，熊熊大火从第三层烧至第八层，受灾面积达 6500m²。起火是由不同政见者纵火所致，纵火者用火焰喷射器于晚上向总部大楼喷射火焰。大楼内第三层的人事局放有 1984 年 11 月份选举总裁的重要文件和 200 多万党员的名册，以及数千万日元的现金，经警方多方抢救幸免于难。这次虽然没有死亡事故，但由于是火烧自民党总部，约有 300 多名记者到场采访，造成了极严重的政治影响。

● 1984 年 12 月 17 日，西班牙马德里一家迪斯科夜总会舞台幕布不慎引燃导致大火，持续数小时，死亡 80 多人，损失惨重。

● 1985 年 5 月 11 日，英国布拉特福德市足球场，由于儿童玩弄火柴导致看台起火，大火持续 7 个多小时，使这个约 3500 多个座位的足球场全部烧毁，烧死 52 人，烧伤 200 多人，火灾轰动英伦三岛，当时的英国首相撒切尔夫人特地到电视台讲话向受难者慰问。

● 2001 年 10 月 25 日，瑞士阿尔卑斯山区隧道发生车祸引发大火，死亡 20 人，由于大火导致顶部塌落，以致给消防人员灭火带来较大困难。

● 2002 年，全球因恐怖事件爆炸起火的事件层出不穷。它已超出了一般意义上的火灾，但在火灾分类上亦属于人为破坏纵火的范畴，比较典型的有 10 月 12 日巴厘岛连续三起爆炸并同时引发大火导致 200 多人死亡；10 月 27 日俄罗斯车臣政府大厦爆炸起火，死55 人，伤 72 人。

（二）国内实例

我国的情况，由于国民的文化素质及工业水平所限，火灾事故较一般发达国家往往还要严重些，但政府比较重视，抢救比较及时，可在一定程度上减少或弥补一些灾后损失，下面给出一些我国火灾的实例：

● 1975 年 11 月 25 日，辽宁省姑嫂城大队俱乐部，俱乐部后侧长期堆放炸药，因点火吸烟，引发炸药轰燃起火。观众相互拥挤，惊恐万状，烧死、踩死共 150 多人，烧伤 60 多人。

• 1983 年 12 月 28 日，北京友谊宾馆大剧场发生火灾，大火延续 3 个多小时，烧毁了 3000m² 的剧场舞台，观众厅及全部音响等器材，损失 200 多万元人民币。起因于电铃线圈绝缘老化，长时间通电过热引发起火，所幸起火是在剧场闭幕后晚上 10 时多，未造成人员伤亡。

• 1985 年 4 月 19 日，哈尔滨天鹅饭店大火，起因于一位美国商人酒后卧床吸烟，引燃床罩所致，烧毁房间 12 间，死亡 10 人，其中有外籍客人 6 人，受伤 7 人，经济损失 25 万元人民币。事后外籍肇事者被判刑 1 年零 6 个月，赔偿部分损失 15 万元人民币。

• 1986 年 9 月 18 日，正值中秋节，上海南京路上的二轻局贸易中心大楼，由于电线接头松动打火引燃造成大火，大火映红了半边天。上海市调集 40 多辆消防车，600 多名消防指战员投入灭火战斗，当时任上海市市长的江泽民同志，亲临现场，部署指挥，发表了重要指示："隐患险于明火，防患重于救灾，责任重于泰山"。这个指示已成为我国消防部门的指导性纲领。

• 1987 年 5 月 6 日～6 月 2 日，爆发了震撼全国的大兴安岭特大森林大火，起因于野外吸烟和割灌机打火。大火持续长达一个月，过火面积 101 万 hm²，其中有林面积 70 万 hm²，烧死 193 人，伤 226 人，直接经济损失 5 亿 2000 多万元人民币，大火对生态环境的影响，则无法用经济价值来衡量。

• 1989 年 8 月 12 日，黄岛油库雷击爆炸起火，大火烧毁原油 4 万多 t，毁坏民房 4000m²，毁坏路面 2 万 m²，水域污染，使大批水生动物死亡。大火期间国务院总理李鹏亲临现场视察火情，慰问参战人员，在这场恶性大火中，14 名消防干警献出了宝贵的生命。

• 1993 年 2 月 14 日，唐山林西百货大楼发生特大火灾，起因于无证焊工违章电焊，火花落在海绵床垫上引起大火，死亡 79 人，伤 53 人，直接经济损失 400 多万元人民币。

• 1993 年 8 月 5 日，深圳清水河化学危险品仓库爆炸引发了一起震惊全国的特大火灾，死亡 15 人，受伤 800 多人，深圳市一位公安局副局长在现场指挥，不幸被炸身亡，以身殉职。直接经济损失 2 亿多元人民币。

• 1994 年是我国建国以来火灾最严重的一年，如 6 月 16 日，广东珠海市合资企业前山纺织城因在车间内储存大量厚棉，工人违章操作引起大火造成 93 人死亡，156 人伤残，直接经济损失 9500 万元人民币；11 月 5 日，吉林市博物馆内的银都夜总会因纵火发生火灾，烧死 2 人，烧毁博物馆的建筑 6800m²，文物若干，包括 7000 万年前的恐龙化石一具，直接损失 670 万元人民币；11 月 27 日，辽宁省阜新市艺苑歌舞厅因舞客玩火引起火灾，造成 233 人死亡，20 人伤残；12 月 8 日，新疆自治区克拉玛依市友谊宾馆因电器烤燃幕布引起大火，造成 325 人死亡，130 人伤残，且多数为少年优秀中小学生，直接经济损失 220 万元；这起火灾是新中国成立以来死亡人数占第二位的恶性大火，一时朝野上下为之震动，事后，国务院对当事人及当地政府有关公务员做了严肃处理。

• 1995 年 4 月 24 日，新疆乌鲁木齐市凤凰时装城录像厅电器起火，死 52 人，伤 6 人，直接经济损失 42 万元。

• 1997 年 1 月 5 日，黑龙江哈尔滨市长林子打火机厂，因违章操作引发大火，死 93

人，伤 15 人，直接经济损失 4.1 万元。

● 2000 年 3 月 29 日，河南省焦作市天堂音像俱乐部因录像厅电器起火，死 74 人、伤 2 人，直接损失 20 万元；同年 12 月 25 日，河南洛阳市东都商厦一歌厅因电焊违章操作引发大火，死 309 人，伤 7 人，直接经济损失 275 万元。

● 2002 年 6 月 16 日，北京海滨区学院路 20 号石油研究院内 28 号楼西侧一栋 2 层楼房的第 2 层兰极速网吧发生大火，火因是由于两个中学生与网吧经营者发生纠纷后报复纵火，死 24 人，伤 13 人，烧毁电脑 100 多台。这是新中国成立后北京死亡人数最多的一次恶性大火。

从上面的例子可以看出，火灾不仅在各种灾害中频率高而且损失惨重，正因为如此，几乎每一个国家都设有官方的消防机构，除应付各种原因的突发火灾以外，还开展关于预防与抢救的研究，不断提高消防灭火水平。

第二节 建筑火灾的基本知识

一、建筑火灾的发生、蔓延及其影响制约关系

火灾是一个燃烧过程，要经过发生、蔓延和充分燃烧各个阶段，火灾的严重性主要取决于持续时间和温度，而这两者又受建筑类型、燃烧荷载等诸多因素的影响，图 8-11 给出了建筑火灾燃烧过程的主要影响因素。

对于建筑火灾来说，室内燃烧荷载的多少和洞口的大小是两个最重要的因素，图 8-12 给出了这两个因素对燃烧过程影响的试验曲线。

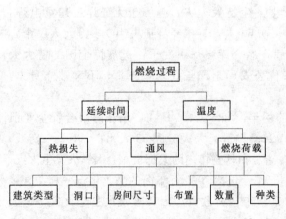

图 8-11 对燃烧过程的影响因素

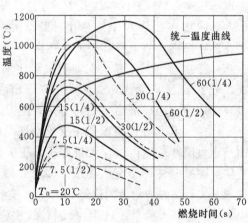

图 8-12 燃烧荷载和房间洞口对燃烧过程的影响
（燃烧荷载为 7.5、15、30kg/m² 和 60kg/m² 木材，洞口面积为墙体面积的 1/2 和 1/4）

控制和改善影响燃烧的各个因素是建筑防火设计首先要考虑的问题，当然也包括一旦发生火灾后的灭火能力和及时地扑救。图 8-13 给出了火灾严重程度及其制约关系，从总体上概括了防火设计的主要思想。

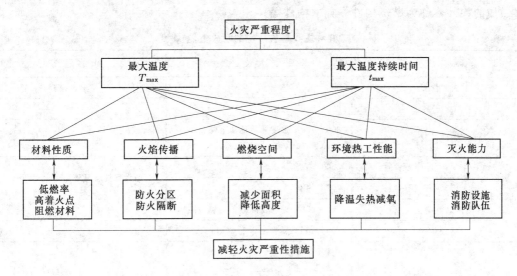

图 8-13 火灾严重程度制约关系表

二、标准加温曲线及建筑材料与建筑构件的耐火性能

某一结构构件，在受火时，随着温度的升高和持续时间的加长，构件的力学性能下降到不足以承受设计规定的荷载，这时可以认为构件已不能正常工作了。为了统一，国际标准化组织（ISO）规定了国际通用的标准加温曲线，示于图 8-14。这条曲线是根据大量火灾现场观测以及实验室试验理想化了的理论试验曲线，用于表达现场火灾发展情况，统一国际试验标准的加温与时间函数关系。从图上看出是一条幂函数曲线，用回归理论，表达成对数函数关系，可写成公式如下：

$$T - T_0 = 345 \lg(8t + 1)$$

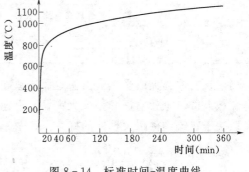

图 8-14 标准时间-温度曲线

式中 T_0——初始温度，℃，计算时一般取平均温度 20℃；

   T——时间为 t 时，构件承受的温度值，℃；

   t——时间，min。

不同的建筑材料有着不同的耐火性能，表 8-10 给出了几种主要建筑材料的耐火性能，是在实验室理想化条件下观测的。

建设部门宏观上将建筑材料按其燃烧性能粗分为四类，列于表 8-11。

对于建筑构件一般分为三类：第一类是非燃烧构件；第二类是难燃烧构件；第三类是燃烧构件。

所谓非燃烧构件，系指在空气中受到火烧或高温作用时不起火、不微燃、不炭化的材料，用这种材料做成的构件称非燃烧构件，如钢筋混凝土、加气混凝土等构件。所谓难燃烧构件，系指在空气中受到火烧或高温作用难以起火、难以炭化的材料做成的构件，称为难燃烧构件，如经过防火处理的木材、刨花板等。所谓燃烧构件，系指在空气中受到火或高温作用时，立即能起火或微燃，并且离开火源后仍能继续燃烧或微燃的材料，用这种材料做成的构件，称为燃烧构件，如木构件等。

表 8 - 10   几种主要建筑材料的耐火性能

种　　类		耐火温度及表征	备　　注
岩　石		600～900℃热裂	
黏土砖		800～900℃遇水剥落	
钢　材		300～400℃强度开始迅速下降 600℃丧失承载力	
混凝土	花岗石骨料	550℃热裂	增大保护层可延长耐火时间
	石灰石骨料	700℃热裂	
钢筋混凝土		300～400℃钢筋与混凝土粘着力破坏	
硅酸盐砖		300～400℃热裂，释放 CO_2	
木　材		100℃释放可燃气，240～270℃一点即着，400℃自燃	
玻　璃		700～800℃软化，900～950℃熔解	玻璃受窗框限制常常 250℃即热裂

表 8 - 11   建筑材料燃烧性能分类表

类　别	名　称	简　单　描　述
A	不燃性材料	火烧或高温下不起火、不燃、不微燃、不隐燃、不炭化，如石材、混凝土、金属
B_1	难燃性材料	火烧或高温作用下，难起火、难燃、难微燃、难隐燃、火源移走燃烧可立即停止，如水泥、木屑板及许多无机复合材料
B_2	可燃性材料	火烧或高温下燃烧，火苗移走大都可继续燃烧，如三合板、杉木板等有机材料
B_3	易燃性材料	凡较 B_2 类更易燃烧的材料均列入此级，如聚苯乙烯泡沫板、厚度不大于 1.3mm 木板等

　　建筑构件起火或受热失去稳定而导致破坏，能使建筑物倒塌，造成人身伤亡。为了安全疏散人员，抢救物资和扑灭火灾，要求建筑物具有一定的耐火能力。建筑物的耐火能力又取决于建筑构件耐火性能的好坏。

第三节　混凝土在高温下的物理力学性能

　　为了量测的需要，大多数建筑材料燃烧性能的试验是在试验室条件下，用电高温加热而不是用明火燃烧来实现的，判定的序列标准是温度而不是火苗传播、形状等参数。这样做的目的不仅是为了便于量测和控制，更主要的是因为温度是燃烧的主要参数，对建筑材料尤其如此。

　　混凝土是以水泥胶凝材料和粗、细骨料适当配合，加水后经一定时间硬化而成的非匀质材料，为固、液、气三相结合结构。这些材料本身的热工和力学性能，在高温下会发生明显的变化，从而影响混凝土的抗火性能。

一、混凝土的热工性能

　　混凝土的热工性能主要表现为热传导系数、热膨胀系数、热容以及质量密度等四个参数。

（一）热传导系数

混凝土的热传导系数是指单位温度梯度下，通过单位面积等温面的热流速度，单位为 $W/(m \cdot ℃)$。它主要受骨料种类、含水量、混凝土配合比等因素的影响。许多学者对这些因素进行了试验研究，得到了比较一致的结论。

随着温度的提高，混凝土的热传导系数近似线性减小。不同类型骨料的混凝土，其热传导系数可相差 1 倍以上。当温度小于 100℃ 时，混凝土的热传导系数主要受材料含水量的影响，而后随着温度的提高，自由水分的不断蒸发，其影响越来越小。所以，在事故高温下和承受较高温度辐射的钢筋混凝土结构中，混凝土的热传导系数一般不考虑水分的影响。此外，当混凝土加热至预定温度后降温时，热传导系数不仅没有恢复（增大），反而继续减小。

不同种类骨料的混凝土的热传导系数 λ_0 ［单位为 $W/(m \cdot ℃)$］与温度 T 的关系可用下式来表示：

$$\lambda_0 = a + b \times T/120 + c \times (T/120) \qquad (20℃ \leqslant T \leqslant 1200℃) \qquad (8-1)$$

其中系数 a、b、c 见表 8-12。

表 8-12　　　　　　　　　式 8-1 中的系数

类　别	a	b	c
硅质混凝土	2.0	−0.24	0.012
钙质混凝土	1.6	−0.16	0.008

（二）热膨胀系数

热膨胀系数是指温度升高 1℃ 时物体单位长度的伸长量，单位为 $1/℃$。它和热传导系数是影响混凝土力学性能的主要因素。

自由试件在升温时产生热膨胀的主要原因是，当温度低于 300℃ 时，混凝土的固相物质和空隙间气体受热膨胀；当温度高于 400℃ 后，又因水泥水化生成的氢氧化钙脱水，未水化的水泥颗粒和粗细骨料中的石英成分形成晶体而产生巨大膨胀。

由于混凝土的传热性能差而产生的沿截面和试件长度的不均匀温度场，使内部各点受到约束而不能自由膨胀，试件的变形实际代表了平均膨胀变形。因而混凝土的热膨胀系数不仅与混凝土本身的材料性能有关，而且还与试件尺寸、约束条件、含水量以及密封或不密封等环境因素有关。

欧洲规范考虑了混凝土材料的影响因素，给出混凝土的热膨胀系数 α_0（单位为 $1/℃$）；

$$\alpha_0 = a \times 10^{-4} + bT \times 10^{-6} + cT^2 \times 10^{-11} \qquad (20℃ \leqslant T \leqslant 800℃) \qquad (8-2)$$

$$\alpha_0 = d \times 10^{-8} \qquad (800℃ < T \leqslant 1200℃) \qquad (8-3)$$

其中系数 a、b、c、d 从表 8-13 中选取。

表 8-13　　　　　　　　式（8-2）、式（8-3）中的系数

类　别	a	b	c	d
硅质混凝土	−1.8	9.0	2.3	14.0
钙质混凝土	−1.2	6.0	1.4	12.0

亦有人不考虑材料的区别，直接给出了混凝土的热膨胀系数与温度的关系式：

$$\alpha_0 = (0.008 \times T + 6.0) \times 10^{-6} \qquad (8-4)$$

在实际工程中，一个高温结构从建造完成到投入使用，以至整个使用期间，经历了一个长期的复杂的应力和温度变化过程，两者交替或同时变化决定了混凝土的热膨胀系数必然要受到应力变化过程的影响。事实上，应力试件和自由试件的热膨胀系数相差很大。我国学者过镇海考虑了不同混凝土在不同应力水平（σ/f_c）和温度作用下平均热膨胀系数的变化，给出了较好的经验公式。

$$\alpha_0 = (1.0 - 1.6 \times \sigma/f_c)[2.0 + 0.000106(T - 20.0)] \times 10^{-6} \qquad (8-5)$$

f_c 为混凝土在常温下的棱柱体强度，从上式中可以看出，热膨胀系数随先期应力的增加而不断减小。

（三）热容

热容是指温度升高 1℃ 时单位质量的物体所需要的热量，单位为 J/（kg·℃）。虽然混凝土的热容受其骨料种类、配合比和水分的影响，但这些影响都不大。一般文献给出混凝土热容 C_0 的公式并不考虑这些因素，而有些文献则把热容和质量密度合在一起。欧洲规范推荐用下式计算。

$$C_0 = 900.0 + 80.0T/120.0 - 4.0 \times (T/20.0)^2 \quad (20℃ \leqslant T \leqslant 1200℃) \qquad (8-6)$$

（四）质量密度

质量密度是指单位体积的物体质量，单位为 kg/m³。

由于加温过程中水分的蒸发，混凝土的质量密度在受热过程中有所降低。轻骨料混凝土质量密度的减少比一般混凝土的大些，但总的来说还是很小的。在实际计算时，都把混凝土的质量密度看作常数。

二、混凝土过火后表面特征

在实用上过火后的混凝土建筑根据它的表面特征可以大致判断它的过火温度，对于决定修复方案有着重要的实用价值。

用普通水泥（P）、矿渣水泥（K）、火山灰水泥（H）制成标准混凝土试块，模拟实际火灾升温曲线对试块进行灼烧试验，试验结果见表 8-14。

表 8-14　　　　　　　　　混凝土外观变化与温度的关系

加热时间（min）	最高温度（℃）	普通水泥（P）		矿渣水泥（K）		火山灰水泥（H）	
		颜色	外形变化	颜色	外形变化	颜色	外形变化
不加热	15	浅灰	无	深灰	无	浅粉红	无
10	658	微红	无	红	无	红	无
20	761	粉红	无	粉	无	粉红	无
30	822	灰红	无	深灰白	无	橙	无
40~60	925	灰白黄	表面有裂纹，放置不粉化，角有脱落	灰白	与普通水泥相同	灰红白	与普通水泥相同
70~80	968	浅黄白	裂纹加大，放置时角脱落	浅黄	与普通水泥相同	浅黄	与普通水泥相同
90 以上	1000 以上	浅黄	粉化，各面脱落	浅黄	与普通水泥相同	浅黄	与普通水泥相同

试验表明：三种水泥制成的混凝土试块受热后颜色都会发生改变。三种水泥颜色变化规律与加热时间的关系大体是相同的，都是随着加热时间的增长、温度的升高，颜色由红→粉红→灰→浅黄这条规律变化。

　　试验还表明，混凝土在不受外力作用下，当加热时间不足 50min（温度低于 898℃），试块外形基本完好，只有四角稍有脱落；当加热时间持续到 60min（温度 925℃），边角开始粉化脱落；70min（温度 948℃），混凝土各面开始粉化；80min（温度 968℃），表面的粉化深度 5～8mm；90min（温度 986℃），表面粉化深度 8～10mm；100min（温度 1002℃），表面粉化深度 10～12mm；120min（温度 1029℃），表面粉化深度 12～15mm。从混凝土表面裂纹大小也可以看到被烧温度的变化。

三、混凝土在高温下的抗压强度

（一）抗压强度

　　高温下混凝土立方体的抗压强度，国内外已进行过大量的试验研究。但由于试验条件和方法的不同，加上影响抗压强度的因素较多，不同的试验往往结果差异较大，甚至出现相互矛盾的结论。

　　高温下混凝土抗压强度降低的机理为：随温度的不断升高，水分蒸发形成空隙，水泥水化生成的氢氧化钙脱水，体积膨胀促使裂缝扩展，骨料和砂浆的膨胀系数不等，产生较大的内应力，加上未水化的水泥颗粒和骨料中的石英成分形成晶体，内部骨料形成裂缝等原因，使强度下降。具体来说，100～150℃时，混凝土通过自蒸作用失去自由水，导致 $Ca(OH)_2$ 晶体进一步结晶，未水化的进一步水化，使混凝土硬而致密，强度增加；160～170℃时，混凝土失去水化硅酸钙所吸附的物理水和水化铝酸钙中的水，使混凝土收缩；400～600℃时，$Ca(OH)_2$ 晶体失水引起晶体破坏，使混凝土强度大大下降。因此，混凝土受热温度低于 300℃，温度升高对混凝土强度影响不大，甚至使强度增强；受热温度高于 300℃，混凝土的脱水收缩超过热膨胀，混凝土体积缩小，而砂子、石子等骨料受热时不断膨胀。两者相反作用的结果，使混凝土发生龟裂，强度下降；400～600℃，由于 $Ca(OH)_2$ 晶体失水，发生晶体破坏，使混凝土失去"骨架"，并且骨料中的石英在 560℃由低温型相变为高温型，体积突然膨胀，使混凝土裂缝变大，强度急剧下降。普通混凝土都经不起 600℃高温长时间作用，通常把 600℃称为混凝土破坏性温度。700～900℃混凝土中的 $CaCO_3$ 发生分解，使混凝土粉化，强度丧失殆尽。

　　影响混凝土抗压强度的因素较多，比较一致的结论如下：

　　（1）在 350℃以下，混凝土的抗压强度与常温时抗压强度值差别不大，破坏形态与常温下的试件也没有太大的差别；当温度高于 350℃以后，抗压强度明显下降，破坏形态也明显变化。上下两端的裂缝和边角缺损现象开始出现，并随温度的提高而渐趋严重；当温度达到 900℃时，混凝土的抗压强度几乎不到常温下的 10%。

　　（2）混凝土的强度越高，其抗压强度的损失幅度越大。

　　（3）升降温后的残余抗压强度比高温时的还要低，原因是冷却过程中试件内部的裂缝又有发展。

　　（4）随着水灰比的增大，混凝土的高温抗压强度将降低。

　　（5）高温持续下的混凝土抗压强度的下降大部分在第二天内就出现，温度越高，下降幅度越大，至第七天后抗压强度趋向稳定。

（6）混凝土龄期对高温下抗压强度影响较小。

（7）试验温度较低（≤600℃）时，加热慢的试件比加热快的试件的强度低，但超过600℃以后，升温速率对强度没有影响。

混凝土的抗压强度随温度的升高而逐渐降低，图 8-15（a）给出了实用的设计曲线，图 8-15（b）给出了抗拉强度随温度升高而下降的范围。

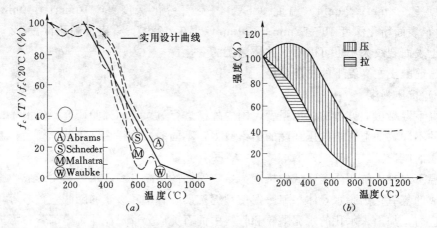

图 8-15　混凝土抗压强度随温度的变化

我国学者近 20 年来在这方面的研究取得了长足的进展，图 8-16～图 8-18 给出了一些研究成果，其中图 8-18 将高温下立方体的强度和棱柱体强度与温度的关系画在一张图上，可以看出棱柱体随温度的升高其强度下降的更快。

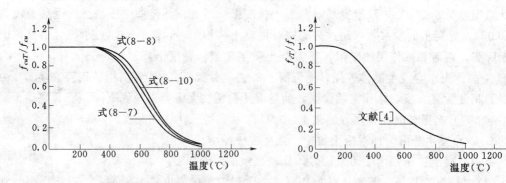

图 8-16　混凝土立方体强度与温度关系　　　图 8-17　混凝土棱柱体强度与温度关系

在试验的基础上众多的学者分别给出了高温下混凝土立方体抗压强度与温度之间的回归关系式，这里提供四个公式供读者参用。

公式 1：
$$f_{cuT} = f_{cu}/[1 + 2.4 \times (T - 20)^6 \times 10^{-17}] \quad (20℃ \leqslant T \leqslant 900℃) \quad (8-7)$$

公式 2：
$$f_{cuT} = f_{cu}/[1 + 1.183 \times (T - 20)^{7.1} \times 10^{-20}] \quad (20℃ \leqslant T \leqslant 900℃) \quad (8-8)$$

公式 3：

$$f_{cuT} = f_{cu}/[1 + 3.3 \times (T-20)^{5.5} \times 10^{-16}] \quad (20℃ \leqslant T \leqslant 900℃) \quad (8-9)$$

公式4：

$$f_{cuT} = f_{cu}/[1 + 1.7 \times (T-20)^{6} \times 10^{-17}] \quad (20℃ \leqslant T \leqslant 1000℃) \quad (8-10)$$

式中 f_{cuT}——高温下混凝土立方体的抗压强度；

f_{cu}——常温下（20℃）混凝土立方体抗压强度。

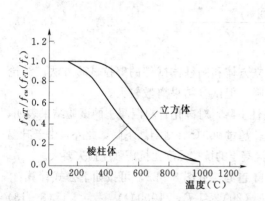

图 8-18 高温下混凝土立方体强度和
棱柱强度与温度关系比较

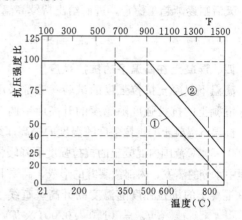

图 8-19 高温下混凝土抗压强度设计值
①—密实混凝土；②—轻骨料混凝土

　　根据高温下混凝土强度变化的规律，世界主要工业发达国家在有关设计规程中给出了各自的混凝土设计强度随温度变化的模型作为参考，图 8-19 给出了英国混凝土协会和结构工程师协会联合委员会提出的模型。

　　我国尚未见有官方提出的随温度升高混凝土设计强度的模型。图 8-20 是根据试验结果给出的高温下混凝土立方体抗压强度的模型，建议高温时的抗压强度公式统一为

$$f_{cuT} = \frac{f_{cu}}{1 + 2.4(T-20)^{6} \times 10^{-17}} \quad (8-11)$$

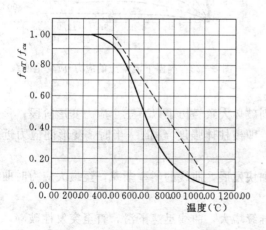

图 8-20 高温时混凝土抗压强度

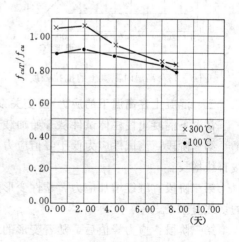

图 8-21 持续高温下混凝土的抗压强度

247

（二）持续高温下的抗压强度（f_{cuTL}）

工程中常遇到结构处于长期持续高温工作，延续时间可以年计，但所谓高温一般也都不超过 300℃。有人将试件加温至设定温度（100℃和300℃两种）后，保持长期高温，按规定的时间取出试件进行高温强度试验，并将持续高温下抗压强度 f_{cuTL} 与常温下抗压强度 f_{cu} 的比值做为纵坐标，以时间（天）为横坐标给出曲线，见图 8-21，认为持续 4 天后强度下降而 7 天后则逐渐趋于稳定，进而给出持续高温下混凝土抗压强度极限值的计算公式为

$$f_{cuTL} = \frac{0.8 f_{cu}}{1 + 2.4(T - 20)^6 \times 10^{-17}}$$

$$(8 - 12)$$

四、混凝土在高温下的抗拉强度

高温下混凝土抗拉强度的试验一般都采用立方体和圆柱体试件的劈拉试验方法。结论是，混凝土的抗拉强度随温度的升高而单调下降，但试验结果离散较大。

高温下混凝土的抗拉强度随温度的提高而线性下降，对硅化骨料混凝土的试验结果表明，在 100～300℃范围内混凝土的抗拉强度下降缓慢，超过 400℃后则剧烈下降，此外，由于升温过程中水分的蒸发、内部微裂缝的形成，高温下混凝土的抗拉强度比抗压强度损失要大。

混凝土的抗拉强度随温度的升高呈直线下降趋势，见图 8-22，可按如下公式计算：

$$f_{tT} = (1.0 - 0.001 \times T) f_t \quad (20℃ \leqslant T \leqslant 1000℃)$$

$$(8 - 13)$$

式中　f_{tT}——高温下混凝土的抗拉强度；

　　　f_t——常温下（20℃）混凝土的抗拉强度。

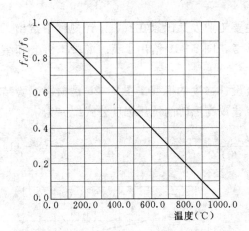

图 8-22　高温时混凝土的抗拉强度

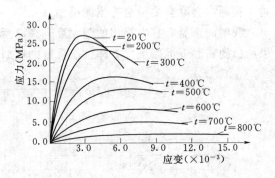

图 8-23　高温下混凝土的应力-应变全曲线

五、混凝土在高温下的应力-应变关系

常温下混凝土棱柱体试件从开始加载到破坏大致经历了以下三个应力变形阶段：

第一阶段：当试件应力低于峰值应力，即棱柱体强度 f_{cr} 的一半时，变形随应力近似按直线增长。

第二阶段：继续增加应力，塑性变形加快发展，曲线的斜率渐减，至最大应力时曲线的切线呈水平。

第三阶段：应力峰值后，随着变形的继续增大，曲线迅速下滑，直至突发性破碎。

这是常温下混凝土应力-应变全曲线的一般规律，在高温下则不同（见图 8-23）。

①第一阶段直线段上升平缓，温度越高越平缓；②温度越高峰值应力越低，以至于高于700℃之后，几乎看不到明显的峰值应力的凸峰；③由于高温试件的表面和内部裂缝不断扩大不再发生突发性破碎，下降段变得平滑。

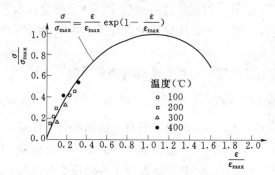

图 8 - 24　应力-应变标准曲线

高温下的混凝土应力-应变曲线与常温下的曲线固然差别很大，但经无量纲化之后，可用统一的方程来表示，应力项采用 $\sigma/\sigma_{\max}$ 应变项采用 $\varepsilon/\varepsilon_{\max}$，其中 $\sigma_{\max}$、$\varepsilon_{\max}$，分别为相应温度下的峰值应力和峰值应变。这样处理以后得到的曲线称为标准曲线，图 8 - 24 为根据试验结果给出的标准曲线，曲线方程可用下式描述：

$$\frac{\sigma}{\sigma_{\max}} = \frac{\varepsilon}{\varepsilon_{\max}} \exp\left(1 - \frac{\varepsilon}{\varepsilon_{\max}}\right) \qquad (8-14)$$

骨料的类型对混凝土的应力应变关系影响很大。一般来说，密实骨料混凝土的曲线上升段要比轻骨料的陡，而混凝土的强度等级和水灰比对高温时混凝土的应力-应变曲线的形状几乎没有影响。

在大量试验的基础上，建立了高温下混凝土棱柱体的应力-应变曲线的方程，见式（8-15）和式（8-16）。可以看出当温度 $T<450℃$ 时对混凝土棱柱体强度是影响不大的。

$$\sigma = f_{cT}\{1 - [(\varepsilon_{pT} - \varepsilon)/\varepsilon_{pT}]^2\} \qquad (\varepsilon \leqslant \varepsilon_{pT}) \qquad (8-15)$$

$$\sigma = f_{cT}\{1 - [(\varepsilon - \varepsilon_{pT})/(30 \times \varepsilon_{pT})]^2\} \qquad (\varepsilon > \varepsilon_{pT}) \qquad (8-16)$$

其中　　$f_{cT} = f_c$　　　　　　　　　　　　　　　$(T \leqslant 450℃)$

$f_{cT} = f_c[2.011 - 2.353 \times (T - 20) \times 10^{-8}]$　　　$(T > 450℃)$

$\varepsilon_{pT} = 0.0025 + (6T + 0.04T^2) \times 10^{-6}$

式中　ε——常温下混凝土受压峰值应变；

f_c——常温下混凝土棱柱强度；

f_{cT}——高温下混凝土棱柱强度；

ε_{pT}——高温下混凝土受压峰值应变。

六、混凝土在高温下的弹性模量

混凝土的弹性模量，包括初始弹性模量和峰值变形模量，都随试验温度的升高而降低，与下面的一些因素有密切关系。

（1）骨料种类对混凝土弹性模量的影响较大，膨胀黏土骨料的弹性模量最小，其余依次为石英石、石灰石和硅化物骨料。

（2）混凝土的水灰比越高，弹性模量降

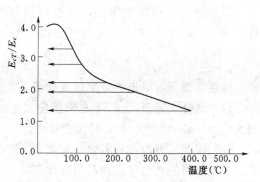

图 8 - 25　高温下混凝土弹性模量的变化

低越多。

（3）湿养护的混凝土比空气中养护的混凝土弹性模量损失多。

（4）高强混凝土的弹性模量比低强混凝土受温度的影响小。

由于高温下混凝土内部损伤在降温时不可恢复，因此，降温过程中，弹性模量基本不变，呈一水平直线状态。图8-25给出了高温下混凝土弹性模量的变化，其中 E_c 和 E_{cT} 分别表示常温下和高温下混凝土的初始弹性模量。

初始弹性模量和峰值变形模量，它们随温度的变化可用一直线方程表示为

$$E_{cT}/E_c = E_{pT}/E_p = (0.83 \sim 0.00117)T \quad (60℃ \leqslant T \leqslant 700℃) \qquad (8-17)$$

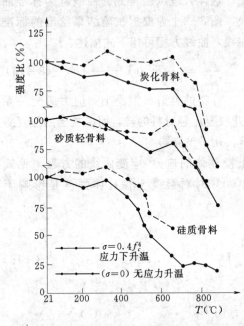

图8-26 先期应力对混凝土抗压强度的影响

式中　E_{cT}——高温下混凝土的初始弹性模量；

E_c——常温下混凝土的初始弹性模量；

E_{pT}——高温下混凝土的峰值变形模量；

E_p——常温下混凝土的峰值变形模量。

七、先期应力下混凝土的高温性能

先期应力是指混凝土在升温前已施加了应力。事实上大部分过火建筑的结构构件，都处在受载状态，亦即存在先期应力的。国内外许多试验都表明，混凝土在施加应力再升温时，其抗压强度和刚度比先升温后加应力的高。

图8-26，采用三种不同的骨料，升温前先加应力 $\sigma = 0.4f_c$，其抗压强度比自由状态下（$\sigma = 0$）升温的试件在高温度区段的强度约高出 $10\% \sim 25\%$，只有砂质轻骨料在温度较低时（$200℃$）其抗压强度的表现相反。

先期应力不仅使混凝土在高温下的抗压强度有所提高，而且其应力-应变曲线也比自由状态下（$\sigma = 0$）测得的曲线要高，应力-应变曲线的抬高意味着弹模的增大。

八、高温下混凝土的变形

在常温下混凝土的变形主要取决于应力的大小。在短时间内（如以小时计），应力作用下的混凝土的徐变也很小，一般可以忽略不计，所以，可以认为应变只是应力的函数，即

$$\varepsilon = f(\sigma)$$

但在高温下混凝土的变形就复杂多了主要如下：

（1）混凝土随温度（T）的升降将发生较大的膨胀或收缩。这种膨胀和收缩都导致混凝土应力（σ）和应变（ε）的复杂变化。

（2）混凝土升温过程需要一定的时间（t）。在高温状态下，即使应力不大，时间不长，也都有可能产生可观的高温热徐变。

（3）不同的温度和应力途径（$\bar{\sigma}$）对混凝土的变形也会产生重大影响。因此，在高温

情况下，混凝土的本构关系应表达为

$$\varepsilon = f(\sigma, T, t, \bar{\sigma}) \tag{8-18}$$

图 8-27 给出了温度-应力途径下的混凝土的变形，其过程如图 8-27（a）所示，先加温由 $T_0 \to T_1$，再加应力由 $0 \to \sigma$，再加温由 $T_1 \to T_e$，变形发展见图 8-27（b）。

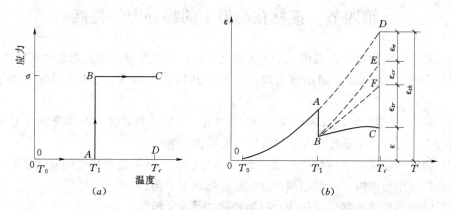

图 8-27　混凝土变形的组成分析
（a）温度-应力途径；（b）应变-温度曲线

在第一次升温（$T_0 \to T_1$）时，没有应力的作用，混凝土的变形沿图 8-27（b）0—A—D 变化，其中 A 点的纵标是温度升至 T_1 时的变形，而 D 点代表假如仍保持 $\sigma = 0$ 而温度继续升至 T_e 时的纵标，所以 AD 段用虚线表示，下同。这时变形与应力无关，完全是加温引起的膨胀，是温度 T 的函数，可表示为 ε_{th}（T）；自 T_1 点开始施加应力［见图 8-27（a）A—B］。混凝土在应力作用下产生收缩变形 ε_σ，亦即图 b 的 AB 段，这个变形不仅与此刻施加的应力有关，也与混凝土的温度 T 及应力史（$\bar{\sigma}$）有关，故是三个变量的函数 ε_σ（T，σ，$\bar{\sigma}$），在应力保持不变的情况下继续加温［见图 8-27（a）的 BC 段］，变形不同于一般的自由膨胀，变形达到图 b 的 c 点，与自由膨胀有一个变形差 CD，扣除 T_1 点的应力变形 ε_σ（AB=DE），剩余的变形 CE，即为在先期应力（$\sigma = AB$，见图 a）下的温度变形，这个变形包含两部分，一部分是线段 EF 代表当温度由 T_1 升至 T_e 时，混凝土在 $\sigma = \sigma_1$ 作用下产生的热徐变 ε_{cr}，因为升温是一个时间积累的过程，这期间混凝土要产生高温热徐变，影响它的因素更为复杂，是一个应力、温度、时间和应力过程的函数，可表达为 ε_{cr}（T，σ，t，$\bar{\sigma}$）；另一部分是线段 CF，代表在恒定应力作用下（$\sigma = AB$），温度升至 T_e 时的瞬时温度变形，这个变形显然也是十分复杂的，亦是温度、应力和应力过程的函数，即 ε_{tr}（T，σ，$\bar{\sigma}$）。

可见，任意应力、温度过程下的混凝土的总变形 ε，应有 4 个部分组成，即

$$\varepsilon = \varepsilon_{th}(T) + \varepsilon_\sigma(T, \sigma, \bar{\sigma}) + \varepsilon_{cr}(T, \sigma, t, \bar{\sigma}) + \varepsilon_{tr}(T, \sigma, \bar{\sigma}) \tag{8-19}$$

式中　　ε_{th}（T）——温度应变，混凝土在自由状态（$\sigma = 0$）下因温度变化所引起的应变；

ε_σ（T，σ，$\bar{\sigma}$）——瞬态应力应变，恒定温度下因应力变化所产生的瞬时的应变；

ε_{cr} $(T,\ \sigma,\ t,\ \bar{\sigma})$——徐变，恒定应力和温度下随时间而产生的应变；

ε_{tr} $(T,\ \sigma,\ \bar{\sigma})$——瞬态热应变，恒定应力下因温度变化所引起的瞬时温度应变。

学者们根据各自不同的需要，从不同的角度对上述 4 个热变形进行过分析，并给出相应的计算公式，这里不再赘述。

第四节　钢材在高温下的物理力学性能

近几年来，我国建筑钢结构处于建国以来最好的一个发展时期，钢结构正从高层钢结构（包括住宅）、大跨度空间钢结构以及轻型钢结构三个方面，在建筑工程中发挥独特作用。

（1）从 1996 年开始，我国年钢产量超过 1 亿 t，居世界之首，2003 年达 2 亿 t 之多，2006 年更达 3 亿 t，这是发展我国钢结构的主要物质基础。

（2）我国《国家建筑钢结构产业"十五"计划和 2015 年发展规划纲要（草案）》提出了大力推广应用钢结构，为钢结构产业的发展制定了方向。

（3）空间结构几乎都是钢结构，我国号称"网架王国"。

（4）1994 年前，我国超过 100m 高的高层建筑（超高层）152 栋，其中只有 9 栋采用钢结构或钢-混结构，高层建筑钢结构近年来发展很迅速。已建成的最高达 420m（金茂大厦共 88 层，高 420.5m，单体建筑面积 29 万 m²）。

（5）轻钢结构是近十年来发展最快的领域，在美国采用轻型钢结构占非住宅建筑投资的 50％以上。我国，目前已经有多种低层、多层和高层的设计方案和实例。因其可做到大跨度、大空间，分隔使用灵活，而且施工速度快、抗震有利的特点，必将对我国传统的住宅结构模式产生较大冲击。

一、钢材的热工性能

对于一个钢筋混凝土构件来说，高温下钢材的热延伸可以高于、等于或低于包裹它的混凝土的膨胀值，导致构件不同的破坏方式，因此了解高温下钢材的热工及力学性能是很重要的。

（一）钢材的导热系数 λ

通常钢的导热性能随温度升高而递减，但当温度达到 750℃时，其导热系数几乎等于常数，所以一般只给出 0～750℃之间的导热系数的变化（见图 8-28），可采用下列公式求出：

$$\lambda = -0.0283T + 47 \qquad [\text{kcal/(m·h·℃)}] \qquad (8-20)$$

或

$$\lambda = -0.0329T + 54.7 \qquad [\text{W/(m·℃)}] \qquad (8-21)$$

（二）钢材的比热 C_p

钢材的比热与温度的关系，常用下述方程求取：

$$C_p = 9.1 \times 10^{-8} T^2 + 4.8 \times 10^{-5} T + 0.113 \qquad [\text{kcal/(kg·℃)}] \qquad (8-22)$$

或

$$C_p = 38.1 \times 10^{-8} T^2 + 20.1 \times 10^{-5} T + 0.473 \qquad [\text{kJ/(kg·℃)}] \qquad (8-23)$$

图 8-29 给出了 0~750℃，钢材比热随温度变化曲线。

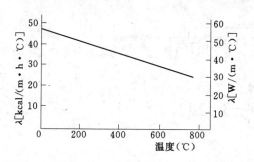

图 8-28　钢材导热系数随温度变化图　　　　图 8-29　钢材比热随温度的变化曲线

（三）钢材的热膨胀系数 α_s

钢材高温下产生膨胀，热膨胀系数可表达为

$$\alpha_s = \frac{\Delta l}{l} = 0.4 \times 10^{-8} T^2 + 1.2 \times 10^{-5} T - 3.1^{-4} \qquad (8-24)$$

有人在试验的基础上给出一个较为简单的关系式：

$$\alpha_s = (11.0 + 0.0036T) \times 10^{-6} \qquad (8-25)$$

为了简化计算，推荐在钢结构设计中取为

$$\alpha_s = \frac{\Delta l}{l} = 1.4 \times 10^{-5} T \qquad (8-26)$$

在钢筋混凝土设计中取为

$$\alpha_s = \frac{\Delta l}{l} = 1.5 \times 10^{-5} T \qquad (8-27)$$

图 8-30 给出了膨胀系数与温度的关系曲线。

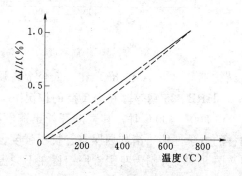
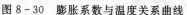
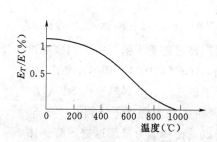

图 8-30　膨胀系数与温度关系曲线　　　　图 8-31　弹性模量与温度关系曲线

二、钢材高温下的弹性模量

钢筋的弹性模量随温度的升高而不断降低，在 20~1000℃ 范围内可用两个方程来表述，600℃ 是这两个方程的分界线。

当温度在 20～600℃范围时

$$\frac{E_T}{E} = 1.0 + \frac{T}{2000\ln\left(\dfrac{T}{1100}\right)} \tag{8-28}$$

当温度在 600～1000℃范围时

$$\frac{E_T}{E} = \frac{600 - 0.69T}{T - 53.5} \tag{8-29}$$

图 8-31 给出了弹性模量随温度的变化曲线。

三、钢材在高温下本构关系及抗拉强度

对于普通热轧钢筋，当温度小于 300℃时，其屈服强度降低不到 10%，而当温度升高到 600℃时，其屈服强度只剩下常温时的 50%左右，屈服台阶亦随温度的升高逐渐消失（图 8-32）。对于冷拔钢丝或钢绞线，当受火温度达到 200℃时，其极限强度的降低就更明显；在温度达到 450℃时，极限强度只有常温时的 40%左右。对于高强合金钢筋，在 200～300℃之间，强度反而有所上升，随后同冷拔钢筋呈同一趋势下降，见图 8-33。

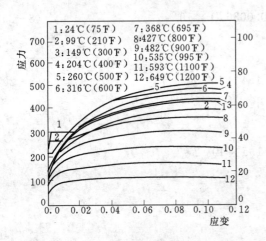

图 8-32　高温下钢筋的应力-应变关系　　　　图 8-33　高温下钢筋强度

国产普通建筑用钢〔中国国家标准《碳素结构钢》(GB 700—88) 和《低合金高强度结构钢》(GB/T 1591—1994) 要求的 HPB 235、HRB 335 钢等〕在全负荷的情况下失去静态平衡稳定性的临界温度为 500℃左右。一般在 300～400℃时，其强度开始迅速下降。到 500℃左右，其强度下降到 40%～50%，钢材的力学性能，诸如屈服点、抗压强度、弹性模量以及荷载能力等都迅速下降。图 8-34 及图 8-35 分别为我国常用钢材在不同温度下的应力-应变关系及 f_{yT}/f_y 和 E_T/E 值随温度变化的曲线。

四、高强硬钢的高温性能

用于预应力的钢材大都是高强硬钢，这种钢往往无明显的屈服台阶，高温下的性能与一般钢材不同，图 8-36 给出了这种钢材随温度升高强度下降的趋势，图中纵坐标 $\phi_s = \sigma_{ST}/\sigma_s$ 代表高温下的强度与常温下强度之比，是个无量纲值。由图中可看出，高强硬钢较

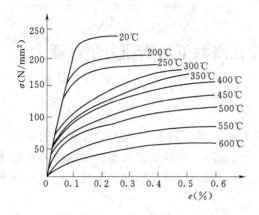

图 8-34 不同温度下钢结构的应力-应变曲线

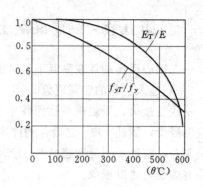

图 8-35 f_{yT}/f_y、E_T/E 随温度的变化

E_T、E—高温和常温下钢材的弹性模量

f_{yT}、f_y—高温和常温下钢材的屈服强度

具有明显屈服台阶的软钢对高温更为敏感，温度超过 175℃ 之后，强度急剧下降，500℃ 时则降至常温强度的 30%，温度达到 750℃ 则完全丧失工作能力，无任何强度可言。一般来说，预应力构件耐火性能要低于普通混凝土构件，其原因除上述硬钢对温度比较敏感以外，还因为在高温下预应力极易损失，使构件难以正常工作。如对于强度为 600MPa 的低碳冷拔钢丝当温度升高至 300℃ 时，其预应力几乎全部丧失。

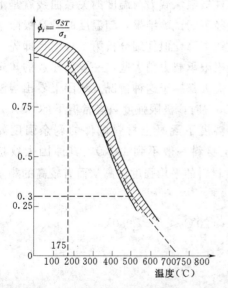

图 8-36 高强硬钢高温特性

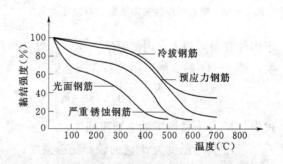

图 8-37 高温下钢筋与混凝土的黏结强度

五、高温下钢筋与混凝土的黏结强度

钢筋与混凝土的黏结强度反映钢筋与混凝土在界面的相互作用的能力，通过这种作用来传递两者的应力和协调变形。它的大小对构件的裂缝、变形和承载能力有直接的影响，从图 8-37 可以看出，高温下混凝土与钢筋黏结强度的损失与钢筋品种、表面形状和锈蚀程度有关，光面钢筋在高温下的黏结强度损失最大。和混凝土的抗压强度相比，黏结强度

的损失要大得多。

第五节　钢筋混凝土构件在高温下的物理力学性能

一、轴心受压构件在高温下的性能

（一）过火过程的宏观现象

受压柱过火，最初现象是构件中水蒸气逸出，温度到 $400\sim600℃$ 时逸出量最大，之后慢慢减少，到达 $700℃$ 之后，构件中的水分已耗尽。构件的受火面由常温时的灰色逐渐变成灰白，暗红，到温度超过 $900℃$ 时则呈红色，表面有可见的细微裂缝，有时构件受火面还有爆裂，烤酥现象。

构件过火，大都不是四面同时受火，温度不一致，所以截面温度分布不均匀，各侧面的热膨胀也不同，这种两侧不同的热膨胀使柱子沿纵向出现挠曲，严重的可使轴心受压柱呈现偏心受压破坏。

（二）极限承载力

轴心受压构件在高温下的极限承载力随着温度的升高而下降，在试验室可以由两条途径来试验，其一是将温度升至一定温度后保持恒温不变，然后加载；其二是先加载至一定吨位荷载不变，然后升温。这两种试验结果虽有一定的离散度，但差别不大，图 8-38 给出的轴心受压柱极限承载力与温度的关系曲线就是上述两种途径下的试验结果，随温度的升高极限承载力呈直线下降。但仔细分析第二种途径即先加载后升温极限承载力稍大些，一般已建成的建筑物遭受火灾大都属于这种情况。从图上看出当温度达到 $950℃$ 时，极限强度只有常温下的 30%，但仍比同温度下混凝土材料试件的剩余强度要大（混凝土材料一般不到 10%），其原因大致是由于构件截面面积大，内部温度不均匀，以及构件材料的平均强度较高从而有较高的剩余强度。图 8-38 的曲线可用关系式表达如下：

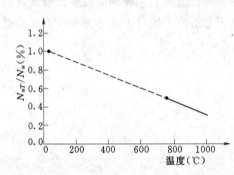

图 8-38　轴心受压柱极限承载力与温度关系

$$\frac{N_{uT}}{N_u} = 1.023 - 7.2 \times 10^{-4} T \quad (20℃ \leqslant T \leqslant 950℃)$$

式中　N_u——常温下轴心受压强度；

N_{uT}——温度为 T 时的轴心受压强度。

综合上述，造成钢筋混凝土轴心受压柱高温下承载力下降的原因主要是：①高温下混凝土和钢筋材料的强度下降；②截面不均匀温度场（受火面温度高）导致柱产生纵向挠曲变形而处于偏心受压状态。

（三）变形

对于自由状态下升温的构件，构件受热面的一侧材料膨胀变形大，而非受热面一侧材料的膨胀变形小，这种不均匀膨胀使构件向受热面凸出，凸出的最大值发生在中部，且温度越高凸出越严重，图8-39给出的试验结果显示，在自由状态下升温至400℃以上对构件轴向加载，此时由于高温下混凝土的材料性能大大下降，荷载作用下高温一侧混凝土的压应变的增长远快于低温一侧，挠曲开始向反方向发展，破坏时偏心反而凸向低温面，图8-40给出了达到极限荷载时的各构件挠度曲线，大部分构件（$T_{6N} \sim T_{9N}$）挠度都凸向低温面（图上表示为向上的曲线），只有两条曲线（T_{2N}，T_{4N}），仍然凸向高温面，这是由于加载时温度低于400℃，此时混凝土的性能降低不大而自由升温时产生的凸向高温面的初始偏心上升为主要矛盾，随着荷载的增加，构件仍保持为凸向高温面挠曲。

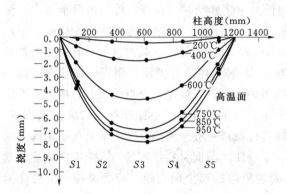

图8-39 不同温度下构件各测点挠度值

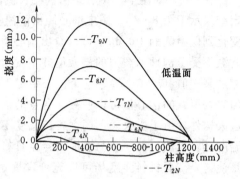

图8-40 极限荷载时构件各测点挠度值

如果在常温下事先加载，然后再逐步升温，此时由于混凝土先期应力的存在限制了混凝土的膨胀变形，在温度低于300℃时，材料性能几乎没有下降，试件的挠曲略凸向受热面，当温度继续升高，超过500℃时混凝土材料的性能严重下降，此时荷载下的温度应变不断增加，受热面压应变大，非受热面压应变小，构件的挠曲转而凸向低温面，越接近极限温度凸出越大，图8-41给出了这种情况下的挠度曲线。可见高温（$T > 400$℃）服役下轴向受压柱的偏心破坏，无论那种途径，其破坏时的偏心一般情况下大都凸向低温面。

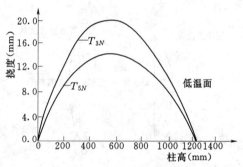

图8-41 恒载升温时达到极限温度时各测点挠度值

二、偏心受压构件在高温下的性能

实际工程中，理想的轴心受压构件是不存在的，大量的受压构件是偏心受压，更何况过火建筑都不均匀受热，各侧的热膨胀不同使构件一开始就处于实际上的偏心受压状态，所以探讨偏心受压柱的高温性能具有更为普遍意义。

（一）宏观破坏过程

构件自由升温，试件挠度凸向高温一侧，当温度升至 $T = 800$℃时加载，视偏心距的不同，挠度的发展也不同，一般来说，当偏心距偏向低温一侧时由于温度膨胀已导致构件产生凸向高温一侧的挠曲，偏心产生的附加弯矩与构件的升温挠曲一致，构件的挠度继续向高温侧发展，最后成大偏心受压破坏［见图8-42（a）］；当偏心距偏向高温一侧，且偏心距较小时尽管此时由于温度膨胀已导致构件有一个凸向高温一侧的挠曲，但由于800℃的高温已使混凝土的性能大大下降，在偏心荷载的作用下，高温侧的混凝土急剧变形被压缩而使挠曲由高温侧凸向低温侧〔见图 8-42（b）〕，随着荷载的增加最后因高温侧混凝土的压碎或低温侧钢筋的受拉屈服而破坏，呈小偏心或大偏心受压破坏形态。

一般来说，高温下偏心受压破坏时挠度远大于常温下的挠度，且裂缝都较宽较深，但宏观上看裂缝数量少些。

（二）极限承载能力与极强偏心距

在 800℃高温下，偏心距由高温一侧向低温一侧移动时，偏心构件的极限承载力，测定结果示于图 8-43，图中偏心距由高温侧的 $-0.6h$（h 为试件的偏心方向的高度）逐步变化到低温侧的 $+0.6h$，可以看出偏心距 $e=0.2h$ 时，试件的承载力最大。有意思的是在高温下受压构件承载力的最大值并不发生在 $e=0$ 时（即中心受压）而发生在偏向低温一侧的某一值（$e=0.2h$）。这个偏心距称为极强偏心距，它被定义为当截面上材料强度不均匀时，荷载的偏心值可以使截面各点的强度达到极值的那个偏心距就称之为极强偏心距。过火构件，由于受火面不同，各侧温度不同构件截面一般来说均存在一个具有一定梯度的温度场，自然也有一个与温度场伴生具有一定规律的截面材料强度场。这个极强偏心距就是使这个截面材料强度场可以充分发挥达到极限值的那个偏心距，或者说是一个最优偏心距。

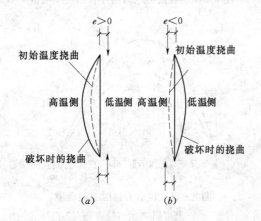

图 8-42　不同方向偏心受压构件挠曲示意图

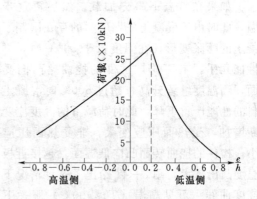

图 8-43　高温下混凝土偏心受压构件极限荷载与偏心距关系

根据试验结果进行回归分析可以给出高温 800℃下偏心受压柱承载力计算公式

$$N_{eT}/N_{0T} = \begin{cases} 1.0 + 0.806 e_0/h & (e_0 < 0.2h) \\ 1.9 - 4.8(e_0/h) + 2.61(e_0/h)^2 & (e_0 \geqslant 0.2h) \end{cases}$$

式中　N_{0T}——800℃下轴心受压柱的承载力；

N_{eT}——800℃下偏心受压柱的承载力。

实际使用近似地取 $e_0=0.2h$ 作为极强偏心距已足够了。

（三）变形

高温下偏心受压构件的变形表现为两方面，第一为侧向变形即挠度；第二为轴向变形。

　　侧向变形与荷载偏心距的方向和大小密切有关，图 8-44 给出了构件高温下加载过程中点挠度的变化，可以看出挠度大都凸出在偏心的反方向，且偏心距绝对值相等时，荷载偏心作用在低温面（$e<0$）会加剧挠度的发展，对照图 8-44 中偏心距在高温面（$e=-0.2h$）时挠度大于偏心距在低温面（$e=0.2h$）时的挠度。

　　图 8-45 给出了构件高温下偏心加载时轴向变形的变化曲线，可以看出，当偏心距大于极强偏心距时，即 $e\geqslant0.2$ 时，在加载初期，其轴向变形表现为伸张，e 越大意味着偏心低温侧越严重，荷载引起的轴向变形已不足以抵消由于高温引起的混凝土材料的膨胀和附加弯矩带来的受拉区材料的伸长，因而当 $e\geqslant0.4$ 时，基本上全表现为伸长变形，且在荷载不大时就基本上不能工作了。

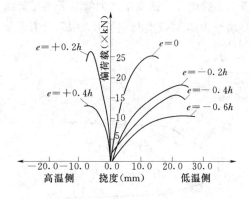 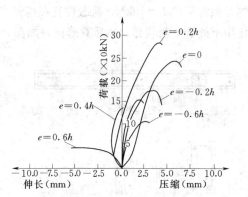

图 8-44　不同偏心距偏心受压柱　　　　　图 8-45　不同偏心距构件加载
中点挠度随荷载变化曲线　　　　　　　　过程的轴向变形曲线

三、受弯构件在高温下的性能

　　建筑结构中常用的受弯构件多为简支梁和连续梁，尤以连续梁为最。连续梁属超静定梁，具有多余约束，内力不能用平衡条件完全确定，即不但取决于外荷载而且与变形有关，一旦发生火灾，构件在高温下将发生严重的变形而导致内力的重分布，这种重分布完全不同于设计中正常情况下对连续梁的"调幅"，因此探讨连续梁在高温下的力学性能是受弯构件中最具有代表性的。

（一）过火过程的宏观现象

　　连续梁在升温过程有一个共同的特征，即温度达到 300℃ 左右时可以明显地看到水蒸气逸出，400～500℃ 之间逸出量最大，之后逐渐减小，约 700℃ 左右不再见水气逸出，这与一般混凝土构件过火时的现象大体一致，但受弯构件随着温度的升高，其裂缝多且开展宽度也大。

　　随着温度的升高，构件的受火面由常温时的灰色逐渐变成白色，当温度超过 700℃ 时则变为浅红色。冷却后，受火面混凝土有爆裂，疏松现象，骨料用手可捻碎，裂缝处受拉筋蜕皮，截面明显变细。

　　随着温度的升高，连续梁大都先后在跨中和中间支座出现塑性铰，发生剧烈的内力重分布，形成机构，最后以剪切形式破坏。需要说明的是连续梁在高温下的破坏不像简支梁那样突然，不论荷载所处的位置和荷载的大小如何，也不管是单跨受火还是多跨同时受火，其破坏过程都远较简支梁缓慢，破坏前裂缝开展和挠度也较简支梁为大，这种破坏过程的延缓性是一切超静定结构的特征，也是它的优点之一。

（二）内力重分布及塑性的变化

当受温面均为底面和两侧三面加热，按图 8-46 所示的构件，针对不同的加载位置，加载水平及单跨加温还是双跨同时加温等多种不同情况做的试验结果显示：

（1）随着温度的升高，端支座反力逐步减小而中间支座反力则逐渐增大，但在温度低于 300℃ 时支座反力的变化十分剧烈，而在温度大于 300℃ 之后则变化较小，由于各试件的初始荷载和配筋情况的差异，其变化幅度也不一样。图 8-47 给出了试件编号为 TCB1-1，随温度的升高端支座反力（R_A，R_C）减小及中支座反力 R_B 升高的试验曲线，该试件的参数为荷载 $P=10kN$，荷载位置在离开中间支座 1/3 的地方。试验条件为常温下梁在荷载作用下处于平衡状态，然后双跨同时加温，由 20℃ 增至 1000℃ 依次测定了 R_A、R_C 及 R_B。

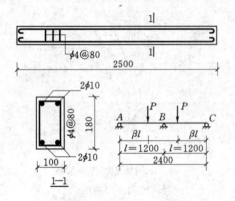

图 8-46　连续梁试件尺寸、配筋及加载方式

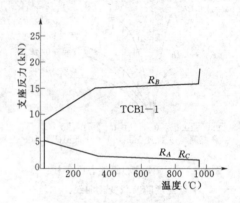

图 8-47　连续梁支座反力随温度升高的变化

（2）荷载的位置及单跨加温还是双跨加温对内力重分布均有较大的影响，这种影响在有限的试件中几乎很难找出一个连续变化的规律，但双跨加温较单跨加温时内力重分布的现象更为剧烈一些。

（3）温度的影响使连续梁出现塑性铰的次序与常温不一样，高温下跨中截面的极限弯矩不断降低，导致跨中首先出现塑性铰，中间支座负弯矩急剧上升，待达到极限值也随之出现塑性铰，一旦出现两个塑性铰之后梁立即破坏，几乎和简支梁具有同样的突然性。

（三）结论和启示

（1）一般工程结构中的连续梁，在设计中都是使支座梁截面先出现塑性铰，使支座弯矩通过调幅达到减小的目的。但一般室内火灾，火的加温面都在跨中，因而常常首先在跨中出现塑性铰，随着火灾的持续，支座截面也出现塑性铰而突然破坏乃至塌落。显然，设计者预期塑性铰出现的顺序在高温下不能实现，因而高温下这种调幅是不妥的。

（2）高温下的受弯构件，除了承受正常荷载引起的弯矩之外，还有一个温度产生的附加弯矩，这两者的共同作用使梁承受弯矩的能力大为降低，而且随着温度的升高，这种降低更剧烈，准确地说连续梁的内力重分布不仅是荷载的函数，也是温度的函数，其规律也十分复杂，这给高温下防火建筑的设计者提出了一个新的课题。

第九章　火灾事故预防与防火设计[1]

第一节　概　述

一、防火的综合性

防火是一个内容十分广泛的概念，应理解为为防止火灾发生和蔓延而采取的多种精神方面和物质方面的措施。图 9–1 用分类框图的形式给出了防火综合性所包含的主要内容。

对建筑工程技术人员来说，最重要的是预防性防火，其中又以建筑防火关系最大。主要措施如下：

（1）防止火灾发生（设计上使用不燃性或难燃性建筑材料，给出管理性防火规章制度和措施）。

（2）防止火灾蔓延（保证足够的防火措施、设置防火墙、防火门）。

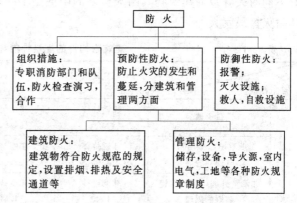

图 9–1　防火综合性框图

（3）及时报警和灭火（安装火灾报警器，自动灭火装置）。

（4）发生火灾时的扑救（为消防设置消火栓、消防车循环通道、救护通道、楼梯间以及消防巷道等）。

建筑防火应理解为在建造房屋时为防止或限制火灾以及一旦失火保持房屋的稳定性所采取的一切必要措施。经验表明，建筑防火是防止在建筑物中火灾蔓延的一种特别有效的手段。为此各国都有自己的建筑防火规范，我国也不例外，对从事民用建筑结构的工程技术人员来说最重要的应属《建筑设计防火规范》（GBJ 16—87）（1995 年修订版，《高层民用建筑设计防火规范》（GB 50045—95），《建筑内部装修设计防火规范》（GB 50222—95）。在防火方面我国还有许多专用规范，如化工厂房、石油炼厂等均应遵循有关的专用规范进行消防设计。

二、耐火等级与燃烧性能和耐火极限

我国将建筑物耐火等级分为四级，如高层民用建筑、高层工业建筑，超过 1200 个座位的剧院、电影院、会堂、体育馆，占地面积超过 1200m² 的商场、火车站、粮仓、电视塔等均列入一、二级耐火等级的建筑物；而五层以下木结构屋顶的民用建筑，可采用三级耐火等级；临时建筑、木结构建筑则多为四级耐火等级。具体划入何种等级要由使用部门，设计部门及消防部门，根据建筑的功能及重要程度来确定。

---

[1]　本章内容参见文献 [33，80，96，117，154，156]。

建筑物的耐火等级决定于构件的燃烧性能和耐火极限。所谓耐火极限，即按第八章图8-14所规定的火灾升温曲线，对建筑构件进行耐火试验，从受到火的作用时起，到失掉支撑能力或发生穿透裂缝或背火一面温度升高到220℃为止的时间，这段时间称为耐火极限，用小时（h）表示。

其中把发生穿透裂缝和背火面温度升高到220℃作为界限，主要是因为构件上如果出现穿透裂缝，火能通过裂缝蔓延，至于构件背火面的温度到达220℃，这时虽然没有火焰过去，但这样的温度已经能够使靠近构件背面的纤维制品自燃。上述两条连同失掉支撑能力这三个条件只要达到任何一个条件，就可认为该构件达到了耐火极限。表9-1给出了不同耐火等级的建筑构件的燃烧性能和耐火极限。图9-2则更为形象地表达了建筑构件对不同耐火等级的建筑物其耐火极限的限值是不同的，同一种构件对耐火等级高的建筑物其耐火极限就大。

表9-1　　　　　　　　　　建筑物构件的燃烧性能和耐火极限　　　　　　　　　单位：h

构件名称		耐火等级 一级	二级	三级	四级
墙	防火墙	非燃烧体 4.00	非燃烧体 4.00	非燃烧体 4.00	非燃烧体 4.00
	承重墙、楼梯间、电梯井的墙	非燃烧体 3.00	非燃烧体 2.50	非燃烧体 2.50	非燃烧体 0.50
	非承重外墙，疏散走道两侧的隔墙	非燃烧体 1.00	非燃烧体 1.00	非燃烧体 0.50	难燃烧体 0.25
	房间隔墙	非燃烧体 0.75	非燃烧体 0.50	难燃烧体 0.50	难燃烧体 0.25
柱	支承多层的柱	非燃烧体 3.00	非燃烧体 2.50	非燃烧体 2.50	难燃烧体 0.50
	支承单层的柱	非燃烧体 2.50	非燃烧体 2.00	非燃烧体 2.00	燃烧体
梁		非燃烧体 2.00	非燃烧体 1.50	非燃烧体 1.00	难燃烧体 0.50
楼板		非燃烧体 1.50	非燃烧体 1.00	非燃烧体 0.50	难燃烧体 0.25
层顶承重构件		非燃烧体 1.50	非燃烧体 0.50	燃烧体	燃烧体
疏散楼梯		非燃烧体 1.50	非燃烧体 1.00	非燃烧体 1.00	燃烧体
吊顶（包括吊顶搁栅）		非燃烧体 0.25	难燃烧体 0.25	难燃烧体 0.15	燃烧体

注　1. 以木柱承重且以非燃烧材料作为墙体的建筑物，其耐火等级应按四级确定。
　　2. 高层工业建筑的预应钢筋混凝土装配式结构，其节点缝隙或金属承重构件节点的外露部位，应做防火保护层，其耐火极限不应低于本表相应构件的规定。
　　3. 二级耐火等级的建筑物吊顶，如采用非燃烧体时，其耐火极限不限。
　　4. 在二级耐火等级的建筑中，面积不超过100m² 的房间隔墙，如执行本表的规定有困难时，可采用耐火极限不低于 0.3h 的非燃烧体。
　　5. 一、二级耐火等级民用建筑疏散走道两侧的隔墙，按本表规定执行有困难时，可采用0.75h 非燃烧体。

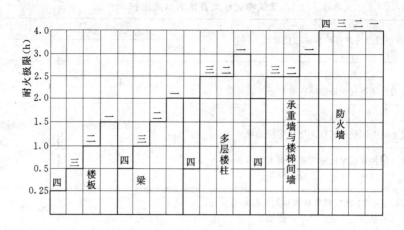

图 9-2 不同耐火等级、不同构件所需耐火极限

图中数字（一～四）为建筑物耐火等级

世界各国大体都用这种方法来建立不同建筑等级与构件的耐火极限的关系的。表 9-2～表 9-4 分别给出了前苏联、美国、日本三个国家的情况，确定各构件的燃烧小时的依据是统计的结果。需要注意的是，前苏联是将建筑物耐火等级划分为 5 级的，美国是将建筑物分为耐火 3h 和耐火 2h 两种级别，而日本则用建筑的层数来界定。但是对构件的耐火极限都是用小时来表示的。

表 9-2		建筑物耐火等级分类表（前苏联）			单位：h
建筑物构件的名称 ＼ 建筑物耐火等级	一级	二级	三级	四级	五级
承重墙、自承重墙、楼梯间墙、柱	非燃烧体 3.00	非燃烧体 2.50	难燃烧体 2.00	难燃烧体 0.50	燃烧体 —
楼板及顶棚	非燃烧体 1.50	非燃烧体 1.00	难燃烧体 0.75	难燃烧体 0.25	燃烧体
无闷顶的屋顶	非燃烧体 1.00	非燃烧体 0.25	燃烧体 —	燃烧体	燃烧体
骨架墙的填充材料和墙板	非燃烧体 1.00	非燃烧体 0.25	非燃烧体 0.25	难燃烧体 0.25	燃烧体 —
间隔墙（不承重）	非燃烧体 1.00	非燃烧体 0.25	难燃烧体 0.25	难燃烧体 0.25	燃烧体
防火墙	非燃烧体 4.00	非燃烧体 4.00	非燃烧体 4.00	非燃烧体 4.00	非燃烧体 4.00

表 9-5 列出了我国几个大城市火灾延续时间的统计数，可以看出，90％以上的火灾其延续时间都在 2h 之内，考虑一定的安全系数，防火墙这类等级最高的隔火构件，其耐火极限规定为 4h。

用小时来表达各种构件的抗火性能	分　级	
	3h	2h
承重墙 （在受到火的作用下这种墙和隔板必须是相当稳定的）	4	3
非承重墙 （墙上有电线穿过或作为居住房间的墙）	非燃烧体	非燃烧体
支承一层楼板或单独屋顶的主要承重构件 （包括柱、主梁、次梁、屋架）	3	2
支承二层及二层以上楼板或单独屋顶的主要承重构件 （包括柱、主梁、次梁、屋架）	4	3
不影响建筑物稳定的支承楼板的次要构件 （如次梁，楼板，搁栅）	3	2
不影响建筑物稳定的支承层面的次要构件 （如次梁、屋面板、檩条）	2	1.5
封闭楼梯间的壁板和穿过楼板孔洞的四周壁板	2	2 （在某种情况下此壁板可为 1h 的非燃烧体）

表 9 - 4   日本在建筑标准法规中关于耐火结构方面的规定   单位：h

建筑的层数 （上部的层数）	房盖	梁	楼板	柱	非承重的外墙		承重墙	间隔墙
					有延烧危险的部分	其他部分		
4 以内	0.5	1	1	1	1	0.5	1	1
5～14	0.5	2	2	2	1	0.5	2	2
15 以上	0.5	3	2	3	1	0.5	2	2

表 9 - 5   火灾延续时间所占比例

地区	连续统计年份	火灾次数	延续时间在 2h 以下的占火灾 总数的百分比（%）
北京	8	2353	95.10
上海	5	1035	92.90
沈阳	16		97.20
天津	12		95.00

注　天津前 8 年与后 4 年不连续。

　　既然建筑物的耐火等级是由所选用的建筑构件的耐火极限来体现的。而一个建筑物有梁、板、柱等许多构件组成。如何确定不同耐火等级的各建筑构件的耐火极限，通用的方法是以楼板为标准首先确定楼板的耐火极限，其余构件，以其重要程度，在楼板的基础上给予增减。我国一级耐火建筑的楼板的耐火极限规定为 1.5h，二级耐火建筑的楼板的耐火极限为 1h，三、四级建筑则分别为 0.5h 和 0.25h。支承柱、承重墙、楼梯间墙其重要程度高于楼板，故其耐火极限在一级耐火建筑中规定为3h，二、三级耐火建筑中规定为2h，其余构件则基本上按这个思路类推。见图9-2和表9-6。

表9-6　　　　　　　　　　不同耐火等级不同构件的耐火极限　　　　　　　　　　单位：h

构件	与楼板比较重要程度	耐火等级			
		一	二	三	四
楼板	（标准值）	1.5	1.0	0.5	0.25
支承单层柱	重要	2.5	2.0	2.0	
支承多层柱	更重要	3.0	2.5	2.5	0.5
防火墙	最重要	4.0	4.0	4.0	4.0

第二节　防火分隔与疏散

防火设计最重要的原则或者说是两个基本要求，就是分隔和疏散。分隔以杜绝火势蔓延；疏散以减少伤亡和损失。

一、分隔

火势的蔓延和传播，一般是通过可燃构件的直接燃烧、热传导、热辐射和热对流几种途径，减少火势的蔓延自然应设法阻断这些途径，最常用也是最有效的手段之一，就是分隔。

我国建筑设计防火规范中规定有明确的防火间距，表9-7和表9-8分别给出了民用建筑和厂房建筑的防火间距，需要说明的是该两表根据建筑布局的不同要求，允许有适当增减，但幅度都不超过2～35m。

表9-7　　民用建筑的防火间距

防火间距（m）\耐火等级	一、二级	三级	四级
一、二级	6	7	9
三级	7	8	10
四级	9	10	12

表9-8　　厂房的防火间距

防火间距（m）\耐火等级	一、二级	三级	四级
一、二级	10	12	14
三级	12	14	16
四级	14	16	18

有的建筑是不能或没有必要拉开距离的，可采用构件进行分隔。用于分隔的构件，有防火墙、防火门、防火卷帘等，视建筑的不同等级和部位选择不同的分隔构件。

（一）防火墙

防火墙是最常用的防火分隔构件，不同的建筑防火等级，均有着在一定长度内设置防火墙的规定，如一、二级耐火等级的建筑，考虑到其耐火极限大些，防火墙之间的距离可规定为150m，而三级耐火建筑则规定为100m。防火墙设置除与长度有关以外，还与两防火墙之间包容的面积有关，一、二级建筑规定为2500m²，三级建筑则为1200m²。此外，防火墙是防火的重要隔断构件，其耐火极限要求最高，规定为4h，而且要选用良好的耐火材料，必要时外包阻燃材料，以保证足以承受4h的持续燃烧时间。

（二）防火门．

为了保证防火墙的效能，在防火墙上最好不开门，但建筑功能的需要，有时又不得不开门，而且常常不是开一道门，因而需要在开门处加设防火门，防火门扇既要防火，又要便于开启和使用，其耐火极限如像防火墙那样规定为 4h，势必做得十分笨重，不便使用，故一般规定为 1.2h，如用于楼梯间及单元住宅的防火门，其耐火极限还可放宽至 0.6～0.9h。通常双层木板外包镀锌铁皮；总厚度为 41mm 的防火门，其耐火极限即可达到 1～1.2h。

（三）防火卷帘

采用扣环或铰接的办法，将一些特殊的异形钢板条连接起来，形同竹帘，可以卷起，设置在需要隔断的位置上，起火时把它垂落，以阻断火势，按所用钢板条的厚度不同，卷帘又分轻重两种，轻型卷帘钢板厚 0.5～0.6mm；重型卷帘钢板厚 1.5～1.6mm，用于防火墙的卷帘多采用重型，一般楼梯间等处则可采用轻型。

二、疏散

一旦发生火灾，合理而迅速的疏散，是减少人员伤亡、降低损失的重要措施之一，特别对公共建物，尤其重要。

安全疏散设计方法就是通过使建筑物在满足安全疏散的基本条件下进行设计的一种方法。安全疏散设计方法程序如图 9-3 所示。

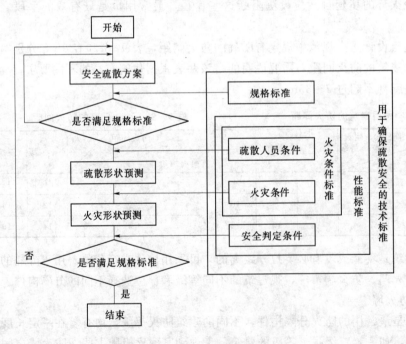

图 9-3　安全疏散设计方法程序

建筑物发生火灾后，人员能否安全疏散主要取决于两个时间：一是火灾发展到对人构成危险所需的时间 T_{fire}，二是人员疏散到安全场所需要的时间 $T_{evacuate}$。如果人员能在火灾达到危险状态之前全部疏散到安全区域，便可认为该建筑对于火灾中人员疏散是安全的。

（一）允许时间

人员疏散并不是伴随着火灾的发生而进行的，一般来说它要经过以下三个时间段：

（1）意识到有火情发生。火灾发生后，产生的烟气、火光或温度自动启动火灾探测报警，使人知道有异常情况发生。这段时间记为 T_{det}（简写为 T_d）。

（2）火灾确认与制定行动决策。人员意识到有火情时，一般并不急于疏散，而是首先通过获取信息进一步确定是否真的发生了火灾，然后采取相应的行动，例如，火灾扑救、等待求救、疏散。人员在疏散之前的这段时间称为 $T_{response}$（简写为 T_r）。

（3）开始疏散直到结束。人员从疏散开始走出房间、通过走道、楼梯间、安全出口到达安全区域这段时间称为 T_{travel}（简写为 T_t）。

从火灾发生到人员全部疏散为止，总的疏散时间为 $T_{evacuatc}$（简写为 T_e）。

$$T_e = T_d + T_r + T_t$$

人员安全疏散的评价标准：

$$T_{fire} > T_e = T_d + T_r + T_t$$

在建筑物中每个可能受到火灾威胁的区域都应满足该式。从此式可以看出 T_{fire} 越大，则人员安全性越大；反之，安全性越小，甚至不能安全疏散。因此，为了提高安全度，就要通过疏散设计和消防管理来缩短疏散开始时间和疏散行动所需时间，同时延长危险状态发生的时间。

起火后要提供人员疏散的时间，这个时间是很短的，它是根据起火后足以导致人员无法自由行动来大致推定的，如烟气中毒、高热、缺氧等均可使人员丧失意识而不能逃离现场，据统计资料分析，我国规定对一、二级耐火等级的公共建筑，允许疏散时间为 6min，三、四级耐火等级的建筑物，则仅为 2~4min。

（二）安全出口

安全出口在设计上最重要的两项指标：一是距离，二是数量和宽度。这两个指标均应服从允许疏散时间的要求，亦即人员逃向安全出口和从安全出口挤出火灾建筑，必须在允许时间完成。

1. 距离

据统计和实测，人员密集时，平地疏散速度为 22m/min，坡道和下楼梯的速度为 15m/min，一般室内人员逃离现场要经过房间、走道、楼梯三个区段，即在允许时间内完成上述几个区段的位移。亦即应满足如下关系式：

$$t = t_1 + \frac{l_1}{v_1} + \frac{l_2}{v_2} \leqslant 允许疏散时间 \qquad (9-1)$$

式中　t——建筑物内总疏散时间，min；

　　　　t_1——自房间内最远点到房间门的疏散时间，据统计人数少时可采用 0.25min，人数多时可采用 0.7min；

　　　　l_1——从房门口到出口或楼梯间的走道的长度，m，亦代表介于两个楼梯间的走道长度，考虑起火时，一个楼梯间入口被堵住，故走道取两个楼梯间全长；

　　　　v_1——人群在走道上疏散速度，人员密集时，可采用 22m/min；

　　　　l_2——多层楼梯水平长度的总和，m；

v_2——人群下楼时的疏散速度，可取为 15m/min。

该公式具体计算时，对一、二级建筑取 $t=6$min；三、四级建筑取 $t=2\sim4$min。如某集体宿舍，二级防火等级，层高 6 层，假定走道、门及楼梯间均有足够宽度，不影响疏散，求自室内到楼梯门的最大长度。

上式取 $t=6$min，$t_1=0.25$min，$v_1=22$m/min，$l_2=22.5$m（每层 1 个楼梯段，6 层共 5 个楼梯段，每梯段长 3m，共长 15m；每平台转弯长 1.5m，共 $5\times1.5=7.5$m 两者之和为 $15+7.5=22.5$m，$v_2=15$m/min 代入上式则

$$l_1 = v_1\left(t-t_1-\frac{l_2}{v_2}\right) = 22\times\left(6-0.25-\frac{22.5}{15}\right) = 93.5\text{m}$$

该公式的计算结果往往偏于危险，只能作为参考，实际情况要复杂得多，从设计人员的方便出发我国防火规范中给出了不同类型建筑的安全疏散距离，见表 9-9。

表 9-9   安 全 疏 散 距 离

名　称	房门至外部出口或封闭楼梯间的最大距离（m）					
	位于两个外部出口或楼梯间之间的房间			位于袋形走道两侧或尽端的房间		
	耐 火 等 级			耐 火 等 级		
	一、二级	三级	四级	一、二级	三级	四级
托儿所、幼儿园	25	20	—	20	15	—
医院、疗养院	35	30	—	20	15	—
学校	35	30	—	22	20	—
其他民用建筑	40	35	25	22	20	15

注　1. 敞开式外廊建筑的房间门至外部出口或楼梯间的最大距离可按本表增加 5.00m。
　　2. 设有自动喷水灭火系统的建筑物，其安全疏散距离可按本表规定增加 25%。

2. 数量和宽度

一般建筑物，特别是公共建筑物，其安全出口数量不得少于两个。

宽度的确定方法，一般先求出"百人宽度指标"D_h，然后再根据具体建筑功能进行调整，百人宽度指标（D_h）计算公式如下：

$$D_h = \frac{Nb}{At} \qquad\qquad (9-2)$$

式中　N——疏散总人数；

　　　t——允许疏散时间，min；

　　　A——单股人流的通过能力，一般平地取 40 人/min，楼梯和坡道取 33 人/min；

　　　b——单股人流宽，m，空身单人流宽可取 0.6m。

如某三级耐火建筑（$t=2$min），疏散 100 人，平地，空身疏散，则

$$D_h = \frac{100\times0.6}{40\times2} = 0.75\text{m}$$

不同功能，不同耐火等级的建筑，其百人指标有不同要求，如人数在 1200 人及 1200 人以下的一、二级耐火建筑的影剧院，在走道及平地处取 $D_h=0.65$m，在楼梯处取 0.75m，据此，则该剧院走道的总宽度应为：总人数/100×0.65＝7.8m，楼梯总宽应为：

总人数/100×0.75＝9.10m。按此计算，可考虑设置 3 条宽度为 2.5m 的走廊和 3 个 3m 宽的楼梯。这个计算是一个参考值，具体设计时可参照 GBJ 16—87（1995 年修订版）给出的表格，见表 9-10～表 9-12。

表 9-10　影剧院观众厅疏散宽度指标

观众厅座位数（个）		≤2500	≤1200
疏散部位 ＼ 宽度指标（m/百人）＼ 耐火等级		一、二级	三级
门和走道	平坡地面	0.65	0.85
	阶梯地面	0.75	1.00
楼梯		0.75	1.00

注　有等场需要的入场门，不应作为观众的疏散门。

表 9-11　体育馆观众厅疏散宽度指标

观众厅座位数（个）		3000～5000	5001～10000	10001～20000
疏散部位 ＼ 宽度指标（m/百人）＼ 耐火等级		一、二级	一、二级	一、二级
门和走道	平坡地面	0.43	0.37	0.32
	阶梯地面	0.50	0.43	0.37
楼梯		0.50	0.43	0.37

注　表中较大座位数档次按规定指标计算出来的疏散总宽度，不应小于相邻较小座位数档次按其最多座位数计算出来的疏散总宽度。

表 9-12　学校商店候车室楼梯门和走道的宽度指标

层　数 ＼ 宽度指标（m/百人）＼ 耐火等级	一、二级	三级	四级
一、二层	0.65	0.75	1.00
三层	0.75	1.00	—
大于四层	1.00	1.25	—

注　1. 每层疏散楼梯的总宽度应按本表规定计算，当每层人数不等时，其总宽度可分层计算，下层楼梯的总宽度按其上层人数最多一层的人数计算。

　　2. 每层疏散门和走道的总宽度应按本表规定计算。

　　3. 底层外门的总宽度应按该层或该层以上人数最多的一层人数计算，不供楼上人员疏散的外门，可按本层人数计算。

（三）为顺利疏散创造条件

起火后人员疏散都是在很紧张、很拥挤甚至很混乱的情况下进行的，必须有一系列引导保证措施，如楼梯和楼梯间要有保护墙，楼梯不宜过窄，亦不宜过宽，过宽则中间应加设扶手栏杆，出入口及拐角处要设指示灯及疏散标志等。

第三节　防　雷　设　计

一、建筑物防雷的重要性及其特点

（一）雷击起火的严重性

雷击历来是一个引发火灾的因素，历史上尤其严重。北京故宫博物院内，明、清两代就发生过 25 次大火。所谓火烧金銮殿就有两次，明永乐 19 年（1421 年），因雷击起火，太和殿、中和殿、保和殿等三大殿毁于大火；明嘉靖 36 年（1557 年），因雷击起火，从三大殿到午门的三殿、二楼、十五门全部毁于火中。1987 年黑龙江发生了两次森林大火，其中一次就是由雷击造成的。1989 年 8 月 2 日，山东黄岛油库的大火也是雷击所致，大火烧毁油罐 5 座，造成 19 人死亡，70 余人受伤，直接经济损失 3000 余万元，间接经济损失数千万元。

无论是多高层民用建筑，还是大型公共建筑，防雷设计都是必须的，更不要说像电视塔、纪念性堂馆等重要建筑了。

我国在很早以前就有关于避雷装置的记载，如古建筑物上的风室铜顶和锡背层就是防雷的需要。解放后北京中山公园音乐堂和十三陵长陵被雷击后，北京市对一些重要的古建筑大多补加了防雷装置。

（二）雷击有规律可循

雷击有一定的规律性，据 1954～1984 年的雷击事故统计，雷击在靠近河湖池沼和潮湿的地区者占 23.5%，大树、旗杆、杉槁受击者占 15%，烟囱、收音机天线、电视天线及稻田和良好土壤交界的地区占 10%（见表 9-13）。从建筑物的部位来看，雷击又容易发生在建筑物的突出部位，见表 9-14～表 9-16。

表 9-13　　　　　　　　根据地区性质和被击物体的特征分析雷击事故

序号	雷击地区、部位及被击物体	受雷击次数	事故比例（%）
1	靠近河湖池沼及内部潮湿的建筑物	27	23.5
2	烟囱及雨落管	11	10
3	金属屋顶及屋顶上的金属物体	4	3.5
4	大树、旗杆、杉槁	17	15
5	收音机天线及电视天线	11	10
6	广场及地面	3	2.5
7	棉花垛、草垛、皮革垛	4	3.5
8	火球及侧击	9	8
9	有避雷针的建筑物被雷击	6	5
10	建筑物和空旷、大田地区交界	12	10
11	雷电感应（不包括电力线路）	6	5
12	其他	5	4
	总　计	115	100

注　本表根据 1954～1984 年的调查资料。

表 9-14　　　　　　　　根据建筑物被击部位分析雷击规律

被击建筑物部位	房角或兽头	房脊	房檐或女儿墙	坡顶或平顶	总　计
受雷击次数	20	12	9	3	44
事故比例（%）	45.5	27	20.5	7	100

注　本表为 1954～1984 年的统计数字。

表 9-15　　　　　　　平屋顶建筑物四周女儿墙用避雷带保护的试验结果

雷击部位	雷击次数	雷击率（%）
屋角	860	85
女儿墙	180	15
屋面（雷击事故率）		0

注　雷击事故率是指打在建筑物上的次数与放电总次数之比，即雷击事故率 $= \dfrac{\text{击中建筑物次数}}{\text{放电总次数}}$ 。

表 9-16　　　　　　　坡屋顶建筑物用避雷针重点保护的试验结果

雷击部位	正极性放电		负极性放电	
	雷击次数	%	雷击次数	%
屋角（有避雷针保护）	704	70.0	314	62.8
屋脊（部分保护）	1	0.1	0	0
屋檐（没有保护）	0	0	0	0
檐角（没有保护）	6	0.6	36	7.2
地面	299	29.3	150	30.0
合计	1010	100.0	500	100.0
雷击事故率（%）	0.7		7.2	

1954～1998 年在北京地区雷击事故共有 170 多处，其中，因雷击引起火灾的占 37.7%，导致人员死亡的占 6.9%，致伤的占 15.4%，球雷雷击事故占 13.7%。下面给出一些雷击规律，供设计选址时参考：

（1）河、湖、池、沼旁边的建筑物易受雷击。如 1961 年 6 月 21 日，颐和园昆明湖东边的文昌阁被雷击掉西房角及坡顶瓦，内部电线被烧断；1988 年 8 月 6 日，通县永乐店草厂乡黄厂村北部湖边的民房落球雷，击死 1 人。

（2）古河道上的建筑物和河流的桥上构筑物易受雷击。如紫禁城内 1954～1992 年共落雷 16 次（据文献记载，明、清两代共发生过 25 次火灾，其中写明为雷击所致的有 5 次，未说明原因的也可能是雷击所致）。1988 年 8 月 30 日，卢沟桥中部北侧石狮子的头被击掉。

（3）在潮湿地区以及过去是苇塘或坑洼地带的区域上建造的建筑物易受雷击。如 1957 年 7 月 31 日，陶然亭地区某公司工棚（该处过去是苇塘）的收音机天线落雷；1965 年 7 月 22 日，北郊土冷库（即几十栋内装冰块以储藏食物的平房）的老虎窗被雷电击中起火。

（4）在四周大片土壤电阻率高，中间局部土壤电阻率低的环境中或在高、低电阻率分界之处建造的建筑物易受雷击。如 1981 年 8 月 2 日，八里庄善家坟公安局仓库西墙外大树落雷，雷电入室打碎 5 个电警棍盒，盒内 33 根电警棍被烧。而该仓库的西南两面均为稻田。

（5）局部漏雨或局部房角新修缮且十分潮湿的建筑物易受雷击。如1957年7月6日，十三陵长陵凌恩殿落雷，劈掉西部吻兽，劈裂两根大楠木柱子，死1人，伤3人（当时该殿西部房角刚刚修缮且很潮湿）。

（6）突出高而孤立的建筑物易受雷击。如1957年7月29日，原朝阳门北部的吻兽被雷击掉，据十三陵当地农民说，十三陵大多数的明楼或正殿均被雷击过（明楼和正殿都属高而孤立的建筑物）。

（7）曾经遭受过雷击的地区和建筑物容易受雷击。如1956年、1957年7月8日和1957年8月16日，北京鼓楼东部吻兽曾三次被雷击。

（8）金属屋顶易受雷击。如1957年7月8日，原民航局礼堂的铁皮屋顶被雷击裂3处，顶内明配线被烧成3段；1988年8月6日，北京火车站东北角出租汽车站的铝合金房顶落雷。

（9）收音机天线、电视共用天线易受雷击。如1986年10月13日，左家庄柳芳东里的居民楼电视共用天线遭受雷击；1992年8月3日，和平里民旺胡同的居民楼电视共用天线也遭受雷击。

（10）地下管线多或管线交叉处易落雷。如1963年8月4日，天安门广场旗杆西侧（现人行过街地道的西南出口）一位老妇被雷击倒（该处地下敷设的管线较多且是转角处）。

（11）铁路沿线和终端易受雷击。如1965年7月22日，东郊百子湾棉花仓库室外堆场靠近铁路终端的一个棉花垛被雷击中燃烧；1984年8月6日，东郊百子湾物资局储运公司水泥库外铁路西侧站台上的水泥袋落雷，烧焦约20个水泥袋的纸边。

（12）山区泉眼、风口或地下有金属矿床的地方易受雷击。如1985年6月18日，西山下马岭水电站室外构架进出线的主线落雷，烧焦母线2处，每处约长1～3m。

（13）高大的烟囱和工厂的排气管最易接闪和雷击。如1957年8月16日，朝外门诊部的烟囱被雷击裂；1979年4月8日，东郊宋家庄化工三厂的室外化工设备构架上的两个排气管同时接闪并点燃。

（14）高大的树木和屋顶旗杆容易落雷。如1982年8月16日，北京钓鱼台迎宾馆内两处大树落球雷，一面木板墙被烧毁，另一处打倒一位警卫战士；1967年6月11日，前门劝业场屋顶木旗杆被雷击坏；1993年8月19日，日坛公园西北角一棵大树被雷劈掉树杈，树干也被劈裂。

（15）北京地区总的落雷走向。北京地区的落雷走向是：西山→八里庄→紫禁城→朝阳门→宋家庄→百子湾→通县，这些地方多数是古河道或地下水线。

以上这些雷击规律虽是北京地区的，但颇具普遍性，因而对防雷和防火很有参考价值。

二、不同建筑物的防雷构造和要求

（一）防雷装置及注意事项

防雷装置分三个部分，接闪器（即通常可以看

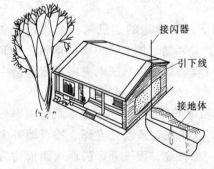

图9-4 建筑物的防雷装置

接闪器
引下线
接地体

到的避雷针）、引下线和接地体（见图9-4）。

　　避雷针有一定的保护范围，保护范围的大小与避雷针的长短有关，表9-17给出了几个国家关于避雷针保护范围的规定。图9-5形象地给出了几种在避雷设计中容易误解的情况，应引起注意。

表 9-17　　　　　　　　　　　　　　　国外单支避雷针的保护范围

国名	一般建筑		重要建筑		说明图
	R_p	α	R_p	α	
美国①	2/1		1/1		
英国		45°		30°	
日本		60°		45°	
波兰	1.5/1				

① 1980年出版的《美国建筑物防雷规范》中有较复杂的新规定，依避雷针的不同高度而有不同的保护范围。
　表中　R_p—保护率，$R_p = r/h$；h—避雷针的高度，m；r—圆锥底的保护半径，m；α—保护角。

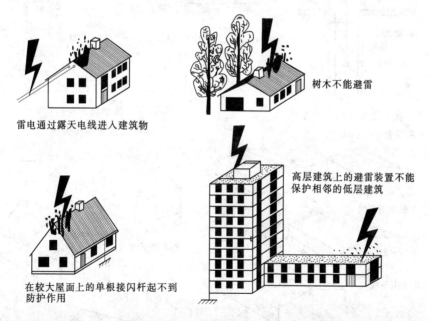

雷电通过露天电线进入建筑物

树木不能避雷

在较大屋面上的单根接闪杆起不到防护作用

高层建筑上的避雷装置不能保护相邻的低层建筑

图9-5　避雷设计容易误解的几种情况

（二）不同建筑物防雷构造及要求

　　(1) 对于钢筋混凝土结构要尽量利用其中的钢筋作为防雷装置的一部分，如构成楼板内的暗装防雷网，通过柱子等引入地下，见图9-6～图9-8。

　　(2) 大型建筑设有伸缩缝和沉降缝时，两段建筑之间要构成统一的防雷体系，并做好缝间防雷系统的跨越处理，见图9-9。

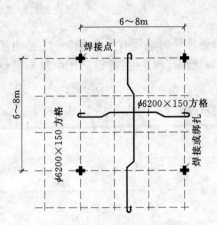

图9-6 混凝土楼板内暗装
防雷网钢筋做法

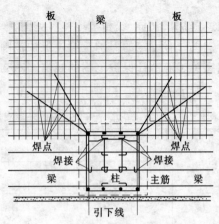

图9-7 利用混凝土楼板钢筋
做暗装防雷网做法

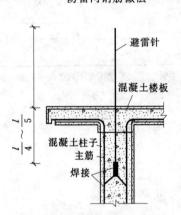

图9-8 利用混凝土柱子主筋作
避雷针引下线做法

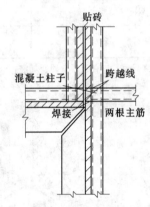

图9-9 伸缩缝中跨越线及
柱子内钢筋焊接做法

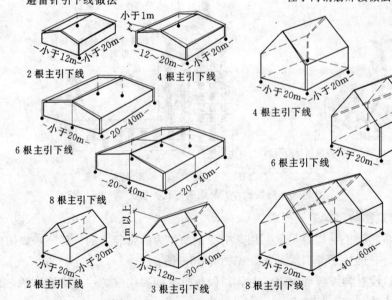

图9-10 不同平面的房屋应设引下线的数目

274

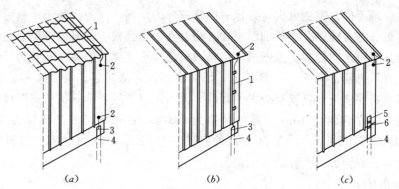

图 9-11　利用金属屋面或金属墙体设计避雷装置

(a) 瓦屋盖和钢板墙；(b) 钢板屋盖和木墙；(c) 钢板屋盖和钢板墙

1—圆钢或带钢；2—用内外夹板和螺栓安装的；3—分离件，圆钢/带钢；4—带钢；

5—带钢，内外夹板和螺栓；6—分离件，带钢/带钢

(3) 引下线的间距不宜大于 20m，对于跨度或长度超过 20m 的房屋，则应设多根引下线。图 9-10 给出了一些不同平面的房屋应设的引下线的数目。

(4) 金属屋面，金属墙体，金属烟囱可直接利用其表面做接闪和引下装置，图 9-11 给出了这种实例。

(5) 近代建筑室内管线很多，故应设置电位平衡母线将水管、煤气管和电信管等联成一体，统一接地，见图 9-12。

(6) 有条件时优先利用结构基础内的钢筋作为接地装置。但当地下室有防水油毡层能起到绝缘作用时，则需另外敷设接地装置。

(7) 注意防雷装置的锈蚀，明装或埋地金属应当镀锌，引下线和接地装置也要涂防锈漆。

(8) 高山上的建筑物，其高度已接近云层，雷电可能从侧面横向放电，宜采用避雷网、避雷带和明装引下线（此时引下线不涂防锈剂）以防侧击。

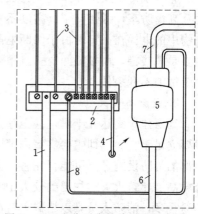

图 9-12　电位平衡母线设置示意图

1—基础接地器；2—电位平衡母线；3—电位平衡导线，为连接下列各设备而用：保护导体、天线、电梯、长途电信设备、集中供暖、水管、煤气管、其他钢结构；4—避雷装置；5—强电入户接线箱；6—强电入户；7—强电主导线；8—接零线

第四节　高层建筑防火与建筑内装修问题

一、高层建筑防火

改革开放以来，我国高层建筑如雨后春笋般地出现，不可避免地高层建筑火灾也日益增多，我国 1982 年颁布的《高层建筑防火规范》（GBJ 45—82）已不适应新的形势，1995 年由公安部主编，建设部批准正式颁布了修订后的《高层民用建筑设计防火规范》（GB 50045—95）。

（一）高层建筑火灾的特点

1. 火势蔓延快

高层建筑的楼梯间、电梯井、管道井、风道、电缆井、排气道等竖向井道。如果防火

分隔或防火处理不好，发生火灾时好像一座座高耸的烟囱，成为火势迅速蔓延的途径。尤其是高级旅馆、综合楼以及重要的图书楼、档案楼、办公楼、科研楼等高层建筑，一般室内装修、家具等可燃物较多，像图书馆这样的高层建筑其存放物品本身就是可燃的。有的高层建筑还有可燃物品库房，一旦起火，燃烧猛烈，容易蔓延。助长火势蔓延的因素较多，其中风对高层建筑火灾就有较大的影响。因为风速是随着建筑物的高度增加而相应加大的。据测定，在建筑物 10m 高处的风速为 5m/s，在 30m 高处的风速为 8.7m/s，在 60m 高处的风速为 12.3m/s，在 90m 高处的风速为 15.0m/s，已达到 7 级风的标准。由于风速增大，势必会加速火势的蔓延扩大。

2. 疏散困难

高层建筑的特点是：①层数多，垂直距离长，疏散到地面或其他安全场所的时间也会长些；②人员集中；③发生火灾时由于各种竖井拔气能力大，火势和烟雾向上蔓延快，增加了疏散的困难。

有些城市虽从国外购置了为数很有限的登高消防车，而大多数建有高层建筑的城市尚无登高消防车，即使有了，高度不够，也不能满足高层建筑安全疏散和扑救的需要。而建筑物中的电梯在火灾时由于切断电源等原因往往停止运转。因此，多数高层建筑安全疏散主要是靠楼梯，而楼梯间内一旦窜入烟气，就会严重影响疏散。这些，都是高层建筑火灾时疏散的不利条件。

3. 扑救难度大

高层建筑高达几十米，甚至超过二三百米，发生火灾时从室外进行扑救相当困难，一般要立足于自救，即主要靠室内消防设施。但由于目前我国经济技术条件所限，高层建筑内部的消防设施还不可能很完善，尤其是二类高层建筑仍以消火栓系统扑救为主，因此，扑救高层建筑火灾往往遇到较大困难。例如：热辐射强、烟雾浓、火势向上蔓延的速度快和途径多，消防人员难以堵截火势蔓延；扑救高层建筑缺乏实战经验，指挥水平不高；高层建筑的消防用水量是根据我国目前的技术、经济水平，按一般的火灾规模考虑的，当形成大面积火灾时，其消防用水量显然不足，需要利用消防车向高楼供水；建筑物内如果没有安装消防电梯，消防人员因攀登高楼体力不够，不能及时到达起火层进行扑救，消防器材也不能随时补充，这些均会影响扑救。

4. 火险隐患多

一些高层综合性的建筑，功能复杂，可燃物多，消防安全管理不严，火险隐患多。如有的建筑设有百货营业厅、可燃物仓库、人员密集的礼堂、餐厅等；有的办公建筑，出租给十几家或几十家单位使用，安全管理不统一，潜在火险隐患多，一旦起火，容易造成大面积火灾。火灾实例证明，这类建筑发生火灾，火势蔓延更快，扑救、疏散更为困难，容易造成更大的损失。

（二）高层建筑防火设计中的几个问题

1. 耐火等级问题

高层建筑分类不像一般民用建筑那样分为 4 类，而是只分为两类，建筑构件的燃烧性能和耐火极限也只分为两级，分别见表 9 - 18、表 9 - 19。这种规定不只是一种简化，而是根据高层建筑火灾危险性较一般民用建筑更大的特点所做的，例如高层建筑就不允许三级和四级的低标准耐火等级。

表 9 - 18   建 筑 分 类

名　称	一　类	二　类
居住建筑	高级住宅 19 层及 19 层以上的普通住宅	10～18 层的普通住宅
公共建筑	1. 医院; 2. 高级旅馆; 3. 建筑高度超过 50m 或每层建筑面积超过 1000m² 的商业楼、展览楼、综合楼、电信楼、财贸金融楼; 4. 建筑高度超过 50m 或每层建筑面积超过 1500m² 的商住楼; 5. 中央级和省级 (含计划单列市) 广播电视楼; 6. 网局级和省级 (含计划单列市) 电力调度楼; 7. 省级 (含计划单列市) 邮政楼、防灾指挥调度楼; 8. 藏书超过 100 万册的图书馆、书库; 9. 重要的办公楼、科研楼、档案楼; 10. 建筑高度超过 50m 的教学楼和普通的旅馆、办公楼、科研楼、档案楼等	1. 除一类建筑以外的商业楼、展览楼、综合楼、电信楼、财贸金融楼、商住楼、图书馆、书库; 2. 省级以下的邮政楼、防灾指挥调度楼、广播电视楼、电力调度楼; 3. 建筑高度不超过 50m 的教学楼和普通的旅馆、办公楼、科研楼等

表 9 - 19   建筑构件的燃烧性能和耐火极限

构件名称	燃烧性能和耐火极限(h)	耐 火 等 级	
		一级	二级
墙	防火墙	不燃烧体 3.00	不燃烧体 3.00
	承重墙、楼梯间、电梯井和住宅单元之间的墙	不燃烧体 2.00	不燃烧体 2.00
	非承重外墙、疏散走道两侧的隔墙	不燃烧体 1.00	不燃烧体 1.00
	房间隔墙	不燃烧体 0.75	不燃烧体 0.50
柱		不燃烧体 3.00	不燃烧体 2.50
梁		不燃烧体 2.00	不燃烧体 1.50
楼板、疏散楼梯、屋顶承重构件		不燃烧体 1.50	不燃烧体 1.00
吊顶		不燃烧体 0.25	难燃烧体 0.25

2. 重视防烟、排烟通风问题

根据日本、英国等国家火灾统计资料,在火灾中被烟熏死的比例较大,最高可达
78.9%,被火烧死的人中,多数也是先中毒窒息 (主要是烟气中的 CO) 晕倒后被火烧死
的。美国米高梅 (M.G.M) 饭店 1980 年 11 月 20 日的火灾,死亡 84 人中有 67 人是被烟
熏死的。烟气的流动很快,据测定发生火灾时烟气水平方向的流动速度为 0.3～0.8m/s,
垂直方向的扩散速度为 3～5m/s,这表明当烟气在毫无阻挡时,只需 1 分钟左右就可以扩
散至几十层高的大楼,烟气流动速度大大超过了人的疏散速度。据测试人在浓烟中低头掩
鼻的最大通行距离仅为 20～30m,这些数据都说明在高层建筑中防烟、排烟、通风等措施
的重要性,因此规范中规定一类建筑和高度超过 32m 的二类建筑的长度超过 20m 的,内
走道及其面积超过 100m² 且经常有人停留的房间应设置排烟设施。另外高层建筑发生火
灾时,通风空调系统的风管常常会引起火灾迅速蔓延,如韩国大然阁饭店的火灾,死伤 223

人以及美国佐治亚洲亚特兰大"文考夫"饭店的火灾死伤 220 多人均是由于通风空调系统竖向管道助长了火势的蔓延从而导致了死伤的惨重性。我国杭州市宾馆由于电焊引燃了风管可燃材料的保温层，火势沿着风管和竖向孔洞蔓延而上，一直烧到顶层，大火持续了 8～9h，造成重大经济损失，因此在规范中对通风空调系统规定了加设防火防烟的措施。

3. 加强并合理地考虑消防给水和自动灭火系统

用水灭火在我国仍然是主要的灭火手段，高层建筑的灭火也不例外，但消火栓压力不能太小（最不利的情况下不得小于 0.1MPa），水量要足够。消火系统、自动喷淋系统、水幕消防设备的使用，特别是这几种系统同时开放时，则应考虑它们用水量之和。根据上海、无锡、天津、沈阳、武汉、广州、深圳、南宁、西安等城市火场用水量的统计，有效地扑救较大公共建筑火灾，平均用水量为 38.7L/s；而我国各大城市专门针对扑救最大火灾平均用水量做的实际统计约为 89L/s。根据上述统计，又考虑到我国是个缺水的发展中国家，规范中规定消防用水量的上下限为 70～25L/s。

二、建筑内部装修防火问题

（一）内装修防火问题的严重性

内装修设计涉及的范围很广，包括装修的部位及使用的装修材料与制品，如顶棚、墙面、地面、隔断等装修部位是最基本的部位；而木材、棉纺织物则是基本的常用装修材料。许多火灾都是起因于装修材料的燃烧，有的是烟头点燃了床上织物；有的是窗帘、帷幕着火后引起了火灾；还有的是由于吊顶、隔断采用木制品，着火后很快就被烧穿。因此，要求正确处理装修效果和使用安全的矛盾，积极选用不燃材料和难燃材料，做到安全适用、技术先进、经济合理。

近年来，建筑火灾中由于烟雾和毒气致死的人数迅速增加。如英国在 1956 年死于烟毒窒息的人数占火灾死亡总数的 20％，1966 年上升为 40％，至 1976 年则高达 50％。日本"千日"百货大楼火灾死亡 118 人，其中因烟毒致死的为 93 人，占死亡人数的78.8％。1986 年 4 月，天津市松江胡同居民楼火灾中，有 4 户 13 人全部遇难，其实大火并没有烧到他们的家，甚至其中一户门外 2m 外放置的一支满装的石油气瓶，事后仍安然无恙。夺去这 13 条生命的不是火，而是烟雾和毒气。

1993 年 2 月 14 日，河北省唐山市某商场发生特大火灾，死亡的 80 人全部都是因有毒气体窒息而死。

人们逐渐认识到火灾中烟雾和毒气的危害性，而烟雾和毒气又主要来自装修材料，有关部门已进行了一些模拟试验研究，在火灾中产生烟雾和毒气的室内装修材料主要是有机高分子材料和木材。常见的有毒有害气体包括一氧化碳、二氧化碳、二氧化硫、硫化氢、氯化氢、氰化氢、光气等。由于内部装修材料品种繁多，它们燃烧时产生的烟雾毒气数量种类各不相同，目前要对烟密度、能见度和毒性进行定量控制还有一定的困难，但随着社会各方面工作的进一步发展，此问题会得到很好的解决。为了从现在起就引起设计人员和消防监督部门对烟雾毒气危害的重视，在规范中明文规定对产生大量浓烟或有毒气体的内部装修材料提出尽量"避免使用"这一基本原则。

（二）装修材料的分类和分级

我国将装修材料的燃烧性能分为四级（见表 9-20）。

表 9－20　装修材料燃烧性能等级

等级	A	B_1	B_2	B_3
装修材料燃烧性能	不燃性	难燃性	可燃性	易燃性

不同功能不同规格的建筑物在不同的部位对装修材料的燃烧性能要求也不同，级别太低了对防火显然不利，但太高了不仅造价过高，使同一个建筑空间的装修防火水平不相匹配，更重要的是也难于实现，例如大部分家具及窗帘等就根本找不到不燃性的 A 级材料，因此要有一个科学而可行的规定，详见表 9－21。

表 9－21　单层、多层建筑内部各部位装修材料的燃烧性能等级

建筑物及场所	建筑规模、性质	顶棚	墙面	地面	隔断	固定家具	窗帘	帷幕	其他装饰材料
候机楼的候机大厅、商店、餐厅、贵宾候机室、售票厅等	建筑面积＞10000m² 的候机楼	A	A	B_1	B_1	B_1	B_1		B_1
	建筑面积≤10000m² 的候机楼	A	B_1	B_1	B_1	B_2	B_2		B_2
汽车站、火车站、轮船客运站的候车（船）室、餐厅、商场等	建筑面积＞10000m² 的车站、码头	A	A	B_1	B_1	B_2	B_2		B_1
	建筑面积≤10000m² 的车站、码头	B_1	B_1	B_1	B_2	B_2	B_2		B_2
影院、会堂、礼堂、剧院、音乐厅	＞800 座位	A	A	B_1	B_1	B_1	B_1	B_1	B_1
	≤800 座位	A	B_1	B_1	B_1	B_1	B_1	B_1	B_2
体育馆	＞3000 座位	A	A	B_1	B_1	B_1	B_1	B_1	B_1
	≤3000 座位	A	B_1	B_1	B_1	B_2	B_2	B_1	B_2
商场营业厅	每层建筑面积＞3000m² 或总建筑面积＞9000m² 的营业厅	A	B_1	A	A	B_1	B_1		B_2
	每层建筑面积 1000～3000m² 或总建筑面积为 3000～9000m² 的营业厅	A	B_1	B_1	B_1	B_1	B_1		
	每层建筑面积＜1000m² 或总建筑面积＜3000m² 的营业厅	B_1	B_1	B_1	B_2	B_2	B_2		
饭店、旅馆的客房及公共活动用房	设有中央空调系统的饭店、旅馆	A	B_1	B_1	B_1	B_2	B_2		B_2
	其他饭店、旅馆	B_1	B_1	B_2	B_2	B_2	B_2		
歌舞厅、餐馆等娱乐、餐饮建筑	营业面积＞100m²	A	B_1	B_1	B_1	B_1	B_1		B_2
	营业面积≤100m²	B_1	B_1	B_1	B_2	B_2	B_2		
幼儿园、托儿所、医院病房楼、疗养院、养老院		A	B_1	B_1	B_1	B_2	B_1		
纪念馆、展览馆、博物馆、图书馆、档案馆、资料馆等	国家级、省级	A	B_1	B_1	B_1	B_2	B_1		
	省级以下	B_1	B_1	B_2	B_2	B_2	B_2		
办公楼、综合楼	设有中央空调系统的办公楼、综合楼	A	B_1	B_1	B_1	B_2	B_2		B_2
	其他办公楼、综合楼	B_1	B_1	B_2	B_2	B_2			
住宅	高级住宅	B_1	B_1	B_1	B_1	B_2	B_2		B_2
	普通住宅	B_1	B_2	B_2	B_2	B_2			

什么样的材料符合 A 级，什么样的材料符合 B_1 级，这是内装修设计人员立即会提出来的问题。表 9-22 将常用内部装修材料的燃烧性能等级列出以供查阅。

表 9-22　　　　　　　　　　常用建筑内部装修材料燃烧性能等级划分举例

材料类别	级别	材料举例
各部位材料	A	花岗石、大理石、水磨石、水泥制品、混凝土制品、石膏板、石灰制品、黏土制品、玻璃、瓷砖、陶瓷锦砖（马赛克）、钢铁、铝、铜合金等
顶棚材料	B_1	纸面石膏板、纤维石膏板、水泥刨花板、矿棉装饰吸声板、玻璃棉装饰吸声板、珍珠岩装饰吸声板、难燃胶合板、难燃中密度纤维板、岩棉装饰板、难燃木材、铝箔复合材料、难燃酚醛胶合板、铝箔玻璃钢复合材料等
墙面材料	B_1	纸面石膏板、纤维石膏板、水泥刨花板、矿棉板、玻璃棉板、珍珠岩板、难燃胶合板、难燃中密度纤维板、防火塑料装饰板、难燃双面刨花板、多彩涂料、难燃墙纸、难燃墙布、难燃仿花岗岩装饰板、氯氧镁水泥装配式墙板、难燃玻璃钢平板、PVC 塑料护墙板、轻质高强复合墙板、阻燃模压木质复合板材、彩色阻燃人造板、难燃玻璃钢等
墙面材料	B_2	各类天然木材、木制人造板、竹材、纸制装饰板、装饰微薄木贴面板、印刷木纹人造板、塑料贴面装饰板、聚酯装饰板、复塑装饰板、塑纤板、胶合板、塑料壁纸、无纺贴墙布、墙布、复合壁纸、天然材料壁纸、人造革等
地面材料	B_1	硬 PVC 塑料地板、水泥刨花板、水泥木丝板、氯丁橡胶地板等
地面材料	B_2	半硬质 PVC 塑料地板、PVC 卷材地板、木地板、氯纶地毯等
装饰织物	B_1	经阻燃处理的各类难燃织物等
装饰织物	B_2	纯毛装饰布、纯麻装饰布、经阻燃处理的其他织物等
其他装饰材料	B_1	聚氯乙烯塑料、酚醛塑料、聚碳酸酯塑料、聚四氟乙烯塑料。三聚氰胺、脲醛塑料、硅树脂塑料装饰型材、经阻燃处理的各类织物等。另见顶棚材料和墙面材料内的有关材料
其他装饰材料	B_2	经阻燃处理的聚乙烯、聚丙烯、聚氨酯、聚苯乙烯、玻璃钢、化纤织物、木制品等

（三）内部装修的几个特殊问题

1. 无窗房间

近代大型建筑乃至民用住宅，无窗房间越来越多，一旦发生火灾，这种房间有几个明显的特点：①火灾初起阶段不易被发觉，发现时火势已比较大了；②室内烟雾和毒气不能及时排出；③消防人员进行火情侦察和施救比较困难。因此规范中对无窗房间的装修防火要求提高一级。

2. 高层和地下建筑

近 20 年来我国高层建筑大发展，而高层建筑大多有地下室，为了节省城市用地，一些具有特殊功能的地下空间，近期有了很大发展，如地下商场、地下旅馆、地下车库等。无论高层建筑还是地下建筑，一旦发生火灾都是特别难以疏散和扑救的，因此，对高层建筑和地下建筑内装修的防火要求应十分慎重。规范中对这两类建筑各部位装修材料的燃烧性能等级均做了专门的规定。

3. 电气设备

20 世纪 80 年代以来，由电气设备引发的火灾占各类火灾的比例日趋上升。1976 年电器火灾仅占全国火灾总次数的 4.9％；1980 年为 7.3％；1985 年为 14.9％；到 1988 年尤其突出上升到 38.6％，1990 年以后虽稍有好转，但仍达 25％左右，始终占各种火灾起因之首。电气火灾日益严重的原因是多方面的：①电线陈旧老化；②违反用电安全规定；③电器设计或安装不当；④家用电器设备大幅度增加。另外，由于室内装修采用的可燃材料越来越多，增加了电气设备引发火灾的危险性。为防止配电箱产生的火花或高温熔珠引燃周围的可燃物和避免箱体传热引燃墙面装修材料，规范中规定配电箱不应直接安装在低于 B_1 级的装修材料上。

4. 灯具、灯饰

由于室内装修逐渐向高档化发展，各种类型的灯具应运而生，灯饰更是花样繁多。制作灯饰的材料包括金属、玻璃等不燃材料，但更多的是硬质塑料、塑料薄膜、棉织品、丝织品、竹木、纸类等可燃材料。这导致了由照明灯具引发火灾的案例日益增多。如 1985 年 5 月，某研究所微波暗室发生火灾，该暗室的内墙和顶棚均贴有一层可燃的吸波材料，由于长期与照明用的白炽灯泡相接触，引起吸波材料过热，阴燃起火。又如 1986 年 10 月，某市塑料工业公司经营部发生火灾，其主要原因是日光灯的镇流器长时间通电过热，引燃四周紧靠的可燃物，并延烧到胶合板木龙骨的顶棚。

鉴于以上情况，规范中规定对 B_2 级和 B_3 级材料加以限制。如果由于装饰效果的要求必须使用 B_2、B_3 级材料，应进行阻燃处理使其达到 B_1 级。

第五节　地下建筑防火

地下建筑就其用途划分包括地下人防建筑、地下储库建筑、地下交通建筑、地下商业建筑等，其中功能最庞杂、人流物流最不规律、防火问题最复杂的应属地下商业建筑。20世纪 50 年代我国陆续兴建的一大批人防工程，自 80 年代开始根据平战结合，充分利用地下空间的原则，相当一批改造为地下商场，几乎每一个城市，特别是大城市，都有十几个乃至几十个地下商场，以我国北方城市哈尔滨为例就有 16 家，总建筑面积达 19 万 m^2 之多。本节着重就地下商业建筑防火问题进行论述。

一、地下商业建筑火灾特点

（一）空间封闭、着火后烟气大、温度高

由于地下商场出入口少，密闭性高，通风条件差，一旦发生火灾，可燃物产生大量的烟雾，从起火部位以 1m/s 的速度向四处扩散，并呈现聚积不散的状态，能见距离一般仅在 2～5m 之间。

（二）疏散困难

（1）地下建筑无窗，只能从安全出口疏散出去。

（2）全部采用人工照明，无法利用自然采光疏散。

（3）烟气的扩散严重阻碍了人的疏散：

1）人流的速度远小于烟气流动的速度。人水平疏散的速度，正常条件下为 1.0～1.2m/s，烟水平流动的速度为 0.5～1.5m/s；人上楼梯的速度最快为 0.6m/s，而烟向上流动的速度为水平方向流速的 3～5 倍。

2）烟气蔓延方向与人员疏散方向一致。

3）烟气中的 CO 等有毒气体及高温烟气直接威胁人身的安全。

（三）扑救困难

（1）进入火场困难，因为烟气的流动方向、人流的疏散方向与消防员进入火场的方向相反。

（2）烟雾和高温影响灭火。

（3）地下建筑内火场通信联络较地上困难。

（四）人员伤亡及财产损失大

地下商场是人员及商品高度集中的场所，一旦发生火灾事故，极易造成群死群伤及重大财产损失的后果。

二、地下商业建筑火灾的危险性

（一）建筑毗连，上下贯通，空间超大

为吸引客流便利商品流通，经常出现不仅几个地下商城毗连在一起，而且与地上商业建筑连通，进而形成广阔空间的现象。仅哈尔滨市就有 7 家地下商场连通在一起，并与 6 座大型地上建筑及地下 5 层、地上 33 层建筑相互贯通，总连通面积达 398316.78m²，总连通建筑体积达 1654532.09m³ 的超大地下空间。如此巨大的地下、地上连为一体的建筑规模，在我国并不罕见，一旦发生火灾，将使高温烟气在"烟囱效应"作用下，迅速向多座地下和地上建筑蔓延，极易造成群死群伤的恶性后果。

（二）客流量大，疏散困难

由于各城市利用地下商场兼作人员过街通道，节假日购物高峰时刻人员过分密集，致使人员密度指标远远超过《人民防空工程设计防火规范》有关地下一层人员密度指标为 0.85 人/m²、地下二层人员密度指标为 0.80 人/m² 的规定。因此，地下商场当初的设计疏散能力已经不能满足现实的疏散要求，这种情况下一旦发生火灾事故，将会造成人员无法快速疏散，无法逃生的严重后果。

（三）安全通道狭小，安全出口数量及宽度不足

由于多数地下商场是由原人防工程演变而来的，始建于 20 世纪 70 年代，并逐步开始向平战结合而开发利用。某些特点如疏散通道狭小、部分防火分区无直通地面出口，以及安全出口宽度不足等现象普遍存在。再加上地下商场比地上商场可供顾客占用的面积要小，在客流量同样大的情况下，人员的密度就大大高于地上商场，因此，在火灾情况下，地下商场的人员和物资疏散比较困难。

（四）物流大、火灾荷载密度高

地下商场以经营服装、鞋帽、小百货为主，商品大部分是化纤、皮革、橡胶等可燃、有毒物品，燃烧速度快、发烟量大、燃烧产生烟气毒性大。且以批发为主，建设时没有考虑库房问题，经营往往是前柜后库，甚至以店代库，在走道上也堆满了商品。据统计，哈尔滨市地下商业街最高火灾荷载，地下一层为 21.5～73.3kg/m²，地下二层为 21.5～28kg/m²。如此高的火灾荷载密度，一旦发生火灾将会造成长时间燃烧及产生大量有毒烟气，增加了扑救和疏散难度，极易造成巨额财产损失。

（五）电气照明设备多

由于地下商场无自然采光，除事故照明外，其余均为正常照明设备，共分为：①荧光灯，安装在商场内的主要照明设备为荧光灯具，其镇流器易发热起火；②射灯，为吸引顾客提高商品吸引力，除正常照明外，许多店主在橱窗和柜台内安装了各种射灯，射灯除采用冷光源外，其他表面温度都较高，极易烤着衣物。

（六）装修复杂、隐蔽工程隐患多

由于地下建筑各种空调、防排烟、火灾自动报警及自动灭火设施管线繁多，错综复杂，装修空间大，而且市场上可供选择的非燃烧材料较少及装修效果不理想，电气线路或管道隔热材料等起火后不易被发现，容易出现火灾沿装修表面蔓延、迅速扩大，无法控制的现象。

（七）消防安全管理不到位

消防安全管理不到位表现在以下几方面：

（1）企业领导和从业人员对消防安全重视不够，只顾赚钱，不管安全，如商品侵占消防通道，影响消防设施发挥作用，违章用电等现象普遍存在。

（2）消防设施维护保养不及时，造成部分自动消防设施失去功能，甚至发生消防控制中心瘫痪的现象。

（3）部分商场没有按照《人民防空工程设计防火规范》及《建筑设计防火规范》对不合格的部位进行逐步改造，舍不得投入资金，致使火灾隐患迟迟得不到整改。

（4）从业人员流动性大，多数未经过消防安全培训，消防安全观念淡薄，防灭火常识匮乏，有的甚至不会使用灭火器材。

（5）部分商场未能制定出一整套切实可行的人员疏散预案，发生紧急情况时，不知所措。

三、地下商业建筑火灾预防措施

严格把好防火设计关，从防火灭火及安全管理上采取切实有效的措施，是确保地下商场安全使用的一项根本措施。

（一）一般要求

（1）地下商场营业厅不宜设置在地下三层及三层以下，且不应经营和储存火灾危险性为甲、乙类储存物品属性的商品。

（2）消防控制室应设置在地下一层，有直通室外的安全出口。可燃物存放量平均值超过 $30kg/m^2$ 火灾荷载的房间，应采用耐火极限不低于 2h 的墙和楼板与其他部位隔开。隔墙上的门应采用常闭的甲级防火门。

（3）地下商场的内装修材料应全部采用非燃烧材料。

（4）地下商场内严禁存放液化石油气钢瓶，并不得使用液化石油气和闪点小于 60℃ 的液体做燃料。

（二）防火、防烟分区

为了防止火灾的扩大和蔓延，使火灾控制在一定的范围内，减少火灾所带来的人员和财产损失，地下商场必须严格划分防火及防烟分区。

（1）每个防火分区的允许最大建筑面积不应大于 500m²。当设有自动灭火系统时，允许最大建筑面积可增加一倍。

（2）当地下商场内设置火灾自动报警系统和自动喷水灭火系统，且建筑内部装修符合现行国家标准《建筑内部装修设计防火规范》（GB 50222）的规定时，其营业厅每个防火分区的最大允许建筑面积可增加到 2000m^2。当地下商场总建筑面积大于 20000m^2 时，应采用防火墙分隔，且防火墙上不应开设门窗洞口。

（3）需设置排烟设施的地下商场，应划分防烟分区，每个防烟分区的建筑面积不应大于 500m^2，防烟分区不得跨越防火分区。

（三）安全疏散

地下商场的安全疏散，是关系到保障顾客和商场员工安全的大事，在防火设计时，必须十分重视。地下商场发生火灾时，产生高温浓烟，人员疏散与烟的扩散方向相同，人员疏散较为困难。且由于地下商场自然排烟与进风条件差，小火灾也会产生大量的烟。而要排除火灾时产生的大量热、烟和有毒气体，要比地上建筑困难得多。因此，在安全疏散方面要采取以下几方面措施：

（1）安全出口的数量。每个防火分区的安全出口数量不应少于两个，当有两个或两个以上防火分区时，相邻防火分区之间的防火墙上的门可作为第二安全出口，但要求每个防火分区必须设置一个直通室外的安全出口。

（2）安全出口之间的距离。安全出口宜按不同方向分散设置，当受条件限制需同方向设置时，两个出口之间的距离不应小于 5m。

（3）安全疏散距离。安全疏散距离应满足：房间内最远点至该房间门的距离不应大于 15m；房间门至最近安全出口或防火墙上防火门的最大距离为 40m，位于袋形走道或尽端的房间时应为 20m。

（4）疏散人数。地下商场营业部分疏散人数，可按每层营业厅和为顾客服务用房的使用面积之和乘以人员密度指标来计算，其人员密度指标规定为：地下一层，人员密度指标为 0.85 人/m^2；地下二层，人员密度指标为 0.80 人/m^2。

（5）疏散宽度。地下商场安全出口疏散总宽度应按容纳总人数乘以疏散宽度指标计算确定。当室内外高差小于 10m 时，其疏散宽度指标为 0.75m/100 人；当室内外高差大于 10m 时，其疏散宽度指标为 1.00m/100 人；每个安全出口平均疏散人数不应大于 250 人。

（6）疏散楼梯。地下商场发生火灾时，只能通过疏散楼梯垂直向上疏散，因此，楼梯间必须安全可靠。当地下商场为 3 层及 3 层以上，或室内外高差大于 10m 时，应设置防烟楼梯间；当为地下两层且室内外高差小于 10m 时，应设置封闭楼梯间。疏散楼梯间在各层的位置不应改变且疏散楼梯的阶梯不宜采用螺旋楼梯和扇形踏步。

（7）疏散指示灯及事故照明设备。为了避免发生火灾后，因切断电源而陷入一片黑暗，地下商场内必须设有疏散指示灯及事故照明灯，同时事故照明设备对消防人员进入商场内扑救火灾也是十分必要的。疏散指示灯其间距不宜大于 15m，最低照度不应低于 5 lx。建筑面积大于 5000m^2 的地下商场，其事故照明灯应保持正常照明的照度值。

（四）防、排烟

地下商场发生火灾时，产生大量的烟气和热量，如不能及时排除，就不能保证人员的安全撤离和消防人员扑救工作的进行，故需设置防、排烟设施，将烟气和热量及时排除。

（1）排烟风量。机械排烟时，排烟风机和风管的风量计算应满足：担负一个或两个防烟分区排烟时，应按该部分总面积每平方米不小于 $60m^3/h$ 计算，但风机的最小排烟风量不应小于 $7200m^3/h$；担负三个或三个以上防烟分区排烟时，应按其中防烟分区面积每平方米不小于 $120m^3/h$ 计算，排烟区应有补风措施。

（2）排烟口。每个防烟分区必须设置排烟口，烟气由于受热膨胀，向上运动并贴附于顶棚下，再向水平方向流动，因此要求排烟口应设置在顶棚或墙面的上部；防火分区内最远点距排烟口的距离不应大于 30m；单独设置的排烟口，平时应处于关闭状态，可采用手动或自动开启方式。

（3）排烟风机。排烟风机可采用离心式风机，并在烟气温度达 280℃ 时能连续工作 30min。排烟风机应与排烟口设有联动装置，该联动装置与火灾自动报警系统也应联动，风机入口处应当烟气温度超过 280℃ 时能自动关闭的防火阀。

（五）火灾自动报警系统

为了对地下商场火灾能做到早期发现，早期报警，及时扑救，减少人员伤亡和财产损失，规定建筑面积大于 $500m^2$ 的地下商场应设置火灾自动报警设施。

（六）固定灭火装置

由于地下商业建筑特殊的建筑构造和火灾特点，发生火灾要借助消防人员进入其中进行灭火非常困难，因此，地下商场发生火灾主要依靠自动消防设施发挥作用进行自救，目前地下商场普遍采用的固定灭火装置主要有消火栓和自动喷水灭火系统两大类。建筑面积大于 $500m^2$ 的地下商场应设自动喷水灭火系统。

要想彻底解决地下商场存在的火灾危险，除把好建筑防火设计关之外，还要从疏导人流、控制可燃物数量及采取有效防火分隔等方面采取切实有效的措施：

（1）要改变地下商场人流、物流混杂的状况，采取分隔设施，将交通人流和购物人流分开，将商品经营部位和仓储部分分开，严格控制营业厅内可燃物数量。

（2）将当前批发兼零售的经营方式改为看样批发，当场送货或异地取货的方式，减少商品存放数量，同时限制易燃、可燃商品的种类，规定存放商品的数量。

第六节 钢结构防火

一、钢结构的成就

钢结构作为一种承重结构体系，由于其自重轻、强度高、塑性韧性好、抗震性能优越、工业装配化程度高、综合经济效益显著、造型美观等众多优点，深受建筑师和结构工程师的青睐。表 9-23 中所列的世界著名建筑代表了 20 世纪钢结构的巨大成就，从中我们可以体会到钢结构的魅力所在及其发展的巨大潜力。

随着改革开放的深入，现代建筑已经告别了过去"秦砖汉瓦"的时代，各种新型建筑技术和建筑材料被广泛应用于现代建筑中。据统计，2003 年底我国年钢产量达 2.2 亿 t，居世界第一，为我国发展钢结构建筑提供了雄厚的物质基础。轻型钢结构因其商品化程度高、施工速度快、周期短、综合经济效益高，市场需求越来越大，现已广泛运用于厂房、库房、体育馆、展览馆、机场机库等工程，发展十分迅猛。

钢结构体系具有自重轻、安装容易、施工周期短、抗震性能好、投资回收快、环境污染少等综合优势，与钢筋混凝土结构相比，更具有在"高、大、轻"三个方面发展的独特优势。最近在我国建筑工程领域中已经出现了产品结构调整，长期以来混凝土和砌体结构一统天下的局面正在发生变化，钢结构以其自身的优越性引起业内关注，已经在工程中得到合理的、迅速的应用。

表 9-23　　　　　　　　　　20 世纪国内外钢结构著名建筑实例

分类	序号	工程名称	规模	结构体系	建造年份（代）	说明
高层钢结构	1	马来西亚吉隆坡石油大厦	88 层 450m	M①	1996	
	2	美国芝加哥西尔斯大厦	110 层 442m	S②	1974	
	3	中国上海金贸大厦	88 层 420.5m	M	1998	
	4	美国纽约世界留易中心	110 层 417m	S	1973	"9.11"事件中倒塌
	5	美国纽约帝国大厦	102 层 381m	S	1931	
大跨钢结构	6	美国新奥尔良超级穹顶	$D=207m$	双层网壳	20 世纪 70 年代	世界上最大的双层网壳
	7	日本名古屋体育馆	$D=229.6m$	单层网壳	20 世纪 90 年代	世界上最大的单层网壳
	8	美国亚特兰大体育馆	椭圆形 186m×235m	张拉整体结构	1996	世界上最大跨度的体育馆
	9	日本福冈体育馆	$D=220m$	开合结构	1993	世界上最大的开合屋顶
	10	英国千年穹顶	$D=320m$	杂交结构	1998	当今世界跨度最大的屋盖
桥梁钢结构	11	日本明石海峡大桥	跨度 1991m	悬索桥		
	12	中国江阴长江大桥	跨度 1385m	悬索桥		
	13	中国香港青马大桥	跨度 1377m	悬索桥		
	14	日本多多罗大桥	跨度 890m	斜拉桥		
	15	上海杨浦大桥	跨度 602m	斜拉桥		

① M 代表混凝土与钢结构混合体系。

② S 代表钢结构体系。

二、"9.11"事件的警示

（一）事件经过

2001 年北京时间 9 月 11 日 20 时 45 分（美国东部时间 11 日 8 时 45 分），一架由波士顿飞往洛杉矶的 B-757 型客机被恐怖分子劫持。机上载有 58 名乘客，6 名机组人员，以低空飞行撞到了世贸中心北塔楼接近顶部位置。大楼被撞去一角，爆炸起火，该大楼于北京时间 11 日 22 时 28 分（美国东部时间 11 日 10 时 28 分）坍塌。距离被撞时间 1 小时 43 分钟。

2001 年北京时间 9 月 11 日 21 时 03 分（美国东部时间 11 日 9 时 03 分），另一架载有 81 名乘客，11 名机组人员的 B - 767 型客机撞击了南塔楼。飞机从大楼的玻璃窗冲了进去，并穿过大楼，撞上另一栋大楼。南塔楼于北京时间 11 日 22 时 05 分（美东部时间 11 日 10 时 05 分）坍塌。距离被撞时间 62 分钟，详见表 9 - 24。

图 9 - 13 则更为形象地给出了撞击的过程。

此次袭击给美国造成的经济损失达 300 亿美元，使美国金融、航空和保险业受到重创。2001 年 9 月 17 日统计，世贸中心已有至少 453 人死亡，5422 人失踪。5 年以后，2006 年底统计共死亡 2900 人左右。

表 9 - 24 　　　　　　　　2001 年 9 月 11 日纽约世贸中心遭袭击情况表

纽约世贸中心	被撞击时间		被撞机型、起飞重量、机上乘客（机组人员）数量	开始坍塌时间		自被撞至坍塌时间
	北京时间	美东部时间		北京时间	美东部时间	
北塔楼	20 时 45 分	8 时 45 分	B - 757、104t、58（6）名	22 时 28 分	10 时 28 分	1 小时 43 分
南塔楼	21 时 03 分	9 时 03 分	B - 767、156t、81（11）名	22 时 05 分	10 时 05 分	1 小时 02 分

（二）工程概况

美国纽约世贸大厦（World Trade Center），它不仅是世界上最高的建筑物之一，也是目前世界上最大的贸易机构。位于曼哈顿闹市区南端，雄踞纽约海港旁。它由纽约和新泽西州港务局集资兴建，美籍日裔总建筑师山崎实（Minoru Yamasaki）负责设计。占地约 6.5km²，耗资 7 亿美元。大楼有 84 万 m² 的办公面积，可容纳 5 万名工作人员，及 2 万人同时就餐。其楼层分租给世界各国 800 多个厂商，还设有为这些单位服务的贸易中心，情报中心和研究中心。在地面层休息厅及 44、78 两层高空休息厅中，有种类齐全的商业性服务，同时将建筑分成三部分运行区段。楼中装有 100 台载人电梯、4 台货梯，最长运行时间 2min，遇紧急情况，在电源不间断情况下，全部人员 5min 内疏散完毕。地下有供 2000 辆停车的车库，并有地铁在此经过设站。第 107 层瞭望观景厅，极目远眺，方圆可及 72km。从底层上到 107 层，搭电梯只需 58s，纽约的美景尽收眼底。一切机器设备全由电脑自动控制，被誉为"现代技术精华的汇集"。

纽约世贸中心于 1966 年开工，历时 7 年，1973 年竣工。其中世贸中心北塔楼于 1972 年竣工，110 层，建筑高度 417m；世贸中心南塔楼于 1973 年竣工，110 层，建筑高度 415m。中心大楼建在面积达 6acre（约 25 万 m²）的填海地基上，其基础深入地下 70ft（21.4m）坐落在基岩层上。在基础的周围建地下连续墙围成的长"澡盆"，以防哈得逊河河水的渗透。其主楼呈双塔形，塔柱边宽 63.5m，采用钢框筒结构，用钢量 7.8 万 t。外框筒柱距 1.0m，钢柱截面尺寸为 430mm×430mm，每三层柱为一安装单元，墙面由铝板和玻璃窗组成，有"世界之窗"之称。栅栏似的外钢柱与各层楼板组合成巨大的无斜杆的空腹钢架，四个面合起来又构成巨大的带缝隙的钢制方型管筒。大楼的中心部分也是由钢管构成的内管筒，其中安设电梯、楼梯、设备管道和服务房间等。内外两个管筒形成了双管筒结构（见图 9 - 13）。各层楼板支托在内外筒壁间的钢架上，钢架与内外管筒的接点上还装有可吸收振动能量的阻尼装置。这样的体系不仅可以承担全部重力荷载，更为重要的是能够同时承担修建如此高楼所无可回避的风载。在楼顶，最大风力引起的摇摆仅为

3ft（约92cm），这样的体系有着强大的抵抗水平荷载的能力。

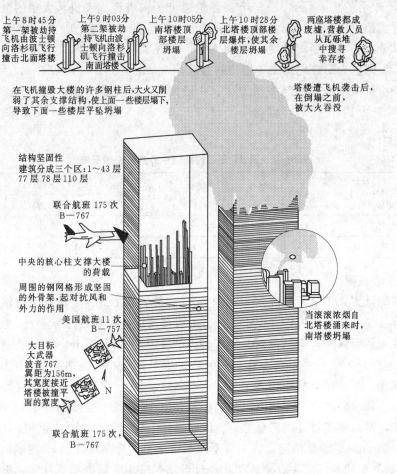

图 9-13 "9.11"事件的基本情况

（三）倒塌原因分析

世贸大厦坍塌于次生灾害火灾，而非由于客机的直接撞击和爆炸。由于世贸大厦采用钢框筒结构，再加上钢架与内外管筒的接点上装有可以吸收振动能量的阻尼装置，所以整个结构具有很好的吸收撞击冲量和爆炸能量的作用，钢架本身就具有良好的韧性。撞击北塔楼的 B-757 客机起飞重量 104t，撞击南塔楼的 B-767 客机起飞重量 156t，它们的飞行速度大约 1000km/h。根据能量公式 $E=mv^2/2$，可以计算出当时飞机对大楼的冲量分别为 1.2×10^9J 和 1.8×10^9J。这么巨大冲量连同随后引起的爆炸能量使大厦晃动了 1m 多，但并没有严重坍塌，可见，当初设计时，考虑了飞行器的撞击和局部爆炸的破坏作用，这是大量楼内工作人员得以逃生的关键。

航空煤油燃起的大火是对这座大厦的最致命一击。由于煤油是液体，它顺着关键部件的缝隙流淌及渗透过防火保护层到达钢结构表面，航空煤油所过之处，便引起熊熊大火，起到了炸弹爆炸、导弹袭击所达不到的效果。钢材虽然是不可燃的，但是当温度超过 450℃（美国指标，我国钢材 300～400℃），强度就会急剧下降，产生塑性变形；当达到

800℃（我国钢材600℃）时，失去承载能力而坍塌。在客机发生爆炸、航空煤油熊熊燃烧、火焰向外喷射时，室内空气温度已达到1000℃以上。北京时间9月11日20时45分，第一架飞机撞击北塔楼接近顶部位置。由于这种B-757飞机所载燃油量较少（35t），加上撞击位置较高，上层压力小，所以大火燃了1小时43分，直到北京时间11日22时28分北塔楼才坍塌。北京时间9月11日21时03分，第二架飞机撞击南塔楼，因B-767飞机所载燃油量较大（51t），加上撞击位置低，上层压力大，大火燃了1小时02分，反而先于先撞的北塔楼坍塌。

钢结构的承重性强，但遇到高温，势必使钢材软化变形。在19世纪，芝加哥的一座钢结构大厦曾发生火灾，结果钢结构化成了钢水，蔓延开去。自此之后，美国要求钢结构的建筑必须在钢梁和钢管外面添加防火材料。世界贸易中心的钢结构露明部分喷涂5mm厚的石棉水泥防火层，核心筒设计成用防火墙及防火门包起来的防火措施，对付一般的小灾小火还可以应付，但遇到如此猛烈的火灾，钢结构防火涂层根本不可能应付。B-757飞机所载35t燃油，B-767飞机所载51t燃油，在撞击时的爆炸威力相当于2万kg的TNT炸药，而且由于飞机的撞击，使得防火保护涂层剥落毁坏，火焰趁虚而入，使得部分钢结构直接暴露于熊熊烈火之中，由于这部分的热快速传递到其他部位，使得钢结构内部很快达到其耐火极限。长时间猛烈的大火烧软了飞机所撞击的那几个楼层的钢材，而它上部楼层约数千吨到上万吨的重量自然就会落下来，像一个巨大的铁锤，砸向下面的楼层，对下面的楼层结构的冲击力远远大于其原先静止时的重力，下面的楼层结构自然难以承受，于是就发生了多米诺骨牌效应，层层相砸，直到整个大楼彻底倒塌。

三、钢结构防火原则及防火保护措施

"9.11"事件告诉人们，必须加强钢结构防火的研究，包括保护层材料及钢材本身的耐火性能。

进行钢结构防火要着眼于下面的三点原则：

（1）减轻钢结构在火灾中的破坏。避免钢结构在火灾中局部倒塌造成灭火及人员疏散的困难。钢结构的防火保护的目的是尽可能延长钢结构到达临界温度的过程，以争取时间灭火救人。

（2）避免钢结构在火灾中整体倒塌造成人员伤亡。

（3）减少火灾后钢结构的修复费用，缩短灾后结构功能恢复周期，减少间接经济损失。

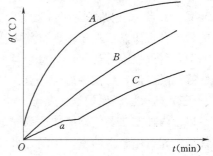

图9-14　耐火极限实验中钢结构在有防火保护与无保护条件下的升温情况比较

A—标准升温曲线；B—未受保护钢结构升温曲线；C—受保护钢结构升温曲线；a—升温停顿时间段

目前，钢结构的防火保护主要有三种方法：一是混凝土包覆；二是用防火板包覆；三是采用隔热涂料或膨胀型防火涂料。图9-14给出了有无防火保护的钢结构升温曲线。

选择钢结构的防火措施时，应考虑下列因素：

（1）钢结构所处部位，需防护的构件性质（如屋架、网架或梁、柱）。

（2）钢结构采取防护措施后结构增加的重量及占用的空间。

（3）防护材料的可靠性。

（4）施工难易程度和经济性。

（一）混凝土防火保护

承重钢结构采取混凝土防火措施，以延长其耐火极限。

（1）外砌黏土砖防护，一般用厚 120mm 普通黏土砖，耐火极限可达 3h 左右。

（2）用普通水泥混凝土将钢结构包裹起来，即我们通常意义上说的钢管（筋）混凝土结构。混凝土可参与工作（如劲性混凝土结构），也可以只起保护作用。厚 100mm 时，耐火极限可达 3h 左右。

（3）用金属网外包砂浆防护，这其中的金属网起到骨架增强的作用。

此外，还可用陶粒混凝土或加气混凝土防护，可预制成砌块或现浇，防火效果亦十分理想。

（二）防火板包覆保护

作为钢结构直接包覆保护法的一种，防火板保护钢结构早已在建筑工程中应用。早期使用的防火保护板材主要有蛭石混凝土板、珍珠岩板、石棉水泥板和石膏板，还有的是采用预制混凝土定型套管。板材通过水泥砂浆灌缝、抹灰与钢构件固定，或以合成树脂黏结，也可采用钉子或螺栓固定。这些传统的防火板材虽能在一定程度上提高钢结构的耐火时间，但存在着明显的不足。因此人们只好把重点投向防火涂料，板材保护法因而发展缓慢。

自 20 世纪 70 年代中期以来，国外相继研制成功硅酸钙防火板，适用于钢结构的防火保护。日本 JIC 公司 1984 年即开始生产硅酸钙防火板（KB 防火装饰板），最高使用温度 1000℃。90 年代中期德国和丹麦研制成功最高使用温度达 1100℃ 的硅酸钙高温防火板。国内最近自行研制成功了 GF 和爱特等品牌新型钢结构硅酸钙防火板，最高使用温度可达 1100℃，耐火极限可达 4h（30mm 厚）。作为钢结构防火板材应具备重量轻、强度高、隔热性好、耐高温、耐候性好等特点。

（三）防火涂料保护

以上两种方法要使钢结构达到规定的防火要求需要相当厚的保护层，这样必然会增加构件质量和占用较多的室内空间，另外对于轻钢结构、网架结构和异形钢结构等，采用这两种方法也不适合。在这种情况下，采用钢结构防火涂料较为合理。钢结构防火涂料施工简便，无须复杂的工具即可施工，重量轻、造价低，而且不受构件的几何形状和部位的限制。国外自 20 世纪 50 年代以来就采用防火涂料施涂钢结构表面，火灾时能形成耐火隔热保护层，以提高钢结构的耐火极限，满足建筑防火设计规范要求，减少建筑物钢结构火灾灾害。从 20 世纪 80 年代初期起，在我国兴建的由国外设计的工程开始采用钢结构防火涂料，到 1985 年左右，国内一些科研单位和厂家开始研究生产钢结构防火涂料。经过近 20 年的发展，无论从产品品种、质量还是应用范围，生产厂家都有长足的发展。与此同时，国家也颁布了该产品的相关技术标准和规范，如《钢结构防火涂料通用技术条件》（GB 14907—94）、《钢结构工程施工质量验收规范》（GB 50205—2001）、中国工程建设标准化协会标准《钢结构防火涂料应用技术规范》（CECS 24：90）等。这对发展我国钢结构防火涂料的生产起了极大的推动作用。

国家现行建筑设计防火规范对钢结构的耐火极限要求见表 9 - 25。

表 9 - 25　　　　　　　　　　　　　钢结构的耐火极限要求

建筑物耐火等级	高层民用建筑			一般工业与民用建筑					
	柱	梁	楼板与屋顶承重构件	支承多层的柱	支承单层的柱	梁	楼板	屋顶承重构件	疏散楼梯
一级	2.50	2.00	1.50	3.00	2.50	2.00	1.50	1.50	1.50
二级	2.50	1.50	1.00	2.50	2.00	1.50	1.00	0.50	1.00
三级				2.50	2.00	1.00	0.50		1.00
四级				0.50		0.50	0.25		

1. 超薄型防火涂料

该类钢结构防火涂料涂层超薄（小于 3mm）。一般为溶剂型体系，具有优越的黏结强度、耐候耐火性、流平性、装饰性好等特点。在受火时缓慢膨胀发泡形成致密坚硬的防火隔热层，该防火层具有很强的耐火冲击性，延缓了钢材的温升，可有效保护钢构件。超薄膨胀型钢结构防火涂料施工可采用喷涂、刷涂或辊涂，一般使用在耐火极限要求在 2h 以内的建筑钢结构上。目前国内外，已出现了耐火性能达到或超过 2h 的超薄型钢结构防火涂料新品种，它主要是以特殊结构的甲基丙烯酸聚酯或环氧树脂与氨基树脂、氯化石蜡复配作为黏合剂，附以高聚合度聚磷酸铵、双季戊四醇、三聚氰胺为防火体系，添加氧化钛、硅灰石等无机耐火材料复合而成。目前各种轻钢梁、网架等多采用该类型防火涂料进行防火保护。由于该类防火涂料涂层超薄，工程中使用量较厚型、薄型钢结构防火涂料大大减少，从而降低了工程总费用，又使钢结构得到了有效的防火保护，是目前消防部门大力推广的品种。

2. 薄型防火涂料

这类钢结构防火涂料一般是用合适的水性聚合物作基料，再配以阻燃剂复合体系、防火添加剂、耐火纤维等组成。对这类防火涂料，要求选用的水性聚合物必须对钢基材有良好的附着力、耐久性和耐水性。其装饰性优于厚型防火涂料，逊色于超薄型钢结构防火涂料，一般耐火极限在 2h 左右。因此，常用在小于 2h 耐火极限的钢结构防火保护工程中，常采用喷涂施工。该类产品，在一个时期占有很大的比例，但随着超薄型钢结构防火涂料的出现，其市场份额逐渐被替代。

3. 厚型防火涂料

厚型钢结构防火涂料是指涂层厚度为 8～50mm 的防火涂料，其耐火极限可达 0.5～3h。火灾时，涂层并不膨胀，依靠自身材料的不燃性、低导热性或吸热性，延缓钢结构的温升，保护钢构件。这类钢结构防火涂料是用合适的胶黏剂，配以无机隔热材料、增强材料组成。目前国内厚型钢结构防火涂料的产品品种较多，也在实际运用中发挥了可信赖的作用，在其结构保持完整的条件下，防火性能一般不随时间的推移而降低。

矿物棉类建筑防火隔热涂料是继我国厚涂型建筑防火涂料——珍珠岩系列、氯氧镁水泥系列防火涂料之后的又一重要防火涂料系列，在我国尚属空白，它与珍珠岩类防火涂料相比，其主要特点是作为隔热填料的矿物纤维对涂层强度可起到增强的作用，可应用于地震多发的地区或常受震动的建筑物，并能起到防火、隔热、吸声之作用。矿物棉类建筑防火隔热涂料主要有矿物纤维防火隔热涂层、隔热填料，其主要成分是矿物棉，黏结材料一般是水泥，在现场采用干法喷涂施工，即纤维经分散后与黏结材料一起用高压空气输送至喷口处，然后与分布于喷口周围的高雾化水混合喷射至待涂表面。与湿法喷涂施工相比，干法喷涂施工的优点是管路输送阻力较小，可输送的有效高度高；施工结束后无需对很长的输送管道进行繁重的清洗工作；能够获得密度较小的涂层，从而能减轻整个钢结构的重量，降低建筑物负荷。这种方法在日本采用较多。

目前，国外已广泛使用快干型矿物棉类防火涂料，在施工条件差的建筑工地使用时，具有施工方便、成本低、干燥时间短等优点。

（四）防火涂层厚度的确定

涂装钢结构防火涂料的钢基材表面应严格除水、除锈，经喷砂除锈达到 St 2.5 级标准，手工除锈达到 St 3 级以上，除锈后的表面采用酚醛红丹或环氧防锈漆作防腐处理。工程设计中是根据防火涂料涂敷在 136b 工字钢钢梁上进行耐火试验得出的耐火极限数据确定防火涂层的厚度的，但实际钢结构构件与试件的规格并不相符。在"技术规范"中提供了美国试验室提出的计算公式并作了简化，使之能折算钢梁的涂层厚度并可以折算钢柱的涂层厚度。当用厚涂型防火涂料（即 $m_1/L_1 \geqslant 22$，$\delta_1 \geqslant 9mm$）、耐火极限 $t \geqslant 1h$ 时其计算式如下：

$$\delta_1 = \frac{m_2}{L_2} \frac{L_1}{m_1} \delta_2 K$$

式中　δ_1——待保护涂层厚度，mm；

δ_2——标准试件涂层厚度，mm；

m_1——待保护钢梁重量，kg；

m_2——标准试验时钢梁重量，kg；

L_1——待保护钢梁涂层接触面周长，mm；

L_2——标准试验时钢梁涂层接触面周长，mm；

K——系数，对钢梁取 1，对相应楼层钢柱取 1.25。

一般在防火涂料产品的说明书中只列出耐火极限和相应的涂层厚度。只有在耐火极限的试验报告中，才能看出耐火试验时所用的型钢规格及涂层厚度。因此，对超薄型和薄涂型防火涂料层的厚度，一般还是以耐火试验时涂层厚度为依据，并适当留有余地以增加安全性；对厚涂型防火涂料，在实际工程设计中，实际上不可能对不同的构件设计成不同的涂层厚度。大都是按同一耐火极限设计成同一厚度。

此外，钢结构防火涂料在应用工程中，应按照中国工程建设标准化协会标准《钢结构防火涂料应用技术规范》（CECS 24：90）的规定要求施工，对于上海地区的工程可以参照上海市工程建设规范《建筑钢结构防火技术规程》（DG/TJ 08—008—2000）执行。

（五）耐火钢

喷涂、防火板、混凝土等防火保护措施费工费时。还增加了建筑结构的重量，延长了工期，提高了建造成本。研制和应用耐火钢正是为了减薄或取消耐火涂层。耐火钢不同于普通的耐热钢，耐热钢对钢的高温性能，如高温持久强度、蠕变强度、疲劳性能等有严格的要求。而耐火钢在性能上它不需要长时间的高温强度，只要在 600℃ 左右的高温下保持 1～3h 后其屈服强度值不低于室温数值的 2/3，以保证结构的安全性，保证人员、重要物资等在结构坍塌前能安全地撤离火灾现场。

耐火钢的关键性能要求是其高温强度。耐火钢的合金元素含量比普通建筑用低合金结构钢的合金元素含量稍高一些。根据高合金耐热钢的研究结果可知，铬、钼可提高钢的耐热性，但他们是贵重元素，钢中添加大量的这类元素将大幅度增加生产成本，这对使用量大而广的结构材料是不可行的。另外，铬、钼等合金元素增加钢的淬透性，提高碳当量，对焊接性不利。因此，建筑用耐火钢只能少量应用这类贵重合金元素。

近年来，微合金化技术取得了巨大进展。铌-钒-钛微合金元素的析出物具有良好的高温稳定性，对提高高温强度可能会产生有益的影响。研究工作表明，通过使铌微合金元素在针状铁素体组织内高温析出，可显著提高钢的高温强度。钒-钛的作用与铌相同，可提高钢的高温强度。铌-钒-钛微合金化元素与少量耐热性高的铬、钼合金的复合使用，可达到最佳的高温强化效果。

耐火钢的概念是 20 世纪 80 年代日本提出的，日本研究者通过在钢中添加微量的铬、钼、铌等合金元素开发出了耐火温度为 600℃ 的建筑用耐火钢，该钢在 600℃ 的高温屈服强度保持在室温的 2/3 以上。欧洲的 cresotloire 钢厂完成了能经受 900～1000℃ 火灾温度的含钼耐火钢的研究，但由于成本过高而未能推广应用。目前，耐火钢在日本已获得了广泛使用，新日铁自 1989 年至今已生产耐火钢 20 万 t，其中包括耐火 H 型钢、板材、带钢、钢管等产品，目前年产量是 4 万 t 左右。耐火钢的用途很广，可用于办公楼、商场、宾馆、厂房、体育馆、车站、高层钢结构大厦等的建造。应用耐火钢后可缩短建造周期，减轻建筑物重量，增加建筑的安全性，降低建造成本，具有显著的经济和社会效益。

现在国外已开发出了 390～490MPa 的耐火钢、耐候耐火钢系列，其主要特点是：在 600℃ 高温下，其高温屈服强度为常温标准值的 2/3 以上，常温下的各种性能与普通焊接结构钢相同，焊接性与普通钢相同。

我国耐火钢的应用尚落后，为适应我国现代建筑事业发展的需要，马钢、宝钢、鞍钢等单位都开始开展耐火钢的研究。马钢已进行了耐火 H 型钢产品工业试制并获得了成功。近期即将在上海某住宅工程中成批使用。

第七节 探 测 与 报 警

一、感烟探测的重要性及其局限性

燃烧是可燃物与氧化剂作用发生的放热反应，通常伴有火焰、发光和（或）发烟现象。对应于居住建筑物和公共建筑物来讲，燃烧分两个阶段，第一阶段有烟雾产生，第二阶段就有明火了。当时间和空间上失去控制的燃烧所造成的灾害，才称之为火灾。这说明探测烟雾是探测火灾初期的有效手段，从火灾报警系统来讲，就是能达到早期报警的效果。

从图 9-15 中可以看出，如果探测器安装在 9m 以下的房间时，能有效地探测处于阴燃阶段的火情。

如果房间高度在 20m 以上，烟雾受环境条件的影响已经很难聚集在屋顶了，因烟雾是随热空气向上升的，而热空气在 9m 以下时，能量相对集中，上升的速度快，烟雾的浓度高。热空气上升到 10～20m 时，能量相对减弱，温度受环境影响也降低了，烟雾开始横向扩散，烟雾的浓度已低于感烟探测器的灵敏度，此时应采用探测明火的火焰探测器。表 9－26 为 GB 50116—98 中规定的不同高度的房间所应选择的不同类型的探测器。一般宾馆的大厅高度都较高，是不宜选用感烟探测器的。

表 9－26　　　　　　　　　　对不同高度的房间点型火灾探测器的选择

房间高度 h（m）	感烟探测器	感温探测器	火焰探测器
12＜h≤20	不适合	不适合	适合
8＜h≤12	适合（一级灵敏度）	不适合	适合
6＜h≤8	适合	适合	适合
4＜h≤6	适合	适合	适合
h≤4	适合	适合	适合

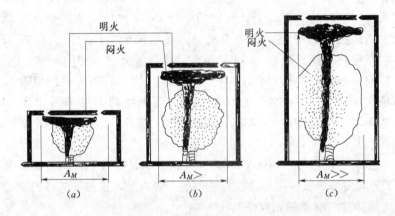

图 9－15　烟升腾的高度与探测器的有效性之间的关系

(a) 小监察区：
——房间高度 3m 以下
——顶棚上的探测器可探测到初期火灾（明火及闷火）
——使用标准灵敏度的感烟探测器；

(b) 大监察区：
——房间高度 3～6m 之间
——顶棚上的探测器可探测到初期火灾（闷火转为明火阶段）
——使用标准灵敏度的感烟探测器；

(c) 非常大监察区：
——房间高度 9m 以上
——顶棚上的烟雾探测器可探测到较大及明显的初期火灾
——使用加强灵敏度的感烟探测器以补偿在大房间内烟雾被空气冲淡的情况

二、三种先进的探测手段

常规感烟探测器虽经济实用，但对高度的限制较大，一般房间高度超过 8m 或 9m 就不灵敏甚至失效了，近期发展并比较成熟的有红外线感烟探测器、红外火焰探测器及空气抽样感烟探测系统三种。

（一）红外线感烟探测器

红外线感烟探测器在烟上升的过程中拦腰探测，无须等烟上升到屋顶。其工作原理如下：

红外线感烟探测器由红外线发送器、接收器和反射镜组成，当红外线发送器发送不可见的红外线束至反射镜，反射镜将该红外线束反射回发送器旁边的接收器，这样在发送端与反射镜间形成了一道红外线探测区。当有火灾发生时，火产生的烟雾粒子进入红外线探测区，散射或吸收部分红外线，而红外线感烟探测器的接收器发现红外线强度起了变化，即时发出火警信息，其原理如图9-16所示。

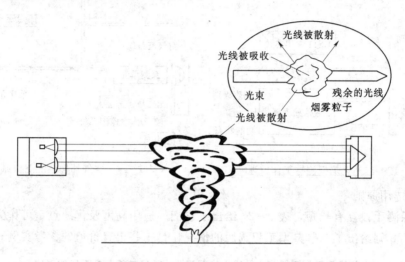

图9-16　红外线感烟探测器工作原理图

（二）红外火焰探测器

发生火灾时，除了产生大量的热和烟雾外还有火焰，火焰中辐射出大量的辐射光，其中有可见光和不可见的红外光、紫外光。火焰探测器就是检测火焰中的红外光和紫外光来探测火灾的发生的。

如果发生火灾的类型是有大量的烟雾和火焰（例如，居住建筑物和公共建筑物等场合），推荐使用红外线火焰探测器。因为燃烧时的紫外辐射由于波长较短（比红外辐射相对微弱）很快被积聚的烟尘或烟雾粒子吸收，所以紫外线探测器不很适合有明显烟雾的火焰。紫外线适用于辐射大量紫外光的无机物燃烧火灾，在有机物燃烧中作用不大。红外探测器可探测高温 CO_2 的频谱（4.37μm），一般有机物（含碳元素）在燃烧时均发出 CO_2，故此用途较广。其工作原理如图9-17所示。

火焰探测器在以往容易受到日光的干扰。但有些产品通过数码滤波及光学技术已解决了这个问题，火焰探测器的探测波长受到日光发出的波长的干扰已大大减少。

（三）空气抽样感烟系统

空气抽样感烟探测系统属于主动式感烟探测系统，主动将周围的空气吸入系统中检测，无须等烟的浓度达到一定值才报警。

它的工作原理是采用一套气管系统抽取保护区内的空气样品进行分析探测，系统本身有一套风扇系统作抽气所需的低压力。保护区内的空气通过预先开好的采样孔，进入气管，送至高灵敏度的感烟探测器进行烟雾粒子分析，一旦烟雾浓度达到指定限值，探测器就会发出报警信号，并且将信号传送至消防控制主机。其工作原理如图9-18

所示。

空气抽样感烟探测系统的气管系统按照不同的实际情况开不同大小的采样孔,每个采样孔及整个器官均受到严密的气流监控,一旦采样管被堵塞或气管破裂,空气抽样感烟探测系统就向消防控制主机发出气流故障信号。

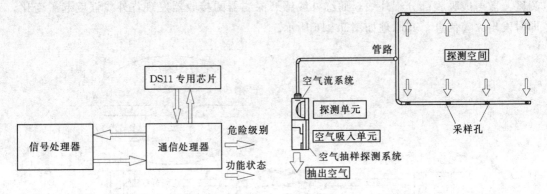

图 9-17　红外火焰探测器工作原理　　　　图 9-18　空气抽样系统工作原理图

（四）选用原则

三种探测手段互有长短,表 9-27 给出了它们的适用高度及优缺点,可作为选用的参考。表 9-28 则给出了一些典型工程选用的情况,是一些很有价值的参考实例。

表 9-27　　　红外线感烟探测器、红外线火焰探测器、空气抽样感烟系统的对比

	红外线感烟探测器	红外线火焰探测器	空气抽样感烟系统
探测原理	如果烟雾隔断红外线光束带时,红外线探测器反馈光线减弱,探测器向主机发出报警信号	探测器探测是否有火焰的红外线,如果有,探测器向主机发出报警信号	主动抽取空气,探测空气中是否带有烟雾粒子
安装高度	离地 20m 左右的墙面上/距顶棚 1~1.5m 的墙面上	安装在顶棚上,与一般的点型探测器相同	抽样管网安装在顶棚上,自身的探测主机可以安装在便于维修的墙面上
有何干扰因素	直接照射到接收器的光线的干扰	日光、灯光	基本没有
是否适用于火灾的阴燃阶段	适合	不适合	基本适合
维护保养难易度	比较容易,只需搭云台在发射接收端	与一般的点型探测器相同,如果需要搭云台才能保养的,难度就较大	非常简便,使用高压空气喷入管网中,即可清洗,无须搭云台
优点	价格便宜,安装、维护简便;探测方式直接有效	安装高度相对较高;价格适中	安装、维护都非常简便;可以更好地保护装饰面
缺点	受安装条件的限制,如建筑物本身或安装支架因热胀冷缩等外界因素引起的微小变化都有可能使信号产生漂移	安装、维护比较困难;探测到的火情已出现明火;受光干扰因素较多	虽然系统是主动式探测系统,但由于烟雾上升需要时间,烟雾再通过管网到探测器中检测,花费时间略长;价格比较高

296

表 9 - 28　　　　　　　　　　　　　　　典型工程一览表

工 程 名 称	建 筑 规 模	技 术 难 点	采用何种探测手段
上海浦东国际机场	建筑面积约 28 万 m²	空间高度约 35m	大空间部分没有安装探测器
上海东方明珠国际会议中心	建筑面积约 15 万 m²	空间高度约 20m	红外线感烟探测器
厦门国际会议展览中心	建筑面积约 12 万 m²	空间高度约 20m	红外线感烟探测器和空气抽样系统
香港赤腊角国际机场客运大楼	建筑面积约 29 万 m²	空间高度约 35m	部分安装空气抽样系统
广州国际会议展览中心	建筑面积约 40 万 m²	空间高度约 22m	红外线感烟探测器和红外线火焰探测器
广州新白云国际机场候机大楼	建筑面积约 30 万 m²	大空间高度平均 30m 且柱子之间距离超过 100m	红外线感烟探测器

第十章　火灾后建筑结构鉴定与加固[❶]

第一节　鉴定程序与内容

统计表明，火灾后建筑结构鉴定主要集中在公共建筑（商场、游戏厅、酒楼、影剧院、办公楼、教学楼、礼堂等）、多层住宅、高层建筑、厂房和构筑物（仓库、通廊等）。结构类型多为混凝土结构和砖混结构。钢结构和木结构进行灾后鉴定的较少。

火灾后结构鉴定宜分三个层次进行。即初步鉴定（概念性分析）、详细鉴定（规范标准规定深度的分析）和高级详细鉴定（用高级理论鉴定分析）。按哪个层次进行以业主合同要求和能解决工程问题的需要为准。绝大多数结构做到第二层次就可以了。只有少数要求较高的结构或解决疑难问题才作第三层次高级详细鉴定。

鉴定工作应委托专门机构或具有法定资质的单位进行。鉴定程序框图原则应和国际标准《结构设计基础——已有结构的评定》（ISO/CD 13822）原则相一致。不同的是具体细节不同。如图 10-1 所示。

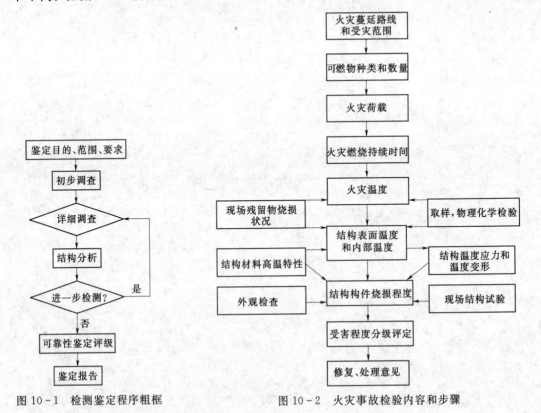

图 10-1　检测鉴定程序粗框　　　　图 10-2　火灾事故检验内容和步骤

---

❶　本章内容参见文献 [33，80，81，96，115，117，154，156]。

火灾对建筑的损害与地震不同，火焰的高温使构成建筑物的材料本身会发生很大的变化，有时不仅是物理的，如强度、硬度等，甚至也会有化学的。必须通过鉴定确认建筑物的受害情况和损坏程度，以便作出科学的加固修复方案，太严重的甚至拆除重建。

建筑物的火灾鉴定包括三项主要内容：①火灾温度；②结构构件损伤程度；③修复处理意见。其中的每一项都要靠一些检测手段才能确定，图10-2给出了详细的鉴定内容和步骤。

第二节 判定火灾温度的物理化学方法

火灾温度与火场温度（消防部门称谓）的概念是差不多的，判定的手段也很多，可分物理方法、化学方法及计算方法。重大火灾可根据三种方法对比确定。

一、物理方法

（一）表面特征判定

近代建筑在不同部位大都采用混凝土，过火后的混凝土的表面因温度不同都呈现出不同的特征，表10-1、表10-2给出了不同温度下混凝土的表面颜色及外观特征。如果确知建筑结构所采用的水泥种类，还可根据第八章的表8-14查出更为准确的火灾温度。表10-1和表10-2尽管来自不同的文献，试验方法也许稍有差异，但随着温度的升高混凝土表面颜色大致为红—灰—黄，外形变化从550～700℃开始显现，且随着温度升高变化越来越大。当在900～1000℃下加热，温度达800℃以上时，骨料开始分解，混凝土外形基本破坏而粉化。混凝土加热到破坏温度后，恒温加热时间越长，破坏越大。如果达不到破坏温度，尽管恒温加热时间很长，也不能使混凝土破坏。

表10-1 　　　　　　　　　混凝土颜色、外形变化与加热温度、时间的关系

温　度（℃）	时　间（min）	颜色	外形变化情况
500	30	红	无变化
	60	红	无变化
	90	红	无变化
600	30	粉红	无变化
	60	粉红	无变化
	90	粉红	无变化
700	30	粉红偏灰	无变化
	60	粉红偏灰	无变化
	90	粉红偏灰	角有少量脱落
800	30	灰里稍带粉红	边开始有少量脱落
	60	灰里稍带粉红	边脱落
	90	灰里稍带粉红	面局部有少量脱落
900	30	灰白	全部裂开并有部分脱落
	60	灰白	面大部分脱落
	90	灰白	面全部脱落
1000	30	浅黄	面全部脱落
	60	浅黄	面全部脱落并部分粉化
	90	浅黄	面全部脱落并粉化

表 10 - 2		火灾温度作用后混凝土结构构件外观特征		
火灾温度	混凝土颜色	表面开裂情况	疏松脱落情况	露筋情况
200℃以下	灰青色与常温无大变化	无	无	无
500℃	微显红色	无	无	无
550~800℃	灰白色为主呈浅黄色	表面有贯通裂缝	角部剥落、表面起鼓、混凝土有酥松状	板底、梁、柱角部混凝土爆裂出现钢筋
900~1000℃	浅黄并呈白色	裂缝较多	表面酥松、大块剥落	严重露筋
1000~1100℃	浅黄并呈白色	裂缝多	表面酥松、大块剥落	钢筋全部外露

（二）回弹仪检测法

回弹仪检测作为一种非破损检测技术，在常温下可以用来评定混凝土的质量。火灾中混凝土受高温作用后，其微观结构受到了损害，表面硬度发生了变化。由于各种部位在实际火场中受热温度不同，各部位也相应地表现出不同程度的损伤，因而各部位的回弹值也相应地发生变化。用回弹仪检测混凝土构件表面硬度，可以定性地判断烧损程度，判定其受热温度和受热时间。混凝土表面回弹值与受热温度、时间的关系见表 10 - 3。

表 10 - 3		混凝土表面回弹值与受热温度和时间的关系	
加热时间（min）	最高温度（℃）	回弹值	回弹值降低率（%）
0	15	22	2
5	556	21.5	
0	15	25	6
10	658	23	
0	15	21.5	18
15	719	17.7	
0	15	24.4	42
20	761	14.3	
0	15	21	60.5
25	795	8.3	
0	15	29.3	68.1
30	845	9.3	
0	15	22.3	71.3
35	845	6.0	
0	15	24.5	91.8
40	865	2.0	
0	15	25	100
50	895	0	

从表 10 - 3 可以看出，随着加热持续时间的增长、温度的升高，回弹值越来越小，回弹值降低率越来越大。在加热 5~10min（556~658℃）时混凝土表面硬度变化不大；加热到 50min（898℃）以上时，混凝土表面已严重粉化，回弹值为零。火场勘查人员可以根据混凝土回弹仪测定被烧混凝土表面的回弹值，判断混凝土被烧温度的高低。

（三）超声波检测法

遭受火灾作用的混凝土建筑构件，使混凝土内部出现许多细微裂缝，对超声波在其内部的传播速度影响很大。实验证明，超声波脉冲的传播速度随混凝土被烧温度的升高而降低（见图 10-3）。因此可以根据超声波在混凝土内部传播速度的改变定性地说明混凝土结构某部位的烧损程度，进而说明该部位的受热温度的高低，以此判断火势蔓延方向和起火部位。

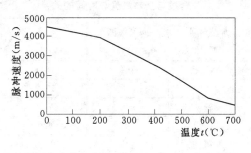

图 10-3　混凝土超声波脉冲速度与温度的关系

二、化学方法

当混凝土被加热时，会发生如下变化：

$$Ca(OH)_2 \longrightarrow CaO + H_2O$$
$$CaCO_3 \longrightarrow CaO + CO_2$$

反应生成物数量随受热温度升高和时间增长而增加，因此，可通过测量其质量变化值判断混凝土火烧部位温度的高低。

（一）测定中性化深度

混凝土中由于存在 $Ca(OH)_2$ 和少量 NaOH、KOH，因而硬化后的混凝土呈碱性 pH 为 $10\sim13$。混凝土经火灾作用后，碱性的 $Ca(OH)_2$ 发生分解，放出水蒸气，留下中性的 CaO。CaO 遇无水乙醇的酚酞溶液不显色，而 $Ca(OH)_2$ 则显红色。因此，可以用 1％酚酞的无水乙醇溶液喷于破损的混凝土表面，测定不显红色部分的深度，即中性化深度。实验研究表明，混凝土中性化深度随着加热温度的升高和加热时间的增长而加深（见表 10-4）。现场勘查时可直接在混凝土构件表面凿取小块，将小块放入 1％酚酞的无水乙醇溶液中，测定混凝土中性化深度。通过测定不同部位混凝土构件的中性化深度，查表得出受热温度和持续时间。根据温度分布分析火势蔓延方向，进而分析判定起火部位。

表 10-4　　　　　　　　矿渣水泥混凝土中性化深度与受热温度、时间的关系

受热温度（℃）	受热时间（min）	中性化深度（mm）	受热温度（℃）	受热时间（min）	中性化深度（mm）
500	30	4～5	800	30	11～12
	60	4.5～6		60	12～13
	90	5～7		90	13～15
600	30	6～7	900	30	12～13
	60	7～8		60	粉化
	90	9～10		90	粉化
700	30	7～9	1000	30	12～14
	60	8～11		60	粉化
	90	9～12		90	粉化

（二）测定炭化层中 CO_2 含量

混凝土在水化凝结过程中会生成大量 $Ca(OH)_2$，当混凝土长期在空气中自然放置时，表面层中的 $Ca(OH)_2$ 就会吸收空气中的 CO_2 形成 $CaCO_3$，通常把这种过程称为混凝土的炭化作用，所形成的 $CaCO_3$ 层叫炭化层（一般厚度为 $2\sim3mm$ 左右）。炭化作用的速度随空气中 CO_2 浓度的增大而加快。一般炭化层中 CO_2 含量在 20％左右。试验表明，

表 10-5　普通水泥混凝土炭化层中 CO_2
含量与受热温度、时间的关系

加热时间 (min)	最高温度 (℃)	CO_2 含量 (%)
20	761	16.1
30	822	13.9
53	901	7.3
60	925	6.0
75	975	2.9
88	983	2.3
93	991	1.6

当混凝土受热温度达 550℃时，$CaCO_3$ 开始分解，但分解速度很缓慢，随着混凝土受热温度的升高，其分解速度迅速增加。当达到 898℃时，分解出的 CO_2 分压可达到 1 个大气压。因此，898℃称为 $CaCO_3$ 的分解温度。如果加热温度继续提高，仍会加剧 $CaCO_3$ 分解速度，混凝土炭化层中 CO_2 含量将随加热温度的升高而降低。所以可在现场勘查中凿取混凝土炭化层试样，采用国家标准《碳酸盐中二氧化碳测定方法》(GB 218) 测定二氧化碳的含量，通过查表推算出燃烧时间和火烧温度（见表 10-5）。根据现场温度分布，分析判断火势蔓延方向和起火部位。

（三）测定混凝土炭化层中游离氧化钙（f-CaO）含量

游离氧化钙（f-CaO）是指水泥熟料煅烧过程中未被硅酸二钙完全吸收的 CaO，该项指标一般作为水泥厂的一项技术指标，含量在 1% 以下，如果过高则影响水泥质量。火灾中混凝土炭化层中的游离氧化钙（f-CaO）会随被烧温度发生变化（见表 10-6）。

表 10-6　火灾中混凝土炭化层中游离氧化钙（f-CaO）的含量随温度的变化

时间（min）	温度（℃）	f-CaO（H）	f-CaO（K）	f-CaO（P）
20	761	0.75	0.40	2.14
30	822	1.00	1.31	1.64
53	907	1.66	1.56	3.13
60	925	2.39	2.40	2.70
75	959	1.86	2.12	4.45
88	983	1.45	1.54	4.73
93	991	1.28	1.89	4.00

由表 10-6 可知：火场温度在 761~925℃（时间 20~60min）范围内，由于正好在 $CaCO_3$ 分解温度范围内，温度升高，游离氧化钙（f-CaO）含量升高；当温度升至 900~1000℃时，硅酸二钙吸收氧化钙变成硅酸三钙，此时游离氧化钙含量随温度升高而降低。因此，在现场勘查时凿取混凝土炭化层试样，采用国家标准《水泥化学分析方法》(GB/T 176—1996) 中氧化钙测定方法测定氧化钙的含量，查表推算出燃烧时间和火烧温度（见表 10-6）。根据现场温度分布，分析判断火势蔓延方向和起火部位。

此外，还可以采用热分析技术测定混凝土炭化层中水泥的失重以及用电子显微镜测定混凝土中 Ca(OH)$_2$ 晶体改变等方法来判断混凝土化学成分的变化，为分析判定火势蔓延路线和起火部位提供依据。

火调人员可以根据这些规律，对火灾现场中的混凝土依据各部位的不同特征，"反推"出该部位火灾时曾受过的温度、持续时间的变化情况，找出受温最高、持续时间最长部位，用比较的方法从鉴别受热面和烧损破坏程度的顺序中辨明火源或火势蔓延方向，进而判定起火部位，认定起火原因。

第三节　判定火灾温度的计算方法

一、火灾荷载的计算

一般先计算火灾荷载，再计算火灾燃烧持续时间，最后由燃烧持续时间即可求出火灾温度。

建筑物内部有各种材料制作的各种物品，不同材料其单位重量的发热量是不同的。为计算方便，将火灾区域内实际存在的全部可燃物，按木材发热量统一换算成木材的重量，作为可燃物总量。可燃物总量除以火灾范围内的建筑面积，得到单位面积上的可燃物量（换算木材重量），称为火灾荷载。按下式计算：

$$q = \frac{\sum (G_i H_i)}{H_0 A} = \frac{\sum Q_i}{18810A} \tag{10-1}$$

式中　q——火灾荷载，kg/m^2；

　　　G_i——可燃物重量，kg；

　　　H_i——可燃物单位重量发热量，kJ/kg，按表 10-7 选取；

　　　H_0——木材单位重量发热量，取 18810kJ/kg；

　　　A——火灾区域建筑面积，m^2；

　　$\sum Q_i$——火灾区域内可燃物总发热量，kJ。

由于临时性可燃物变化极大，计算常较繁杂和困难。因此，在计算有困难时，也可按建筑物的不同用途统计得到的火灾荷载资料进行估计，表 10-8 数值可作为参考。

表 10-7　　　　　　　　　　　材 料 单 位 发 热 量

材料名称	发热量 (4.18kJ/kg)	材料名称	发热量 (4.18kJ/kg)	材料名称	发热量 (4.18kJ/kg)
木材	4500	甘油	4000	甲苯	10000
软木	4000	硬质橡胶	8000	软质木屑板	4000
无烟煤	8000	弹性橡胶	10000	本质纤维板	4000
褐煤	3600	泡沫橡胶	8000	塑料地板	5000
泥炭	6000	橡胶板	10000	混合颜料	6000
焦炭、木炭	8000	甲烷	12000	油毡	5000
汽油	10000	乙炔	12000	塑料	10400
轻油	10500	乙烷	12000	动物油	9500
石油	10500	丙烷	11000	植物油	9500
焦油	9000	丁烷	11000	脂肪	10000
挥发油	10000	环己烷	11000	黄油	9000
石蜡	11000	正己烷	11000	干酪	4000

材料名称	发热量 (4.18kJ/kg)	材料名称	发热量 (4.18kJ/kg)	材料名称	发热量 (4.18kJ/kg)
砂糖	4000	苯酚树脂	6000	咖啡	4000
奶粉	4000	苯酚丙烯醛	8000	可可粉	4000
蛋粉	5000	聚丙烯酸酯	7000	茶叶	4000
大米	4000	赛璐珞	4000	巧克力	6000
玉米粉	4000	聚酰胺	7000	香烟	4000
麦芽	4000	聚乙烯	10000	甜酒	3000
淀粉	4000	聚碳酸酯	7000	纤维素	3800
正庚烷	11000	聚酯	6000	天然纤维	4000
二甲烷	10000	聚苯乙烯	10000	干草、稻草	3600
甲醇	5000	聚胺甲酸酯	6000	羊毛	5000
乙醇	6000	尿素	2000	人造纤维	4000
苯甲醇	8000	氮肥	500	丝织品	4000
十六醇	10000	沥青	9500	皮革	5000
醋酸	4000	沥青卷材	5000	纸张	3900
氯化乙烯	4100	贴砂沥青卷材	2000	纸板	4000
尿素树脂	5000	干鱼	3000		
苯酚	8000	干肉	6000		

表 10-8　　　　　　　　　　　火灾荷载调查统计值

房屋用途	火灾荷载 (kg/m²)	房屋用途	火灾荷载 (kg/m²)	房屋用途	火灾荷载 (kg/m²)
住宅	35～60	教室	30～45	图书库房	150～500
办公室	40～50	旅馆客房	30～45	剧场	30～75
设计室	30～150	医院病房	20～25	商场	100～200
会议室	20～35	图书阅览室	100～250	仓库	200～1000

二、计算火灾燃烧持续时间

火灾燃烧持续时间取决于可燃物量（火灾荷载）和燃烧条件。所谓燃烧条件是指房间的通风条件，即为门窗开口面积和高度。试验表明，一般民用建筑的火灾燃烧持续时间可按下列经验公式计算：

$$t = \frac{qA}{KA_b\sqrt{H}} \qquad (10-2)$$

式中　t——火灾燃烧持续时间，min；

　　　K——系数，可取 5.5～6.0kg/min·m$^{5/2}$；

　　　A_b——门窗开口面积，m²；

H——门窗口的高度，m；

A——火灾区域面积，m^2；

q——火灾荷载，kg/m^2。

此外，火灾燃烧持续时间，也可根据火灾荷载值按表 10-9 所列经验数值取用。

表 10-9　　　　　　　　　　火灾荷载与火灾持续时间的关系

火灾荷载（kg/m^2）	25	37.5	50	75	100	150	200	250	300
火灾持续时间（h）	0.5	0.7	1.0	1.5	2.0	3.0	4.5	6.0	7.5

三、推算火灾温度

求得火灾燃烧持续时间后，可按下列统计方法得到的由国际标准化组织（ISO）确定的标准火灾升温曲线公式推算火灾温度：

$$T = 345\lg(8t+1) + T_0 \tag{10-3}$$

式中　T——火灾温度，℃；

T_0——火灾前的室内温度，℃；

t——火灾燃烧持续时间，min。

四、估算结构表面温度和内部温度

结构表面温度和内部温度判断的方法很多，可以采用观察残留物状况，考察结构材料特性的变化以及取样进行物理化学试验等方法。

（一）结构表面温度

火灾时梁和楼板的表面温度可按下式计算：

$$T_h = T - \frac{k(T - T_0)}{\alpha_1} \tag{10-4}$$

其中　　　　　　　　　　　$k = \dfrac{1}{\dfrac{1}{\alpha_1} + \dfrac{\delta}{\lambda} + \dfrac{1}{\alpha_2}} \tag{10-5}$

$$\alpha_2 = \frac{\lambda c \rho}{\pi t}$$

式中　T_h——火灾时楼板底面（直接受火焰热流体作用的面）的表面温度，℃；

T——火灾温度，℃；

T_0——楼板顶面空气温度，℃；

α_1——火焰热流体对楼板底面的综合换热系数，可按表 10-10 取用 $1.163W/(m^2 \cdot K)$；

k——楼板的传热系数，按式（10-5）计算，$1.163W/(m^2 \cdot K)$❶；

δ——楼板厚度，m；

λ——材料导热系数，按表 10-11 取用 $1.163W/(m^2 \cdot K)$；

α_2——楼板放热系数对不稳定的火灾热源；

t——火灾燃烧时间，h；

---

❶　这里采用 SI 标准符号，但温度 K 仍按摄氏温度取值，下同。

c——材料比热，$4.18kJ/(kg \cdot K)$；

ρ——材料密度（kg/m^3），见表 $10-11$。

表 10-10   综 合 换 热 系 数 α_1

火焰温度（℃）	200	400	500	600	700	800	900	1000	1100	1200
α_1 [$1.163W/(m^2 \cdot K)$]	10	15	20	30	40	55	70	90	120	150

表 10-11   建筑材料的热工性能

材料名称	密度 ρ （kg/m^3）	导热系数 λ [$1.163W/(m^2 \cdot K)$]	比热 c [$4.18kJ/(kg \cdot K)$]	导温系数 α （m^2/h）
钢筋混凝土	2400	1.33	0.20	0.00277
混凝土	2200	1.10	0.20	0.00262
轻混凝土	1500	0.60	0.19	0.0021
	1200	0.45	0.18	0.00208
	1000	0.35	0.18	0.00195
泡沫混凝土	1000	0.34	0.20	0.0017
	800	0.25	0.20	0.00156
	600	0.18	0.20	0.0015
	400	0.13	0.20	0.00162
建筑钢材	7850	50.00	0.115	0.0552
多孔砖砌体	1300	0.45	0.21	0.00165
水泥砂浆	1800	0.80	0.20	0.00222
混合砂浆	1700	0.75	0.20	0.00221
石棉板（瓦）	1900	0.30	0.20	0.00079
石棉毡	420	0.10	0.20	0.00119
玻璃棉	200	0.05	0.20	0.00125

（二）结构内部温度

火灾时钢筋混凝土楼板（或墙板）内部温度可按下式计算：

$$T_{(Y,t)} = T_h - (T_h - T_0)\text{erf}\frac{Y}{2\sqrt{at}} \tag{10-6}$$

式中 $T_{(Y,t)}$——火灾持续时间为 t 时，离板底表面 Y（cm）处的楼板内部温度，℃；

          T_h——楼板底表面温度，℃；

          T_0——火灾前室内温度，℃；

     $\text{erf}\dfrac{Y}{2\sqrt{at}}$——高斯误差函数，按表 $10-12$ 取值，其中 a 为材料导温系数按表 $10-11$ 取

             值；

          Y——至楼板底面的距离，cm；

t——火灾燃烧时间，h。

火灾时板、墙、梁等构件内部温度也可按表 10-13～表 10-15 直接查取。

表 10-12 误 差 函 数 表

$\dfrac{Y}{2\sqrt{at}}$	erf $\dfrac{Y}{2\sqrt{at}}$	$\dfrac{Y}{2\sqrt{at}}$	erf $\dfrac{Y}{2\sqrt{at}}$	$\dfrac{Y}{2\sqrt{at}}$	erf $\dfrac{Y}{2\sqrt{at}}$
0.00	0.00000	0.80	0.74210	1.60	0.97635
0.05	0.05637	0.85	0.77067	1.65	0.98038
0.10	0.11246	0.90	0.79691	1.70	0.98379
0.15	0.16800	0.95	0.82089	1.75	0.98667
0.20	0.22270	1.00	0.84270	1.80	0.98909
0.25	0.27633	1.05	0.86244	1.85	0.99111
0.30	0.32863	1.10	0.88020	1.90	0.99279
0.35	0.37938	1.15	0.89612	1.95	0.99418
0.40	0.42839	1.20	0.91031	2.00	0.99532
0.45	0.47548	1.25	0.92290	2.10	0.99702
0.50	0.52050	1.30	0.93401	2.20	0.99813
0.55	0.56332	1.35	0.94376	2.30	0.99885
0.60	0.60386	1.40	0.95228	2.40	0.99931
0.65	0.64203	1.45	0.95970	2.50	0.99959
0.70	0.67780	1.50	0.96610	2.75	0.99989
0.75	0.71116	1.55	0.97162	3.00	0.99997

表 10-13 混凝土板内部温度分布值 单位：℃

深度 (mm)	受 火 时 间 （h）					
	0.5	1.0	1.5	2.0	3.0	4.0
0	600	740	800	800	800	800
10	480	660	800	800	800	800
20	340	530	650	730	800	800
30	250	420	550	610	700	770
40	180	320	450	510	600	670
50	140	250	360	430	520	600
60	110	200	310	360	450	530
70	90	170	260	310	400	470
80	80	130	220	270	350	430
90	70	110	180	230	310	390
100	65	100	160	200	290	360

表 10 - 14　　　　　　　　　　混凝土墙内部温度分布值　　　　　　　　　单位:℃

深度 (mm)	受 火 时 间 （h）						
	0.5	1.0	15	2	3	4	5
0	460	670	760	815	890	935	1000
5	420	625	720	775	850	905	970
10	380	580	680	740	820	875	940
15	340	540	640	700	785	840	910
20	300	495	600	660	750	810	880
25	270	450	555	625	710	775	855
30	215	400	520	590	680	740	825
35	180	360	475	550	640	710	800
40		315	435	510	605	675	770
45		270	400	475	570	645	740
50		235	360	440	535	585	720
55		200	325	405	500	555	690
60		175	295	375	475	530	660
65			265	340	440	500	635
70			235	320	420	480	615
75			200	290	400	455	585
80			185	265	375	430	560

表 10 - 15　　　　　　　　　　混凝土梁内部温度分布值　　　　　　　　　单位:℃

到底面的距离 （竖向深度） (cm)	到侧面的距离 （横向深度） (cm)					
	12	10	8	6	4	2
20	140	175	250	355	500	680
18	150	180	255	360	505	685
16	160	195	265	370	510	690
14	180	210	280	385	520	695
12	210	245	310	405	540	705
10	260	290	350	445	565	720
8	335	360	415	495	605	745
6	430	455	500	570	665	780
4	560	580	610	660	735	825
2	720	730	750	780	825	885

（三）主筋（受力筋）温度的确定

其实如果已经求得了结构内部温度，那么内部附近的钢筋的温度也就确定了，表10-16还提供了一个根据火灾持续时间及保护层厚度来查取主筋温度的关系表，可供参照。

表 10-16　　　　大火灾温度作用下梁内主筋温度与保护层厚度的关系

主筋温度（℃） 主筋保护层（cm）	升温时间（min）									
	15	30	45	60	75	90	105	140	175	210
1	245	390	480	540	590	620				
2	165	270	350	410	460	490	530			
3	135	210	290	350	400	440		510		
4	105	175	225	270	310	340			500	
5	70	130	175	215	260	290				480

第四节　建筑结构火灾后可靠性评定

一、冶金系统传统的评定方法

按我国冶金系统的划分，火灾后结构的损伤程度可分为四级，标准如下：

（一）钢筋混凝土结构

一级：轻度损伤。

混凝土表面温度低于700℃，混凝土表面有少量裂缝和龟裂，钢筋保护层基本完好，不露筋，不起鼓脱落，对结构承载能力影响很小。

该类轻度损伤的结构，只需将结构表面粉刷层或表面污物清除干净，用涂油漆或抹灰等措施处理。

二级：中等损伤。

混凝土表面温度在700℃左右，受力钢筋温度低于300℃，露筋面积小于25％，裂缝较宽，并有部分裂缝贯通，局部龟裂严重，混凝土与钢筋之间的黏结力损伤较轻，结构承载能力有所下降，但下降幅度较小。

该类中度损伤的结构，除对表面裂缝处理外，对损伤严重部位应采取局部补强加固措施处理。

三级：严重损伤。

混凝土表面温度达700℃以上，受力钢筋温度低于350℃，露筋面积小于40％，局部龟裂、爆裂严重，混凝土与钢筋之间的黏结力局部破坏严重，结构承载能力严重下降。

该类严重损坏的结构，应根据高温下结构强度计算，按等强加固原则，采用配置加固钢筋措施予以加固处理。

四级：严重破坏。

混凝土表面温度达800℃以上，受力钢筋温度超过400℃，露筋面积大于40％，挠度超过规范允许挠度值，混凝土与钢筋黏结力严重破坏，结构承载能力基本丧失。此类严重破坏的结构，一般应予拆除。

同一个火场不同部位的损伤程度有时会有很大差异，表 10-17～表 10-19 给出了钢筋混凝土梁、板、柱损伤程度分级评定标准的详细描述。

根据这些描述可以判断哪一部分可以修复，哪一部分已不具备修复价值而需要拆除。

表 10-17　　　　　　　　　　钢筋混凝土梁损伤程度分级评定标准

项次	项目名称	评定等级			
		一级	二级	三级	四级
1	龟裂、爆裂	无	局部龟裂	局部龟裂、爆裂	严重龟裂、爆裂
2	起鼓、脱落	仅粉刷层脱落	局部起鼓	起鼓，脱落面积小于 25%	起鼓，脱落面积大于 40%
3	纵向、横向裂缝	无裂缝	有少量纵裂缝	有纵向和横向裂缝	有大量纵、横向裂缝且裂缝宽度大
4	露筋面积	无露筋或局部露筋	露筋面积约 10%	露筋面积约 40%	露筋面积约 80%
5	钢筋与混凝土黏结力	完好	局部破坏	局部严重破坏	严重破坏
6	主筋变形	无变形	无变形	主筋挠曲变形不超过一根，且变形不大	主筋挠曲变形超过一根，且变形大
7	表面温度	小于 700℃	700℃左右	大于 700℃	大于 800℃
8	主筋温度		小于 300℃	小于 350℃	大于 400℃
9	构件承载力	基本无影响	承载力下降	承载力严重下降	承载力基本丧失
10	损伤程度	轻度损伤	中度损伤	严重损伤	严重破坏

表 10-18　　　　　　　　　　钢筋混凝土楼板损伤程度分级评定标准

项次	项目名称	评定等级			
		一级	二级	三级	四级
1	龟裂、爆裂	无	局部龟裂	局部龟裂、爆裂	严重龟裂、爆裂
2	起鼓、脱落	仅粉刷层脱落	局部起鼓、脱落	脱落面积约 50%	脱落面积大于 50%
3	纵向、横向裂缝	无	有纵向裂缝	有纵向、横向裂缝	有大量纵、横向裂缝
4	露筋面积	无	局部露筋	露筋面积小于 25%	露筋面积大于 40%
5	钢筋与混凝土黏结力	完好	局部破坏	局部严重破坏	严重破坏
6	主筋变形	无变形	无变形	主筋挠曲变形不严重	主筋严重挠曲变形
7	表面温度	小于 700℃	700℃左右	大于 700℃	大于 800℃
8	主筋温度		小于 300℃	小于 350℃	小于 400℃
9	构件承载力	基本无影响	承载力下降	承载力严重下降	承载力基本丧失
10	损伤程度	轻度损伤	中度损伤	严重损伤	严重破坏

表 10 - 19　　　　　　　　　　　钢筋混凝土柱损伤程度分级评定标准

项次	项目名称	评定等级			
		一级	二级	三级	四级
1	龟裂、爆裂	局部龟裂	局部龟裂、爆裂	爆裂面积小于40%	爆裂面积大于40%
2	起鼓、脱落	仅粉刷层脱落	局部起鼓	脱落面积小于25%	脱落面积大于40%
3	纵向、横向裂缝	无裂缝	有少量纵向裂缝	有纵、横向裂缝	有大量纵、横向裂缝，且裂缝宽度大
4	露筋面积	无露筋	局部露筋	露筋面积小于25%	露筋面积大于40%
5	钢筋与混凝土黏结力	完好	局部破坏	局部严重破坏	严重破坏
6	主筋变形	无变形	无变形	主筋扭曲变形不超过一根	主筋扭曲变形超过一根
7	表面温度	小于400℃	400～500℃	600～700℃	700～750℃
8	主筋温度	小于100℃	小于300℃	350～400℃	400～500℃
9	构件承载力	基本无影响	承载力下降	承载力严重下降	承载力基本丧失
10	损伤程度	轻度损伤	中度损伤	严重损伤	严重破坏

（二）钢结构

钢结构的损伤度也分四级：

一级：仅防护层和耐火覆盖材料损伤。

二级：构件略有变形（局部弯曲、扭曲等），构件表面温度达 400～500℃。

三级：构件有明显变形，构件表面温度达 500～600℃。

四级：构件有严重变形，表面温度大于 600℃。

二、按设计规范评定方法

（一）单一安全系数设计准则

对房屋结构可靠性进行评定时，会遇到不同时期的建筑物以不同规范为依据进行设计和施工的问题，而且不同时期的标准会有较大的差别。

以混凝土结构为例，1989 年以前是按照《钢筋混凝土结构设计规范》（TJ 10—74）设计的，规范依据的是单一安全系数原则，当时的质量检验评定标准是按《建筑安装工程质量检验评定标准》（TJ 301—74）进行的。而在 1989 年以后，房屋结构是按照《混凝土结构设计规范》（GBJ 10—89）设计的，采用的是概率极限状态设计准则，在可靠程度的表达方式上采用了分项系数的方法，而质量鉴定是按《建筑安装工程质量检验评定统一标准》（GBJ 300—88）进行的。因此，不同时期的建筑物，在复核确定其可靠度时，采用的方法和表达方式是不同的。

按 1989 年以前的《钢筋混凝土结构设计规范》（TJ 10—74），《砖石结构设计规范》（GBJ 3—73）和《钢结构设计规范》（TJ 17—74）有如下表达式：

$$K_{sh} = \frac{R_{sh}}{S_{sh}} \geq \beta[K]$$

式中　K_{sh}——实际构件强度验算的安全系数；

R_{sh}——构件的实际抗力，采用实测强度按规范公式计算，此时，材料实测强度应采用设计计算值，若实测材料强度的平均值为 $\overline{f}$，均方差为 σ，则设计计算值为 $f = \overline{f} - 2\sigma$；

S_{sh}——构件实际承受的内力，可按事故发生时的实际荷载计算；

$[K]$——规范规定的安全系数，可按有关规范查用。

（二）概率极限状态可靠度设计准则

对于按现行规范设计的建筑物，复核时按新规范有关条文进行。新规范要求结构的可靠度指标以分项系数的表达方式来实现，复核时应满足：

$$\gamma_0 S \leqslant R$$

式中　γ_0——结构重要性系数，对一般结构取 1.0，重要结构取 1.1，临时的、次要的结构可取 0.9；

S——作用效应，考虑了荷载分项系数、组合系数后的实际荷载作用、环境作用、约束变形的作用效应；

R——结构的抗力，按实测材料强度计算，但要考虑材料分项系数，材料的强度由实测结果推断。

为了区分承载力的可靠性等级，可参考《工业厂房可靠性鉴定标准》（GBJ 144—90）和《民用建筑可靠性鉴定标准》（GB 50292—1999），将结构的可靠性分为 4 个等级，分别写 a_u、b_u、c_u、d_u，见表 10-20。

表 10-20　　　　　　　　　　火灾后各构件的评定等级

构件类别	$R/(\gamma_0 S)$			
	a_u	b_u	c_u	d_u
主要构件	≥1.0	≥0.95 且 <1.0	≥0.90 且 <0.95	<0.90
一般构件	≥1.0	≥0.90 且 <1.0	≥0.85 且 <0.90	<0.85

依据混凝土构件在火灾后的外观特征及连接构造的破坏程度，亦可按表 10-21 进行可靠性评级。

表 10-21　　　　　　　依据混凝土构件外观特征及连接构造评级

级别	外观特征及连接构造
a_u	无裂缝，无龟裂、爆裂，无起鼓、脱落，无露筋，混凝土与钢筋黏结力无破坏，主筋无变形，推定表面温度小于 700℃、主筋温度小于 300℃，构造连接可靠、未损伤
b_u	有少量纵向裂缝，裂缝宽度小于 0.3mm，局部龟裂、爆裂，局部起鼓，局部露筋，局部混凝土与钢筋黏结力破坏（锚固点完好），无火灾变形，表面推定温度 700℃、钢筋推定温度小于 300℃，连接构造基本完好
c_u	局部龟裂、爆裂，起鼓、脱落面积小于 25%；有纵横向裂缝，裂缝宽度小于 0.7mm，露筋面积小于 40%；混凝土与钢筋黏结力局部严重破坏；挠曲变形，但变形不大于 $l_0/50$；柱的 30% 以上受压钢筋鼓出；混凝土表面推定温度大于 700℃，钢筋温度小于 350℃；构件严重损伤，构造连接严重受损
d_u	严重龟裂、爆裂；有大量纵横向裂缝，裂缝宽度大于 1.0mm；起鼓、脱落面积大于 25%；露筋面积大于 40%；混凝土与钢筋黏结力破坏严重；挠曲变形大于 $l_0/50$；柱的 50% 以上受压钢筋鼓出；推定混凝土表面温度大于 800℃，钢筋温度大于 400℃；构件严重损伤，承载力基本丧失

第五节 加固方法

一、加固的基本原则

直观上建筑过火后的加固，就是恢复结构的原始强度和刚度，使其像火灾前那样的正常工作，但仔细分析起来加固结构受力性能与一般未经加固的普通结构差异还是很大的。首先，加固结构属二次受力结构，加固前原结构已经承载受力（即第一次受力），而且又是在受力情况下过火受损的，截面上已经存在了一个初始的应力、应变值（有的文献称先期应力应变值）。然而，加固后新加部分并不立即分担荷载，而是在新增荷载下，即第二次加载情况下，才开始受力。这样，整个加固结构在其后的第二次载荷受力过程中，新加部分的应力、应变始终滞后于原结构的累计应力、应变，原结构的累计应力、应变值始终高于新加部分的应力、应变值，原结构达极限状态时，新加部分的应力应变可能还很低，破坏时，新加部分可能达不到自身的极限状态，其潜力可能得不到充分发挥。其次，加固结构属二次组合结构，新旧两部分存在整体工作共同受力问题。整体工作的关键，主要取决于结合面的构造处理及施工作法。由于结合面混凝土的黏结强度一般总是远远低于混凝土本身强度，因此，在总体承载力上二次组合结构比一次整浇结构一般要略低一些。

加固结构受力特征的上述差异，决定了混凝土结构加固计算分析和构造处理，不能完全沿用普通结构概念进行设计，要遵循下面的基本原则：

（1）加固设计应简单易行，安全可靠，经济合理。

（2）对危险构件，应包括应急加固措施，并选用施工周期短、方法可靠的加固方法。

（3）考虑加固结构的二次受力，尽可能采用卸荷加固方法。

（4）选用的加固方法，尽可能不改变原建筑的使用功能。

（5）加固材料的选择应满足以下条件：

加固用钢筋选用 HPB 235、HRB 335 级钢筋；

加固用水泥选用普通硅酸盐早强水泥，其强度等级不小于 425；

加固用混凝土等级应高于原混凝土一个等级，且不低于 C20；

新旧混凝土面应采用界面剂或同类胶质材料。

二、加固方法简介

（一）增大截面法

梁、柱构件抗力 R 不够时，采用增大截面法，有以下优点：

（1）施工技术成熟，便于施工。

（2）质量好，可靠性强。

（3）提高抗力 R 及构件刚度的幅度大，尤其对柱增加稳定性较大。

增大截面、增加刚度，首先要考虑分析整体结构，不能仅着眼于局部，要考虑到由于该局部的加强会引起整体结构受力的转移而导致另外局部构件的超载。此外，加大截面时，因构件质量和刚度变化较大，结构固有频率会发生变化，因此，应避免使结构加固后的固有频率进入地震或风震的频率共振区域，造成新的破坏。

（二）外包钢法

外包钢法是利用角钢或钢板等将混凝土梁、柱等构件包裹起来达到增加抗力的目的，它分湿式外包钢法和干式外包钢法两种。

（1）湿式外包钢法即在钢材与原混凝土构件间填环氧水泥砂浆等黏结材料，其整体性好，但湿作业工作量大。

（2）干式外包钢法施工简洁，方便。

外包钢法骨架设计应选择合理有效截面积，并考虑结构在加固时的实际受力状况，即原结构的应力超前和加固部分的应变滞后特点，以及加固部分与原结构共同工作的程度，从而增加构件抗力，提高构件延性特征。

（三）预应力法

一般采用无黏结预应力技术，对结构构件进行加固。其主要优点如下：

（1）体外配筋张拉预应力可以起到增加主筋、提高正截面及斜截面强度的作用，同时也提高了刚度，有效地改善了使用性能且效果好。

（2）加固时采用的预应力技术与新建结构中采用的预应力技术，既有相同点，也有不同点，其不同点如下：

1）预应力加固构件，是二次受力构件，存在应力超前和应变滞后的现象。

2）原结构构件受预应力作用产生的压缩变形，对控制张拉量的影响较大。

3）使用预应力加固属于体外配筋，无黏结预应力，存在着反拱效应，应予以充分重视。

4）对原结构混凝土抗压强度要求较高，不宜低于 C20，否则应选用其他加固方法。

（四）外粘钢板法

外粘钢板法是将钢板通过黏结剂，按加固设计要求，粘贴于混凝土或钢结构表面，使之共同工作。加固用钢板厚度在 1.5～4.0mm。外粘钢板法实践证明有下述优点：

（1）粘钢加固构件的二次受力特征不明显，这是其主要优点。

（2）被粘钢板与原构件仍可假设为平截面，说明共同工作性能良好。

（3）加固力学分析、设计计算相对简捷，即使构件出现明显裂缝、受损严重的混凝土梁，经粘钢加固后，其承载能力、刚度提高至原梁设计使用条件既是可能的，也是可靠的。

（4）粘钢加固不仅具有良好的物理力学性能，而且不减小空间，保持结构原貌，取材容易，施工方便、快捷，不影响生产和使用等优点。粘钢加固在国内外已使用 20 年，占领了较大的市场。

（五）外粘玻璃钢法

此法与外粘钢板法的加固原理基本相同。

所谓玻璃钢，是用玻璃纤维布与环氧树脂胶，分层粘贴于拟加固的旧混凝土构件表面。外粘玻璃钢法又称复合材料加固法。

被加固后的构件，二次受力效应不明显，同样满足平截面假设。但是玻璃钢的弹性模量与抗拉强度均比钢材为低，故被加固构件承载力与刚度提高效果没有粘钢的加固效果好。采用玻璃钢法，其抗腐蚀性强，故常用于化工厂等有腐蚀介质作用的加固工程中。

（六）碳纤维（CFRP）加固法

碳纤维（CFRP）是一种高性能材料。

CFRP是纤维增强塑料，最早用于航天航空领域，后来用于船舶、汽车领域，近年来用于土建工程补强。

碳纤维主要性能指标见表10-22。

表 10 - 22　　　　　结构加固修补用碳纤维（CFRP）主要性能指标要求

抗拉强度 （MPa）	弹性模量 （MPa）	延伸率 （%）	密度 （g/cm³）	耐腐蚀性	浸透性	均匀度
约3000	$\geqslant 2.1 \times 10^5$	$\geqslant 1.5$	1.8	优	良好	良好

（1）碳纤维强度为钢材强度10倍以上。

（2）碳纤维弹性模量与钢材的弹性模量处于同一数量级。

（3）加固构件二次受力状态不明显，符合基本假定。

（4）加固后强度和延性同时得到提高。

CFRP具有良好的可黏结性、耐热性及抗腐蚀性，在美国、日本、韩国、欧洲得到长足发展。特别是露天环境结构，如桥、涵、矿、井和曲面结构，在结构动力效应、抗震以及抗风化等方面，均有突出效果。

过火建筑的加固最重要的是鉴定它的破损状况亦即上节所述的鉴定评估，至于具体的加固方法，如上述谈到的各种方法均可采用，表10-23开列了混凝土结构常用的8种加固方法及其适用范围。表10-24则根据鉴定级别给出了梁板柱可选用的加固方法。

表 10 - 23　　　　　混凝土结构常用加固方法的特点及适用范围

加固方法	主 要 特 点	适 用 范 围
加大截面法	传统加固方法。以同种材料增大构件截面面积，提高结构承载能力	梁、板、柱和墙等一般结构
外包钢加固法	截面尺寸和外观影响很小，承载能力提高较大，施工简便，现场工作量较小，受力较为可靠	大型结构及大跨结构
外部粘钢加固法	国际上较先进的加固方法。简单、快速，对生产和生活影响很小	正常环境下的一种受弯、受拉构件，及中轻级工作制吊车梁
预应力加固法	卸荷、加固及改变结构受力三者合而为一的加固方法。承载力、抗裂性及刚度可同时得以提高	大跨结构及大型结构
增设支点加固法	增设支承点，减小结构跨度和内力，相应提高结构总体承载能力	梁、板及桁架等
托梁拔柱技术	不拆或少拆上部结构情况下，拆除、更换、接长柱子的技术	改变使用功能及增大室内空间的旧房改造
增设支撑体系及剪力墙加固法	增强结构抗水平荷载能力和侧向刚度及稳定性	抗侧力加固
增设拉结连系加固法	于房屋周边、纵向、横向、竖向增设相应的拉结连系，增强结构整体稳定性，防止偶然事故下发生连续倒塌	装配式结构抗连续倒塌及抗震加固
裂缝修补技术	恢复或部分恢复结构因裂缝所丧失的承载能力、耐久性、防水性及美观等	各种混凝土结构

表 10 - 24　　　　　　　　　　　混凝土结构受损构件的加固方法

级别	构件	可 选 加 固 方 法
d_u	梁	预应力加固法；预应力与粘钢加固综合加固法；外包钢加固法；加大截面法；改变传力路线法；增加支承体系
	板	预应力加固法；局部拆换法；增设支承体系法
	柱	预应力撑杆加固法；加大截面法；外包钢加固法；外包角钢加固法
c_u	梁	预应力加固法；加大截面法；外包钢加固法；粘钢加固法；增补受拉钢筋加固法；喷射混凝土加固法
	板	预应力加固法；加大截面法；改变支承条件法；增设板肋法；喷射混凝土加固法
	柱	预应力撑杆加固法；加大截面法；外包钢加固法；外包角钢加固法；喷射混凝土加固法

三、几点注意事项

（一）材料要求

为适应加固结构应力、应变滞后现象而较充分发挥后加部分的潜力，加固结构所用钢材，一般应选用比例极限变形较小的低强（Ⅰ、Ⅱ级）钢材；对于大型结构的预应力法加固，为减小材料用量，可采用高强钢材，但必须通过预应力手段将钢材工作应力提升到相应的水平。为提高二次组合结构结合面的黏结性能，保证新旧两部分能整体工作共同受力，加固结构所用水泥及混凝土，要求收缩性小，最好微膨胀，与原构件的黏结性好，早期强度高。对加固结构所用化学灌浆材料及黏结剂，要求黏结强度高，可灌性好，收缩性小，耐老化，无毒或低毒。

（二）必要时的卸荷

加固结构的新加部分，因应力、应变滞后而不能充分发挥其效能，尤其是当原结构工作的应力、应变值较高时，对于以混凝土承载力为主的受压构件和受剪构件，往往会出现原结构与后加部分先后破坏的各个击破现象，致使加固效果很不理想或根本不起作用。相反，加固时若进行卸荷，由于应力、应变滞后现象得以降低，乃至消失，破坏时，新旧两部分就可同时进入各自的极限状态，结构总体承载力可显著提高。卸荷对加固结构承载力提高的影响，主要表现在原结构第一次载荷应力、应变水平指标的降低方面，如前所述，这对于以混凝土围套加固的受压结构及增设支点加固的受弯结构，效果特别明显。

卸荷加固结构的截面承载力计算，原则上仍按二次受力结构进行，但当卸荷达到一定程度，可近似简化按一次受力组合结构计算，特别是以钢筋为主要承力的受拉、受弯及大偏心受压结构。

卸荷可以是直接卸荷，也可以是间接卸荷。直接卸荷，是全部或部分地直接搬走作用在原结构上的可卸荷载。间接卸荷，是用反向力施加于原结构，以抵消或降低原有作用效应。直接卸荷直观、准确，但可卸荷载量有限，一般只限于部分活荷载。间接卸荷量值无限，甚至可使作用效应出现负值。间接卸荷有契升卸荷和顶升卸荷，前者以变形控制，误差较大；后者以力控制，较为准确。预应力加固法使加固与卸荷合而为一，是将原结构所受荷载，通过预应力手段部分地转移到新加结构的一种方法。

（三）新老部分的共同工作

加固结构受力时，尤其是当结构临近破坏时，结合面会出现拉、压、弯、剪等复杂应力，特别是受弯或偏压构件的剪应力，有时可能是相当大的。加固结构新旧两部分整体工作的关键，主要在于结合面能否有效地传递和承担这些应力，而且变形不能过大。结合面传递压力，一般不存在问题，主要是剪力和拉力。结合面混凝土所具有的黏结抗剪和抗拉能力，有时远不能满足受剪和受拉承载力要求，比如梁、柱加固情况，尚需配置一定数量的贯通结合面的剪切-摩擦筋，利用钢筋所产生的被动剪切-摩擦力来抵抗结合面所出现的剪力和拉力。

对于四面采用混凝土围套加固的梁、柱，由于配置有贯穿结合面的封闭式箍筋，且混凝土围套在结合面受力过程中，部分是以整浇混凝土形式参与抗剪和抗拉，结合面承载能力，比之于非封闭的单面或双面加固情况要大得多，且一般都已足够。

第六节　过火建筑鉴定与加固实例

【实例 10-1】　某纺织车间火灾后鉴定与加固

过火建筑为某纺织厂的清花车间，该车间为单层工业厂房，钢筋混凝土柱、风道梁、锯齿形屋架、双 T 形屋面板，这些构件均为预制安装，预制构件及现浇梁、板、楼梯、天沟等混凝土强度等级均为 C20。梁柱主筋为 Ⅱ 级钢，砖墙为砖 MU10、混合砂浆 M5 砌筑。

1994 年 4 月 9 日发生火灾，火灾旺盛期 1h 左右，持续时间 4h，图 10-4 为火灾面积与温度区域示意图。

一、火灾后结构烧损的调查结果

（一）建筑烧损情况

建筑物材料烧损情况如下：

（1）轴②、轴Ⓓ—Ⓔ水泥窗框内侧钢杆安全扶手烧红、变弯曲。

（2）轴①、轴Ⓑ—Ⓒ和轴②、轴Ⓒ—Ⓓ水泥窗框内侧钢杆安全扶手弯曲变形。

（3）轴①—③、轴Ⓒ直径 5cm 的自来水管烧红变形弯曲。

（4）轴①和轴②、轴Ⓒ—Ⓓ和轴Ⓓ—Ⓔ上的窗户玻璃溶化。

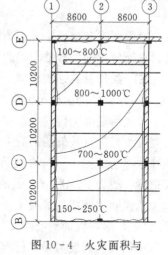

图 10-4　火灾面积与温度区域示意图

（5）轴②—③、轴Ⓓ—Ⓔ靠轴Ⓔ液压升降机钢板外壳烧后发红。

（二）结构受损情况

（1）钢筋混凝土预制柱（带牛腿）。轴②、轴Ⓓ柱受损严重，柱混凝土爆裂，外表呈红色或白色带黄，该柱混凝土烧伤深度严重的达 20mm，炭化深度 15mm；一般部位烧伤深度 15mm，炭化深度 10mm 左右。柱距地面 1m 以上混凝土烧成红色带黄，1m 以下混凝土仍微红带青色。

（2）钢筋混凝土预制风道梁。风道梁烧损严重的是轴①—②、轴©—⑥梁，混凝土颜色烧成红色、白色带黄、局部爆裂。烧伤深度严重的达 20mm，炭化深度严重的达14mm，一般烧伤 16mm，炭化 10mm 左右。

（3）钢筋混凝土预制锯齿形屋架。屋架烧损最严重的是轴①—②、轴©—⑥和轴②—③、轴⑩—⑥跨内屋架，混凝土颜色为红色、局部为白色，烧伤深度严重的达 17mm，炭化 13mm。

（4）钢筋混凝土双 T 形屋面板。屋面板受损严重的是轴①—③、轴©—⑥范围内的板，板底混凝土颜色一般是红色、局部为白色。烧伤深度严重的达 12mm，碳化 9mm；一般烧伤深度为 7mm，炭化 5mm 左右。板在火灾后混凝土爆裂露筋 1 处，孔洞 2 处。

（5）山墙砖砌体烧损。山墙砖砌体烧损严重的是轴①—③、轴⑥。砖墙水泥砂浆粉刷层烧酥粉状剥落，黏土砖局部爆裂。

二、火灾温度的判定

（1）根据现场残留物和混凝土结构颜色的调查结果判定火灾温度。

（2）根据混凝土结构内钢筋的强度损失和混凝土烧伤深度判定温度。

（3）取构件表面混凝土的烧伤层在电镜下进行混凝土内部结构和矿物成分变化分析判定温度。

根据现场调查和构件各部位的取样鉴定，判定该工程最高火灾温度 800～1000℃。其轴线位置为轴①—②、轴©—⑩附近和轴②—③、轴©—⑥范围内，火灾温度区域详见图10-4。

根据调查和现场查看，该次火灾起火部位是在轴②—③靠轴⑩附近，火焰由南向北蔓延，从而使得轴①和轴②线的结构受损较为严重。

三、结构材料性能检测

（一）梁柱的混凝土强度

火灾后混凝土构件各部位受到的火灾温度不同，其强度损失也不同，对于同一根构件的混凝土强度取较低的混凝土强度值。根据判定的火灾温度区域和采用拔出法、取芯法、回弹法等的检测，结构火灾后梁柱的混凝土强度：柱子一般为 22MPa，最低的 17MPa；风道梁一般为 25MPa，最低的 18.5MPa；屋架 28MPa，最低的 17.5MPa。该厂房的结构施工总说明中载明的混凝土强度等级为 C28。

（二）梁柱内的钢筋强度

根据火灾温度与梁、柱内主筋强度折减系数与保护层的关系曲线。本工程判定最高火灾温度为 1000℃，实测柱子钢筋保护层 22mm 左右、风道梁 20mm 左右、屋架 19mm 左右，推定柱内主筋强度折减系数 0.87，风道梁、屋架内的主筋强度折减系数 0.80。

（三）双 T 形屋面板内钢筋强度

判定屋面板最高火灾温度 1000℃，板内主筋保护层最小 4mm，一般 8mm，最厚11mm。根据火灾温度与板内主筋强度折减系数与火灾温度的关系曲线，推定板内主筋强度折减系数为 0.77。

（四）黏土砖砌体抗压强度

轴①—②、轴⑥，鉴定火灾最高温度为 1000℃，砖墙的一面受火自然冷却，推定火灾后砖砌体抗压强度损失为 10%。

四、结构受损评定意见

本工程结构受损按"受损严重"、"受损比较严重"、"受损一般"三种情况评定如下。

（一）柱子

（1）轴②、轴Ⓓ柱受损严重。

（2）轴③、轴Ⓓ柱牛腿侧面受损严重。

（3）轴①和轴Ⓔ、Ⓓ和Ⓒ柱仅牛腿侧面受损，其他柱子受损一般。

（二）风道梁

（1）轴②、轴Ⓔ—Ⓓ和Ⓓ—Ⓒ梁受损严重。

（2）轴①、轴Ⓔ—Ⓓ和Ⓓ—Ⓒ北侧面，轴③、轴Ⓓ—Ⓔ南侧面受损较重。

（3）其余风道梁受损一般。

（三）屋架

（1）轴②—③、轴Ⓔ—Ⓓ和Ⓓ—Ⓒ跨靠轴Ⓓ屋架，轴①—②、轴Ⓓ—Ⓒ靠轴Ⓓ内屋架受损严重。

（2）轴①—②、轴Ⓔ—Ⓓ内的屋架受损较重。

（3）其他屋架受损一般。

（四）双 T 形屋面板

（1）轴②—③、轴Ⓓ—Ⓔ和轴①—②、②—③、轴Ⓓ—Ⓒ跨内的部分屋面板受损严重。

（2）轴①—②、轴Ⓓ—Ⓔ跨内的屋面板受损较重。

（3）其他屋面板受损一般。

（五）山墙砖砌体

（1）轴②—③、轴Ⓔ砖砌体结构受损较重。

（2）其他砖砌体结构受损一般。

五、受损结构加固设计与施工

结构受损程度评定后也就知道了该工程需要修复加固的构件。对梁、板、柱砖墙砌体受损严重或比较严重的构件采取了加固措施，其他构件仅作恢复使用功能的修复处理。

（一）加固的原则和范围

原则：将受损结构恢复到满足原结构的设计荷载要求，为了保证原使用要求，被加固的截面不宜过大。

范围：火灾后受损严重或比较严重的构件。

（二）加固方案

1. 预制钢筋混凝土风道梁

受损严重的梁采取在梁侧面的主筋位置外，在跨中用建筑结构胶粘贴钢板和用无黏结预应力筋体外张拉的加固方法，加固方案见图 10－5 和图 10－6。对于受损比较严重的梁仅采用在跨中用建筑结构胶粘贴钢板的加固方法。

2. 预制钢筋混凝土屋架

受损严重和比较严重的屋架均采用无黏结预应力筋体外张拉加固方法，加固方案见图 10-7。

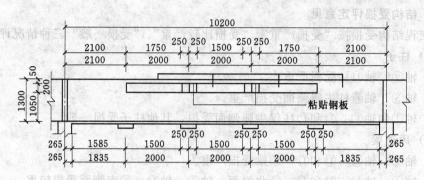

图 10-5　风道梁用粘贴钢板加固（侧视图）

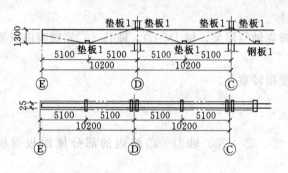

图 10-6　风道梁加固图

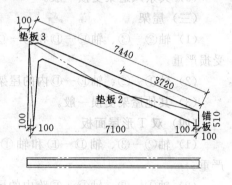

图 10-7　屋架加固

3. 预制钢筋混凝土柱

"受损严重"和"比较严重"的柱采用双侧预应力角钢撑杆法加固，加固方案见图 10-8。

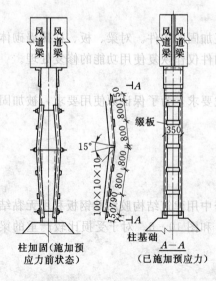

图 10-8　柱横向预应力加固

4. 预制双 T 形屋面板

对于"受损严重"和"比较严重"的屋面板均采用无黏结预应力筋外张拉加固方法。

5. 山墙砖砌体加固

砖砌体采用在室内墙面用 $\phi6@200$ 双向网片、M10 水泥砂浆粉刷（厚 10mm）加固。

（三）结构加固施工

1. 设置安全支撑

混凝土梁、板、柱遭火灾后，对烧损严重的构件要设置安全支撑，为此，在风道梁底每 50mm 设一道临时安全支撑。

2. 面层清理

对遭火灾的部位，铲除其表面的石灰粉刷层和水泥砂浆粉刷层。

320

3. 凿除梁、板、柱和砖砌体烧酥层

(1) 用凿子凿去构件表面混凝土和砖砌体烧酥层。

(2) 用钢丝刷刷去凿后构件表面的灰尘，也可用干抹布和小型鼓风机吹去灰尘。

(3) 用1：2水泥砂浆粉刷凿去烧酥层的部位和表面毛糙的部位，使梁、板、柱和砖砌体截面复原，待水泥砂浆达到设计强度后开始结构加固施工（若结构烧酥层深度较深时，可用细石混凝土填实恢复原截面）。

4. 准备修复加固材料

(1) 按梁、板、柱加固及现场实测尺寸切割角钢、扁钢和钢筋。并用砂纸除锈用布抹干净。

(2) 准备水泥、砂、石子等材料。

5. 梁、板、柱加固施工

(1) 按图纸在梁、板、柱设计规定位置处钻孔、打洞安装膨胀螺栓和锚固件。

(2) 吹去孔内灰尘，在膨胀螺栓上涂上按比例配好的建筑结构胶，插入孔内固定膨胀螺栓。

(3) 粘贴梁、板、柱上的预应力加固锚固件。

(4) 焊接梁、板预应力拉杆，按图纸设计要求施加预应力。

(5) 安装柱子预应力撑杆，按图纸设计要求施加水平撑杆预应力，固定焊接连接钢板。

6. 其他施工

(1) 凿去未加固的梁、板、柱的原粉刷层或局部微烧伤层，清除灰尘。

(2) 用1：2水泥砂浆粉刷所有的梁、板、柱，粉刷厚度梁、柱为25mm，楼板底为13mm（分二次粉刷）。

(3) 梁、板、柱结构加固后，对于暴露在外的钢筋、钢板、角钢等刷防锈漆二道。

(4) 刷白内墙涂料（室内装饰根据使用单位要求另定）。

【实例 10-2】 某商品市场火灾的鉴定与加固

一、工程概况及现场调查

该市场为八层框架结构，一～三层为市场，五～八层为住房。2000年4月，二楼由于烟头引起火灾，造成二楼结构烧损，整个二楼市场的服装及设备烧毁。

遭受火灾损伤区域主要为第二层⑥～⑪轴5个开间。火灾后受损区域内的木制架、凳子烧成焦炭，摊位钢丝网变形扭曲；楼层顶棚吊物用的吊钩变形表皮脱落，窗玻璃熔化，被火焰熏黑。

火灾后⑨轴Ⓑ柱混凝土表面呈灰白色，Ⓑ轴⑨～⑩梁呈淡黄色；部分构件混凝土呈粉红色；其余混凝土未变色，根据现场物品烧损情况表面颜色变化情况及现场取样所做电镜分析，该楼第二层火灾后，温度区域划分见图10-9。

二、结构受损情况及混凝土强度检测结果

火灾后该大楼第二层Ⓑ与⑧轴梁角部烧酥，Ⓑ轴线⑥～⑦梁烧伤深达2.6cm，⑥～⑦轴线的Ⓑ柱受损比较严重，特别是⑦轴Ⓑ柱，烧伤深达2.5cm，使局部柱的钢筋外露。

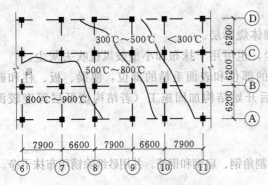

图 10-9　火灾温度区域划分

（一）构件强度检测

采用多种方法检测，进行综合评价混凝土强度。

1. 敲击法

首先用敲击法全面检测了各构件混凝土强度，检测部位为构件可能遭遇受火灾的部位。

2. 回弹法

（1）检测程序：先按 $f_{ct} = k_{cn} f_c$ 常规方法进行分析，然后进行修正。

式中　　f_{ct}——火灾后混凝土抗压强度，MPa；

　　　　f_c——按常规法回弹评定的结果（JGJ 23）；

　　　　k_{cn}——回弹修正系数，$k_{cn} = 1.08 - 8.48 \times 10 - 4T + 4.84 \times 10 - 2L$；

　　　　T——混凝土构件受火温度；

　　　　L——碳化深度（JGJ 23）。

（2）测试部位及测点，主要测试了柱中下部，梁侧的中、上部，板的底部。全面检测了各构件强度。

3. 取样分析法

从现场取样后与标准试件相比，确定柱，梁混凝土强度。

取样点柱上 +1.00m 处，+2.00m 处，梁侧中上部，板底部。取了相当部分有代表性的试样。

4. 受火温度分析法

火灾后混凝土抗压强度 f_{ct}

$$f_{ct} = k_c f_{co}$$

其中　　　　　　　　　　$k_c = 1.068 - 5.73 \times 10^{-4} T$

式中　　f_{co}——未受火混凝土强度。

（二）构件强度评定

由于篇幅有限，选同类型的梁柱中有代表性的部位分别用各种方法进行灾后混凝土强度测试，其综合评定结果见表 10-25。

表 10-25　　　　　　　　　　混凝土强度测试及评定结果　　　　　　　　　　单位：MPa

构件编号	火灾前混凝土强度	敲击法结果	回弹法结果	取样分析法结果	温度分析法结果	综合评定
⑥轴Ⓑ柱	22.9	17.0	16.5	17.0	15.9	16.6
⑦轴Ⓑ柱	21.0	15.0	14.0	15.0	14.0	14.5
⑦轴Ⓒ柱	23.0	20.5	20.0	21.0	18.5	20.5
⑥轴Ⓐ柱	20.2	15.5	15.5	15.5	15.0	15.3
⑦轴Ⓐ柱	22.0	16.5	16.2	16.0	15.5	16.1

构件编号	火灾前混凝土强度	敲击法结果	回弹法结果	取样分析法结果	温度分析法结果	综合评定
⑧轴Ⓐ柱	20.0	16.0	15.5	16.0	15.0	15.6
⑥轴Ⓐ～Ⓑ梁	20.0	16.0	16.5	16.0	15.0	15.8
⑥轴Ⓑ～Ⓒ梁	21.0	17.0	16.5	16.0	16.0	16.4
⑦轴Ⓐ～Ⓑ梁	22.1	16.0	16.0	16.0	15.5	15.9
⑦轴Ⓑ～Ⓒ梁	21.3	18.0	17.2	17.5	16.1	17.2
⑧轴Ⓑ～Ⓒ梁	21.2	19.0	18.2	19.0	17.5	18.4
⑨轴Ⓐ～Ⓑ梁	24.0	20.0	20.2	20.0	19.5	20.0
⑤轴⑨～⑩梁	23.1	21.0	22.1			20.0

(三) 钢筋火灾后强度评定

受力构件的钢筋强度评定采用的是受火温度分析法，火灾后钢筋抗拉强度按 $f_{yt} = k_y f_y$ 计算，其中 $k_y = 1.011 - 2.9 \times 10 - 4T$ 为强度降低系数。f_y 为钢筋未受火的抗压强度，f_{yt} 为火灾后的抗压强度。其评定结果见表 10-26。

表 10-26　　　　　　　　　　钢筋强度测试及评定结果

构件	受火温度（℃）	f_y (MPa)	k_y	f_{yt} (MPa)
⑥轴Ⓐ柱	800	310	0.779	241.5
⑥轴Ⓑ柱	800	310	0.779	241.5
⑥轴Ⓒ柱	700	310	0.800	248.0
⑦轴Ⓑ柱	900	310	0.729	232.5
⑧轴Ⓑ柱	700	310	0.800	248.0
⑧轴Ⓒ柱	600	310	0.837	259.5
⑨轴Ⓐ柱	500	310	0.866	269.0
⑦轴Ⓐ～Ⓑ梁	900	310	0.729	232.5
⑦轴Ⓑ～Ⓒ梁	800	310	0.779	241.5
⑧轴Ⓑ～Ⓒ梁	700	310	0.800	248.0
⑧轴Ⓒ～Ⓓ梁	600	310	0.837	259.5
⑨轴Ⓑ～Ⓒ梁	500	310	0.866	269.0

三、剩余承载力计算

由于遭受火灾损伤的主要受力构件是柱、梁、板，因而火灾的剩余承载力分析主要为这三种构件。

(一) 柱

原设计图柱配筋均为双向对称配筋，在此分别计算其受灾前极限承载力和火灾后极限承载力。

1. ⑥轴Ⓐ柱（400×650）

火灾前

原柱参数 $b \times h = 400 \times 650$，混凝土强度取

$$f_c = 11.11 \text{N/mm}^2$$

$$N_{\max} = f_c b h_0$$

$$N = 11.11 \times 400 \times 615 \times 0.544 = 1486.8 \text{kN}$$

火灾后

参数：经现场检测得其损坏层 $a_1 = 6$mm。

损伤层 $a_2 = 10$mm，见图 10 - 10。

受损面积 $A_a = 20 \times 634 = 10 \times 388 = 16560 \text{mm}^2$

灾后综合评定混凝土强度为

$$f_c = 8.47 \text{N/mm}^2$$

$$h_0 = 650 - 35 - 6 = 609 \text{mm}$$

$$b = 400 - 12 = 388 \text{mm}$$

故火灾后 $N_t = 8.47 \times 388 \times 609 \times 0.544 = 1088.8 \text{kN}$

损失：$(1 - N_t / N) \times 100\% = (1 - 1088.8 / 1486.8) \times 100\% = 27\%$

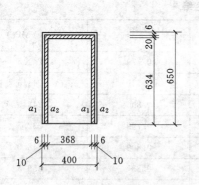

图 10 - 10　Z6—A 烧伤截面

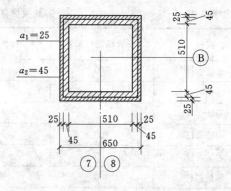

图 10 - 11　Z7—B 烧伤截面

2. ⑦轴Ⓑ柱（650×650）

火灾前

原柱参数：$b \times h = 650 \times 650$，$f_c = 11.55 \text{N/mm}^2$，极限承载力 $N_{\max} = f_c b h_0$　$N = 11.55 \times 650 \times 615 \times 0.544 = 2511.70 \text{kN}$

火灾后损伤情况见图 10 - 11。

火灾后综合评定混凝土强度　$f_c = 8.03 \text{N/mm}^2$。

未损伤面积　$A_a = 510 \times 510 = 260100 \text{mm}^2$；

损伤面积　$A_a = 90 \times 510 \times 2 + 45 \times 45 \times 4 = 99900 \text{mm}^2$。

剩余承载力极限

$N_t = \{11.55 \times 510 \times (615 - 70) + 8.03 \times 90 \times [615 - (615 - 70)]\} \times 0.544$
$= 1773.9 \text{kN}$

损伤　$(1-N_t/N) \times 100\% = (1-1733.9/2511.7) \times 100\% = 30\%$

同理可得：

⑥轴Ⓒ柱（简写 Z_c）承载力损失 15%；⑧轴 Z_c 承载力损失 10%；⑨轴 Z_a 承载力损失 5.1%等。

（二）梁

以⑦轴梁Ⓐ～Ⓑ梁为例。

火灾前，原设计为单筋矩形截面梁，则

$b \times h = 250 \times 600$，混凝土强度为 $f_c = 12.2 \text{N/mm}^2$，$f_y = 310 \text{N/mm}^2$，底筋 $4\phi20$。

则其抗弯能力为

$$f_c b_x = f_y A_s, x = f_y A_s / (f_{cm} b)$$
$$= 310 \times 314 \times 4 / (12.2 \times 250) = 127.65 \text{mm}$$
$$M = f_y A_s (h_0 - x/2) = 310 \times 314 \times 4 \times (565 - 127.65/2) = 195.1 \text{kN} \cdot \text{m}$$

火灾后损伤情况如图 10-12。

混凝土强度：　　　　$f_c = 8.7 \text{N/mm}^2$

综合评定火灾后钢筋强度：$f_{yt} = 232.5 \text{N/mm}^2$，$a_1 = 10\text{mm}$，$a_2 = 30\text{mm}$，

受压区高度计算：

$$x = f_y A_s / (2a_1 f_c) + (b - 2a_1 - 2a_2) v f_c$$
$$= 4 \times 232.5 \times 314 / (2 \times 10 \times 8.7)$$
$$\quad + (250 - 2 \times 10 - 2 \times 30) \times 12.2$$
$$= 129.6 \text{mm}$$

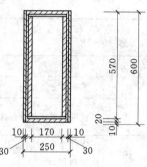

图 10-12　梁烧伤截面

受弯承载力：

$$M_t = f_y A_s (h_0 - x/2)$$
$$= 1256 \times 257.3 \times (565 - 129.9/2)$$
$$= 1256 \times 232.5 \times 500$$
$$= 146.01 \times 10^6 \text{N} \cdot \text{mm}$$
$$= 146.01 \text{kN} \cdot \text{m}$$

抗弯能力损失：$(1-M_t/M) \times 100\% = (1-146.01/195.1) \times 100\% = 25\%$

同理可得其他梁抗弯能力损失。

四、结构受损综合评价

经过现场调查、检测、计算、分析得出火灾损伤结构的综合评定结果，见表 10-27。

五、受损结构加固方法

板梁柱受损分类加固方法见表 10-28。

六、加固施工

（一）烧酥层处理

柱、梁、板烧酥层处理：凿除混凝土烧酥层。在火灾检测及加固设计人员指导下完成，凿除工作应仔细避免将未烧酥层振松，烧酥层凿除后用钢丝刷刷去浮灰，用压力清水将表面冲洗干净后用 801 胶刷一遍，用 1:1 水泥将构件分层粉平至原尺寸。

表 10－27　　　　　　　　　　　　结构受损程度综合评定

构件分类	严重受损构件	中度受损构件	轻度受损构件
二层顶棚楼板	⑥～⑦轴内 AB 跨 BC 跨 ⑦～⑧轴内 AB 跨 BC 跨	⑥～⑦轴 CD 跨 ⑦～⑧轴 CD 跨 ⑧～⑨轴 AB 跨	⑥～⑪轴其他跨
二层梁	⑦轴梁Ⓐ～Ⓑ 梁Ⓑ～Ⓒ Ⓑ轴梁⑥～⑦ 梁⑦～⑧	⑥轴 $L_{A\sim B,B\sim C,C\sim D}$ ⑦轴 $L_{C\sim D}$ ⑧轴 $L_{A\sim B,B\sim C,C\sim D}$ ⑨轴 $L_{A\sim B}$	⑥～⑪轴其他梁
柱	⑦轴 $Z_{7\sim B}$ ⑥轴 $Z_{6\sim13}$	$Z_{6\sim A}$　　$Z_{6\sim B}$ $Z_{6\sim D}$　　$Z_{7\sim A,C,D}$ $Z_{8\sim A,B,C}$　$Z_{9\sim A,B}$	⑥～⑪轴其他柱

表 10－28　　　　　　　　　　　板梁柱受损分类及加固方法

构件分类	严　重	中　度	轻　度
板	撑桁架方法加固	板底高强度水泥砂浆方法加固	清理面层，用水泥砂浆粉平
梁	预应力撑杆及受压区粘钢加固	预应力撑杆加固	铲除烧酥层、清理剥落的粉刷层，用 1：1 水泥粉浆粉抹平
柱	撑杆角钢加固加 1：1 水泥砂浆粉刷 50mm 厚	撑杆角钢加固加 1：1 水泥砂浆粉刷 25mm 厚	铲除烧酥层和清理剥落的粉刷层，加 1：1 水泥砂浆粉刷 25mm 厚

（二）柱子加固施工

（1）根据柱子的实际尺寸在现场放样受力四角用角钢加固。

（2）施工时，缀板与角钢应采用等焊。

（3）在分块缀板上下各焊一道 φ12 箍筋一道。

（4）安装柱角传力钢板。

（5）用 C30 细石混凝土灌捣密实 60mm 厚，柱角钢保护层 30mm 厚。

（三）梁加固施工

1．中度损伤梁用预应力拉杆加固

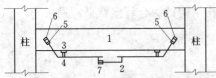

图 10－13　拉杆锚固示意图

1—原梁；2—加固梁；3—上钢板（80mm×80mm×20mm）；4—下钢棒（φ22，L=450mm）；5—焊接；6—高强度螺栓；7—外拉式千斤顶

预应力拉杆张拉。由于梁端放置千斤顶有困难故采用拉式千斤顶在梁中间部位张拉，拉杆锚固如图 10－13。

预应力拉杆锚固，其施工工艺按如下操作（在火灾检测人员及加固设计人员指挥下进行）。

（1）在原梁及钢板上钻出与高强度螺栓直径相同的孔。

（2）在钢板和原梁上各涂一层环氧砂浆，用高强度螺栓将钢板紧紧地压在原梁上，以产生良好的黏结力和摩擦力。

（3）将预应力筋锚固在与钢板相焊接的凹缘处。

（4）张拉结束后，对外露的加固钢筋进行粉刷 1∶2 水泥砂浆和涂刷防锈漆。

2. 损伤严重梁的加固施工

先与中度损伤梁一样进行预应力撑杆加固施工，施工完毕的再进行粘贴加固，其加固示意图如图 10-14 所示。

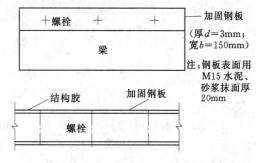

图 10-14　梁受压粘贴钢板加固示意图

施工操作：

（1）构件表面处理：先用钢丝刷将表面松散浮渣刷去，并用硬毛刷沾洗涤剂于表面，然后用压力水冲洗。稍干后用 30% 左右浓度的盐酸溶液涂敷，于常温下放置约 15min。再用硬尼龙刷刷除表面产生的气泡，用冷水冲洗，用 3% 的氨水中和，最后用压力水冲洗干净，待完全干燥后可涂胶黏剂。

（2）钢板粘贴前的处理。

1）前贴面须打磨进行防锈处理，然后用脱脂棉沾丙酮擦拭干净。

2）贴钢板前，先对被加固梁卸荷。

3）胶黏剂的配制。

JGN 胶黏剂为甲、乙两组，将两组按说明配比混合使用，并用转速为 100～300r/min 的锚式搅拌器拌至色泽均匀为止。

（3）钢板粘贴。

将配制好的胶用抹刀抹在已处理好的钢板表面上 1～3mm 厚，将钢板黏贴剂的砂面粘好，并立即用 U 形夹具夹紧，以防胶液从钢板边缘挤出。

（4）24h 后可拆除夹具，并在钢板表面涂水泥砂浆保护。

（四）板的加固施工

一般的用 1∶1 水泥砂浆粉刷板底即可。

对于严重损伤的板，采用撑桁架方法进行加固。将板面酥松砂浆全部凿除，全部铺双向钢筋网浇筑 C30 细石混凝土。

我已古稀之年，谨以此书献给我没有来得及孝敬的父母亲以及母校和所有培育过我的老师。

崔京浩

2006 年 12 月于清华园

参 考 文 献

[1] 崔京浩. 球壳开有两个圆孔的应力集中问题. 副博士研究生毕业论文. 清华大学土木系，1965

[2] 崔京浩. 有限单元法基础及其在地下工程中的应用. 清华讲义. 1973（10）

[3] 崔京浩. 地下水封油库围岩应力有限单元分析. 清华大学学报论文单行本. 1975（1）

[4] 商业部设计院，清华大学建工系水封油库设计组. 地下水封石洞油库围岩应力有限单元分析总结
（崔京浩撰写）. 建筑技术通讯（建筑结构）. 1975（6）

[5] 建工系围岩应力分析小组. 节理岩体地下工程围岩应力有限元非线性分析（崔京浩撰写）. 清华
学报. 1977（2）

[6] 崔京浩，王作垣. 水封油库设计中几个问题的探讨. 清华讲义. 1979

[7] 崔京浩，王作垣. 地下岩洞贮气库. 地下工程. 1979（9）

[8] 崔京浩，王作垣. 关于水封油库设计中的几个问题. 地下工程. 1981（8）

[9] 崔京浩，王作垣. 地下洞库渗流量的计算. 地下工程. 1982（1）

[10] 王作垣，崔京浩. 从地下水的存在谈防水. 清华大学地下建筑教研组. 1982（3）

[11] 崔京浩，王作垣. 球壳内力校核. 油气贮运. 1982（1）

[12] 崔京浩. 伟大的土木工程——内涵与特点. 地位和作用. 关注的热点，大会特邀报告. 第14届
全国结构工程学术会议（烟台大学）论文集，第Ⅰ册，P1～30，工程力学杂志社，2005.7

[13] 崔京浩，王作垣. 软土水封油库渗流量的研究. 油气贮运. 1983（1）

[14] 王作垣，崔京浩. 软土水封油库土建设计. 地下工程. 1983（1）

[15] 崔京浩，王作垣. 考虑介质与衬砌相互影响的地下结构渗流量计算. 地下工程. 1983（5）

[16] 崔京浩. 旋转壳组合结构内力分析. 地下工程. 1983（8）

[17] 李卫平，崔京浩，张迪恩. 厚壁旋转壳应力转换内力的数值方法. 煤矿设计. 1985（1）

[18] 洪伯潜，崔京浩等. 削球式井壁底内力计算表. 煤炭科技参考资料. 1985（2）（全册专辑）

[19] 崔京浩，李卫平. 考虑节点效应的井壁底内力分析. 煤炭学报. 1985（2）

[20] 李卫平，崔京浩. 厚壁旋转壳应力转换内力的样条函数方法. 特种结构. 1985（2）

[21] 崔京浩，李卫平. 两种形式井壁底内力分析和比较. 中国土木工程学会隧道与地下工程学会力
学学组会议（兰州）论文集. 1985（12）

[22] 陈肇元，崔京浩等. 钢筋混凝土裂缝机理与控制措施，工程力学 Vol. 23，增刊Ⅰ，2006（6）

[23] 高健岭. 旋转壳组合结构的解析元分析方法研究. 清华大学土木系硕士学位论文（韩守询，崔
京浩指导）1986

[24] Han Shouxun, Cui Jinghao. Gao Janling, Analytical finite element method（AFEM）for analysing
the composed shell structures of revolution. Proceeding of Structural Eng., U. S. A.. 1987

[25] Cui Jinghao. A kind of nonlinear finite element analysis can be adapted to underground power plans
in unlined cavern. Proceeding of the International Conference on Hydropower in Oslo, Norway.
June, 22～25, 1987

[26] 江见鲸，崔京浩. 结构分析常用微机程序（书）. 辽宁出版社，1988

[27] 高建岭，韩守询，崔京浩. 中厚旋转壳非轴对称问题的有限条分析. 特种结构. 1989（4）

[28] 李霆. 弹塑性有限元与边界元的耦合方法及其在地下结构中的应用. 清华大学土木系硕士学位
论文（江见鲸，崔京浩指导）1989

[29] Cui Jinghao. Successes, Problems and prospects on construction in China. A Outline of the Lec-

ture for the Macau Institute of Engineers. 2 – 6 Dec., 1989

[30]   Cui Jinghao. Analysis and comparison for two concrete thick shells, Proceedings of International Concrete Conference, '90, Tehran University, 1990 (5)

[31]   崔京浩. 四周有水幕的高压气库渗流量分析. 油气贮运. 1990, 9 (4)

[32]   Cui Jinghao, Broch. Iso-parametric finite element stress analysis at the TAFJORD (K5) air cushion in Norway. Proceeding of the International Congress of Tunnel and Underground Works Today and Future. Vol. 2, September 3 – 7, 1990, Chengdu, China

[33]   崔京浩. 伟大的土木工程. 北京：中国水利水电出版社，知识产权出版社，2006

[34]   徐凡力. 各向异性材料在快速荷载下动力性能. 清华大学土木系硕士学位论文（崔京浩指导）. 1991

[35]   崔京浩. 地下结构设计计算方法的发展与展望. 结构工程学报专刊. 1991 (3, 4)：104 – 113

[36]   崔京浩，石绍春. 某地铁车站洞室三维应力分析. 结构工程学报专刊. 1991 (3, 4)：162 – 165

[37]   石绍春. 有限元线法无穷单元的构造与应用. 清华大学土木系硕士学位论文（崔京浩，袁驷指导）. 1992

[38]   Cui Jinghao. The coefficient curves for analysis of mid – thick revolution shell. Proceedings of International Concrete Engineering Conference. 1991, Vol. 3, Nanjing, China

[39]   崔京浩，杨国平. 虚设环状单元的构造及其在予应力圆形构筑物分析中的应用. 特种结构. 1992 (1)

[40]   杨国平，谢滨，崔京浩等. 松散型砂静压造型应力场的量测与有限元分析. 工程力学. 1992 (2)

[41]   谢滨，杨国平，崔京浩等. 型砂某些基本力学性能的研究. 中国铸机. 1992 (4)

[42]   J. H. Cui and G. P. Yang. The research of green sand mechanical property and modeling of Stress field. Asia – Pacific Symposium on Advances in Engineering Plasticity and Its Application. Hong Kong. Dec., 1992

[43]   杨国平. 型砂造型应力场的试验与分析. 清华大学土木系硕士学位论文（崔京浩，邢秋顺指导）. 1992

[44]   崔京浩. 青岛地铁车站洞室围岩二维、三维应力分析研究报告. 科研任务成果报告. 1992 (5)

[45]   崔京浩. 土木工程系近年来教学改革情况汇报. 清华大学土木工程系参加第十九次教学讨论会文集. 1992 (5)

[46]   崔京浩. 土木工程在国民经济中的地位和作用，土木工程科学前言. 北京：清华大学出版社，2006

[47]   崔京浩. 西欧历史名城建筑景点与艺术（五集系列幻灯片及其介绍）. 《工程力学》编辑部，1992 (12)

[48]   崔京浩. 地下贮库工程力学问题及结构措施（大会特邀报告）. 第二届全国结构工程学术会议（长沙）论文集. 清华大学出版社，1993. 159 – 176

[49]   李英，崔京浩. 喷锚技术应用中的若干问题. 《工程力学》增刊. 1993. 853 – 857

[50]   崔京浩.《中国土木工程指南》中的"绪论"及抗震篇中的"地下埋设管线的抗震"（该书为 260 万字巨著，崔京浩负责组织工作用，任编辑办公室主任）. 科学出版社，1993 年第一版，2000 年第二版

[51]   杨国平，谢滨，崔京浩. 空气冲击下松散砂体中应力波的研究. 《工程力学》增刊. 1993. 819 – 822

[52]   杨国平，崔京浩. 简化牛顿迭代法与摩擦力外层迭代法在松散介质静应力场分析中的应用. 《工程力学》增刊. 1993. 803 – 805

[53]   Li Ying, Cui Jignhao. Test study on anchoring effect of an new moterial. Proceeding of the International Symposium on Anchoring. 1993. 11

[54]   叶宏，崔京浩，王志浩. 室内燃气爆炸机理、危害及减灾措施.《工程力学》增刊. 1993. 1007－1012

[55]   叶宏，崔京浩. 燃气爆炸及结构力学分析初探.《工程力学》增刊. 1993. 626－632

[56]   叶宏，崔京浩，王志浩. 室内燃气爆炸机理危害及减灾措施.《工程力学》增刊. 1993. 1007－1010

[57]   叶宏，崔京浩，王志浩. 防止燃气爆炸下连续倒塌的结构措施.《工程力学》增刊. 第三届全国
        结构工程学术会议论文集. 1994.6，太原

[58]   崔京浩，叶宏. 燃气爆炸对居住建筑的危害、特点及其防治，国家自然科学基金"八五"重大
        项目"城市与工程减灾基础研究"学术讨论会论文选编. 1994.12，北京

[59]   熊志坤，崔京浩. 爆炸及其对结构的影响. 工程力学增刊. 1994. 887－894

[60]   崔京浩，叶宏. 燃气爆炸的危害、特点及其防治.《消防科技》. 1994（4）

[61]   叶宏，崔京浩，王志浩. 防止燃气爆炸下连续倒塌的结构措施.《工程力学》增刊. 1994.1091－1096

[62]   叶宏. 民用燃气爆炸及对建筑结构影响的分析与研究. 清华大学土木系硕士学位论文（崔京浩，
        王志浩指导）. 1994

[63]   崔京浩. 储液池地基处理的特点、方法及措施.（大会特邀报告）第三届全国结构工程学术会议
        （太原）论文集. 清华大学出版社，工程力学期刊社. 1994.164－178

[64]   Li Ying, Cui Jinghao. Application of different anchoring design methods on the Dong－Shan－Kou
        station of Guangzhou metro. International Sympsium on Anchoring and Grouting Technology.
        Guangzhou, 1994. 12

[65]   李英，崔京浩. 一种新材料锚固机理的实验研究. 岩土钻凿工程. 1994，12（3～4）：59－64

[66]   李英，崔京浩. 锚喷技术应用中的若干问题. 第二届结构工程学术会议论文集.《工程力学》增
        刊. 1994

[67]   崔京浩，李英. 深基坑锚杆支护的设计与计算. 岩土钻凿工程. 1995，（3～4）：166－174

[68]   李英，崔京浩. 掺有固硫渣膨胀剂的砂浆锚固性能的实验研究.《工程力学》增刊. 1994.515－521

[69]   谭晓明，崔京浩. 考虑施工过程的盖挖逆作结构受力分析.《工程力学》增刊，1994.1177－1180

[70]   邓正贤，崔京浩. 结构可靠性及其数学分析方法简述.《工程力学》增刊，1995

[71]   邓正贤，崔京浩，结构可靠度评估基本方法. 中国土木工程学会桥梁及结构工程学会，结构可
        靠度委员会《工程结构可靠性》全国第四届学术交流会议（西安）论文集. 1995.9，西安

[72]   熊志坤，崔京浩. 爆炸及其危险性分析与评价. 自然灾害学报（增刊）. 1995（4）：14－19

[73]   邓正贤，崔京浩. 城市燃爆灾害分析中的拓扑理论应用浅析. 国家自然科学基金委重大课题
        "城市与工程减灾基础研究"第三次课题研讨会（宜昌）研究报告. 1995（11）

[74]   崔京浩，熊志坤. 模糊数学在爆炸危险性评价中的应用. 自然灾害学报（增刊）. 1995（4）：
        20－24

[75]   邓正贤，崔京浩. 灰色理论在燃气爆炸评价中的应用. 城市与工程减灾基础研究. 第三次学术
        会议（宜昌）交流论文. 1995.11

[76]   崔京浩. 燃爆特点及对策（大会特邀报告）. 建设部城市减灾基础研究会议（天津）论文集.
        1995（11）

[77]   邓正贤，崔京浩. 结构可靠度分析的几种方法. 工程结构可靠度. 1995

[78]   熊志坤，崔京浩. LPG贮配站危险性模糊综合评价. 国家自然科学基金"八五"重大项目城市
        与工程减灾基础研究论文集. 中国科学技术出版社，1995. 70－74

[79]   熊志坤，崔京浩. 镇江市城市燃气状况及安全性分析. 国家自然科学基金"八五"重大项目城
        市与工程减灾基础研究论文集. 中国科学技术出版社，1995

[80]   江见鲸，陈希哲，崔京浩. 建筑工程事故处理与预防（书）. 中国建材工业出版社，1995

[81]   熊志坤，崔京浩. 液化石油气储罐的火灾爆炸危险性评价.《工程力学》增刊. 1995.1883－1888

[82]   崔京浩，李英. 深基坑锚杆支护简要设计计算及应用. 水文地质与工程地质. 1995（5）

[83]   李英. 锚固性能的试验研究及锚杆支护的设计计算. 清华大学土木系硕士学位论文（崔京浩，

卢锡焕指导）. 1995

[84] 卢锡焕，李英，崔京浩. 高雄市多目标使用停车场地锚工法的探讨. 《工程力学》增刊. 1995.1889-1897

[85] 陈肇元，崔京浩，宋二祥，张鑫. 深基开挖的土钉支护技术（一）构造方法. 地下空间, 1995, 15 (4)

[86] 马英明，崔京浩. 地铁建设中力学与结构问题,（大会特邀报告）第四届全国结构工程学术会议（泉州）论文集. 1995.12-29

[87] 龙驭球，崔京浩. 地下工程分析计算与设计施工问题. 大会专题报告, 95 北京中法隧道建造业学术暨技术装备信息交流大会（1995.12.6～10 北京）论文集. 中国地质大学

[88] 陈肇元，崔京浩，宋二祥，张鑫. 深基坑开挖的土钉支护技术. 地下空间. 1995, 15 (4)

[89] 徐凡力，崔京浩. 盖挖逆作法车站的力学分析. 《工程力学》增刊. 1995.2152-2157

[90] 江见鲸，吴浚郊，崔京浩，杨国平. 空气冲击松散砂动力有限元模拟. 《工程力学》增刊. 1995.631-635

[91] 熊志坤. 城镇燃爆炸危险性分析与评价. 清华大学土木系硕士学位论文（崔京浩指导）. 1996

[92] 崔京浩. 燃气爆炸的特性及对策. 城市综合防灾减灾战略与对策论文集. 中国建筑工业出版社, 1996 (6)

[93] 邓正贤，崔京浩. 城市燃气输配系统的可靠性分析（国家自然科学基金"八五"重大项目）. 城市与工程减灾基础研究论文集. 中国科学技术出版社, 1996

[94] 邓正贤，崔京浩，熊志坤. 城市燃爆灾害分析中的拓扑理论应用浅析. 城市与工程减灾基础研究论文集（1995），中国科学技术出版社, 1996：47-51

[95] 邓正贤，崔京浩. 鞍山市城市燃气状况及危险性分析（国家自然科学基金"八五"重大项目）. 城市与工程减灾基础研究论文集. 中国科学技术出版社, 1996

[96] 叶宏，崔京浩. 灾后建筑鉴定与加固的若干问题评述. 《工程力学》增刊. 1996 (1)：587-593

[97] Cui Jinghao, Cui Yan. Mechanical analysis and working mechanism of soil nailing in deep foundation pits. Proceedings of International Symposium on choring and Grouting Techniques. Liuzhou City, 1996 (9)

[98] 陈肇元，宋二祥，崔京浩. 深基开挖的土钉支护技术（二）工作性能. 地下空间. 1996, 16 (1)

[99] 邓正贤，崔京浩，张鑫. 深基坑土钉支护稳定性分析. 深基坑土钉支护技术研讨会（北京）研究报告. 1996.9

[100] 宋二祥，陈肇元，崔京浩，张明聚. 深基坑开挖的土钉支护技术（三）设计方法. 地下空间. 1996. 15 (2)：65-75

[101] 陈肇元，崔京浩. 土钉支护用于地铁车站施工开挖的可靠性. 中国土木工程学会地下铁道专业委员会第 11 届学术交流会议（广州）论文集. 1996.12：465-478

[102] 崔京浩，陈肇元. 深基坑土钉支护及其设计计算方法. 岩土钻凿工程. 1997 (2), 27-33

[103] 崔京浩，马英明，陈肇元. 全面分析地铁车站外水压力. 中国土木工程学会地下铁道专业委员会第 11 届学术交流会议（广州）论文集. 1996.12：385-400

[104] 崔京浩. 开发地下空间的重要性和迫切性, 土木工程科学前沿. 北京：清华大学出版社, 2006

[105] 邓正贤，崔京浩. 深基坑土钉支护稳定性分析. 《工程力学》增刊. 1997

[106] 张群，崔京浩. 土钉支护边界位移控制法有限元分析. 《工程力学》增刊. 1997

[107] 陈肇元，崔京浩. 土钉支护在基坑工程中应用（书）. 中国建筑工业出版社, 1997（获建设部精品图书奖，证书号 99-3-7603）

[108] 邓正贤，崔京浩. 深基坑支护的稳定问题. 岩土钻凿工程. 1997, 16 (3)：9-17

[109] 崔京浩，龙驭球，叶宏，熊志坤. 燃气爆炸—— 一个不容忽视的城市灾害（大会特邀报告）. 第

六届全国结构工程学术会议（南宁）论文集. 1997. 1：95 – 111

[110] 郭文军，崔京浩. 燃气爆炸危险性分析.《工程力学》增刊. 1997.1：535 – 549

[111] 叶宏，崔京浩. 燃气爆炸时厨房泄压和防止连续倒塌的节点构造研究. 城市与工程减灾基础研究第五次研讨会. 广州，1997

[112] 邓正贤，崔京浩. 燃气灾害事故及其一般预防措施. 城市与工程减灾基础研究. 第五次课题研讨会（广州）研究报告. 1997

[113] 邓正贤，崔京浩. 城市燃气管道输配系统安全动态评估. 城市与工程减灾基础研究. 第五次课题研讨会（广州）研究报告. 1997

[114] 邓正贤，崔京浩. 鞍山市燃气管网安全性示范分析. 城市与工程减灾基础研究. 第五次课题研讨会（广州）研究报告. 1997

[115] 邓正贤. 城市燃气灾害安全评估与火灾保险分析. 清华大学土木系硕士学位论文（崔京浩指导）. 1997

[116] 郭文军，崔京浩. 燃气危险性模糊评价的逆问题.《工程力学》增刊. 1998 (1)：593 – 597

[117] 江见鲸，龚晓南，王元清，崔京浩. 建筑工程事故分析与处理（书）. 中国建筑工业出版社，1998 第一版，2003 年第二版，高校精品教材立项项目，推荐教材

[118] 陈炎玮，崔京浩. 深基坑支护若干形式比较及分析.《工程力学》增刊. 1998. 3：378 – 381

[119] 张明聚，宋二祥，陈肇元，崔京浩. 土钉支护的三维非线性有限元分析.《工程力学》增刊. 1998. (Ⅲ)：341 – 346

[120] 陈炎玮，崔京浩. 广州地铁西门口车站支护结构施工监测结果的力学特性分析.《工程力学》增刊. 1998 (3)：382 – 389

[121] 陈炎玮，崔京浩. 多支撑桩墙的简化计算.《工程力学》增刊. 1998. 3：390 – 397

[122] 袁驷，石绍春，崔京浩. 有限元线法的无穷单元——无穷线的映射. 数值计算与计算机应用. 1998 (2)

[123] 崔京浩，崔岩，陈肇元. 地下结构外水压力综述（大会特邀报告）. 第七届全国结构工程学术会议（石家庄）论文集. 工程力学期刊社，1998 (1)：108 – 124

[124] 崔岩，崔京浩，吴世红. 地下结构浮力模型试验研究. 特种结构. 1999 (1)

[125] Jinghao Cui and Hong Ye. Structural hazards of building subject to internal gas explosion and their prevention, Proceedings of First International Conference on Structural Engineering. Oct. 18 – 20, 1999, Kunming, 484 – 491

[126] Wenjun Guo, Jinghao Cui and Jianjing Jiang. Analysis of one – dimension vented gas explosion. Proceedings of First International Conference on Structurel Engineering. Oct. 18 – 20, 1999，Kunming

[127] 郭文军，江见鲸，崔京浩. 民用建筑结构燃气爆炸事故及防灾措施. 灾害学. 1999 (3)：79 – 82

[128] 郭文军，崔京浩，江见鲸. 一维密闭空间燃气爆炸升压计算. 煤气与热力. 1999 (2)：42 – 44

[129] 叶宏，崔京浩. 燃气爆炸钢筋砼大板结构结点构造.《工程力学》增刊. 1999. Ⅲ：292 – 296

[130] 叶宏，崔京浩. 燃气爆炸砼空心砌体结构结点构造.《工程力学》增刊. 1999.Ⅲ：297 – 301

[131] 郭文军，崔京浩，江见鲸. 燃爆作用下板的动力响应分析.《工程力学》增刊. 1999.Ⅲ：505 – 509

[132] 崔京浩，吴浚郊，邢秋顺等. 型砂本构关系实验研究. 结构工程与振动研究报告集，第 4 集. 清华大学出版社，1999.5：114 – 123

[133] 崔京浩，崔岩，陈肇元. 地下结构抗浮（大会特邀报告）. 第八届全国结构工程学术会议（昆明）论文集. 清华大学出版社，工程力学期刊社，1999：62 – 78

[134] 张正威，崔京浩. 基坑支护结构形式及设计计算.《工程力学》增刊. 1999.1：495 – 501

[135] 张正威，崔京浩. 基坑横撑和渗流对墙后土压力的影响.《工程力学》增刊. 1999. 1：502 – 506

[136] 张正威. 深基坑支护设计技术研究. 清华大学土木系工程硕士专业学位论文（陈肇元，崔京浩

指导）. 2000

[137] Guo Wenjun, Cui Jinghao, Jiang Jianjing. Analysis of one – dimension Vented Gas Explosion. In：Proceedings of First International Conference on Structural Engineering. Kunming，1999：513－519

[138] 崔岩，崔京浩，吴世红，张寅. 浅埋地下结构外水压折减系数试验研究. 岩石力学与工程学报. 2000（1）：82－84

[139] 崔京浩，崔岩. 锚固抗浮设计的几个关键问题. 特种结构. 2000，17（1）：9－14

[140] 郭文军，崔京浩，江见鲸. 燃气爆炸危险性的模糊积分分析. 工程力学. 2000（3）

[141] 郭文军，江见鲸，崔京浩. 燃气爆炸作用下房屋裂缝开展的分形模拟. 自然灾害学报. 2000，4：35－38

[142] 郭文军. 燃气爆炸灾害及其对民用建筑作用的研究. 清华大学土木工程系博士学位论文（江见鲸，崔京浩指导）. 2000（5）

[143] 崔京浩. 提高学术交流水平以适应近代科技的飞速发展（大会特邀报告）. 第九届全国结构工程学术会议（成都）论文集. 清华大学出版社，工程力学期刊社，2000

[144] 崔京浩，龙驭球，王作垣. 地下水封油气库——西气东送的最佳贮库（大会特邀报告）. 力学与西部开发会议（乌鲁木齐）论文集. 2001. 822－826

[145] 崔京浩，陈肇元，宋二祥，林炎新，一个顶管法穿越高速公路的施工方案，特种结构. 2001，18（3）：44－47

[146] 陈肇元，崔京浩，朱金铨，安明喆，俞哲夫. 钢筋砼裂缝分析及控制（大会特邀报告）. 第十届全国结构工程学术会议（南京）论文集. 清华大学出版社，工程力学期刊社. 2001

[147] 崔京浩，陈肇元，朱金铨，安明喆，余哲夫. 广州地铁混凝土结构裂缝分析与试验. 第12期中国土木工程学会城市公共交通学会论文集. 2001

[148] 陈肇元，崔京浩，陈炎玮，余哲夫. 广州地铁一号线车站基坑支护评述. 第12期中国土工程学会城市公共交通学会论文集. 2001

[149] 崔京浩，陈肇元，崔岩，张明聚. 土钉支护技术（大会特邀报告）. 第十届全国结构工程学术会议（南京）论文集. 清华大学出版社，工程力学期刊社. 2001

[150] 崔京浩. 十年春风化雨，万里丹桂飘香——为祝贺第10届全国结构工程学术会议而作（大会特邀报告）. 第十届全国结构工程学术会议（南京）论文集. 第1卷，清华大学出版社，工程力学期刊社，2001. 1－11

[151] 龙驭球，崔京浩. 地下水封油气库及其力学分析. 张光斗先生90华诞纪念文集（江河颂），83－108. 清华大学出版社，2002

[152] 崔京浩，龙驭球，王作垣. 地下水封油气库——西气东送的最佳贮库. 力学与实践. 2002年第24卷增刊，51－65

[153] 崔京浩. 光面爆破. 大会特邀报告，第十二届全国结构工程学术会议（重庆2003.10.19－22）论文集. 清华大学出版社，2003

[154] 江见鲸，崔京浩等. 建筑工程事故分析与处理（书）. 第3版，中国建工出版社，2006

[155] 崔京浩. 地下工程·燃气爆炸·生物力学学. 第13届全国结构工程学术会议（2004年江西井冈山）论文集第Ⅲ册. 2004，10，379－382

[156] 崔京浩. 灾害的严重性及土木工程在防灾减灾中的重要性. 工程力学 Vol，23，增刊Ⅱ，2006. 12

作者简历

崔京浩（曾用名崔璟灏，崔景浩），男，1934 年 3 月 22 日（阴历二月初八）生，山东淄博市博山区人。

一、履历

1934.3～1941.7　博山，在家。

1941.8～1942.8　博山，西沟茂松堂读私塾。

1942.9～1949.2　博山，先在西寺小学后转入赵家林进德小学，这期间自 1945 年日本投降后博山处于国共两党的拉锯区，双方政权多次更迭学校时停时办。

1949.3～1952.2　博山，博山一中初中。

1952.3～1952.8　博山，在家等待博山成立高中。

1952.9～1955.8　博山，淄博一中高中。

1955.9～1960.8　清华大学土木建筑系工业与民用建筑专业学习，如期毕业获优良毕业生奖状，留校免试直读副博士研究生，师从龙驭球先生。

1960.9～1965.8　清华大学土木建筑系结构力学攻读副博士研究生，如期毕业，留校任教。

1965.9～1972.3　清华大学土木建筑系教师，在 0304 科研组从事地下防核炸爆的研究，这期间爆发文化大革命，1969 年夏到南昌鲤鱼洲农场劳动 2 年。

1972.4～1978.8　回校复课闹革命开门办学，这期间从事的业务工作有清华 200# 核电站地下厂房以及象山水封油库力学分析与结构设计。

1978.9～1986.10　从事地下结构研究，讲授有限元及板壳结构等课程，1978～1979 年治疗血吸虫病。恢复职称先后提升为讲师、副教授，这期间曾先后担任过土木系科研科科长及城市交通与地下工程教研究室主任。

1986.11～1988.8　挪威皇家科学技术委员会（NTNF）博士后，从事地下工程的力学分析与研究，兼中国在挪威留学生联谊会负责人。

1988.9～1992.2　土木系副系主任。

1992.3～1994.10　土木系学术委员会副主任，教授，工程力学常务副主编，国家级专家，享受国务院特殊津贴。

1994.10～1999.8　清华大学教授，工程力学主编，中国消防协会常务理事等社会兼职。

1999.9 至今　清华大学教授，国家级专家，中国力学学会理事，工程力学主编，结构工程专业委员会常务副主任，国家一级注册结构工程师，北京科技经营管理学院建工系系主任等。

二、专业工作经历

1. 教学讲授过的课程

①大学物理；② 理论力学；③ 材料力学；④ 结构力学；⑤ 板壳理论；⑥ 地下结构；

⑦ 有限单元法及其在地下工程中的应用；⑧ 土力学与地基基础；⑨ 土木工程前沿学科讲座（包括土木工程在国民经济中地位和作用，地下空间开发和利用，灾害与减灾，特种结构，钢筋混凝土抗裂，深基坑支护，锚固与抗浮等十几个专题）。

其中大学物理等几门基础课是在由土木系承担的国防科工委下属的土建学院讲授的。

2. 科研工作

1960.9～1965.8	壳体结构；课题为核潜艇头部壳体开孔的应力集中问题，完成了副博士研究生论文。
1965.9～1969.7	核冲击波和土中压缩波的传播及对结构的作用（0304 科研组）；地下防护工程，实验室建设项目——将一个直径 1.2m、高 5m 的高压釜改造成一个埋于地下的压缩波实验设备，后期由于文化大革命基本上没有业务工作。
1969.8～1972.3	参加实验室拱形实验台的建设，大部分时间在南昌鲤鱼洲农场及清华新林小楼作基建劳动。
1972.4～1976.8	承担商业部水封油库的研究与设计工作，这期间编写"有限单元法基础及其在地下工程中的应用"；研究编制非有性有限元程序用于分析地下工程的围岩应力；研究并推求适于地下水封油库的渗流量计算公式；负责并指导水封油库的结构设计，该项目在 1978 年第一届全国科技大会上获"填补国内空白奖"；同期还承担了武汉空军"软土水封油罐的设计研究"，对旋转壳组合结构做了公式推导与计算。
1976.9～1978.8	清华 200# 后山地下核电站的研究与设计。
1978.9～1983.12	0304 科研组防护门及抗爆结构构件的研究，主要是抗弯构件梁的测试及分析。
1984.1～1986.10	承担煤炭规划设计研究院的研究课题"简仓计算方法及通用程序研制"同时又承担煤炭科学研究院的"六五"国家科技攻关项目"深井钻井法凿井技术的研究"中的子课题"大型钻井井壁底内力分析"的研究，该两项先后发表论文 10 篇，编制了一个简仓计算程序和一册井壁底内力计算表格。后一个项目 1986 年煤炭部鉴定属国际水平获二等奖。
1986.11～1988.6	获挪威皇家科学技术委员会（NTNF）博士后奖学金资助赴挪威特隆汉姆大学从事"挪威 TAFJORD 水电站空气调压室围岩应力分析"及"Outer－Namda 100 万 m³ 深埋大型气库渗流量分析"的研究，给挪方提交了研究报告及详尽的计算书，并发表学术论文。
1988.7～1992.8	先后承担三个课题：① 骨骼在快速受载下的力学性能，是国家自然科学基金（生准 85—91）和教委高校博士点基金（85 高校基金准字第 2 号）资助课题，1991.5 鉴定，评为国内领先（教 91，鉴定 100号），国家科委颁发的科技成果证书编号 013914；② 青岛地下铁道典型车站的围岩应力分析（青岛地铁筹建处委托）；③ 型砂在冲击波作用下应力场的试验与分析（与机械系合作的国家自然科学基金及开放实验室基金）。
1992.9～1998.12	先后承担国家基金委三个关于燃气爆炸的课题：① 室内燃气爆炸对

房屋建筑的危害及减灾的结构措施（国家自然科学基金，1992.1～1994.12，批准号 1992 年 59178395）；② 1994 年重大课题与工程减灾基础研究中的（103）子课题（国家自然科学基金委，1994.1～1997.12）；③ 燃爆危险性评估及防止连续倒塌的结构构造方案（国家自然科学基金委，1997.1～1999.2，批准号 59678045）。

"八五"科技攻关环境保护项目（85－912－02－03 子课题）"锚杆锚固机理及固硫渣水泥在锚固及防渗工程中的应用"。

广州地铁总公司委托研究的项目：95 年委托 4 个课题：① 地铁车站抗浮分析与锚固措施；② 公园前换乘站施工阶段内力分析及工程措施；③ 高性能混凝土在广州地铁工程中应用；④ 地铁车站水压折减系数的实验研究。② 1996 年委托 2 个课题：① 深基坑支护技术综述；② 地下结构钢筋混凝土抗裂研究。

国家科委"九五"科技攻关项目"重大工业事故和建筑火灾预防与控制技术研究"任论证委员会专家（国科社字［1995］038 号），立项后任该项目评估组副组长（公科研［1995］072 号）全程负责该项目的实施。

3. 设计经历

1959～1961 年	永丰公社壳体屋盖
	清华大学核研院反应堆主厂房及部分附属建筑
	清华通用车间
1972～1990 年	浙江象山水封油库
	石景山地下礼堂及地下交通通道
	浙江镇海水封油库
	东海舰队水封油库
	清华核研院核电站安全壳
	胜利油田孤岛分场宿舍及办公楼等
	平谷钢厂厂房设计
1999 年	首批获国家一级注册结构工程师证书

4. 施工经历

1959～1961 年	清华通用车间基建及清华核研院反应堆主厂房基建
1967～1969 年	清华江西南昌鲤鱼洲农场基建
1970～1971 年	清华新林小楼基建

5. 海外进修和访问

1986～1988 年，受挪威皇家科学与技术研究委员会（挪文 Norges Teknisk - Naturviten-skapelige Forskningsrad，简称 NTNF）博士后奖学金资助，在特隆汉姆大学地质矿冶系（Department of Geology, Trondhein - NTH）从事地下工程围岩应力分析及大型地下气库渗流量分析，研究期间参加过两个国际会议：

（1）The International Conference on Hydropower in Oslo, Norway, June, 1987

（2）Hydropower in Cold Climates, Trondheim Norway, July, 1987

利用假期费时 3 个多月先后到 15 个国家的 35 个城市考察地下交通和高等教育，主要的城市有奥斯陆、哥本哈根、斯德哥尔摩、柏林、慕尼黑、汉堡、科隆、阿姆斯特丹、维也纳、苏黎世、日内瓦、巴黎、罗马、威尼斯、佛罗伦萨、伦敦、华沙、莫斯科和列宁格勒等。

1989.12，应澳门工程师协会的邀请赴澳门访问并在东亚大学作学术报告题目为 Successes, problems and prospects on construction in China, 2 – 6 Dec., 1989。

6. 讲学及学术工作经历

（1）讲学。

- 1974 年，为东海舰队技术人员讲授"有限元法及水封油库原理与土建设计"，时间一个月。
- 1979 年为总后营房部设计院作"关于水封油库设计中几个问题"的学术报告。
- 1983 年及 1985 年先后为人民医院、邮电总医院及中华医学总会北京分会举办的骨科生物力学讲座讲授"骨骼生物力学及力学在骨骼中的应用"，共五讲。
- 1988 年为淄博市建委及平度市建委的设计部门做关于"建筑结构设计中的若干问题"及"西欧历史名城的建筑与结构"等学术报告。
- 1990～2003 年先后为北京大学力学系结构专业、北京地质大学岩土专业、清华深圳研究生院研究生班、甘肃工业大学、兰州铁道学院、海南大学、国立华侨大学、石家庄铁道学院、西安建筑工程学院、武汉化工学院、福州大学、河海大学、山东建筑工程学院、空军勤务学院、兰州铁道学院、湖南大学、重庆大学、西南交通大学、三峡大学、贵州工业大学等二十几所院校作学术讲座，内容多为土木工程在国民经济中的地位和作用、地下空间的开发和利用及岩土、防灾等土木工程前沿课题，其中北京大学和北京地质大学作为课程安排分别为 10 周，清华深圳研究生院一周，其余均为半日、一日或二日讲座。
- 2003 年 12 月，在广州第一军医大学；2004 年 5 月，在重庆人民医院；2004 年 9 月，在郑州河南中医学院以及 2005 年 1 月，分别在昆明及广州等地为卫生部中医药管理局及医药卫生科技发展研究中心举办的讲习班讲授"生物力学及其对诊治骨骼脊柱损伤的重要作用"。

（2）主要学术工作。

- 1988 年以清华大学土木工程系名义组织编写《工业与民用建筑自学辅导丛书》共组织 50 名教师编写 20 本书，先后由辽宁科技出版社及地震出版社出版，任副主编、主编，具体负责组织工作，为该套丛书撰写"编委的话"。
- 1993 年为中国土木工程学会组织编写《中国土木工程指南》，科学出版社，1993 年第一版，2000 年第二版，该书为 260 万字的巨著，任编辑办公室主任及副主编并为该书撰写第一章绪论。
- 2001 年以清华大学土木工程系名义组织编写《土木工程新技术丛书》，共 18 本由中国水利水电出版社出版，任主编，负责全部组织工作并为该套丛书撰写"总序"。
- 2000 年以来作为中央电视台 10 频道科技点评专家，先后评述过"灾害对建筑结构的影响"、"金字塔"、"悬棺之谜"、"高层建筑抗震"、"5 号电池拉汽车"、"阳山碑材"、"纸桥"、"筷子举重"等科技节目。
- 自 1978 年至今在学会、协会及部委的评估机构兼职期间（见第三项中的社会兼职）参加了有关的科学评估、技术鉴定、可行性论证等学术性工作。

三、行政职务、职称及社会兼职等

1. 行政职务

1984～1985 年，清华土木系科研科科长

1985～1986 年，清华土木系城市交通与地下工程教研室主任，副教授

1988～1992 年，清华土木系副系主任

1992～1994 年，清华大学土木系学术委员会副主任，教授

2002 年至今，北京科技经营管理学院建筑工程系系主任

2. 社会兼职等

先后任中国消防协会常务理事，中国力学学会理事，结构工程专业委员会常务副主任，《工程力学》主编，《特种结构》编委，中国土木工程学会科普工作委员会委员，出版工作委员会副主任，岩石力学、锚固与注浆工程、中国地质灾害防治工程、中国土木工程给排水结构、中国交通运输协会等学术机构的会员、委员或理事，挪威中国留学生负责人，国家自然科学基金委杰出青年基金评委，科技部国家重点实验室评委，重点科研项目评审组成员，教育部高等院校教学合格评估及建设部土木工程专业评估专家组成员，中国地铁总公司专家组成员，青岛地铁专家组土建组组长，中国地质大学、国立华侨大学、海南大学、石家庄铁道学院、武汉化工学院、山东建筑工程学院、三峡大学、烟台大学等 10 余所院校兼职教授，清华大学土木系先进工作者，中国力学学会先进工作者，淄博第一中学功勋校友，国家有突出贡献专家，享受国务院特殊津贴。个人简历及事绩先后被"中外名人辞典"、"21 世纪人才库"、"世界名人录"、"中国当代留学回国人员大典"等 10 几种辞书收录。

四、论著和研究报告（详见参考文献）

除参考文献所载之外，尚有七篇生物力学方面的论文：

(1) 崔京浩. 骨科生物力学提纲（为中华医学总会北京分会讲座用）. 清华大学土木系. 1982.

(2) 王德琪，赵钟岳，崔京浩. 骨骼生物力学的一些概念. 中华骨科杂志. 1985.5 (2)。

(3) 崔京浩，陈肇元，王志浩，徐凡力. 骨骼在快速受载时的力学性能. 基金委资助项目研究成果报告（该项目教 91，鉴定 100 号，国内领先）. 1990 (12)。

(4) 徐凡力，崔京浩. 骨骼在快速受载下的物理力学性能. 北京生物医学工程. 1992, 11 (3)。

(5) 崔京浩，徐凡力，王志浩，陈肇元. 骨骼生物力学（大会特邀报告）. 第五届全国结构工程学术会议（海口）论文集. 清华大学出版社，工程力学期刊社，1996.1：88 - 107。

(6) 崔京浩，肖世支，张吉林等，三维正脊仪治疗腰椎病实时测量的研究，北京生物医院工程，2004, 23 (2)：119 - 121。

(7) 崔京浩，张吉林，卢达溶. 力学分析对诊治骨骼与脊柱损伤具有重要作用，大会特邀报告，第十三届全国结构工程学术会议论文集，江西南昌，工程力学杂志社，2004. 8。